Cisco软件定义广域网
（SD-WAN）

Cisco Software-Defined Wide-Area Networks
Designing, Deploying and Securing
Your Next Generation WAN with
Cisco SD-WAN

[美] 杰森·古利（Jason Gooley）
丹那·扬奇（Dana Yanch）
达斯汀·舒曼（Dustin Schuemann） 著
约翰·卡兰（John Curran）

郑之哲 孙茂森 译

人民邮电出版社
北京

图书在版编目（CIP）数据

Cisco软件定义广域网：SD-WAN /（美）杰森·古利（Jason Gooley）等著；郑之哲，孙茂森译. -- 北京：人民邮电出版社，2022.1（2023.12重印）
Cisco Software-Defined Wide Area Networks: Designing, Deploying, and Securing Your Next Generation WAN with Cisco SD-WAN
ISBN 978-7-115-58207-2

Ⅰ. ①C… Ⅱ. ①杰… ②郑… ③孙… Ⅲ. ①广域网－基本知识 Ⅳ. ①TP393.2

中国版本图书馆CIP数据核字(2021)第257024号

版权声明

Authorized translation from the English language edition, entitled Cisco Software-Defined Wide-Area Networks，9780136533177 by Jason Gooley, Dana Yanch, Dustin Schuemann and John Curran, published by Pearson Education, Inc, publishing as Cisco Press, Copyright © 2021 Pearson Education, Inc.

All rights reserved. No part of this book may be reproduced or transmitted in any form or by any means, electronic or mechanical, including photocopying, recording or by any information storage retrieval system, without permission from Pearson Education, Inc.

CHINESE SIMPLIFIED language edition published by POSTS & TELECOMMUNICATIONS PRESS Copyright © 2022.

本书中文简体字版由美国 Pearson Education 授权人民邮电出版社出版。未经出版者书面许可，对本书任何部分不得以任何方式复制或抄袭。
版权所有，侵权必究。
本书封面贴有 Pearson Education（培生教育出版集团）激光防伪标签。无标签者不得销售。

- ◆ 著　　[美] 杰森·古利（Jason Gooley）
　　　　[美] 丹那·扬奇（Dana Yanch）
　　　　[美] 达斯汀·舒曼（Dustin Schuemann）
　　　　[美] 约翰·卡兰（John Curran）
　　译　　郑之哲　孙茂森
　　责任编辑　傅道坤
　　责任印制　王　郁　焦志炜
- ◆ 人民邮电出版社出版发行　北京市丰台区成寿寺路11号
　　邮编　100164　电子邮件　315@ptpress.com.cn
　　网址　https://www.ptpress.com.cn
　　北京虎彩文化传播有限公司印刷
- ◆ 开本：800×1000　1/16
　　印张：26.5　　　　　　　　　　2022年1月第1版
　　字数：578千字　　　　　　　　2023年12月北京第3次印刷
　　著作权合同登记号　图字：01-2021-2775号

定价：139.90元
读者服务热线：(010)81055410　印装质量热线：(010)81055316
反盗版热线：(010)81055315
广告经营许可证：京东市监广登字20170147号

内容提要

本书是 CCNP 企业认证 ENSDWI 300-415 考试科目的备考用书,也是使用 Cisco 软件定义广域网(SD-WAN)技术部署下一代 WAN 的实用指南。

本书采用大量示例对 Cisco SD-WAN 的概念、组件、策略、运行机制、安全、应用场景等进行了全方位、多角度的介绍。本书总计 13 章,分别介绍了 Cisco 软件定义广域网基本知识、Cisco SD-WAN 的组件构成、控制平面和数据平面操作、上线与配置、Cisco SD-WAN 策略基础知识、集中控制策略、集中数据策略、应用感知路由策略、本地策略、Cisco SD-WAN 安全、Cisco SD-WAN Cloud onRamp 的概念以及原理、Cisco SD-WAN 的设计与迁移、Cisco SD-WAN 控制器的私有化部署等内容。

本书特别适合备考 CCNP 企业认证的考生阅读,也适合网络设计/部署/运维领域的从业人员阅读。

序

很荣幸能够为本书作序。作为 Viptela（也即 Cisco SD-WAN）公司的创始人，我很高兴能读到一本与 SD-WAN 有关的真正全面的著作。SD-WAN 是继 MPLS 于 20 世纪 90 年代诞生以来对广域网的一次重大颠覆。

由于 SD-WAN 要求人们同时理解新时代广域网的技术和实现，因此我觉得本书特别适合供各位读者入门并掌握 SD-WAN。本书从 SD-WAN 的基本原理入手，逐步过渡到与之相关的高级主题，因此无论是新手还是专家，都可以从本书中获益。

本书作者在大型 SD-WAN 网络的部署和测试方面具有丰富的经验，这也为本书的内容质量提供了保障。如果你有志于学习 Cisco SD-WAN 技术，强烈建议阅读本书。

——Khalid Raza，Viptela 创始人兼 CTO

关于作者

Jason Gooley，CCIE #38759（RS & SP），拥有 25 年以上的从业经验，当前在 Cisco 公司的全球企业网络销售团队中担任技术布道师。Jason 非常热衷于帮助业内同仁获取成功。Jason 还是 Cisco Live 的杰出演讲嘉宾，他不仅为 Cisco CCIE 和 DevNet 考试的开发做出了贡献，还为 Cisco 网络学习空间提供培训。除此之外，他还身兼 CCIE 导师、Cisco 继续教育（Continuing Education，CE）计划委员会成员、芝加哥网络运营商集团（CHI-NOG）计划委员会成员等多种职务。

Dana Yanch，CCIE #25567（RS & DC）、CCDE #20130071，在写作本书时担任 Cisco 公司全球技术解决方案架构师，专注于为全球大型企业设计和部署 SD-WAN 解决方案。在过去的 6 年，他一直为 Viptela 工作，从事 SD-WAN 技术的研究。在此之前，他关注的是基于 Fabric 的数据中心技术。Dana 曾经在全球的多场 Cisco Live 会议中发表过演讲，并且对公开演讲和教育指导持有巨大的热情。现在，Dana 供职于 Aviatrix 公司，该公司是一家以云连接架构的设计为主业的多云平台。

Dustin Schuemann，CCIE #59235（RS），Cisco 公司技术解决方案架构师。Dustin 在 Demo CoE（专家中心）部门内担任 SD-WAN 主题专家，负责为 Cisco 的一些大客户开发 SD-WAN 演示产品和 CPOC 实验室。他曾多次在 Cisco Live 上担任演讲嘉宾，并就 Cisco SD-WAN 的多个主题发表过演讲。Dustin 在网络工程领域具有 17 年以上的经验，在加入 Cisco 公司之前，他曾在制造业和金融业的多家公司担任网络架构师。他热衷于回馈 IT 社区，热衷于帮助和指导其他网络工程师。

John Curran，Cisco 公司全球虚拟工程团队的技术解决方案架构师，负责帮助客户和合作伙伴设计下一代网络。John 是路由和 SD-WAN 方面的主题专家，并很乐于参与这些主题的教学和培训。John 经常在世界各地的 Cisco Live 中发表演讲，并多次被评为杰出演讲嘉宾。在 Cisco 前期的工作中，John 担任 Cisco 高级服务团队的网络咨询工程师，为政府和教育行业的客户提供支持。

关于技术审稿人

Phil Davis，CCIE #2021，Aviatrix 公司的高级系统工程师，专攻云网络和安全架构。Phil 拥有 25 年以上的行业经验，是 SD-WAN 方面的主题专家。他的技术背景涉及路由、交换、安全、数据中心和云网络，并持有微软、VMware、Cisco 和 Aviatrix 公司的多项认证。在为 Cisco、VMware 和 Viptela 工作期间，Phil 一直在帮助企业客户设计它们自己的网络架构。Phil 在 Aviatrix 的职位使得他能扩大与企业客户的合作，并专注于它们的云和多云架构。

Aaron Rohyans，CCIE #21945，Cisco 公司的技术营销工程师，在 Cisco 安全、路由与交换以及统一通信方面拥有技术专长。Aaron 通过各种 SD-WAN 赋能活动，比如竞品分析、技术宣传（Cisco Live 会议和路演）、售前支持和促销项目（PoC/PoV、客户研讨、培训等），给 Cisco 带来了每年约 30 亿美元的收入。他还是现场团队与产品开发团队之间信息沟通的桥梁。

献辞

谨将本书献给我的妻子 Jamie、我的孩子 Kaleigh 和 Jaxon。我爱你们胜过一切!还要把本书献给一直给我支持的父亲和兄弟。此外,本书也献给这些年以来一直支持我的所有人,以及在学习道路上孜孜不倦以求提升自我的所有人。

——**Jason Gooley**

谨将本书献给 James Winebrenner 和 Paul Ho,你们是所有人都梦寐以求的最优秀的同事和导师。在过去几年,你们不遗余力地地支持我,让我完成一个个挑战并取得成功。期待未来每天都能和你们一起开拓创新。还要感谢我的朋友和家人,感谢你们对我的耐心和理解,尤其是在我沉迷工作,从生活中消失的时候。

——**Dana Yanch**

谨将本书献给我的妻子 Heather。谢谢你容许我参与许多疯狂的项目,比如写作本书。我保证至少在一段时间内不会再承担任何项目。我爱你!还要将本书献给我的母亲和父亲。

——**Dustin Schuemann**

谨将本书献给我聪慧的妻子 Rebecca 和我的女儿 Grace。感谢你们一直以来的支持和不断的鼓励。没有你们的支持,本书不可能问世。爱你们!

——**John Curran**

致谢

感谢 Cisco Press 的 Brett、Marianne Bartow 以及 Chris Cleveland！与你们这些才华横溢的优秀人员共事是一件令人愉快的事情！

感谢我的团队——Cisco 公司的全球企业网络销售部，感谢你们在我有幸参与的所有精彩项目中一直支持我！很幸运能成为其中一员。

感谢在我的人生旅程中关注我的所有人，无论是社交媒体上的粉丝还是线下的真实人员。非常感激你们！

——**Jason Gooley**

感谢 Ali Shaikh 在我刚入职 Viptela 时对我的耐心。这些年来我得咨询了你数百个问题，每次都得到了你不厌其烦的回复。还要感谢 Aaron Rohyans 针对 Cloud onRamp 技术提供的详尽信息，感谢 Aaron 和 Phil Davis 为本书做出的令人难以置信的技术审稿工作。

——**Dana Yanch**

首先，感谢我的合著者 Jason、Dana 和 John。在写作本书期间，我们有欢笑也有压力，现在终于完成了。祝贺我们所有人！

其次，还要感谢我们的技术审稿人 Aaron 和 Phil。感谢你们提供的反馈意见，即使有时难以接受。无论如何，是你们的意见让这本书变得更好。

感谢 Cisco 公司的 Demo CoE 领导团队。在整个写作过程中，你们一直都在支持我。特别感谢我的队友 Steve Moore、Fish Fishburne、Paul Patrick、Christine Strom 和 Gavin Wright。现在我可以回归团队了。

在我的职业生涯中，有很多人对本书和其他各种项目提供过帮助。我将永远感谢你们的支持和好意。特别感谢 Brad Edgeworth、Mosaddaq Turabi、Ali Shaikh、Gina Cornett、Joe Astorino、Thomas Mckinnon、Tom Kunath、Fred Damstra 和 Seth Lechlitner。

——**Dustin Schuemann**

特别感谢 Brent Colwell、Phil Davis、Dana Yanch、Ali Shaikh 和 Larry Roberts 多年来为 Viptela 提供的所有帮助与培训。

如果没有 Cisco 全球虚拟工程团队领导层的支持，本书不可能问世。特别感谢 Henry Carmouche 同意了我们的第一个不合理的要求，感谢 Jeff Sweeney 让这些设想成为现实，感谢 Femi Ajisafe 为本书的完稿并付梓所提供的帮助，感谢 John Ellis 在这些冒险的岁月里提供的所有支持。

特别感谢 Todd Osterberg、Jason Dumars、Shaker Nazer 和 Brad Edgeworth。你们每个人都非常乐意给我机会，我欠你们太多，只希望能早日回报。谢谢你们。

——**John Curran**

前言

实施 Cisco SD-WAN 解决方案（ENSDWI 300-415）考试是 CCNP 企业认证考试科目之一。通过 ENSDWI 300-415 考试就能获得 Cisco 认证专家 ENSDWI 证书。这门考试涵盖了 SD-WAN 的核心技术，包括 SD-WAN 架构、控制器部署、边缘路由器部署、策略、安全、QoS、组播、管理以及运维。

实施 Cisco SD-WAN 解决方案（ENSDWI 300-415）的考试时长为 90 分钟。

关于本书

本书使用了大量特性来帮助读者理解考试主题，希望考生做好应考准备。

本书组织结构

本书包含 13 章。每章内容都涵盖了与实施 Cisco SD-WAN 解决方案（ENSDWI 300-415）考试相关的主题。每章内容与 ENSDWI 考试要点相对应，包含了考试中会遇到的概念和技术。以下是每章内容的简单介绍。

- 第 1 章，"Cisco 软件定义广域网（SD-WAN）简介"：简单介绍了软件定义网络、控制器和自动化，以及自动化管理和运营的好处与价值。
- 第 2 章，"Cisco SD-WAN 组件"：对各种控制器在内的 SD-WAN 组件进行了介绍，此外还介绍了各种类型的部署模型、控制平面、数据平面和云集成。
- 第 3 章，"控制平面和数据平面操作"：详细讲解了 OMP 以及它如何使控制平面的编排更为方便，并最终影响数据平面。本章还介绍了如何用 IPSec 构建安全的数据平面。与所有路由协议一样，OMP 也需要有防环机制。本章还讨论了 OMP 中环路避免的各种类型。
- 第 4 章，"上线与配置"：介绍了数据平面设备的各种部署方式，包括手动配置和即插即用（PNP）/零接触（ZTP）配置。本章还讨论了让配置管理更灵活、更具弹性的手段——模板。
- 第 5 章，"Cisco SD-WAN 策略简介"：介绍了 Cisco SD-WAN 策略的基础知识，包括不同类型的策略、策略的构造方式，以及如何将策略应用到 Cisco SD-WAN 矩阵。
- 第 6 章，"集中控制策略"：全面介绍集中控制策略。它用于控制或过滤 OMP 更新，以便在 SD-WAN 矩阵中操纵网络架构和转发模式。本章还介绍了丢包恢复技术，包括前向纠错和包复制。以上内容都通过一系列解决不同业务需求的用例呈现出来。
- 第 7 章，"集中数据策略"：讲述了如何用集中数据策略在数据平面上操控或过滤数据流，并覆盖通过 OMP 传播的正常转发行为。本章还讨论了一系列解决不同业务需求的用例。

- 第 8 章，"应用感知路由策略"：涵盖了应用路由策略，以及如何使用这些策略来确保流量在 SD-WAN 矩阵中通过符合 SLA 的链路转发。
- 第 9 章，"本地策略"：全面介绍了本地策略，包括本地路由策略、ACL 和 QoS。
- 第 10 章，"Cisco SD-WAN 安全"：介绍了 SD-WAN 的安全功能，以及为什么它与您的组织息息相关。本章还讲解了如何部署企业级的应用感知防火墙、入侵检测和防御、URL 过滤、高级恶意软件保护（AMP）和威胁网格（Threat Grid）、DNS 层安全、云安全以及 vManage 的认证和授权。
- 第 11 章，"Cisco SD-WAN Cloud onRamp"：从 Cisco SD-WAN Cloud onRamp 的定义入手，逐步说明了它优化应用体验的原理。本章还讨论了面向 SaaS 的 onRamp、面向 IaaS 的 onRamp，以及面向托管站点的 onRamp。
- 第 12 章，"Cisco SD-WAN 的设计与迁移"：阐述了企业设计 SD-WAN 的方法论。本章还介绍了 SD-WAN 迁移的准备工作、数据中心设计、分支机构设计以及 Overlay 和 Underlay 路由的集成。
- 第 13 章，"Cisco SD-WAN 控制器的私有化部署"：介绍了如何在私有云、企业内部或实验室环境中部署控制器。本章还讨论了证书的各种处理方法。证书在控制平面的加密和认证中起着至关重要的作用。

资源与支持

本书由异步社区出品，社区（https://www.epubit.com/）为您提供相关资源和后续服务。

提交勘误

作者和编辑尽最大努力来确保书中内容的准确性，但难免会存在疏漏。欢迎您将发现的问题反馈给我们，帮助我们提升图书的质量。

当您发现错误时，请登录异步社区，按书名搜索，进入本书页面，单击"提交勘误"，输入勘误信息，单击"提交"按钮即可。本书的作者和编辑会对您提交的勘误进行审核，确认并接受后，您将获赠异步社区的 100 积分。积分可用于在异步社区兑换优惠券、样书或奖品。

扫码关注本书

扫描下方二维码，您将会在异步社区微信服务号中看到本书信息及相关的服务提示。

与我们联系

我们的联系邮箱是 contact@epubit.com.cn。

如果您对本书有任何疑问或建议,请您发邮件给我们,并请在邮件标题中注明本书书名,以便我们更高效地做出反馈。

如果您有兴趣出版图书、录制教学视频,或者参与图书技术审校等工作,可以发邮件给本书的责任编辑(fudaokun@ptpress.com.cn)。

如果您来自学校、培训机构或企业,想批量购买本书或异步社区出版的其他图书,也可以发邮件给我们。

如果您在网上发现有针对异步社区出品图书的各种形式的盗版行为,包括对图书全部或部分内容的非授权传播,请您将怀疑有侵权行为的链接发邮件给我们。您的这一举动是对作者权益的保护,也是我们持续为您提供有价值的内容的动力之源。

关于异步社区和异步图书

"异步社区"是人民邮电出版社旗下IT专业图书社区,致力于出版精品IT技术图书和相关学习产品,为作译者提供优质出版服务。异步社区创办于2015年8月,提供大量精品IT技术图书和电子书,以及高品质技术文章和视频课程。更多详情请访问异步社区官网https://www.epubit.com。

"异步图书"是由异步社区编辑团队策划出版的精品IT专业图书的品牌,依托于人民邮电出版社近30年的计算机图书出版积累和专业编辑团队,相关图书在封面上印有异步图书的LOGO。异步图书的出版领域包括软件开发、大数据、AI、测试、前端、网络技术等。

异步社区

微信服务号

目录

第1章 Cisco 软件定义广域网（SD-WAN）简介 ·················· 1
   1.1 当今的网络 ······················· 1
   1.2 业务和 IT 的普遍趋势 ········ 3
   1.3 典型的业务需求 ················ 4
   1.4 宏观设计考量 ··················· 6
   1.5 Cisco 软件定义广域网简介 ····· 7
   1.6 广域网改造案例 ·············· 10
   1.7 用 ROI 测算成本收益 ······ 13
   1.8 多域环境简介 ················· 14
   1.9 总结 ······························ 17

第2章 Cisco SD-WAN 组件 ············ 18
   2.1 数据平面 ························ 19
   2.2 管理平面 ························ 24
   2.3 控制平面 ························ 25
   2.4 编排平面 ························ 27
   2.5 多租户选项 ···················· 28
   2.6 部署选项 ························ 29
   2.7 总结 ······························ 29

第3章 控制平面和数据平面操作 ····· 30
   3.1 控制平面操作 ················· 31
   3.2 数据平面操作 ················· 49
   3.3 总结 ······························ 69

第4章 上线与配置 ·························· 70
   4.1 模板简介 ························ 71
   4.2 模板的配置和应用 ·········· 75
   4.3 设备上线 ························ 78
   4.4 总结 ······························ 81

第5章 Cisco SD-WAN 策略简介 ······ 82
   5.1 策略用途 ························ 82
   5.2 策略类型 ························ 83
   5.3 策略框架 ························ 87
   5.4 策略的管理、激活和执行 ····· 93
   5.5 数据包的处理流程 ·········· 97
   5.6 总结 ······························ 98

第6章 集中控制策略 ······················· 99
   6.1 集中控制策略概述 ········ 100
   6.2 用例 1——分支站点隔离 ······ 101
   6.3 用例 2——数据中心回传分支流量 ····· 113
   6.4 用例 3——多宿主站点的流量工程 ····· 129
   6.5 用例 4——区域化 Internet 访问 ····· 139
   6.6 用例 5——区域全互连拓扑 ····· 145
   6.7 用例 6——用服务插入定义安全边界 ····· 152
   6.8 用例 7——访客隔离 ······ 158
   6.9 用例 8——基于分段的拓扑 ····· 162
   6.10 用例 9——企业互连和资源共享 ······ 166
   6.11 总结 ··························· 177

第7章 集中数据策略 ··················· 178
   7.1 集中数据策略概述 ········ 179
   7.2 集中数据策略用例 ········ 179
   7.3 用例 10——访客 DIA ····· 180
   7.4 用例 11——受信应用的 DCA ····· 192
   7.5 用例 12——基于应用的流量工程 ····· 201

7.6 用例 13——CDFW 保护企业用户 ·········· 207
7.7 用例 14——保护应用免受丢包影响 ·········· 214
7.8 总结 ·········· 224

第 8 章 应用感知路由策略 ·········· 225
8.1 AAR 的业务需求 ·········· 225
8.2 App-Route 策略的配置流程 ·········· 226
8.3 构建 App-Route 策略 ·········· 226
8.4 监控隧道性能 ·········· 232
8.5 流量映射 ·········· 240
8.6 总结 ·········· 250

第 9 章 本地策略 ·········· 251
9.1 本地策略简介 ·········· 251
9.2 本地控制策略 ·········· 252
9.3 本地数据策略 ·········· 263
9.4 服务质量策略 ·········· 267
9.5 总结 ·········· 274

第 10 章 Cisco SD-WAN 安全 ·········· 275
10.1 Cisco SD-WAN 安全简介 ·········· 275
10.2 企业级应用感知防火墙 ·········· 277
10.3 入侵检测与防御 ·········· 284
10.4 URL 过滤 ·········· 290
10.5 高级恶意软件防护和威胁网格 ·········· 294
10.6 DNS 层安全 ·········· 297
10.7 云安全 ·········· 301
10.8 vManage 的身份认证和授权 ·········· 303
10.9 总结 ·········· 307

第 11 章 Cisco SD-WAN Cloud onRamp ·········· 308
11.1 Cisco SD-WAN Cloud onRamp ·········· 308
11.2 面向 SaaS 的 Cloud onRamp ·········· 309
11.3 面向 IaaS 的 Cloud onRamp ·········· 324
11.4 面向托管站点的 Cloud onRamp ·········· 336
11.5 总结 ·········· 356

第 12 章 Cisco SD-WAN 的设计与迁移 ·········· 357
12.1 Cisco SD-WAN 设计方法论 ·········· 357
12.2 迁移准备 ·········· 358
12.3 数据中心设计 ·········· 359
12.4 分支站点设计 ·········· 366
12.5 集成 Overlay 和 Underlay ·········· 376
12.6 总结 ·········· 384

第 13 章 Cisco SD-WAN 控制器的私有化部署 ·········· 385
13.1 SD-WAN 控制器的功能回顾 ·········· 385
13.2 证书 ·········· 387
13.3 vManage 控制器的部署 ·········· 393
13.4 vBond 控制器的部署 ·········· 401
13.5 vSmart 控制器的部署 ·········· 405
13.6 总结 ·········· 410

第 1 章

Cisco 软件定义广域网（SD-WAN）简介

本章涵盖以下主题。
- **当今的网络**：介绍了当今网络面临的技术和挑战。
- **业务和 IT 的普遍趋势**：介绍了对广域网（WAN）有重大影响的常见趋势。
- **典型的业务需求**：介绍了企业对网络基础设施追求的成效和期望的结果。
- **宏观（high-level）设计考量**：涵盖了广域网设计的各个方面，讨论了影响广域网部署和运维的因素。
- **Cisco 软件定义广域网（SD-WAN）简介**：介绍了 Cisco SD-WAN 的优势和驱动力。
- **广域网改造用例**：介绍了企业正在采用的对 WAN 造成压力的各种用例。
- **用 ROI 测算成本收益**：介绍了 Cisco SD-WAN 带来的成本收益以及 ROI 测算模型的价值。
- **多域环境简介**：介绍了多域的用途以及与多域环境相关的价值。

1.1 当今的网络

IT 行业在不断地变化和发展。随着时间的推移，持续增长的应用对网络不停施压。新的范式正在形成并逐步取代旧的范式。网络技术也在进步和发展，它需要快速迭代并且部署简便。网络还需要更加智能地连接各种分布式环境，如园区、分支机构、数据中心和广域网，并利用来自这些环境的数据。这样，我们对数据的使用方式就能变得前所未有的强大而有趣。

实现这一目标的动力来自：
- 人工智能；
- 机器学习；
- 云服务；
- 虚拟化；
- 物联网。

这些新技术的涌入给 IT 运营人员带来了挑战。它需要更健壮的规划和翔实的参考案例，这对成功至关重要。另外，这些新技术的部署、日常运维以及技术与网络环境的适配也很重要，工程师需要理解这些技术对企业生产的利弊得失。他们必须引入更先进的网络架构以降低日常运维成本和复杂度。正因为每张网络在某种程度上都较为特殊，拥有能够管理这种复杂性的工具对运营人员来说已经必不可少。

自动化是业界许多人努力追求的目标，这是因为当今的网络正变得越来越复杂。企业往往在 IT 人员有限、预算不变甚至日益削减的情况下运营，并一直试图压榨网络的潜力。采用这些技术的另一个驱动力是改善环境中的整体用户体验，包括让用户能够灵活地从网络中的任何位置访问任意关键业务应用，并获得卓越的体验。与此同时，IT 运营人员也在寻找简化网络操作的方法。

手工配置存在着诸多固有风险，在向网络部署新的应用或服务时，也许无法快速切换，错误配置也时常发生，可能会导致网络中断或性能降低，影响公司业务，甚至造成财务损失。最后，还有一种风险是，由于 IT 人员无法跟上扩展性需求而导致网络上的某些关键业务不可用。根据 Cisco 技术支持中心（TAC）在 2016 年进行的一项调查，95%的 Cisco 客户通过手工配置在网络中执行和部署任务。该调查还表明，70%的 TAC 案例的创建与错误配置有关。这意味着输入错误或误用命令是网络中大多数问题的罪魁祸首。这就是自动化的闪光点：能够基于意图进行配置变更。例如在整个环境中部署服务质量（QoS），然后让网络正确地自动配置它。自动化能以极快的速度持续、正确地配置服务或功能，对企业来说具有巨大的价值。它能简化操作、减少人为失误并最终降低风险。

一个简单的类比是汽车。作为汽车的消费者，大多数人使用它们来实现特定的意图（就是从 A 点到达 B 点）。此时，汽车是作为一个整体系统运行的，而不是组成这个系统的零部件的集合。例如一个向用户提供车辆如何运行和当前状态信息的仪表盘。当用户想要使用车辆时，需要按照一系列步骤进行操作。驾驶员只需将汽车挂上挡位，然后利用系统从 A 点开到 B 点就可以表明驾驶意图。图 1-1 所示为这一类比。

图 1-1　汽车作为整体系统

为什么不能以同样的方式看待网络呢？30多年来，业界一直把网络看作是路由器、交换机和无线设备等硬件的集合。如今，控制器的出现让我们可以转变思维方式，把网络看作一个整体系统。角色和功能的解耦对网络设备而言就是控制平面和数据平面的分离。拥有一个位于网络设备集合之上的控制器，其优势在于可以后退一步，从一个集中的管理点将网络作为一个整体来操作——就像坐在驾驶座上操作汽车，而不是试图通过单个部件来控制汽车。想想熟悉的命令行界面（CLI），CLI不是为了同时对多个设备进行大规模的配置操作而设计的。传统的运维方法已经不能满足当今网络的发展速度和需求。IT运营人员需要能够快速响应，简化传统的操作和配置网络的步骤。Cisco软件定义网络（SDN）和控制器功能正在成为业界关注的领域，它们正在不断迭代并已经能够解决IT运营团队所面临的挑战。控制器提供了将网络作为一个系统来管理的能力，这意味着策略管理可以自动化和抽象化。这样就可以在整个网络中支持动态、可扩展和一致的策略变更。

1.2 业务和IT的普遍趋势

传统网络基础设施是在明确安全边界之后部署的。多数应用程序对带宽要求不高，而且内容和应用大部分集中在企业的数据中心。今天，企业有着截然不同的需求。高带宽、实时和大数据应用正在挑战网络负荷的极限。随着用户自带设备（Bring Your Own Device，BYOD）、云计算，以及企业与企业（B2B）动态生态系统的激增，导致在某些情况下，流量的目的地以Internet或公有云为主。过去的安全边界正在迅速消失。维持现状的弊端和风险是巨大的，技术创新也没能全面解决这个问题。软件即服务（SaaS）和基础设施即服务（IaaS）产品的应用也在大幅增长。似乎每天都有更多的应用程序迁移到云上。由于传统架构是利用一个或多个集中式数据中心的Internet资源承载应用，因此无法有效解决基于SaaS的生产力和业务应用程序的问题。例如，微软Office 365、Google Apps和Salesforce（SFDC）等应用。以下列出了一些业内最常见的趋势：

- 应用程序上云（私有云和公有云）；
- Internet边界向远端分支站点迁移；
- 移动设备（BYOD和访客接入）；
- 高带宽应用；
- 物联网设备。

由于BYOD和访客服务的存在，远端站点上访问这些应用和Internet的移动设备数量与日俱增。这些设备带来的额外流量和物联网的发展趋势都给网络带来了巨大的压力。此外，交互式视频终将成为新的VoIP。语音和数据服务的融合已经完成，视频也不可避免。今天的网络不仅要利用QoS对视频应用进行优化，还要解决用户对其他高带宽、延迟敏感的应用程序的需求。这就需要重新思考网络的容量规划，包括寻找最大化当前投资的方法。可选的方案是将某些类型的流量在站点本地卸载，抑或是把广域网连接变为双活模式。然而，在传统网络中这些方案都不容易落地，需要大量的手工配置。当要求故障切换或冗余时，人工干预几乎是必须的。这还增加了网络的复杂度。

业务和 IT 的趋势一目了然。对 IT 运营人员来说，重要的是把这些趋势转换为业务面临的实际挑战，进而提出相应的 IT 解决方案。如前所述，广域网正遭遇前所未有的压力。这迫使 IT 团队必须找到缓解压力的方法。企业也在寻找方法，以充分利用现有资源来改善用户和应用程序体验，降低成本。传统网络缺乏对应用可视化和性能的控制。不断增长的安全威胁也在促使企业寻找优化路径。然而，组织的内部孤岛也使许多企业无法从这些新技术中获益。要想充分利用软件定义的优势，就得打破孤岛，实现企业的共同目标。

1.3 典型的业务需求

本节将介绍企业对网络和广域网的一些典型需求。设计和部署下一代广域网的目标是利用软件定义的优势来控制网络环境，提升整体用户体验。下面列举了部分软件定义的优势：

- 通过精细的粒度控制，确定流量优先级并保护流量安全；
- 降低成本，减少操作的复杂性；
- 增加或替换昂贵的广域网带宽；
- 提供一致的、高质量的用户体验；
- 卸载访客和公共云流量；
- 确保远端站点的在线时间。

通常，企业希望增加或替换昂贵的宽带服务，并从主/备广域网传输模型过渡到主/主模型。仅此一项就能帮助企业降低成本。然而，其中的挑战在于宽带数量的增加会提高操作的复杂度。当企业希望简化 IT 并创建一个一致的运作模型时，就应该竭力避免复杂性。事与愿违的是，除了停电宕机会影响远程站点的在线时间和业务连续性外，网络延迟、抖动和丢包等情况也会导致关键应用无法使用，即所谓的"不稳定"（brownout）。因此，当今大多数企业都把提供一致的高质量用户体验放在首位，而不是用一个模式套用所有应用程序。这是因为每个组织或部门都有对自己至关重要的应用，是开展生产所必需的。例如，语音和视频可能是一个企业（如呼叫中心）最关键的应用。然而，在垂直零售行业中，销售终端系统（Point of Sales，PoS）或线上交易可能更为关键。这取决于每个应用在特定组织中的重要性。企业需要灵活强大的功能、精细的粒度控制来定义应用的优先级。人们希望收回控制权，而不是依赖服务运营商的配置调整来确保网络的连通性。这超越了传统的路由或 QoS，延伸到应用体验和程序可用性。许多企业依然对将 Internet 的边界扩展到它们的远程站点感到不适。但是，这对于更有效地支持驻留在公有云的应用推广是必要的，比如 SaaS、IaaS 和生产力应用等。相反，许多企业感兴趣的是将分支的访客流量直接转发到分支本地的 Internet 接入中，因为在分支本地卸载这些流量更高效。通过集中式数据中心对分支站点的 Internet 流量进行路由并提供服务会浪费宝贵的广域网带宽。

今天的网络无法通过高速扩容来跟上企业不断变化的需求。传统上，以硬件为中心的网络价格昂贵且容量固定。逐机箱的配置方法、孤立的管理工具和缺乏自动化配置使它们难以部署。区域间的策略冲突和服务间的不同配置也让它不够灵活、呆板、昂贵且难于维护。因此，运维传统网络更容易出现配置错误和安全漏洞。革新的关键是，从以连接为中心的体系结构，转变为以用户应用和服务体验为中心的基础架构。图 1-2 所示为影响关键服务水平协议（SLA）、破坏业务连续性的一些可能因素。

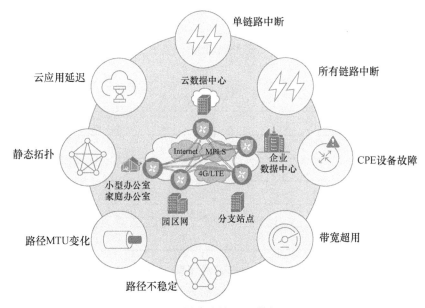

图 1-2　影响关键 SLA 的问题

如今支持企业上云所需的解决方案必须是完整的。它应该基于前面提到的软件定义方法，并利用控制器的概念。解决方案还需要包括一系列新的特性，以降低运营成本和复杂度，促进业务的连续性和快速创新。其中，将管理平面、控制平面和数据平面解耦可以提供更多的水平扩展能力，也能在网络中随时定位到数据，提高安全性。

解决方案还应该支持各种应用场景，例如托管在云端或用户本地，并能互为冗余。它还必须提供一套完整的网络可视化和故障排除工具，并支持通过单点登录来获取。新方案将助力于企业获得以下优势：

- 更快的分支机构部署，无须交互操作；
- 完整的端到端网络分段，增强安全性和隐私；
- 提高广域网性能；
- 拓扑无关性；
- 更好的用户体验。

目前为止讨论的所有问题对企业都是至关重要的，企业需要推动网络成为一种资产，来帮助它们在行业中脱颖而出。许多企业通过榨取网络最大利用率来交付价值，从而使其业务获得差异化竞争优势。这就是推动行业采用这类技术的动力，也是业界加速部署这些解决方案的原因。

1.4 宏观设计考量

当今的大多数网络可以根据复杂度来分类，比如按照有无冗余架构进行划分。一个没有对故障或中断进行规划的网络是最简单的，它通常由多个"单故障节点"组成单主架构。当试图引入冗余设计时，往往会增加网络复杂性。一个冗余的网络通常可以包含许多不同方面，单独考量广域网的话，可以将它们分为链路冗余和设备冗余。表 1-1 列出了广域网在引入冗余设计时使用的一些常见技术。

表 1-1 常用冗余技术

链路冗余	设备冗余
管理距离	重分布
流量工程	环路预防
优先路径选择	优先路径选择
前缀汇总	高级路由过滤
路由过滤	

为了帮助大家对这些冗余设计有一个直观的了解，图 1-3 列出了常见的广域网拓扑结构及其采用的冗余类型。图中还标注了它们使用的设备和各种链路。

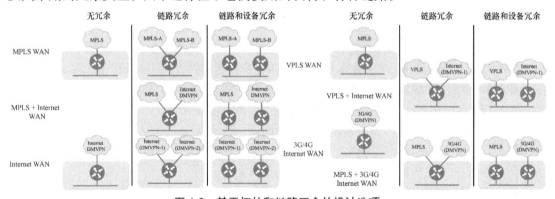

图 1-3 基于拓扑和链路冗余的设计选项

除了与冗余相关的复杂性之外，引入各种功能也会增加网络环境的复杂性。例如，保护网络安全，防止恶意行为；出于合规或政策考虑，利用网络分段技术将流量隔离；甚至是部署 QoS 确保应用程序的性能并提高用户体验。使问题更加复杂的是必须手动配置这些选项。今天的网络过于僵化，必须有所改变。业界正从以连接为目的的网络交付模式向数字化转型。转型的标志是从关注硬件设备的解决方案转向开放、可扩展、软件驱动、可编程和支持云的解决方案。图 1-4 简要描述了这个转型过程。基于意图的网络（Intent-Based Network，IBN）正在席卷整个行业。这个概念的核心思想是将业务意图自动转换成相应的网络任务。它更加依赖自动化来处理日常运营，这样才能让网络管理员可以抽出时间专注于挖掘网络的业务价值。这是通过策略驱动、自动化和自我优化的功能实现的。这样就能保证闭环的自动化服务，将网络管理员从被动响应转换到一种更主动、更有预见性的工作模式，并让运营人员聚焦在企业内更具战略意义的规划上。

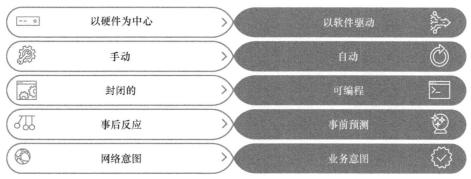

图 1-4　数字化转型

1.5　Cisco 软件定义广域网简介

将焦点从以网络为中心的模型转换到基于业务意图的广域网是一个巨大的革新。基于意图的广域网架构可以简化应用的部署和管理。与此同时，人们理解网络的角度也需要从网络设备拓扑转变为应用服务拓扑。网络工程师面临的共同挑战是在广域网上支持各种新老应用。本章前面提到，这些应用会消耗巨大的带宽，并且对可用带宽质量的变化非常敏感。诸如抖动、丢包和延迟等因素会影响大多数应用，因此改善这些应用运行的广域网环境就变得尤为重要。此外，基于云的应用，如企业资源规划（Enterprise Resource Planning，ERP）和客户关系管理（Customer Relationship Management，CRM），也对广域网提出了带宽需求。随着云应用的层出不穷，在笨拙的传统广域网上满足它们对带宽和服务的需求将变得昂贵又困难。今天的大多数企业必须依靠 MPLS L3VPN 的服务运营商来控制它们的广域网路由和网络 SLA。这限制了企业通过云或 SaaS 交付应用的能力。服务提供商可能需要几个月的时间来完成对广域网的变更，以支持这些应用程序。有时甚至会向它们的用户收取巨额费用，或者根本不提供这样的变更服务。服务运营商目前控制着广域网核心，所以企业没有办法独立于底层传输来实例化 VPN。在这样的情况下，为个别应用实现差异化的服务等级即便可能，也是极其困难的。

这就是混合广域网概念兴起的原因。混合广域网是指企业将其他非 MPLS 链路添加到广域网中，作为应用跨越广域网环境的备用路径。这些链路可以被企业完全掌控——从路由控制到应用性能。

通常，VPN 隧道是在这些链路之上创建的，其目的是在任何类型的链路上提供安全传输，包括普通的宽带 Internet、L2VPN、无线和 4G/LTE。这被称为链路无关的传输，即在

VPN 下可以使用任何类型的传输链路，并获得确定的路由和应用性能。与传统服务运营商控制的 L3VPN MPLS 链路相比，在这种廉价的商用链路上转发应用，能以独有的粒度控制网络流量、设计冗余和提高弹性。图 1-5 所示为一些常见的混合广域网拓扑结构。

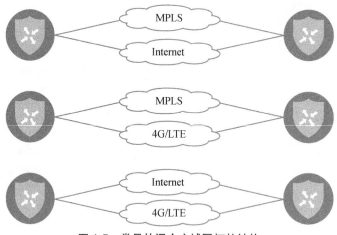

图 1-5　常见的混合广域网拓扑结构

混合广域网基于服务建立拓扑连接，用集中策略来管理；相对地，传统广域网基于网络建立拓扑连接，用分散的对等体模型来管理。这意味着传统广域网的路由关系是由多个独立运作的控制平面建立的。诸如 OSPF 和 BGP 之类的路由协议用于建立站点 VPN 路由，IPSec 用来保障安全传输。路由平面和安全控制平面彼此独立运行，它们都有各自的扩展限制、收敛需求和策略实施。换句话说，各个控制平面都有独立的策略和配置。因此，更改配置时，就必须配置所有对等体并在控制平面上发布。这就带来了人为操作失误的隐患，容易导致配置错误或丢失，最终影响应用程序的运行。

1.5.1　传输无关

Cisco SD-WAN 采用了一种与底层传输类型无关的技术将远程站点连接在一起，即 Overlay 技术。Overlay 是一种广域网隧道技术，它能在任何目的地之间通过任意类型的传输链路建立通信隧道。因此，它是 VPN 技术中的一员。例如，Overlay 技术能够连接使用 MPLS 和 Internet 链路的分支站点。无论站点使用哪种类型的链路或传输方式，Overlay 技术都为跨网络路由应用程序提供了真正的灵活性。这就是传输无关的定义。借助全互连的 Overlay 网络，远程站点无论在物理上或逻辑上如何分隔，总是与其他站点相距一跳。这对延迟敏感的应用和动态通信场景（如语音或交互式视频）有很大的好处。这种架构不但在操作上更简单，而且从用户体验的角度提供了无缝迁移。传输无关是 Cisco SD-WAN 的主要优点，站点可以使用灵活、廉价的共享链路，而不是呆板、昂贵的静态宽带。虽然服务提供商可以升级链路带宽，但成本通常是一个障碍。此外，很多时候，受端口类型的制约，需要升级或替换整个物理链路的可能性更大。比如，一条 100Mbit/s 的 MPLS 链路在交付时的物理传输端口可能刚好只有 100Mbit/s。在这种情况下要升级带宽就需要运营商提供一个更高速的端口，如 Gbit/s（千兆）或 10Gbit/s（万兆）以太网端口。另一个例子是当试图从 45Mbit/s 的 DS3 转换到 1Gbit/s 的以太网链路时，由于电气规格不同，整个电路和传输机制就不得不更换。所有这些都需要时间，而这正是 SD-WAN 要解决的问题。利用 Cisco SD-WAN，企业通常可以采购商用 Internet 链路，在短短数周后交付并马上部署到网络环境中。在某些情况下，可以将多个分支站点看作是跨越广域网的单个站点。这意味着在完全不同的传输介质上（如 MPLS 和 Internet）拥有一个虚拟结构。图 1-6 所示为一个 Cisco SD-WAN 环境的宏观设计案例。它涵盖了上述所有内容并将用户、设备和应用融入其中。

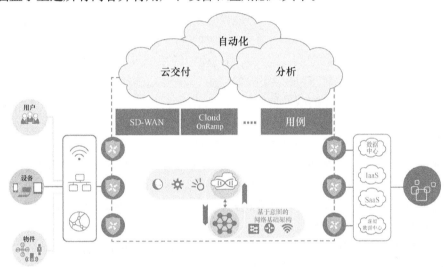

图 1-6　SD-WAN 宏观概览

从以网络为中心的广域网演进到以应用和服务为中心的广域网需要一个不同的视角。图 1-7 所示为在基于业务意图视角下的网络组件，以及它们如何适配新的模型。

图 1-7　基于业务意图的网络组件

1.5.2 重识广域网

如果要重新定义广域网的技术和方法，就必须对今天的广域网架构和管理方式进行一些根本性的改变。这些改变将涉及下列关键领域：

- 安全的弹性连接；
- 云优先；
- 应用体验；
- 敏捷运维。

从安全的角度重识广域网，端到端的分段和策略是至关重要的。在整个环境中，控制、数据和管理平面必须分离。环境应该能够支持稳健且可扩展的本地加密，提供轻量级密钥管理，并利用零信任模型。也就是说，组件入网过程中的每个步骤都必须经过验证和确认。

从连接的角度重识广域网，环境中集成的路由、安全和策略都应该建立在安全连接之上。该解决方案必须同时支持多种类型的传输链路，并最终创建一个与传输无关的操作模型。无论是 Underlay 还是 Overlay，都需要支持在水平和垂直方向的弹性扩展。此外，先进的 VPN 功能和灵活的拓扑结构对满足业务需求也是至关重要的。

从应用的角度重识广域网，SD-WAN 解决方案中的所有组件应该全部支持完整的应用感知，并能够为网络和应用提供内置的优化技术。网络已经进化到可以感知应用的阶段，它必须能够为应用选择最优路径以连接到企业内部或云端。还需要确保应用的连续性和安全性，让用户获得最佳体验。

当运维这种面向应用和服务的新型广域网时，网络操作员必须能够利用模板定义全网策略，而不仅仅是设备或节点级别的策略。控制器需要能基于集中的策略编排来协调广域网边缘路由器之间的转发路径。新型广域网在面对不断变化和发展的组织需求时，能始终保持在单点执行策略变更。这不仅能减少花在配置上的时间，还能降低错配的风险。在北向访问上，方案应该提供可编程的、开放的应用程序编程接口（Application Programming Interface，API）来支持自动化和编排功能。在南向访问上，方案也能通过 API 接口与第三方集成。

1.6 广域网改造案例

在这个时代，有很多需要优化广域网环境的理由——从流量负载均衡到确保应用程序拥有最佳性能。下面几节介绍了一些驱动广域网改造的案例。

1.6.1 带宽聚合和应用负载均衡

今天有许多需要改变广域网流量处理方式的用例。有些需求很简单，如企业希望将带宽聚合，同时使用公共链路和专用链路传输数据。假设企业拥有 A、B 两条链路，传统的 A 或 B 模型意味着次级传输链路（链路 B）通常处于空闲状态，没有任何流量使用它，直到链路 A 出现故障。然而，在混合广域网方案中，能够同时利用多条链路提供带宽叠加的能力。这就是 A+A 或双活模型。通过这类设计还可以实现应用的负载均衡。这种混合环境仅用两条专用传输链路的一小部分成本就获得了更高的应用程序性能,还提高了网络弹性和灵活性,没有安全风险。图 1-8 所示为在混合环境中的多条链路上部署应用负载均衡的各种选项。可以看到,默认情况下实现了基于会话的双活负载均衡。用户可以在设备上配置基于会话的加权轮询机制,也可以通过策略将应用程序"绑定"在特定的链路上,或者强制使用指定链路进行传输。同样地,通过强制策略执行可以实现应用感知路由(Application Aware Routing,AAR)或服务等级保障路由(SLA Compliant Routing)。策略能寻找符合指定流量特征(如抖动、丢包和延迟)的传输路径来转发应用。

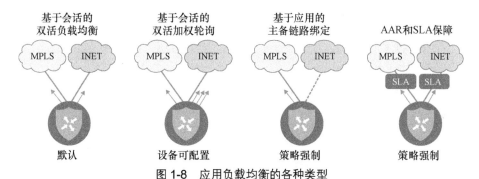

图 1-8　应用负载均衡的各种类型

1.6.2　SLA 保障关键应用

推动广域网进化的另一个案例是为关键应用提供 SLA 保障。如前所述,可以根据应用程序对网络的具体需求来路由流量,并提供有关应用性能表现的统计信息。根据配置的策略,用 SLA 来衡量应用是否遵循该策略并正确执行,抑或是正在遭受抖动、丢包或延迟的影响。如果是后者,可以将应用路由到另一条传输路径上,确保应用能在策略范围内执行预期的 SLA。图 1-9 说明了这个特殊的场景。在混合广域网环境中,一个很好的例子是 MPLS 链路和 Internet 链路。如果 MPLS 链路丢包率为 5%而 Internet 链路没有丢包,则适合通过 Internet 链路路由应用以确保应用的正常运行,用户在与应用交互时也能获得最佳体验。

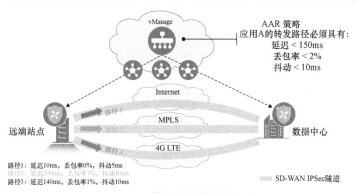

图 1-9　基于应用性能的路由

1.6.3 端到端分段

网络分段（Segmentation）是驱动广域网升级的另一个案例。通常情况下，企业内不同部门的网络间应该隔离。例如，研发部门的网络需要与生产环境分隔开。又如，当企业间并购时，连接到合作伙伴的外联网可能既要保持网络的连通性，又能进行细分。这就需要将这些网络拓扑作为一个整体进行管理。图 1-10 描述了端到端分段的拓扑结构，以及如何在隧道上承载各个 VPN。图中的每一个隧道都终止于环境中的边缘路由器。

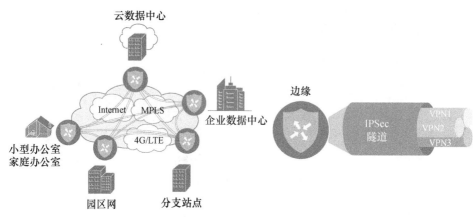

图 1-10　端到端分段

1.6.4 直接 Internet 访问

直接 Internet 访问（Direct Internet Access，DIA）也是最常见的改造案例。DIA 使分支机构能够直接将流量从本地 Internet 端口转发出去，而不是统一回传到数据中心进行检查。这使得分支机构可以直接访问位于 Internet 和云服务运营商的应用，无须使用数据中心的广域网带宽。DIA 正在逐渐成为主流解决方案。图 1-11 所示为用户访问 Internet 和云端应用的传统方式，这种方式无法获得理想的应用性能，而且对中心站点的广域网基础设施造成了压力。原本应用可以在站点本地直接转发到 Internet，而现在却不得不消耗宝贵的数据中心带宽。这种方式还增加了应用延迟，因为流量必须经过数据中心转发后才能抵达 Internet。

重识和改造广域网促使业内引入新的机制来实现更好的网络性能和用户规模。通过使用 DIA 设计可以将延迟敏感的云应用在站点本地直接卸载到 Internet，降低了延迟。使用这种设计的分支站点还能灵活地在本地部署防火墙或流量审计设备，防止站点受到来自 Internet 的恶意威胁。

图 1-12 所示为新型广域网环境中访问云应用的流量模型。

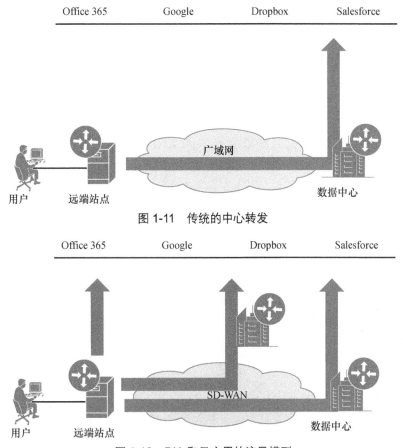

图 1-11 传统的中心转发

图 1-12 DIA 和云应用的流量模型

1.6.5 全面管控的网络解决方案

最后，还有一种案例，即企业可以直接把网络委托给其他人来管理，如 Cisco 或 Cisco 的合作伙伴。更加灵活的是，企业不仅可以将网络作为一个整体来管理，还能根据业务来调控托管服务的策略和报告。这对那些希望转向收益性支出（Operating Expense，OpEx）模式的客户更具吸引力。与传统的资本性支出（Capital Expenditure，CapEx）模式相比，这允许客户以订阅的方式为网络付费，类似于支付电费或手机账单。这样的消费模式切实为消费者提供了新的选择。

> 注意：以上案例和技术都将在本书后文中详细介绍。

1.7　用 ROI 测算成本收益

在引入 Cisco SD-WAN 时，一项重要的工作是建立可量化的投资回报率（Return On

Investment，ROI）模型。企业在调研 Cisco SD-WAN 时会发现，把某些昂贵的链路替换为高速的商用 Internet 链路不仅可以降低广域网的总体成本，还能增加冗余和弹性。通常，在迁移到 Cisco SD-WAN 之前，这些效益还无法充分发挥。

很多公司免费为客户提供 ROI 模型，事实证明，这几乎是向 Cisco SD-WAN 迁移过程中的必经之路。一些客户在调研中切实看到了降低成本和增加带宽的好处，最终在不增加总体成本的情况下完成了项目。图 1-13 所示为一个计算 ROI 的例子。令人惊讶的是，从双 MPLS 链路变更到双商用 Internet 链路能节省 64%的支出。它至少证明了在开始实施和部署 SD-WAN 前 ROI 调研的价值。

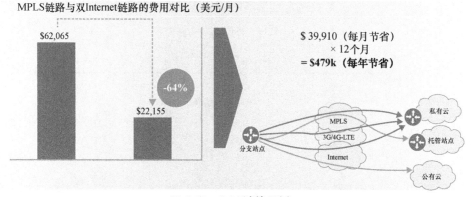

图 1-13　ROI 计算示例

> **注意**：以上数据摘自一个真实的案例。根据每个企业的实际链路成本、链路类型和地理位置，ROI 的测算结果都有所不同。这些数字只是示例，仅供读者参考。

1.8　多域环境简介

今天，数据的生成和存储越来越分散，它们可以分布在网络中任何区域。传统环境中，企业的大部分数据都集中存储在数据中心。随着访客用户、移动设备、BYOD 和物联网的涌入，数据的生成变得更加分散。这意味着行业正在从集中式的单中心向分布式的多中心演进。也就是说，要提升用户的应用体验，一方面要依靠简单、安全和高可用的连接，另一方面还需要拥有一个可以跨越这些分散区域的无缝策略。例如，策略可以从园区网环境延伸到广域网，进入数据中心，然后再返回园区。部署这样的策略可以为跨越多个区域的流量提供一致和明确的行为。图 1-14 所示为园区分支站点和运行 Cisco ACI 的数据中心之间共享策略的宏观示例。

在未来的多域演进中，通用策略可以端到端地管理所有区域。利用诸如 SLA 来评估应用流量在数据中心和广域网之间的往返质量，可确保应用程序在整个网络上获得最佳性能。凭借通用策略可以缓解广域网的压力，在多域环境中提供更好的用户体验。图 1-15 所示为多域环境下的逻辑拓扑。

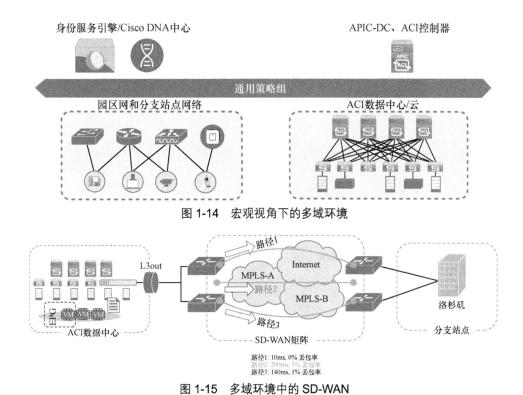

图 1-14 宏观视角下的多域环境

图 1-15 多域环境中的 SD-WAN

正如本章前面提到的，多域赋予网络作为一个整体系统运行的能力。而跨域的通用策略将基于意图的网络提升到新的水平，实现了无缝的应用体验。它还带来无处不在的安全性，以及完整的控制和操作粒度。

云计算的趋势和应用

云计算已经席卷了整个行业。这些年来，对云的依赖显著增长，从音乐、电影和存储，到 SaaS、IaaS。今天，企业的许多商业活动，如应用程序开发、质检和生产都在云中进行。更复杂的是，企业依靠多个云服务商来运营它们的业务，它要求每个服务商都有定制的策略集、存储容量和整体运营能力。与此同时，企业正在努力应对影子 IT（shadow IT）和应用程序后门等问题。这意味着各业务线（Lines of Business，LOB）将在没有专业知识或 IT 部门指导的情况下独立寻找云服务商，并在云中按需扩展应用程序。如何在这样的模式下确保安全性和私密性引起了人们的广泛关注。企业的商业机密和知识产权存在泄露的可能，风险巨大，会严重损害企业的品牌和声誉。此外，在云中从事应用生产或开发，需要一定的优先级处理以确保将应用程序正确地交付给用户。在上述方面，Cisco SD-WAN 的一些功能可以确保应用程序得到适当的处理，为用户提供优异的体验。图 1-16 所示为企业对广域网的需求以及 Internet 对企业的运营为何至关重要。

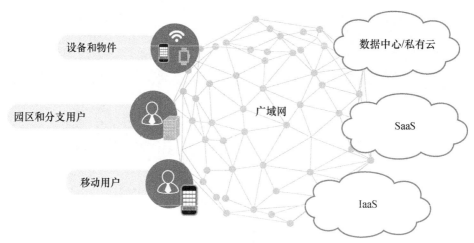

图 1-16　云端应用对广域网的需求

如前所述，DIA 可以改善这个问题。通过检测应用程序在一条或多条 Internet 接入链路上的性能，边缘路由器能够根据既定参数选择性能最佳的路径。如果通向云端应用程序的某条链路出现故障或性能下降，则可以自动将应用程序切换到另一条 Internet 链路上。这个过程不需要网络运维人员的干预。多链路通过 DIA 访问云端应用的场景如图 1-17 所示。

图 1-17　站点多链路 DIA

DIA 的概念也适用于具有远程分支站点的环境，这个远程分支站点具有直连的 Internet 链路，以及集中数据中心内的 Internet 链路。根据应用性能检测的结果来选择转发路径的行为与之前相同。同样，由于解决方案中内置了多条可用路径，因此也能防止链路不稳定或中断。图 1-18 所示为具有一条站点本地 Internet 链路和一条数据中心 Internet 链路的场景。同样地，边缘路由器会根据配置的策略和应用程序参数在 DIA 链路间做出决策。这些决策不但是全自动的，并且可以逐应用、逐 VPN 定制，而且对环境中应用程序的性能提供了惊人的弹性和控制力。

图 1-18 站点 DIA 和数据中心 DIA

1.9 总结

本章高屋建瓴地概述了当今网络给企业和运营人员带来的挑战，还讨论了业界常见的业务和 IT 趋势，以及它们对当今网络的影响。企业和 IT 运营人员所期望的整体效益推动了对广域网环境的重新认识。云应用和网络内大量数据的涌入对广域网造成了压力，这使得企业不得不寻找缓解广域网和整个企业压力的方法。本章所涉及的案例将在本书后文中深入讨论。成本并不是企业关注 SD-WAN 的唯一驱动因素，应用程序性能、安全性、网络分段、用户体验的提升、冗余和弹性也是 SD-WAN 的关键驱动力。

第 2 章

Cisco SD-WAN 组件

本章涵盖以下主题。
- **数据平面**：讨论实际转发数据流量的物理和虚拟路由器。
- **管理平面**：介绍处理大部分 SD-WAN 矩阵日常管理事务的组件。
- **控制平面**：介绍处理所有策略和路由的组件。
- **编排平面**：介绍有助于发现、认证和简化架构的组件。
- **多租户选项**：概述 Cisco SD-WAN 解决方案中的各种多租户选项。
- **部署选项**：涵盖各种部署选项，包括 Cisco 云、AWS/Azure 和用户自建。

本章介绍构成 Cisco SD-WAN 架构的各类组件和部署选项。从宏观结构上讲，这些组件按照它们在 Cisco SD-WAN 解决方案中所扮演的角色可以划分为：

- 数据平面；
- 管理平面；
- 控制平面；
- 编排平面。

在当今的传统网络中，数据平面、管理平面和控制平面都位于同一台路由器上，它们协同工作，促成网络设备间的通信。在传统路由器上，上述三个平面分别对应的是线卡（处理数据包的交换和转发）、命令行界面（CLI，操作管理路由器）和 CPU（计算路由表和通告网络）。网络中的每台路由器都由这三个部分组成，用户可以通过 CLI 对 CPU 和线卡进行编程，让路由器按照意图运行。在一张拥有大量路由器的传统网络中实现特定的网络需求，需要单独操作每台路由器。然而，随着网络规模的扩大，需要人工干预的配置量急剧增加，网络也变得更加复杂。其次，每台路由器都以自身的视角来计算路由表。假设在一张含 6000

条路由的网络中，每当网络发生变化，所有路由器都必须同步更新这些路由条目。这就要求路由器需要足够的 CPU 和内存资源来处理这些更新，从而造成大量开销。再者，在一个有大量站点和路由条目的网络上通过优化路由表来达到预期效果是相当复杂的，无论网络拓扑是全互连（Full Mesh）、星型（Hub and Spoke）还是部分互连（Partial Mesh）。最后，由于每台路由器都是单独编程的，在逐个操作路由器时，需要冒着设计失误或人为误操作的风险。

Cisco SD-WAN 解决方案采用分布式架构，也就是将数据平面与控制平面、管理平面解耦。图 2-1 所示为所有组件是如何融入架构的。

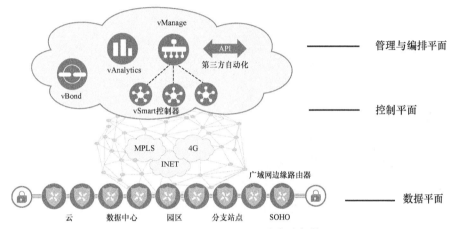

图 2-1　Cisco SD-WAN 分布式架构

这种转控分离的架构相比传统架构的优势在于，能够支持更大规模的网络，同时减少操作和计算开销。这种体系结构与传统网络的不同之处是将数据平面、控制平面和管理平面分离开来，由此带来的好处是支持大规模网络，同时减少了操作和计算开销。因为控制平面知道网络上的所有路由和节点，因此只需一次计算和更新，就能将路由分发到所有必要的节点上。相比让每台路由器自己计算路由信息库（Routing Information Base，RIB），发送路由更新，这大大减少了网络开销和计算资源，从而为边缘设备（WAN Edge）带来更多的特性和功能。从网络的整体视角出发，用户可以在 SD-WAN 矩阵中创建通用的网络策略，且只需在管理平面编辑一次。当新的设备添加到网络中时，它们也会收到相同的策略，以确保网络按照预期运行。本书将介绍在扩展网络规模和功能的同时，如何轻松创建各种拓扑和策略。

2.1　数据平面

在传统网络上，数据平面由物理层接口组成（例如以太网、光纤和串行接口等），这类似于路由器和交换机上的线卡，与 Cisco SD-WAN 解决方案中的边缘设备相对应。边缘设备可以是 Cisco vEdge 路由器或 XE SD-WAN 路由器。通过本节的介绍，可以了解这两种平台的差异和功能，以及如何选择满足业务需求的平台。数据平面设备可以部署在分支机构、数据中心、大型园区、托管设施或云端。根据冗余需求，站点可以安装单台或多台边缘设备。

数据平面位于 SD-WAN Overlay 上，用来转发用户、服务器和其他网络流量。数据平面支持 IPv4 和 IPv6 协议，还能为流量强制执行数据策略，如 QoS、AAR 等。

在 SD-WAN Overlay 内的每台路由器都会与其他路由器建立数据平面连接，承载用户流量。连接仅在数据平面设备之间建立，并用 IPSec 保护。如前文所述，原始的 IPv4/IPv6 有效载荷遵循 RFC 4023 规范在本地完成分段封装后，穿越 SD-WAN Overlay。这样的话，网络管理员可以根据业务需求和安全规则构建隔离的数据平面实例。原始数据包用 IPSec 封装，提供加密和身份验证，SD-WAN 数据包头部如图 2-2 所示。

图 2-2　Cisco SD-WAN 数据包格式

Cisco SD-WAN 解决方案支持基于 VPN 或数据平面实例的独立拓扑。这些 VPN 承载在单个 IPSec 隧道中，之间的通信完全隔离，除非策略允许。例如，企业用户的网络使用全互连拓扑，而 PCI 或 HIPAA 的应用可以部署星型拓扑。图 2-3 用图形体现了这个概念。在局域网或服务侧，数据平面支持 OSPF、EIGRP、BGP 等路由协议。对于不使用路由协议的规模较小的站点，支持使用 VRRP 来提供第一跳网关冗余。

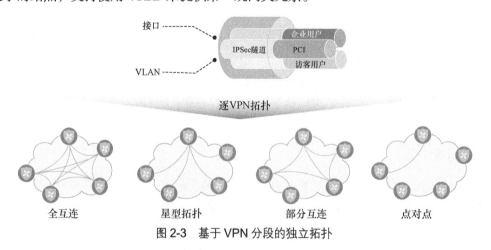

图 2-3　基于 VPN 分段的独立拓扑

> **注意**：从通用路由角度来看，Cisco SD-WAN 解决方案中的虚拟专用网（Virtual Private Network，VPN）等同于虚拟路由转发（Virtual Routing and Forwarding，VRF）。VRF 和 VPN 提供了一种将控制平面和数据平面分离的方法。通过构建多个隔离的路由表并将特定的接口绑定到这些路由表可实现数据平面中的分段。

边缘设备内嵌了安全功能，可以防止未经授权的网络访问。首先，设备面向广域网的接口仅接受合法来源的连接，它们还必须经过身份验证，如控制平面和管理平面组件。其次，这些接口明确地规定了只允许来自 SD-WAN 矩阵内的其他边缘设备的 IPSec 连接。边缘设备从控制平面了解到其他设备的数据平面信息。最后，在默认情况下，边缘设备上面向广域网接口启用了防火墙功能，它会阻止所有未显式允许的流量。可允许的入站协议包含 SSH、NETCONF、NTP、OSPF、BGP 和 STUN，出站协议包含 DHCP、DNS 和 ICMP。

双向转发检测（Bidirectional Forwarding Detection，BFD）在所有边界设备间的 IPSec 隧道内启用。BFD 发送 Hello 数据包检测链路的活跃状态，以及丢包、抖动和延迟。每个边缘设备都会自己决定如何响应这个 BFD 信息。根据管理平面定义的策略，可以调整跨数据平面的路由，例如根据链路性能，让应用程序优先选择某种传输链路。BFD 以回显（echo）模式运行，这意味着邻居实际上并未参与 BFD 数据包的处理，只是回显给原始发送方。这大大减少了对 CPU 的影响，因为数据包不需要邻居处理。相比之下，如果邻居参与了 BFD 数据包的处理，而邻居的 CPU 正在忙于其他进程，可能会延误 BFD 数据包的响应。消除这种情况后，可以减少故障检测时间并提高用户体验。BFD 无法关闭，但是可以在 SD-WAN 矩阵中调整计时器，以更快地识别并确定潜在问题。使用回显模式的另一个优点是，原始数据包可以被回显到原始发送方，边缘设备从而可以获得完整的往返传输视图。

当边缘设备第一次连接到网络时，它首先尝试连接到即插即用（Plug and Play，PNP）或零接触配置（Zero Touch Provisioning，ZTP）服务器。图 2-4 概述了 PNP/ZTP 流程。该过程将在第 4 章进一步讨论，现在只需了解这是路由器连接到编排平面并学习所有网络组件的过程即可。建立控制平面后，最后一步是建立到所有其他边缘设备的数据平面连接。默认情况下，边缘设备构建全互连拓扑，但也可以通过策略来限制数据平面连接并影响路由拓扑。还应该注意的是，如果 PNP 或 ZTP 不可用，还可以用 CLI 或 U 盘手动引导配置。

> **注意**：有两种自动配置边缘设备的方法：PNP 和 ZTP。PNP 使用 HTTPS 连接 Cisco PNP 服务器，ZTP 使用 UDP 端口 12346 连接 ZTP 服务器。Cisco XE SD-WAN 路由器使用 PNP 配置，而 Cisco vEdge 使用 ZTP 配置。

边缘设备的部署方式可以分为物理部署和虚拟部署。支持物理模式的硬件平台有 Cisco 集成服务路由器（Cisco Integrated Services Router，ISR）、Cisco 高级服务路由器（Cisco Advanced Services Router，ASR）和 Cisco vEdge。支持虚拟模式的平台有运行 XE SD-WAN 的 Cisco 云服务路由器（Cisco Cloud Services Router，CSR1000v）和 Cisco vEdge 云路由器（vEdge Cloud）。虚拟平台可以部署在公有云或私有云上。在本书出版时，支持的公有云包括 AWS、Google 云和微软 Azure。虚拟平台也可以部署在私有云上，比如运行在 VMware ESXi 或 KVM 引擎环境上。如果需要，分支机构也可以通过 Cisco 企业网络计算系统（Cisco Enterprise Network Compute System，ENCS）和 Cisco 云服务平台（Cisco Cloud Services Platform，CSP）部署。这些平台对带有 VNF 的服务链开放支持，包括防火墙和第三方虚拟设备。表 2-1 概述了支持边缘设备的平台。

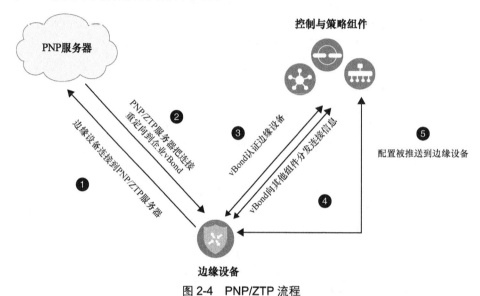

图 2-4　PNP/ZTP 流程

表 2-1　当前支持 SD-WAN 的平台

Cisco XE SD-WAN 平台	Cisco vEdge 平台	虚拟化平台
Cisco ISR1000 系列	Viptela 100 系列	Cisco CSR1000v
Cisco ISR4000 系列	Viptela 1000 系列	Viptela vEdge Cloud
Cisco ASR1000 系列	Viptela 2000 系列	Cisco ISRv
Cisco ENCS	Viptela 5000 系列	
Cisco CSP		

在选择边缘设备时，需要了解的需求包括环境吞吐量、数据平面隧道数量（路由器与多少分支站点通信）和需要的接口类型。Cisco vEdge 平台支持以太网、LTE 和无线接口，而 Cisco XE SD-WAN 平台还支持其他接口类型，包括语音和串行接口。在 SD-WAN 矩阵上，两种平台可以互操作，两种设备间也能建立数据平面隧道。

Viptela 平台运行 Viptela OS，Cisco SD-WAN 平台运行的是 IOS-XE SD-WAN 软件。如果已经部署了 Cisco ISR 和 ASR，那么可以利用现有投资，将它们从 IOS-XE 升级为 IOS-XE SD-WAN 系统，就像升级 Cisco 路由器一样。

注意：要将 Cisco 的 IOS-XE 升级到 IOS-XE SD-WAN，需要升级 ROMMON。在 Cisco 官方文档库中可以找到更多关于升级 Cisco IOS-XE 路由器的信息。

高级安全功能是 XE SD-WAN 路由器上支持的重要功能之一。通过在 SD-WAN 解决方案上增加安全性，除了在 Overlay 中确保流量安全外，还可以在分支机构引入新的 DIA 和 DCA（Direct Cloud Access，直接云访问）功能。将安全防护转移到分支机构可以增强分支机构现有的 Internet 传输能力。这被称为直接 Internet 访问，有时称为本地 Internet 访问。图 2-5 说明了这些概念。

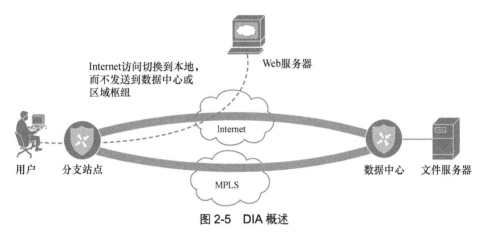

图 2-5 DIA 概述

安全用例将在第 10 章详细讨论，这里列出了目前支持的安全特性：
- DNS 安全（Cisco Umbrella）；
- 终端防护（Cisco AMP）；
- 应用感知防火墙；
- 入侵检测系统/入侵防护系统（IDS/IPS）；
- URL 过滤（URL Filtering）。

传统网络中，安全需求规定了所有 Internet 访问都回传到数据中心、托管站点或区域站点。这样做的原因是，在所有站点上实施和管理不同的安全组件的成本较高，因此在中心站点部署安全更划算。但使用 Cisco SD-WAN 安全功能后，企业可以将安全部分转移到分支机构，减轻远端站点的 Internet 访问负载。以下是一些企业用 DIA 的其他好处：
- 降低了广域网链路的带宽要求，减少了应用的延迟；
- 访客可安全访问；
- 改善了 SaaS 和 IaaS 云应用的用户体验。

第 7 章将更详细地讨论 DIA。

当边缘设备加入 SD-WAN 矩阵时，它在该站点的每条传输链路上都尝试建立控制平面连接。默认情况下，如果在某条传输链路上无法建立到任何控制器的控制平面连接，那么它也不会建立数据平面连接。这在云部署中非常常见，因为控制器在公有云或私有云中，而且

MPLS 链路没有连接到 Internet。

> **注意**：在没有控制平面连接的情况下，仍然有方法实现数据平面连接。一个方法是通过 **max-control-connections** 命令禁用该传输接口上的控制连接。请注意，此时该传输接口不会建立控制连接。vManage 也不再监控该传输接口的控制平面，但仍然可以监控数据平面。

2.2 管理平面

如前文所述，过去的网络设备通过 CLI 独立管理，而 Cisco SD-WAN 解决方案中引入了单点管理工具 vManage，它是一个网络管理系统（NMS）。vManage 可用于启动、配置、策略创建、软件管理、故障排除和监控。尽管它拥有如此丰富的功能，但首选是通过 API 接口与其交互，如 REST 和 NETCONF。通过完整的 API 接口，用户可以编写自动化脚本与 vManage 联动，并能集成现在和未来的工具集。vManage 提供了一个直观易用的仪表盘，如图 2-6 所示。首次登录时，可以看到当前网络总体状态信息的概览。

图 2-6　Cisco vManage 概览

vManage 还具有高扩展性，这取决于环境的需求。当 vManage 集群化时，可以通过在区域或全局部署多个集群来提供冗余。单个集群由 3 台或以上的 vManage NMS 组成，但必须是奇数，以避免出现"脑裂"的情况。一个 vManage 集群可以管理多达 6000 台边缘设备，每台集群节点处理 2000 台边缘设备。

vManage 支持多种身份认证，用于外部用户连接，包括 RADIUS、TACACS 和 SAML 2.0。默认情况下，vManage 以单租户模式部署。但是，如果需要支持服务提供商模型，也可以部署为多租户模式。

为了保持一致性和扩展性，SD-WAN 设备的所有配置都应在 vManage 中执行。第 4 章中会进一步讨论，通过功能模板或 CLI 模板在 vManage 上构建设备配置。此外，还可以配置网络拓扑控制、路由、QoS 和安全方面的策略。必要时，vManage 也是排除故障和监控网络的地方。网络管理员可以模拟流量来显示数据路径，也可以访问所有设备的配置和路由表，帮助排除广域网故障。由于不再需要单独登录到每个边缘设备，因此大大减少了操作量。取而代之的是，通过仪表盘完成故障排除。

每台边缘设备都会形成一条到 vManage 的管理平面连接。即便设备有多个传输接口可用，也只选择其中一个接口建立连接。当控制器以集群模式部署时，控制连接将在集群节点之间实现负载均衡。如果承载管理平面连接的传输接口中断，那么边缘设备将短暂失去与 vManage 的连接，待连接恢复时重新应用任何更改过的配置。

管理平面中的最后一个组件是 vAnalytics，它给网络管理员提供了广域网可行见解的预测分析。进而，企业借此可以进行趋势分析、带宽规划，同时预判全局的应用性能趋势。vAnalytics 从网络中获取数据，并使用机器学习来预测容量的趋势。通过容量规划，可以在实际部署新的应用程序之前看到它们在广域网上的交互情况，帮助企业合理安排资源。vAnalytics 需要额外的许可，默认情况下不启用。需要注意的是，vManage 着重用于展示网络的实时数据视图，而 vAnalytics 作为一种工具来查看网络的历史性能，提供预测分析，便于做出网络调整。

2.3 控制平面

前面介绍了传统意义上控制平面与数据平面是如何解耦的，接下来介绍 SD-WAN 的大脑——提供控制平面功能的组件 vSmart。它具有高扩展性，在单个生产环境中，最多可以部署 20 台 vSmart，每台控制器最多可处理 5400 个连接。这让 SD-WAN 可以支持非常大规模的部署。vSmart 不仅负责实现控制平面策略、集中式数据策略、服务链、VPN 拓扑等，还负责密钥的分发与管理，保障网络安全。

将控制平面、数据平面和管理平面解耦，可以在简化网络操作的同时扩大网络规模。对于诸如 OSPF 和 IS-IS 等传统的链路状态路由协议，每个路由器都知道整个网络的状态，并根据链路状态数据库计算自己的路由表。这可能会占用大量 CPU，并且只提供有限的自治域网络视图。距离矢量路由协议则有点不同，它们只知道邻居告知的网络其他部分的信息，进而可能选择次优路由，因为它们不了解网络的全貌。在 Cisco SD-WAN 解决方案中，vSmart 可以学习到所有的路由信息，然后计算路由表并分发到边缘设备。正因为 vSmart 全面了解网络的状态，才得以简化最佳路径的计算，并降低整个网络的复杂度，同时还可以增大网络规模。边缘设备一次最多可以连接三个 vSmart，但只需要连接到其中一个就可以获得策略信息。

vSmart 用来传达所有信息的协议称为 Overlay 管理协议（Overlay Management Protocol，OMP）。尽管 OMP 能处理路由，但仅把它视为路由协议，就太小瞧它了。OMP 除了用来管理和控制路由之外，还负责 Overlay 的密钥管理和配置更新等。OMP 运行在 vSmart 和边缘设备之间的安全隧道中，如图 2-7 所示。当策略在管理平面建立时，这个策略通过 NETCONF

分发给 vSmart，vSmart 再通过 OMP 更新分发到边缘设备上。

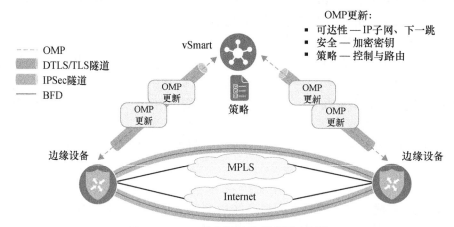

图 2-7 Cisco 控制平面和数据平面概览

vSmart 的作用类似于 BGP 中的路由反射器，它从边缘设备上收集路由信息，应用策略后再反射给其他边缘设备。控制策略在管理平面中定义并分发，再由 vSmart 应用到整个矩阵。利用控制策略，vSmart 可以操控路由分发，影响边缘设备间的数据平面形成，进而控制每个 VPN 的拓扑结构。

控制平面还负责 SD-WAN 矩阵的加密。在传统的广域网技术中，为确保网络安全需要相当大的处理能力，因为每个设备都需要计算自己的加密密钥，并使用 ISAKMP/IKE 等协议将这些密钥分发给对方。在传统网络中，这通常被称为"IPSec 第一阶段"，可以在 IETF *draft-carrell-IPsec-controller-ike-00* 草案中找到详细的介绍。在 Cisco SD-WAN 中，密钥交换和分发的工作已移交到 vSmart 上。每个边缘设备在每条传输链路上生成本地密钥，并将这些密钥分发给 vSmart。然后，vSmart 根据定义的策略将它们分发到每个边缘设备上。此外，当 IPSec SA 过期时，vSmart 还负责重新生成 SA。正因为每个边缘设备不需要处理密钥协商和分发，将密钥交换的工作转移到一个集中的位置，才得以实现更大的规模。可以参考图 2-7 回顾控制平面和数据平面的建立过程。第 3 章将进行更加详细的介绍。

当控制平面连接突然中断时，数据平面通信不会受到影响。默认情况下，边缘设备会用最新获取的路由信息维持 12 小时的数据转发。当然，可以根据需求配置这个时长。当控制平面连接恢复后，边缘设备会更新路由表并同步策略——如果在中断期间有任何变化。当路由重新载入和计算时，可能会导致数据平面瞬断。

在冗余方面，最佳做法是至少有两台 vSmart，且分散在不同的地理位置。多个 vSmart 之间有相同的策略配置，以确保网络的稳定性。如果这些配置不相同，可能会出现次优路由的风险，并导致路由黑洞。尽管每个 vSmart 自主运行且没有数据库同步，但 vSmart 会在彼此之间维护一个完整的 OMP 会话，并交换控制和路由信息。图 2-8 所示为 vSmart 控制器之间如何建立 OMP。有了这种完整的全互连拓扑，vSmart 控制器就会保持同步。如果网络中有两个以上的 vSmart，那么边缘设备的控制连接将被负载平衡。如果一个 vSmart 宕机失联，这些控制连接将在其余的 vSmart 之间重新平衡。

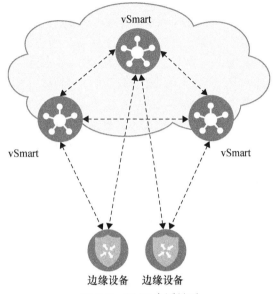

图 2-8　OMP 会话关系

2.4　编排平面

Cisco SD-WAN 解决方案最重要的一个组件是 vBond。该组件之所以如此重要，是因为它为 SD-WAN 提供了初始的身份验证，并充当发现和组合其他组件的黏合剂。vBond 控制器可部署多台来实现高可用性。而边缘设备只能指向一台 vBond，推荐做法是使用 DNS，并设置同一个 A 记录指向所有的 vBond 地址。这样，当边缘设备尝试解析 vBond 的 DNS 记录时，它会得到多个 IP 地址，并按顺序依次尝试连接到每个 IP 地址，直到控制平面连接建立成功为止。

当边缘设备首次加入 SD-WAN 时，它唯一知道的就是 vBond。边缘设备通过以下 4 种方法接收信息：

- 即插即用；
- 零接触配置；
- Bootstrap 配置；
- 手动配置。

在获得 vBond 信息后，边缘设备将尝试在每个传输接口上向 vBond 建立临时的连接。之所以是临时的，是因为该连接会在与 vManage 和 vSmart 的连接建立后拆除。在边缘设备连接到 vBond 的同时，便开始身份认证过程。组件间相互认证，如果成功，则建立一条数据报传输层安全（Datagram Transport Layer Security，DTLS）隧道。然后，vBond 将 vSmart

和 vManage 的连接信息分发到边缘设备。这就是 vBond 本质上被称为黏合剂的原因，即它会告知边缘设备所有组件的信息。这个过程将在第 3 章和第 4 章详细讨论。

vBond 提供的另一个功能是网络地址转换（NAT）穿越。默认情况下，vBond 可以作为 STUN 服务器运行（RFC 5389），而边缘设备作为客户端运行。通过数据包交互，vBond 可以检测边缘设备是否位于 NAT 设备（如防火墙）的后端。当边缘设备建立 DTLS 隧道时，它将接口的 IP 地址写入 IP 外部报头并记录在有效载荷中。vBond 接收到这个信息后，会执行一个异或运算来比较这两个值。如果两个值不相同，便可以推断在传输路径上存在 NAT 设备（因为外部 IP 包头已被转换为 NAT 后的 IP 地址，不再与数据包有效载荷中记录的 IP 地址匹配）。vBond 把这些信息传回边缘设备，边缘设备再把这些信息告诉其他组件，最终彼此之间便可穿越 NAT 设备建立数据平面连接。然而，在某些情况下，这是行不通的，例如使用对称 NAT。这将在第 3 章和第 4 章中详细讨论。图 2-9 解释了当边缘设备或其他控制平面组件在 NAT 设备后端时，如何利用 STUN 来检测。

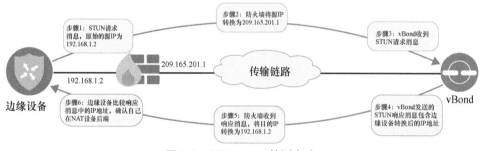

图 2-9　STUN NAT 检测方法

在部署 vBond 时，必须着重考虑 IP 连通性。vBond 必须是公开可访问的，这可以借助一对一静态 NAT 实现，它是唯一一个必须这样部署的组件。而 vManage 和 vSmart 等其他组件可以使用端口地址转换（PAT），只要它们能连接到 vBond 即可。控制平面与管理平面使用的 NAT STUN 发现方法和边缘设备（使用的）相同。

2.5　多租户选项

Cisco SD-WAN 解决方案在控制、数据、管理和编排平面有多种多租户的设计选项。参照图 2-10，第一个选项是专用租赁。在这种模式下，每个租户拥有专用的组件，独享数据平面。第二个选项是 VPN 租赁。该模式只对某 VPN 拓扑的数据平面进行隔离，且允许定义只读用户。在 vManage 上的租户可以查看并监控自己的 VPN。但是，租户之间仍然共享相同的 SD-WAN 组件。第三个选项是企业租赁。在这种模式下，业务流程和管理平面以多租户模式运行，但每个租户专用控制平面。正因如此，可以将控制器部署为容器或嵌套虚拟机，以减少可扩展性问题。

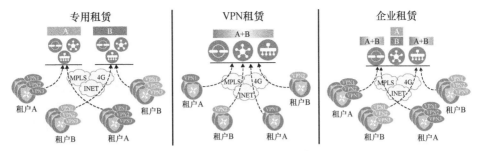

图 2-10 Cisco SD-WAN 多租户选项

2.6 部署选项

Cisco SD-WAN 解决方案支持部署多个控制器。最常见的部署方案是用 Cisco 云。不仅可以构建本章介绍的所有 SD-WAN 组件，还大大简化了部署，让网络管理员专注于 Cisco SD-WAN 矩阵的配置和策略管理。Cisco 会帮助企业收集需求，提供解决方案和部署支持。例如要实现全球范围内的控制器冗余，Cisco 会部署多个控制器来满足需求。

如果企业在法规和业务规范上要求 Cisco SD-WAN 控制器部署在非 Cisco 云的其他云中，Cisco SD-WAN 也支持 AWS 和微软 Azure。当部署在这两种云上时，请确保已打开控制平面连接所需的 TCP 和 UDP 必要端口，特别是 vBond，需要有一个公共 IP 地址或位于一对一静态 NAT 后端。

最后一个部署方案是本地部署。如果业务要求 Cisco SD-WAN 控制器部署在传统的数据中心，那么应该考虑本地部署。在部署测试和理论验证时，它也是最佳选择。除了前面提到的特定网络要求外，本地部署对 CPU、内存和存储也有特定要求。第 13 章将更详细地介绍在本地如何部署控制器。

2.7 总结

本章介绍了 Cisco SD-WAN 解决方案的组件。在数据平面上，讨论了用户流量在广域网上的路由与转发。数据平面类似于部署在传统广域网中的路由器，在 Cisco SD-WAN 中，这些路由器称为边缘设备。管理平面中提到了 vManage。管理平面提供了从部署 SD-WAN 开始乃至整个生命周期所需的所有功能，包括边缘设备配置、路由和控制策略、故障排除和监控。下一个介绍的组件是 vSmart。vSmart 是 Cisco SD-WAN 矩阵的大脑，负责计算和部署所有控制和数据策略，以及分发数据平面连接的加密密钥。最后一个组件是 vBond。它帮助发现所有其他组件（例如设备在 NAT 之后），并构建了编排平面。除了将控制平面和管理平面的信息分发到边缘设备以外，它还负责对组件进行身份验证。最后讨论的主题是部署选项。最常见的部署方法是用 Cisco 云，但是还有两个其他选项：AWS/Azure 和用户自建。通过这三种已支持的部署选项，Cisco SD-WAN 解决方案可以满足所有的业务需求。

第 3 章

控制平面和数据平面操作

本章涵盖以下主题。

- **控制平面操作**：介绍 OMP 协议以及如何通过三种路由更新（TLOC、OMP 路由和服务路由）构建控制平面。
- **数据平面操作**：介绍数据平面安全连接的建立以及 Overlay 与 NAT 交互的方式。

第 2 章讲到，Cisco SD-WAN 解决方案由 4 个不同的平面组成。图 3-1 以及下文详细描述了这 4 个平面。

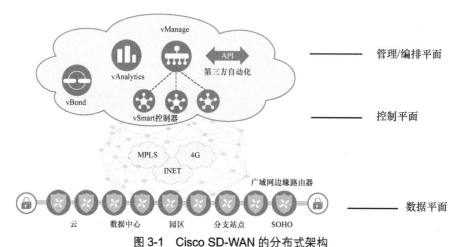

图 3-1　Cisco SD-WAN 的分布式架构

- **数据平面**：数据平面是利用从控制平面学到的信息，在各个分支之间建立连接并承载用户流量的平面。Cisco SD-WAN 解决方案中的数据平面非常灵活，拓扑结构可以设计成全互连、部分互连、点对点、星型或它们的任意组合，可以满足绝大多数的部署要求。
- **管理平面**：管理平面由 vManage 提供。vManage 是集组件入网、配置、监控和故障排除功能于一体的窗口。在部署 SD-WAN 组件后，大多数的日常操作都会在这里执行。
- **编排平面**：vBond 控制器组成了编排平面，它对所有其他 SD-WAN 组件进行身份验证和授权，同时提供关于 vSmart 和 vManage 控制器的连接信息。此外，vBond 还为组件穿越 NAT 提供帮助。
- **控制平面**：负责控制平面功能的组件称为 vSmart，它为环境中的路由器提供所有路由和数据平面策略。

本章分为两节。第一节介绍 SD-WAN 的控制平面，以及 OMP 如何促进控制平面的建立。这一节将介绍三种类型的路由：TLOC 路由、OMP 路由和服务路由（Service Route）。这些路由更新用来影响广域网边缘设备构建数据平面。

第二节介绍数据平面操作。包括一些新的概念：Color、VPN、隧道组（tunnel group）、**restrict** 和 IPSec。NAT 无缝集成在解决方案中，所以也在讨论范围内。

3.1 控制平面操作

在 Cisco SD-WAN 解决方案中，控制平面的运行依靠 OMP 协议。OMP 支持在任意传输类型的网络上扩展安全的互连矩阵，无论是私有网络（MPLS、L2VPN 和 P2P）还是公有网络（Internet 和 LTE）。如第 2 章所述，负责控制平面功能的组件是 vSmart 控制器。它用于在各 Viptela 组件间建立一个可扩展的控制平面连接，并将所有的策略信息传播到广域网边缘设备上。vSmart 的功能与 BGP 的路由反射器类似。它从边缘设备接收路由和拓扑信息，然后根据配置的策略计算出最佳路径，再把结果通告给其他边缘设备。

> **注意**：BGP 路由反射器定义在 RFC 4456 中。

在传统网络中，控制平面只关注数据如何在网络中转发。传统路由器通过发送和接收路由更新、执行最佳路径查找并将路由信息存储到转发表来实现转发控制。为传统路由协议配置安全保护通常是一个需要手工操作的密集过程。由于安全性通常在路由域建立之后才被考虑，所以当网络管理员为控制平面引入安全机制时，通常需要宕机时间。然而，安全对任何路由域都至关重要，只有对所有的路由更新进行验证，才不会被恶意的路由信息影响。

有鉴于此，安全是 Cisco SD-WAN 解决方案的核心。控制平面隧道需要 DTLS 或 TLS（Transport Layer Security，传输层安全协议）的加密和验证。在图 3-2 中，SD-WAN Overlay 中的所有组件（vBond、vSmart、边缘设备和 vManage）之间都需要维护 DTLS/TLS 连接。这些 DTLS/TLS 隧道使用 SSL 证书协商，在这个协商过程中，每台设备都要验证接收到的对端证书是否由受信 CA 所签发，以及该证书是否具有与组织名称匹配的有效序列号。请参考图 3-3 来了解边缘设备和 vSmart 控制器之间的隧道建立过程。

图 3-2　DTLS 隧道

> **注意**：DTLS 和 TLS 分别定义在 RFC 6347 和 RFC 5246 中。请记住，边缘设备之间并不建立控制平面连接，而是只维护 IPSec 隧道。这提高了网络的扩展性。

在默认情况下，DTLS 是建立控制平面连接的首选协议。DTLS 协议通过 UDP 端口 12346 通信。建议在 vBond 与所有边缘设备之间开放这个端口。如果需要，也支持 TLS（注意，TLS 使用 TCP 协议操作，因此是有状态的）。无论选择哪种，协议都能够处理数据包乱序或丢失的问题。此外，vSmart 和 vManage 可以部署在多核（最多 8 核）的虚拟机上，每个 CPU 核心都有一个与之关联的基础端口。入站 DTLS/TLS 连接的初始目标端口为 12346，但是它们也可以被指定到其他基础端口中。vManage 和 vSmart 以这种方式在 CPU 的多个核心上分担控制平面连接。各个核心与基础端口的映射关系如表 3-1 所示。推荐的做法是在组件间放行所有的基础端口，以便 vManage 和 vSmart 能够适当地平衡入站的控制平面连接。

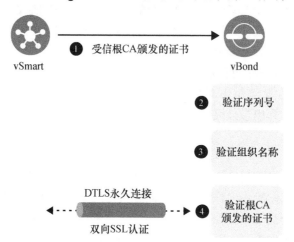

图 3-3　DTLS 隧道身份验证

表 3-1　CPU 核心与 UDP 端口映射

核　　心	UDP 端口
核心 0	12346
核心 1	12446

续表

核　　心	UDP 端口
核心 2	12546
核心 3	12646
核心 4	12746
核心 5	12846
核心 6	12946
核心 7	13046

控制平面隧道建立后，其他协议也可以使用这些会话。例如，除了 OMP 外，SNMP 和 NETCONF 也会使用这些安全隧道。利用 DTLS/TLS 隧道，就无须考虑这些协议自身形形色色的安全特性，也不必担心它们可能存在的缺陷。图 3-4 所示为组件之间 DTLS 或 TLS 会话中承载的内容。常见的协议有 OMP、SNMP 和 NETCONF。

图 3-4　隧道内协议

OMP 协议

在 Cisco SD-WAN 解决方案中使用的路由协议是 OMP 协议，但 OMP 的功能并不局限于路由选择。OMP 是所有控制平面信息的主管，提供以下服务：

- 促进 SD-WAN 网络的互通，包括站点间的数据平面连接、服务链、多 VPN 拓扑信息；
- 将相关服务和站点位置信息发布到 SD-WAN 矩阵中；
- 分发数据平面安全信息，包括加密密钥；
- 通告最佳路径和路由策略。

OMP 是默认启用的，不需要显式开启。当矩阵中的组件获取到各自的控制器信息后，它们将自动发起到控制器的控制平面连接。通过控制平面连接中的 OMP 协议，组件可以相互了解对方的信息，利用这些信息，就可以实现数据平面可达性，最终完成拓扑结构的编排。

本书后续章节将会讲到，OMP 协议携带的所有信息都可以通过在 vManage 上定义用户策略来操作。OMP 可以与所有形式的传统路由协议交互，包括静态路由和内部网关路由协议，如 OSPF、BGP 和 EIGRP。与传统 IGP 的不同之处在于，OMP 不要求一个路由区域内的所有成员之间都建立对等体关系。对等体关系只在边缘设备和 vSmart 控制器，以及两台 vSmart 之间建立，这与 iBGP 路由反射器的架构非常相似。这个架构有利于 SD-WAN 区域规模的扩展。通过只与 vSmart 控制器建立对等关系，减少了数据平面设备上的 CPU 周期，无须处理和响应过多的路由更新与路径重计算。

OMP 还支持优雅重启（Graceful Restart，GR）。当边缘设备失去与 vSmart 控制器的连接时，边缘设备可以缓存转发信息，继续使用最后接收到的路由信息转发数据。默认情况下，vSmart 控制器和边缘设备都开启了优雅重启，默认计时器值为 12 小时，自定义区间为 1 秒～7 天。请注意，GR 启动期间需要确保数据平面的 IPSec 密钥有效，否则，在 GR 计时器到期前，将面临数据平面隧道被拆除的风险。最佳做法是把 IPSec 密钥的有效期设置为 GR 计时器的两倍。这样就可以确保 GR 计时器启动期间不需要更新 IPSec 密钥。

> **注意**：GR 计时器可以在 vManage 的 CLI 模板或 OMP 功能模板中配置。功能模板将在第 4 章进一步介绍。

当边缘设备与 vSmart 控制器的对等体会话中断时，边缘设备会不断尝试重新建立连接。如果此时重启边缘设备，那么缓存的路由信息就会丢失。边缘设备必须与 vSmart 重新建立 OMP 会话，接收新的转发信息，才能重新在 SD-WAN 网络上转发流量。

如前所述，OMP 协议在 vSmart 控制器和广域网边缘路由器之间运行，它通告以下这些路由。

- **OMP 路由**（有时也称为 **vRoute**）：OMP 路由是指向组成 SD-WAN 矩阵的节点通告的网络前缀信息。这些节点可以是数据中心、分支机构或 SD-WAN 矩阵中任何提供连接服务的端点。OMP 路由将这些前缀的下一跳解析为 TLOC 路由。
- **TLOC（Transport Location）路由**：TLOC 路由是一个把 OMP 路由定位到物理位置的标识符。它是在 Underlay 上唯一已知且可达的 IP 地址。
- **服务路由**：标识一个 SD-WAN Overlay 上的服务。服务路由标识服务的物理位置。服务可以是防火墙、IPS、IDS 或任何其他可以处理网络流量的设备。服务信息在服务路由和 OMP 路由中发布。

图 3-5 所示为这 3 种路由在 Cisco SD-WAN 解决方案中的交互示例。

1. OMP 路由

用户站点内的每台边缘设备都会向 vSmart 控制器通告路由。这些通告与传统的路由更新类似，包含边缘设备处理后的前缀可达性信息。OMP 可以通告直连路由和静态路由，也可以通过路由重分布通告来自 OSPF、EIGRP 和 BGP 的路由更新。除了可达性信息，下面这些属性也在路由中通告：

- TLOC；
- Origin（起源）；
- Originator（发起者）；
- Preference（优先级）；
- Service（服务）；

- Site ID（站点 ID）;
- Tag（标记）;
- VPN。

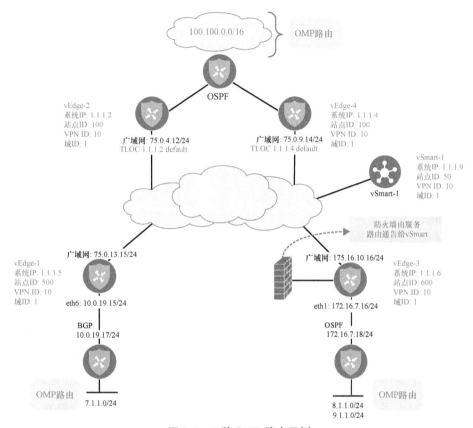

图 3-5 3 种 OMP 路由示例

网络管理员可以修改其中一些属性，来影响路由决策。
- **TLOC**：TLOC 标识符表示 OMP 路由的下一跳信息。该属性与 BGP_NEXT_HOP 属性非常相似。TLOC 属性包含以下 3 个值。
  - **System IP Address**（系统 IP 地址）：可以被看作 Router ID。该 IP 地址在网络中不必是可路由的，但必须在边缘设备中是唯一的。系统 IP 用来标识路由的通告者。
  - **Color**（颜色）：Color 会在 3.2 节深入研究，这里只需要了解 Color 是一种标记特定广域网连接的方式，可以用来影响策略和拓扑的构建。
  - **Encapsulation Type**（封装类型）：这个值用来通告数据平面隧道使用的封装类型，可选项包括 IPSec 和 GRE。
- **Origin**（起源）：路由的起源属性。当路由被通告到 OMP 区域时，路由的起源属性就被插入到路由更新中。起源属性包含一个标识符（BGP、OSPF、EIGRP、Connected

或 Static）和协议的原始度量值（Metric）。起源属性也用于 OMP 路由选路，可以通过策略配置它的值来影响选路结果。
- **Originator**（发起者）：发起者属性标识路由最初是从哪里学到的。它是通告路由的设备的系统 IP。同样地，网络管理员可以基于发起者属性定义策略。
- **Preference**（优先级）：有时也称为 OMP Preference，以区别后面的 TLOC Preference 属性。我们可以修改优先级的值来影响选路结果，越高越优先。优先级属性的应用方式类似于 BGP 中的 LOCAL_PREF 属性。
- **Service**（服务）：Cisco SD-WAN 解决方案支持服务插入。如果一个防火墙服务与某条路由关联，那么这条路由将具有服务属性。服务路由将在本章后面详细讨论。
- **Site ID**（站点 ID）：站点 ID 属性类似于 BGP 的自治系统号（ASN）。该属性用于策略编排并影响路由决策。站点 ID 的值应该是唯一的。如果一个站点中有多台设备，那么设备应该使用相同的站点 ID 值来防环。
- **Tag**（标记）：这是一个可选、可传递的属性。OMP 对等体通过为路由添加标记来设置策略操作。该属性的功能类似于传统路由协议中的路由标记。需要注意的是，路由在重分布时，会剥离 Tag 属性。
- **VPN**：Cisco SD-WAN 解决方案用 VPN 来实现网络分段，VPN 属性的值表示路由是从哪个 VPN/VRF 发布的。多个 VPN 允许使用重叠的 IP 子网，只要这些子网位于不同的 VPN/VRF 中，就像 10.0.0.0/24 可以同时出现在 VRF Red 和 VRF Blue 中。3.2 节将详细讨论网络分段。

注意：在 Cisco SD-WAN 解决方案中，VPN 和 VRF 可以互换。它们用来在逻辑上划分多个数据转发路径，每个 VPN 或 VRF 都有单独的路由实例。

例 3-1 所示为网络前缀为 10.1.0.0/24 的 OMP 路由条目，它是命令 **show omp routes 10.1.0.0/24** 的输出。

例 3-1 OMP 路由更新

```
---------------------------------------------------
omp route entries for vpn 10 route 10.1.0.0/24
---------------------------------------------------
                RECEIVED FROM:
peer            12.12.12.12
path-id         8
label           1004
status          C,I,R
loss-reason     not set
lost-to-peer    not set
lost-to-path-id not set
   Attributes:
    originator       10.1.0.2
```

```
    type                 installed
    tloc                 10.1.0.2, mpls, ipsec
    ultimate-tloc        not set
    domain-id            not set
    overlay-id           1
    site-id              100
    preference           not set
    tag                  not set
    origin-proto         connected
    origin-metric        0
    as-path              not set
    unknown-attr-len     not set
```

注意：在例 3-1 中，**peer** 是指发送路由更新的对等体的系统 IP。在 SD-WAN Overlay 中，边缘路由器的所有路由更新都来自 vSmart 控制器。

C,I,R 表示 "chosen, install, resolved"。这意味着路由被选择并安装到路由信息库（RIB）中。选路时，下一跳（TLOC）必须是可解析的。

注意：OMP 路由在 Viptela OS 平台的硬件产品上定义的管理距离为 250，而在 IOS XE SD-WAN 平台的路由器上定义的管理距离为 251。这是因为 IOS 平台上，下一跳解析协议（Next Hop Resolution Protocol，NHRP）已经占用了 250 的管理距离。

2. TLOC 路由

TLOC 路由标识了一台设备在传输中的物理位置。TLOC 是唯一可以在 Underlay 中寻址的路由，它代表数据平面隧道的通信端点（类似于 GRE 隧道中配置的 **tunnel source** 和 **tunnel destination** 命令）。TLOC 由 3 个属性组成：边缘设备的系统 IP 地址、传输链路的 Color 和封装类型。如果一台边缘设备连接了多条传输链路，那么将为每条链路通告一条 TLOC 路由。TLOC 的 3 个属性中没有设备广域网接口的 IP 地址，这是因为接口的 IP 地址可能会变化（如在使用 DHCP 时）。通过使用 TLOC 中的系统 IP 地址，可以很容易定位到 SD-WAN 网络中的边缘设备。图 3-6 显示了这样一个示例。

TLOC 路由的一个关键属性是 Color，它是一种用于识别传输链路的机制。理想情况下，设备上连接的每一条传输链路都有不同的 Color。用户可以根据 Color 来构建策略，从而影响数据平面的连接方式。系统预定义了 22 种 Color 可供选择。Color 还定义了底层传输的性质是私有的还是公有的，根据这个性质，可以指导边缘设备在形成数据平面连接时应该使用什么 IP 地址（公有 IP/私有 IP）连接到远端站点。默认情况下，边缘设备将使用所有本地可用 Color，尝试向其他站点的所有活跃 TLOC 建立数据平面隧道。这种行为可能会导致路由效率低下——例如，MPLS 站点试图与 Internet 站点建立隧道。虽然有可能成功，但用户往往不希望打通 MPLS 和 Internet 的隧道。这时，就可以灵活运用 **restrict** 命令和/或隧道组来控制这种默认行为。3.2 节将讨论这些内容。

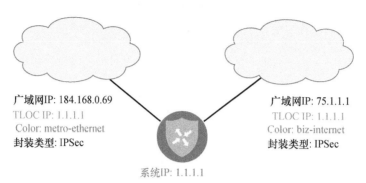

图 3-6 TLOC 路由示例

TLOC 路由通告中包含以下信息。

- **TLOC Private Address**（**TLOC 私有地址**）：从边缘设备的物理接口上获得的私有 IP 地址。
- **TLOC Public Address**（**TLOC 公有地址**）：当边缘设备建立控制平面连接时，它可以通过 STUN 协议（RFC 5389）确定自己是否在 NAT 设备后端。这个属性包含运营商分配给边缘设备物理接口真正可路由的外部 IP 地址。该属性对建立站点间跨 NAT 边界的数据平面连接至关重要。如果在一条 TLOC 路由中，公有地址和私有地址相同，则认为该设备不在 NAT 网关后端。
- **Color**：如前所述，这是为传输链路定义的颜色。可选项有 **3g**、**biz-internet**、**blue**、**bronze**、**custom1**、**custom2**、**custom3**、**default**、**gold**、**green**、**lte**、**metro-ethernet**、**mpls**、**private1**、**private2**、**private3**、**private4**、**private5**、**private6**、**public-internet**、**red** 和 **silver**。在没有出于管理目的而定义颜色时，将使用 **default** 颜色。
- **Encapsulation type**（**封装类型**）：该属性表示隧道的封装类型，可用的选项有 IPSec 和 GRE。隧道两端的封装类型必须匹配，才能建立数据平面连接。
- **Preference**（**优先级**）：即 TLOC Preference。与 OMP Preference 类似，网络管理员可以利用这个属性影响 OMP 选路。数值越高越优先。
- **Site ID**（**站点 ID**）：标识发布 TLOC 路由的站点编号，用于控制数据平面隧道的建立方式。
- **Tag**（**标记**）：类似于路由标记和 OMP 标记，用来控制边缘设备之间交换网络前缀的方式，并最终影响数据的转发路径。
- **Weight**（**权重**）：另一种选路方法，其使用方式类似于 BGP 中的 Weight 属性，在设备本地有效。相较于权重值低的 TLOC 条目，选路时将优先选择权重值高的 TLOC 条目。

例 3-2 所示为一条由对等体 12.12.12.12 通告的 TLOC 路由，它的 Color 值为 mpls。获得该输出的命令为 **show omp tlocs detail**。

例 3-2 TLOC 路由示例

```
-------------------------------------------------
tloc entries for 10.1.0.1
             mpls
             ipsec
-------------------------------------------------
           RECEIVED FROM:
peer              12.12.12.12
status            C,I,R
loss-reason       not set
lost-to-peer      not set
lost-to-path-id   not set
    Attributes:
     attribute-type    installed
     encap-key         not set
     encap-proto       0
     encap-spi         256
     encap-auth        sha1-hmac,ah-sha1-hmac
     encap-encrypt     aes256
     public-ip         172.16.10.2
     public-port       12366
     private-ip        172.16.10.2
     private-port      12366
     public-ip         ::
     public-port       0
     private-ip        ::
     private-port      0
     bfd-status        up
     domain-id         not set
     site-id           100
     overlay-id        not set
     preference        0
     tag               not set
     stale             not set
     weight            1
     version           3
     gen-id            0x80000006
      carrier          default
      restrict         1
      groups           [ 0 ]
      border            not set
      unknown-attr-len not set
```

3. 服务路由

服务路由用来向 Overlay 通告特定的服务，以便在服务链策略中调用。把数据路由到原始目的地之前，服务链可以引导流量通过一个或多个服务节点，如防火墙、IDS/IPS、负载均衡器，或网络身份提供商（Identity Provider，IDP）等。这些服务可以基于 VPN 进行通告和应用。服务链的一个常见用例是，地方法规或企业合规要求把数据流量路由到数据中心或区域中心防火墙，如支付卡行业数据安全标准（PCI DSS）的数据。为 Overlay 提供服务的设备必须与边缘路由器二层邻接。也就是说，边缘设备和执行服务的设备之间不能经过任何路由中转，这样才能通过它们重定向流量。请记住，二层邻接也可以通过 IPSec 或 GRE 隧道实现。在 Overlay 中启用服务链的流程如下。

1. 网络管理员通过功能模板定义服务。
2. 边缘路由器将服务路由通告给 vSmart 控制器。如果有冗余要求，可以让多台边缘路由器通告相同的服务路由。
3. 边缘路由器同时通告它们的 OMP 和 TLOC 路由。
4. 网络管理员应用一个策略来定义将要通过这些服务的流量特征。这样，流量在被转发到最终目的地之前，必须先经过提供服务的设备处理。

图 3-7 所示为 Cisco SD-WAN 解决方案中的服务链功能。该网络有一个中心枢纽站点和两个远端站点。业务要求本地站点 1 和本地站点 2 之间的所有流量都必须经过中心枢纽站点的防火墙。网络管理员可以定义一个服务链策略来实现这个需求。

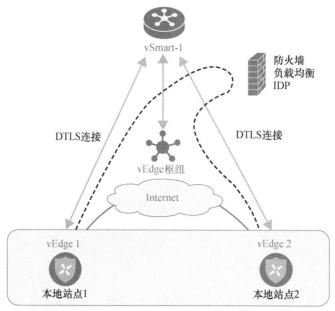

图 3-7　服务链示例

提供服务的站点（在本例中是 vEdge 枢纽）将通过 OMP 网络层可达性信息（Network Layer Reachability Information，NLRI）中的后续地址族标识符（Subsequent Address Family Identifier，SAFI）发布服务路由。这个信息被通告到 vSmart 控制器，然后被其他边缘设备学到。服务路由的更新报文中将包含以下信息。

- **VPN ID**：定义了该服务应用于哪个 VPN。
- **Service ID**（**服务 ID**）：定义了正在通告的服务类型。有下面 7 种系统预定义的服务。
  - **FW**：防火墙类型的服务（**svc-id 1**）。
  - **IDS**：入侵检测类型的服务（**svc-id 2**）。
  - **IDP**：网络身份提供商类型的服务（**svc-id 3**）。
  - **netsvc1**、**netsvc2**、**netsvc3**、**netsvc4**：为自定义服务保留，分别对应 **svc-id 4**、**svc-id 5**、**svc-id 6**、**svc-id 7** 的服务值。
- **Label**（**标签**）：让流量流经这个服务的 OMP 路由使用这个标签来替换原本的标签值[①]。
- **Originator ID**（**发起者 ID**）：通告服务的边缘路由器的系统 IP 地址。
- **TLOC**：服务所在的 TLOC 地址。
- **Path ID**（**路径 ID**）：OMP 路径标识符。

例 3-3 所示为在 vSmart 控制器上执行命令 **show omp services** 的输出。输出表明，边缘设备 10.3.0.1 通告了一条 FW 服务路由。与 OMP 路由类似，STATUS 字段表示该服务路由已经安装。

例 3-3　服务路由实例

```
ADDRESS                                              PATH
FAMILY    VPN    SERVICE    ORIGINATOR    FROM PEER    ID    LABEL    STATUS
---------------------------------------------------------------------------
-------------------
ipv4      10     FW         10.3.0.1      10.3.0.1     66    1006     C,I,R
                                          10.3.0.1     68    1006     C,I,R
```

本节仅对服务链进行了简单的介绍。构建和应用服务链策略的具体步骤将在第 5 章和第 6 章深入探讨。

3.1.2　OMP 选路原则

与传统路由协议一样，OMP 也遵循选路原则确定最佳路由，避免路由环路。最佳路由选择过程与 BGP 有一些相似之处。只有当 TLOC（下一跳）有效时，边缘设备才会将 OMP 路由安装到它的路由表中。判断 TLOC 是否有效的依据是该 TLOC 是否有关联的 BFD 会话。

当边缘设备向 vSmart 控制器发布 OMP 路由时，vSmart 控制器会选出最佳路由，并通告给其他边缘设备。策略可以应用在入站（在选路由前）或出站（在选路由后）来影响路由选择。

OMP 的选路顺序如下。

1. **有效的 OMP 路由**：一条 OMP 路由可以参与选路的前提是，TLOC 必须是有效的，

---

① 译者注：边缘路由器将使用该 Label 字段来封装由服务路由转发的数据包。

即该 TLOC 必须有一个活跃的 BFD 邻接。类似于 BGP，NEXT_HOP 必须可达。

2. **本地起源的 OMP 路由**：边缘设备首选来自本地的路由，而不是从 vSmart 控制器学到的路由。

3. **较低的管理距离**：如果收到同一前缀的多条路由，则选择管理距离较低的路由。OMP 默认的管理距离为 250 或 251。

4. **较高的 OMP 优先级**：优先选择具有较高 OMP 优先级的路由，默认为 0。

5. **较高的 TLOC 优先级**：优先选择具有较高 TLOC 优先级的路由，默认为 0。

6. **Origin**（起源）：按照以下顺序比较起源的类型（优先级从高到低）。
   - Connected（直连）。
   - Static（静态）。
   - EBGP。
   - EIGRP Internal（EIGRP 内部）。
   - OSPF intra-area（OSPF 域内）。
   - OSPF inter-area（OSPF 域间）。
   - OSPF external（OSPF 外部）。
   - EIGRP external（EIGRP 外部）。
   - IBGP。
   - Unknown（未知）。

7. **最低的起源度量值**：如果起源属性相同，则优选具有最低起源度量值的路由。

8. **最高的系统 IP 地址**：优先选择系统 IP 最高的路由。

9. **最高的 TLOC 私有地址**：优先选择 TLOC 路由中私有 IP 地址最高的路由。

vSmart 在默认情况下通告 4 条等价路由，可以手动修改为最多 16 条。

下面举例说明向 OMP 对等体通告路由时如何执行路由选择。

vSmart 控制器接收到前缀为 10.0.0.0/24 的 4 条路由。

- 第一条路由没有有效的 TLOC。
- 第二条路由的 TLOC 优先级值为 500。
- 第三条路由的 OMP 优先级值为 300。
- 第四条路由的管理距离为 249。

利用前面讨论的选路原则，逐条比较一下这些路由。第一条路由首先被排除，因为它的 TLOC 无效。在剩下的三条有效路由中，第二条路由的 TLOC 优先级为 500，第三条路由的 OMP 优先级为 300。两者相比第三条路由获胜，因为它具有更高的 OMP 优先级值（OMP 优先级高于 TLOC 优先级）。但在本例中，第四条路由最终胜出，因为它的管理距离被修改为 249。

3.1.3 OMP 路由重分布和环路避免

与其他路由协议一样，OMP 也支持路由重分布。OMP 可以在 OSPF、BGP、EIGRP、直连路由和静态路由之间相互重分布路由。默认情况下，OMP 会自动将直连路由、静态路由、OSPF 域内路由和 OSPF 域间路由重分布到 OMP 中。为了避免路由环路和路由黑洞，必须显式配置 BGP、EIGRP 和 OSPF 外部路由的重分布。网络管理员可以创建 OMP 模板和 OSPF 模板（分别见图 3-8 和图 3-9），或者利用 CLI 模板（见例 3-4 和例 3-5）来配置重分布行为。

图 3-8　OMP 模板配置（重分布到 OMP）

图 3-9　OSPF 模板配置（重分布到 IGP）

例 3-4　重分布到 OMP

```
show run omp
omp
 no shutdown
 ecmp-limit       8
 graceful-restart
 advertise ospf external
 advertise connected
 advertise static
!
```

例 3-5　重分布到 IGP

```
show run vpn 10
vpn 10
 router
  ospf
```

```
  default-information originate
  timers spf 200 1000 10000
  redistribute omp
  area 0
   interface ge0/1
   exit
  exit
 !
!
```

重分布路由到 OMP 时,起源属性及其子类型被设置。这些信息将在路由选择时发挥作用(特别是在 OMP 选路原则的第 6 步)。表 3-2 所示为各种 OMP 起源属性类型及其子类型。

表 3-2 OMP 起源属性

OMP 路由起源属性类型	OMP 路由起源属性子类型
BGP	外部
	内部
直连	N/A
OSPF	域外
	域内
	内部
静态	N/A
EIGRP	外部
	内部

此外,OMP 还携带来自重分布协议的度量值,度量值为 0 表示直连路由。如前所述,它用于 OMP 选路原则的第 7 步。

表 3-3 列出了边缘设备上的默认管理距离以供参考。

表 3-3 边缘设备上的管理距离

协 议	管理距离
直连	0
静态	1
DHCP 获取	1
EBGP	20
EIGRP 内部	90
OSPF	110
EIGRP 外部	170
IBGP	200
OMP	250(在 Cisco XE SD-WAN 设备上是 251)

具有多个通向广域网出口的网络很容易出现路由环路。当两台或多台边界路由器同时在广域网和局域网路由协议间执行双向重分布时，通常会发生这种问题。在图 3-10 中，这里有两台边缘设备，都在执行 OMP 和 OSPF 间的双向重分布。

OMP 在与 EIGRP、OSPF 和 BGP 交互时内置了本地环路预防机制。从传统网络向 SD-WAN 迁移时，网络管理员需要考虑使用路由过滤或路由标记的方法消除任何潜在的环路。目前，OMP 不支持通过路由标记进行过滤，所以需要在边缘设备之外（比如在用户核心网络）过滤标记路由。

下面参照图 3-10 来分析如何使用 OSPF down bit 来防止路由环路。

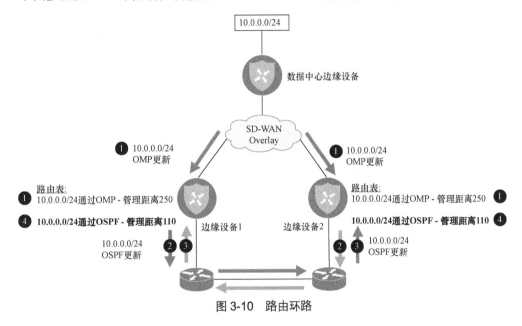

图 3-10 路由环路

1. 边缘设备 1 和边缘设备 2 通过 OMP 协议从数据中心学到前缀 10.0.0.0/24，并将这条路由安装到它们的路由表中。

2. 边缘设备 1 和边缘设备 2 都把 10.0.0.0/24 通告到 OSPF 中。

3. 下连的两台普通路由器通过 OSPF 把路由重新通告到边缘设备 1 和边缘设备 2。

4. 这将形成环路。两台边缘设备都会通过 OSPF 和 OMP 学到 10.0.0.0/24 的路由。请注意，OMP 的管理距离是 250，而 OSPF 是 110。此时，通过 OSPF 学到的路由因较低的管理距离被安装到路由表中。由于 OMP 路由被删除，最终边缘路由器会向 OMP 重分布这条路由，从而形成路由环路。

RFC 4577 通过引入一个名为 down bit 的概念来解决 OSPF 的环路问题。当路由从 OMP 重分布到 OSPF 时，边缘设备将 down bit 置位并随着 LSA 传播到整个网络中。在最终到达另一台边缘设备时，因 down bit 被置位，这条 LSA 将被丢弃，从而避免了环路。例 3-6 所示为 LSA 数据库中的 10.0.0.0/24 条目。图 3-11 说明了 down bit 置位和路由被丢弃的过程。

例 3-6　OSPF 数据库表项

```
          OSPF Router with ID (10.3.10.2) (Process ID 10)

              Type-5 AS External Link States

LS age: 30
Options: (No TOS-capability, DC, Downward)
LS Type: AS External Link
Link State ID: 10.0.0.0 (External Network Number )
Advertising Router: 10.3.10.2
LS Seq Number: 80000001
Checksum: 0xCB3B
Length: 36
Network Mask: /24
     Metric Type: 2 (Larger than any link state path)
     MTID: 0
     Metric: 16777214
     Forward Address: 0.0.0.0
     External Route Tag: 0
```

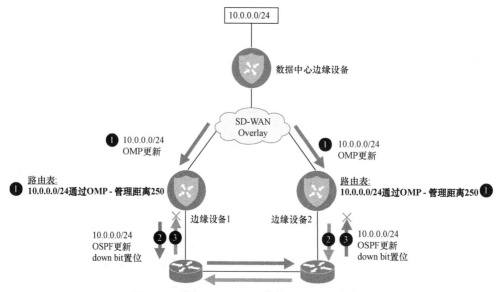

图 3-11　带有 down bit 置位的 OSPF 环路避免

下文描述了 OSPF down bit 在示例中的工作步骤。

1. 边缘设备 1 和边缘设备 2 通过 OMP 从数据中心学到前缀 10.0.0.0/24，并将这条路由安装到它们的路由表中。

2. 边缘设备 1 和边缘设备 2 都把 10.0.0.0/24 重分布到 OSPF 中，并设置 down bit。

3. 两台核心路由器通过 OSPF 将 down bit 置位的路由通告到另一端的边缘设备。这样的 LSA 被边缘设备丢弃。

与 OSPF 不同，BGP 使用扩展团体属性 SoO（Site of Origin，起源站点）来防止环路。该属性的值为 OMP 站点 ID。当边缘设备收到来自核心网络的 BGP 更新时，如果更新中的 SoO 属性的值与自己的站点 ID 匹配，就丢弃该更新。为了确保这种环路预防机制的正常运行，同一个站点网络中的所有 BGP 对等体必须支持发送 BGP 扩展团体属性，并且配置相同的站点 ID，如图 3-12 所示。

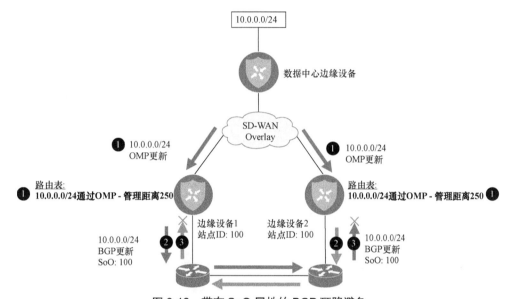

图 3-12 带有 SoO 属性的 BGP 环路避免

本例中使用 BGP 的 SoO 属性来防止路由环路。

1. 边缘设备 1 和边缘设备 2 通过 OMP 从数据中心学到前缀 10.0.0.0/24，并将这条路由安装到它们的路由表中。

2. 边缘设备 1 和边缘设备 2 把路由 10.0.0.0/24 重分布到 BGP，并将扩展团体属性 SoO 的值设置为 100。

3. 下连的两台普通路由器通过 BGP 通告带有扩展团体属性的路由更新，对端边缘设备比较 SoO 值后会丢弃这样的更新。

例 3-7 所示为一个带有 SoO 扩展团体属性的 BGP 路由更新，可以看到它的值与站点 ID 100 匹配。

例 3-7 设置 SoO 的 BGP 更新

```
BGP routing table entry for 10:10.0.0.0/24, version 2
Paths: (1 available, best #1, table 10)
  Advertised to update-groups:
    1
```

```
Refresh Epoch 1
100
  10.3.10.3 (via vrf 10) from 10.3.10.3 (192.0.2.1)
    Origin incomplete, metric 1000, localpref 100, valid, external
    Extended Community: SoO:0:100
    rx pathid: 0, tx pathid: 0
```

Cisco IOS XE SD-WAN 平台的路由器支持 EIGRP 路由协议，因此，也需要一种方法来防止路由环路。Cisco SD-WAN 解决方案引入了新的特性来实现环路避免。当路由从 OMP 重分布到 EIGRP 时，外部协议（External Protocol）字段的值被设置为 OMP-Agent。而其他边缘设备接收到这样的路由更新并把路由安装到 EIGRP 拓扑表时，会将 SD-WAN down bit 置位，同时把这条路由的管理距离设置为 252。这样，OMP 就可以成为首选路径，因为它的管理距离为 251。图 3-13 所示为这一过程。

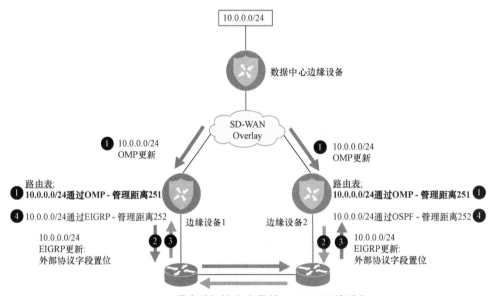

图 3-13　带有外部协议字段的 EIGRP 环路避免

使用带有外部协议字段的 EIGRP 来防止环路的过程如下。

1. 边缘设备 1 和边缘设备 2 通过 OMP 从数据中心学到前缀 10.0.0.0/24，并把这条路由安装到它们的路由表中。

2. 边缘设备 1 和边缘设备 2 把 10.0.0.0/24 的路由重分布到 EIGRP，并设置外部协议字段的值为 OMP-Agent。

3. 两台核心路由器在 EIGRP 中发布了这样的路由。当边缘设备接收到后，会把这条路由放进它们的 EIGRP 拓扑表中，并将 SD-WAN down bit 置位，同时修改管理距离为 252。

例 3-8 所示为一个含有外部协议字段的 EIGRP 路由更新示例。

例 3-8 设置了外部协议字段的 EIGRP 拓扑表

```
EIGRP-IPv4(100): Topology base(0) entry for 10.1.10.0/24
  State is Passive, Query origin flag is 1, 1 Successor(s), FD is 1
  Descriptor Blocks:
  10.1.0.2, from Redistributed, Send flag is 0x0
      Composite metric is (1/0), route is External
      Vector metric:
        Minimum bandwidth is 0 Kbit
        Total delay is 0 picoseconds
        Reliability is 0/255
        Load is 0/255
        Minimum MTU is 0
        Hop count is 0
        Originating router is 10.3.10.3
      External data:
        AS number of route is 0
        External protocol is OMP-Agent, external metric is 4294967294
        Administrator tag is 0 (0x00000000)
```

3.2 数据平面操作

在传统网络中,数据平面负责将数据包从一个位置转发到另一个位置,所以它也称为转发平面。从广域网的角度来看,常见的数据平面技术包括 VPN、MPLS 或点对点连接等。它们都利用某种数据包封装和保护技术,在公共 Internet 或私有广域网之上创建 Overlay 网络。随着广域网的发展,传统的传输技术开始遇到扩展性问题——特别是涉及保护控制平面和数据平面的安全时。这些安全功能需要设备消耗大量的 CPU 周期来处理密钥交换和路由更新。广域网的常见部署场景如图 3-14 所示。

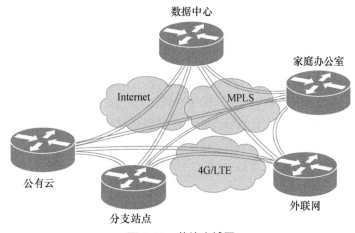

图 3-14 传统广域网

数据平面的安全一般使用 IPSec 及其套件来实现数据加密。在这样的网络中，扩展性往往是个问题，因为随着广域网中节点数量的增加，需要处理密钥交换的能力呈指数级数增长。例如，一个拥有 100 个节点的全互连网络需要执行 9900 次密钥交换（$n×(n-1)$），而每个节点需要维护 99 个密钥（$n-1$）。Cisco SD-WAN 解决方案同样使用 IPSec 来保护数据平面，只不过为了支持更大规模的部署，Cisco 做了一些改进；使用一个集中式控制器来分发密钥和路由信息（即 vSmart），而不是让每台边缘设备与网络中的其他节点协商密钥，这大大提高了网络的扩展能力。

此外，当要求网络支持分段或基于网段定制拓扑时，也会遇到扩展性的挑战。用传统技术在广域网中实现网络分段相当复杂，如 MPLS L3VPN 和 2547oDMVPN（MPLS over DMVPN），往往需要资深的网络工程师来实施、操作和排错。在 Cisco SD-WAN 解决方案中，分段是原生的，普通工程师就可以部署。网络分段还支持为每个段定义不同的拓扑。例如，企业用户能拥有全互连拓扑，而 PCI/HIPAA 的设备可以使用星型拓扑。以上提到的分段和多拓扑将在本章后面讨论。图 3-15 举例说明了在 Gidget 和 Mowgli 之间实现网络分段的方法。

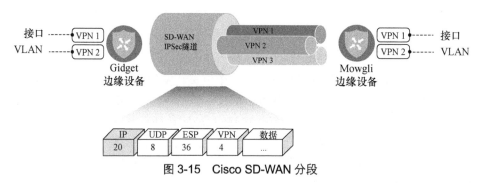

图 3-15 Cisco SD-WAN 分段

接下来的小节将深入研究这些技术，讨论 Cisco SD-WAN 解决方案如何实现数据平面的路由、加密、身份验证和分段。

3.2.1 TLOC Color

前面讲到，TLOC 是 OMP 路由的一种类型。它为边缘设备提供可达性信息，描述如何与网络中的其他边缘设备构建数据平面。TLOC 用来在 Underlay 上定位边缘设备。它的一个关键属性是 Color。Color 用来标记或分类特定的传输链路。在配置路由器时，网络管理员需要为每种类型的传输链路分配 Color 值。例如，在 SD-WAN 网络中，通常为具有相同类型的 Internet 链路使用相同的 Color，然后就可以定义策略，控制 Overlay 的数据流在 Color 间的传输方式。目前，有 22 种预建的 Color，分为公共 Color（Public Color）和私有 Color（Private Color）两类，用来表示边缘设备之间是否穿越了 NAT。私有 Color 仅在传输链路上没有 NAT 时使用。如果有，那么要用公共 Color。Color 的分类如表 3-4 所示。

表 3-4 TLOC Color 的分类

公共 Color	私有 Color
3g	metro-ethernet
biz-internet	mpls
public-internet	private1
lte	private2
blue	private3
bronze	private3
bronze	private4
custom1	private5
custom2	private6
custom3	
gold	
green	
red	
silver	

注意：如果没有指定 Color，默认值为 **default**。

默认情况下，SD-WAN 矩阵中的所有路由器之间会尝试建立全互连的 IPSec 数据平面连接。如果两个 Color 具有 IP 可达性，那么无论 Color 是什么，它们都会建立数据平面连接。例如，假设 R1 的 Color 是 biz-internet，而 R2 的 Color 是 public-internet。只要它们的 IP 可达，就能在这两个 Color 间建立 IPSec 隧道。有的用户可能不希望形成这样的拓扑。比如，当私有广域网（MPLS）没有打通到 Internet 的 IP 连接时，用户可能不想让接入 MPLS 的路由器和接入 Internet 的路由器建立连接。另外，在全球部署 SD-WAN 时，在某些国家或地区内，用户可能需要 Internet 的隧道。而在跨越国家或地区时（例如在美国和欧洲之间），用户希望在枢纽站点之间仅建立点对点隧道。

图 3-16 的拓扑显示了 Color 间的隧道连接。

两台路由器都连接了传输链路：biz-internet 和 public-internet。在与控制器建立控制平面连接后，它们将分别发布两个 TLOC：biz-internet 和 public-internet。通过 OMP，两台路由器都能学到这些 TLOC 路由，并开始建立数据平面连接。由于这两种 Color 在 Internet 上都可达，路由器最终能在所有 Color 之间形成数据平面连接。这意味着每台路由器上将有 4 条 IPSec 隧道连接到对端边缘设备。

- 边缘设备 1：biz-internet←→边缘设备 2：biz-internet
- 边缘设备 1：public-internet←→边缘设备 2：public-internet
- 边缘设备 1：biz-internet←→边缘设备 2：public-internet
- 边缘设备 1：public-internet←→边缘设备 2：biz-internet

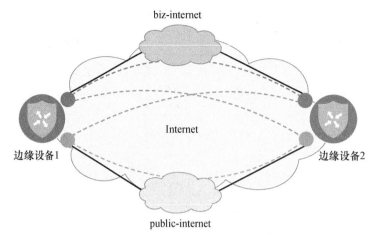

图 3-16 无限制的 Color 间隧道

假设以上两种 Color 在 TLOC 之间没有 IP 可达性，或者设计要求它们不建立跨 Color 的数据平面连接。这时有两种选择：通过 TLOC 通告 **restrict** 属性；配置隧道组。这些属性告诉 SD-WAN 矩阵中的其他设备不要试图建立与受限 Color 的连接。我们首先介绍 **restrict** 关键字，它是 TLOC 路由中的一个 OMP 属性。这个值需要按站点定义为 on 或 off。例 3-9 所示为一个在 TLOC 路由中使用 **restrict** 的例子，Color 值为 **biz-internet**。请注意，在路由属性列表的末尾，**restrict** 属性值被设置为 1。它表示该设备将只与发布 **biz-internet** 的其他 TLOC 建立隧道。如果是 0，那么该 Color 将不受限制地与其他 Color 形成隧道。回到图 3-16，由于没有设置 **restrict**，因此每台设备上有 4 条数据平面隧道，其中两条跨越了不同的 Color。

例 3-9　restrict 置位的 TLOC 路由

```
-------------------------------------------------
tloc entries for 10.1.0.1
               biz-internet
               ipsec
-------------------------------------------------
               RECEIVED FROM:
peer           12.12.12.12
status         C,I,R
loss-reason    not set
lost-to-peer   not set
lost-to-path-id not set
    Attributes:
     attribute-type     installed
     encap-key          not set
     encap-proto        0
     encap-spi          256
     encap-auth         sha1-hmac,ah-sha1-hmac
```

```
encap-encrypt        aes256
public-ip            172.16.10.2
public-port          12366
private-ip           172.16.10.2
private-port         12366
public-ip            ::
public-port          0
private-ip           ::
private-port         0
bfd-status           up
domain-id            not set
site-id              100
overlay-id           not set
preference           0
tag                  not set
stale                not set
weight               1
version              3
gen-id               0x80000006
carrier              default
restrict             1
groups               [ 0 ]
border                not set
unknown-attr-len     not set
```

图 3-17 所示为设置 **restrict** 后的数据平面连接。每台边缘设备将有两条 IPSec 隧道，每个 Color 一条。

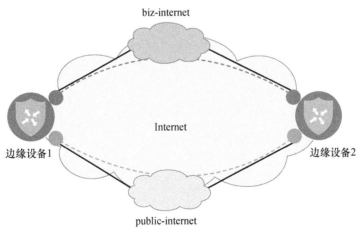

图 3-17　受限的 Color 间隧道

接上面的例子，两台路由器都连接到两条传输链路：biz-internet 和 public-internet。假设在这两条传输链路上启用了 **restrict** 属性，那么这些带有属性的 TLOC 路由同样会随着 OMP

协议发布到对端。两台路由器都会学习这些 TLOC 路由，开始建立数据平面连接。由于配置了 **restrict**，这些路由器将只在相同的 Color 之间建立连接。这意味着每台路由器只有两条 IPSec 隧道连接到另一台边缘设备。

- 边缘设备 1：biz-internet←→边缘设备 2：biz-internet
- 边缘设备 1：public-internet←→边缘设备 2：public-internet

3.2.2 隧道组

另一个限制数据平面连接的方法是使用隧道组。只有与隧道组匹配的隧道，或者没有定义隧道组的隧道之间，才会形成数据平面连接（与 Color 无关）。如果使用隧道组，建议所有站点都定义隧道组。下面介绍一个隧道组最常见的应用案例：在数据中心有两条到同一个 MPLS 运营商的物理链路，而分支站点只有一条 MPLS 物理链路时，设计要求分支站点可以向数据中心的两个物理接口建立两条隧道。如例 3-10 所示，隧道组作为属性随 TLOC 路由通告，取值范围为 0～4294967295。

例 3-10　TLOC 路由中的隧道组

```
-------------------------------------------------
tloc entries for 10.1.0.1
              mpls
              ipsec
-------------------------------------------------
         RECEIVED FROM:
peer             12.12.12.12
status           C,I,R
loss-reason      not set
lost-to-peer     not set
lost-to-path-id  not set
   Attributes:
     attribute-type     installed
     encap-key          not set
     encap-proto        0
     encap-spi          256
     encap-auth         sha1-hmac,ah-sha1-hmac
     encap-encrypt      aes256
     public-ip          172.16.10.2
     public-port        12366
     private-ip         172.16.10.2
     private-port       12366
     public-ip          ::
     public-port        0
     private-ip         ::
     private-port       0
     bfd-status         up
```

```
domain-id           not set
site-id             100
overlay-id          not set
preference          0
tag                 not set
stale               not set
weight              1
version             3
gen-id              0x80000006
carrier             default
restrict            0
groups              [ 500 ]
```

图 3-18 介绍了隧道组的一个应用案例,图中有 3 个站点:一个数据中心和两个远端站点。数据中心有 3 条物理传输链路:两条连接到 MPLS 运营商,一条连接到 Internet。所有 MPLS 传输链路的隧道组 ID 配置为 10,Internet 传输链路的隧道组 ID 配置为 20。

图 3-18　TLOC Color 与隧道组

同一台设备上不能为不同的传输配置相同的 Color,所以我们在数据中心站点路由器上为两条 MPLS 传输链路使用了 **private 1** 和 **private 2** 这两种 Color。而在只有单一 MPLS 接入的远端分支站点上使用了 **mpls** 这种 Color。根据设计要求,远端站点的 MPLS 传输链路上需要与数据中心路由器建立两条数据平面隧道,分别连接到数据中心边缘设备的两个 MPLS 物理接口。按照图 3-18 为各个 Color 定义隧道组后,每个远端站点将建立 5 条隧道:

3 条通过 MPLS，2 条通过 Internet。

- 边缘设备 1 和 2：public-internet←→数据中心边缘设备：public-internet
- 边缘设备 1 和 2：mpls←→数据中心边缘设备：private 1
- 边缘设备 1 和 2：mpls←→数据中心边缘设备：private 2
- 边缘设备 1：mpls←→边缘设备 2：mpls
- 边缘设备 1：public-internet←→边缘设备 2：public-internet

由于 MPLS 和 Internet 传输链路配置的隧道组不同，所以不会尝试建立数据平面连接。各路由器的 CLI 输出信息如例 3-11 所示。

> **注意**：在单台边缘设备上，每个 Color 值只能被赋予一个接口。不能为同一台边缘设备上的多个接口使用相同的 Color，这会打破 TLOC 路由在该站点的唯一性。

例 3-11　各边缘设备上的数据平面 BFD 会话

```
DC-WAN-Edge# show bfd sessions
                              SOURCE TLOC     REMOTE TLOC                     DST PUBLIC
SYSTEM IP    SITE ID   STATE  COLOR        66 COLOR           SOURCE IP       IP
----------------------------------------------------------------------------------------
2.2.2.2      2         up     public-internet public-internet  192.168.1.2    192.168.10.2
2.2.2.2      2         up     private1        mpls             100.64.0.2     100.64.10.2
2.2.2.2      2         up     private2        mpls             100.64.1.2     100.64.10.2
3.3.3.3      3         up     public-internet public-internet  192.168.1.2    100.64.20.2
3.3.3.3      3         up     private1        mpls             100.64.0.2     100.64.30.2
3.3.3.3      3         up     private2        mpls             100.64.1.2     100.64.30.2

WAN-Edge-1# show bfd sessions
                              SOURCE TLOC     REMOTE TLOC                     DST PUBLIC
SYSTEM IP    SITE ID   STATE  COLOR           COLOR           SOURCE IP       IP
----------------------------------------------------------------------------------------
1.1.1.1      1         up     public-internet public-internet  192.168.10.2   192.168.1.2
1.1.1.1      1         up     mpls            private1         100.64.10.2    100.64.0.2
1.1.1.1      1         up     mpls            private2         100.64.10.2    100.64.1.2
3.3.3.3      3         up     public-internet public-internet  192.168.10.2   100.64.20.2
3.3.3.3      3         up     mpls            mpls             100.64.10.2    100.64.30.2

WAN-Edge-2# show bfd sessions
                              SOURCE TLOC     REMOTE TLOC                     DST PUBLIC
SYSTEM IP    SITE ID   STATE  COLOR           COLOR           SOURCE IP       IP
----------------------------------------------------------------------------------------
1.1.1.1      1         up     public-internet public-internet  100.64.20.2    192.168.1.2
1.1.1.1      1         up     mpls            private1         100.64.30.2    100.64.0.2
1.1.1.1      1         up     mpls            private2         100.64.30.2    100.64.1.2
2.2.2.2      2         up     public-internet public-internet  100.64.20.2    192.168.10.2
2.2.2.2      2         up     mpls            mpls             100.64.30.2    100.64.10.2
```

> **注意**：隧道组属性可以和 **restrict** 属性同时使用，且仍然遵循这两条原则：**restrict** 优先与 **color** 优先。也就是说，如果在 Color 上设置了 **restrict**，并且配置了隧道组，那么路由器将只在具有相同 Color、相同隧道组 ID（或者没有隧道组 ID）的路由器之间建立 IPSec 隧道。

3.2.3 网络地址转换

在讨论任何隧道机制的数据平面时，网络地址转换（NAT）始终是一个无法忽视的话题。随着 IPv4 地址池的日益枯竭，广域网终端越来越依赖于 NAT 来节省地址空间。与大多数传统的隧道技术一样，在某些 NAT 类型下隧道可以工作，有些则不能，Cisco SD-WAN 也不例外。毫无疑问，最好的解决方案是为每台边缘设备分配一个公网 IP 地址，以避免 NAT 的问题，但这基本不可能。本节将讨论可以有效建立隧道的前提。在开始之前，让我们回顾一下 NAT 部署的各种类型。

1. 全锥型 NAT（Full Cone NAT）

第一种类型的 NAT 是全锥型 NAT（有时称为一对一 NAT 或静态 NAT）。全锥型 NAT 是唯一一种地址和端口始终开放的 NAT 类型。所有来自外部主机且向 NAT 外部地址和端口发起的入向连接都被允许，NAT 设备会将目的外部地址和端口转换为内部主机的 IP 地址和端口。可以使用相同的公网 IP 地址配置多个全锥型 NAT，但是每个内部主机被转换后的端口必须不同。此外，内部和外部端口无须相同。图 3-19 所示为全锥型 NAT 的工作原理。

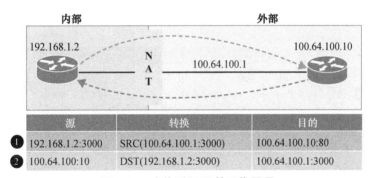

图 3-19 全锥型 NAT 的工作原理

本例中有两台主机，中间有一台 NAT 设备。内部主机 192.168.1.2 有一个服务运行在端口 3000 上。外部主机的 IP 地址是 100.64.100.10。

现在分析一下全锥型 NAT 的工作情况。

1. 内部主机向外部主机发起连接，源端口为 3000，NAT 设备将 IP 头中的源 IP 转换到外部区域，即把 SRC IP 地址 192.168.1.2 转换成 100.64.100.1。

2. 当外部主机发起到 100.64.100.1:3000 的连接时，IP 报头中的目的 IP 会被 NAT 设备转换到内部区域，即把 DST IP 地址 100.64.100.1 转换成 192.168.1.2。

2. 对称型 NAT（Symmetric NAT）

第二种类型的 NAT 可能是最常见的，就是对称型 NAT（也称为动态 PAT）。对称型 NAT 的优点是允许大量主机使用一个外部 IP 地址。当有许多用户需要访问 Internet，而管理员不想为每个用户分配一个外部地址时，就会部署对称型 NAT。通过对称型 NAT，原始的源 IP 地址会被转换为外部 IP 地址，源端口会被转换为另一个端口。这样，一个公网 IP 地址背后的主机理论上最多可以达到 65535 台。使用对称型 NAT，每个从内部发起的与外部主机的会话都将被记录到 NAT 转换表中，这是与全锥型 NAT 的一个关键区别。因为只有当流量从内部主机发起时才会创建映射条目，所以外部主机无法发起到内部主机的连接。这种映射是动态的，如果没有后续流量匹配这个映射条目，条目最终会被清除。

对称型 NAT 的工作原理如图 3-20 所示。

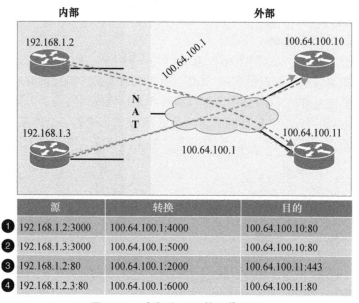

图 3-20　对称型 NAT 的工作原理

在图 3-20 中有 4 台主机。其中两台位于对称型 NAT 设备后端。这两台主机发起了与外部主机 100.64.100.10 和 100.64.100.11 的连接。让我们分析一下这些会话。

1. 流量从 192.168.1.2 发起，连接外部主机 100.64.100.10 的 80 端口。与所有 TCP/UDP 会话一样，在报头中携带了源端口和目的端口字段。在本例中，源 IP 地址为 192.168.1.2，源端口为 3000，它们将被转换为 100.64.100.1:4000。在大多数 TCP/UDP 会话中，源端口是由源主机随机选择的。

2. 与会话 1 类似，会话 2 的流量从 192.168.1.3 发起，连接到外部主机 100.64.100.10 的 80 端口。这时，192.168.1.3:3000 将被转换为 100.64.100.1:5000。由于 NAT 设备同时转换了源端口和源 IP 地址，所以可以看到，仅用一个外部 IP 地址就能够通过对称型 NAT 实现大规模转换。

3. 在会话 3 中，主机 192.168.1.2 正在连接外部主机 100.64.100.11 的 443 端口。源 IP 地址和源端口都被转换为 100.64.100.1:2000。

4. 在会话 4 中，主机 192.168.1.3 正在连接外部主机 100.64.100.11 的 443 端口。源 IP 地址和源端口都被转换为 100.64.100.1:6000。

> **注意**：因为映射条目只在流量从内部主机发起时创建，所以外部主机无法发起连接，除非内部主机已经事先发起了会话，并创建了映射条目。

3. 地址受限锥型 NAT（Address Restricted Cone NAT）

其余的 NAT 类型都是全锥型和对称型 NAT 的变体。它们建立在前面介绍过的概念之上，但在使用中针对 IP 地址和端口增加了一些额外的过滤。第一种类型是地址受限锥型 NAT。这种类型的 NAT 与全锥型 NAT 的工作原理类似，不同的是，它只允许特定 IP 地址的外部主机与内部主机通信。如果内部主机之前在任何端口上与外部主机建立过会话，只要 NAT 映射表依然有效，该外部主机就可以以任何端口为源，向映射表中内部主机的外部地址和外部端口发起连接。图 3-21 所示为地址受限锥型 NAT 的工作原理。

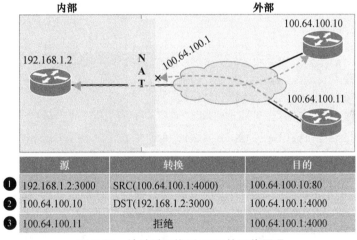

图 3-21 地址受限锥型 NAT 的工作原理

在图 3-21 中共有 3 台主机。一台内部主机部署在地址受限锥型 NAT 设备后端。内部主机正在发起到外部主机 100.64.100.10 的连接。现在分析一下这些会话。

1. 内部主机向目标 IP 地址 100.64.100.10 发起连接。源 IP 地址被转换为 100.64.100.1，源端口 3000 被转换为 4000。

2. 由于内部主机最初连接到 100.64.100.10，现在 100.64.100.10 可以连接到 100.64.100.1:4000，且源端口不限。在 NAT 设备上，目标 IP 和端口将被转换为 192.168.1.2:3000。

3. 当外部主机 100.64.100.11 试图连接到 100.64.100.0.1:4000 时,流量将被 NAT 设备拒绝,因为内部主机之前从未发起过对 100.64.100.11 的连接。

4. 端口受限锥型 NAT（Port Restricted Cone NAT）

最后一种 NAT 类型是端口受限锥型 NAT。端口受限锥型 NAT 与地址受限锥型 NAT 相似,不同之处在于它使用端口作为过滤器。当内部主机连接到外部主机时,NAT 设备会记录目标外部主机的端口号,然后将此端口添加到 NAT 过滤器中。此后,如果有任何外部主机想要与内部主机通信,那么它必须使用记录在案的源端口发起连接。任何与记录不同的源端口都将被拒绝。而使用相同源端口的外部主机,即使 IP 地址不同,也允许连接。端口受限锥型 NAT 的工作原理如图 3-22 所示。

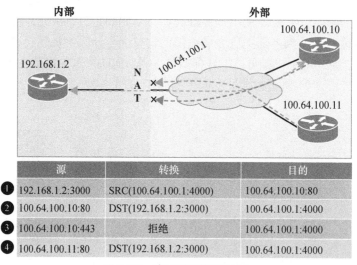

图 3-22　端口受限锥型 NAT

在图 3-22 中共有 3 台主机。其中一台主机位于端口受限锥型 NAT 设备后端。内部主机发起到外部主机 100.64.100.10 的连接。会话过程的分析如下。

1. 内部主机 192.168.1.2:3000 发起到 100.64.100.10 的连接,目标端口为 80。

2. 由于内部主机之前已经连接到 100.64.100.10:80,所以外部主机只有使用源端口 80 才能发起并建立到内部主机 100.64.100.1:4000 的连接。

3. 在本例中,外部主机 100.64.100.10 使用端口 443 为源,试图建立到内部主机的连接。这样的流量被 NAT 设备拒绝,因为内部主机从未连接到 100.64.100.10 上的 443 端口。

4. 这里,另一台外部主机 100.64.100.11 正试图连接到内部主机。由于内部主机最初与端口 80 的外部主机通信,所以只要外部主机的源端口为 80,第二台外部主机就可以与内部主机进行通信。

Cisco SD-WAN 解决方案在某些类型的 NAT 下可以工作,有些则有限制。在讨论这些限制之前,先来研究一下 Cisco 解决方案是如何处理 NAT 的。第 2 章讲到,vBond 控制器在编排平面上运行，是 SD-WAN 矩阵处理 NAT 的黏合剂。边缘路由器总是先联系 vBond 控制器来了解矩阵中的其他组件。在这个过程中，它们还可以了解到自己是否在 NAT 设备后端。当边缘设备开始连接到 vBond 时，它将其实际的 IP 地址插入到交互的数据包中。如果数据包经过 NAT 设备，IP 报头的源 IP 地址（可能还包括源端口）就会被转换。由于数据包的内容仍然包含边缘设备的实际 IP 地址和端口，vBond 能够回送一个消息给边缘设备，通知它在 NAT 设备之后（因为实际的 IP 地址和在 IP 报头中的地址字段不同）。无论是否存在 NAT 设备，边缘设备都会将这个信息插入到它的 OMP TLOC 路由中（public-ip、public-port、private-ip、private-port），并将它发送给 vSmart 控制器。随后，这些信息会被 vSmart 反射到 Overlay 的所有边缘设备，它们将使用这些信息来判断对端设备是否位于 NAT 后端，并据此建立它们的数据平面连接。这种 NAT 检测的机制是利用 STUN（RFC 5389）实现的。例 3-12 的输出显示了包含在 TLOC 路由中的边缘设备的通信 IP 和端口。图 3-23 将 vEdge 与 vBond 的 STUN 通信步骤进行了图形化展示。

例 3-12　TLOC 路由

```
-----------------------------------------------
tloc entries for 10.1.0.1
             mpls
             ipsec
-----------------------------------------------
             RECEIVED FROM:
peer             12.12.12.12
status           C,I,R
loss-reason      not set
lost-to-peer     not set
lost-to-path-id  not set
    Attributes:
     attribute-type    installed
     encap-key         not set
     encap-proto       0
     encap-spi         256
     encap-auth        sha1-hmac,ah-sha1-hmac
     encap-encrypt     aes256
     public-ip         172.16.10.2
     public-port       12366
     private-ip        172.16.10.2
     private-port      12366
     public-ip         ::
     public-port       0
     private-ip        ::
     private-port      0
     bfd-status        up
     domain-id         not set
```

```
site-id            100
overlay-id         not set
preference         0
tag                not set
stale              not set
weight             1
version            3
gen-id             0x80000006
carrier            default
restrict           0
groups             [ 500 ]
```

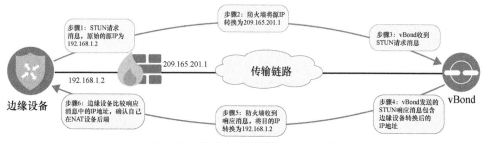

图 3-23 使用 STUN 进行 NAT 穿越

> **注意**：如果通信双方的 Color 是私有类型的，那么即便设备位于 NAT 后端，数据平面连接也将使用 private-ip 和 private-port。只有在任意一方使用公共类型的 Color 时，边缘设备才会向 NAT 后端的公网 IP 地址发起连接。

对称型 NAT 可能会导致数据平面的连接问题。对称型 NAT 为每个出站通信创建一个新的映射，并且只允许从原始目的 IP 的返回流量。如图 3-24 所示，假设边缘设备 1 在对称型 NAT 设备后端。当它连接到 vBond 时，NAT 设备会创建一个与此次通信双方相关的 NAT 映射，并且只允许 vBond 控制器的返回流量。现在想象一下，边缘设备 2 收到了边缘设备 1 的 TLOC 信息，包含它的 public-ip 和 public-port（用于与 vBond 通信）。当边缘设备 2 试图使用这些信息与边缘设备 1 建立 IPSec 隧道时，将会失败。这是因为该信息对应的 NAT 映射仅针对边缘设备 1 与 vBond 的通信。

这个问题的解决方案需要至少一台边缘设备不在对称型 NAT 设备后端。如图 3-25 所示，当边缘设备 2 试图使用 TLOC 信息与边缘设备 1 建立数据平面连接时，依然会失败，原因与之前相同。然而，边缘设备 1 也会尝试使用边缘设备 2 的 TLOC 信息建立隧道。这将创建一个新的映射，并且会连接成功。

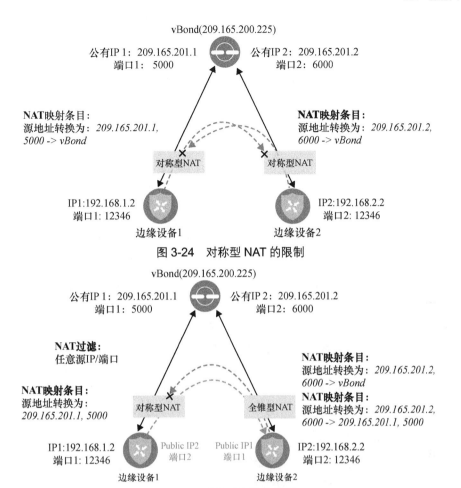

图 3-24　对称型 NAT 的限制

图 3-25　对称型和全锥型 NAT

表 3-5 详细描述了不同类型 NAT 之间的互操作。

表 3-5　NAT 类型对建立数据平面连接的影响

站点 A	站点 B	数据平面状态
公有 IP 地址	公有 IP 地址	成功
全锥型	全锥型	成功
全锥型	端口/地址受限型	成功
端口/地址受限型	端口/地址受限型	成功
公有 IP 地址	对称型	成功
全锥型	对称型	成功
对称型	端口/地址受限型	失败
对称型	对称型	失败

3.2.4 网络分段

由于大多数网络依然注重安全问题，因此，许多网络管理员正在将部署网络分段隔离技术提上日程。网络分段并不是什么新鲜事，多年来，分段已经通过 VLAN 和 VRF 等解决方案实现过。网络分段将不同部门的用户隔离，除非用策略允许他们之间通信。以下是几个常见的网络分段技术的使用场景：

- 将普通用户和访客用户区分开；
- 允许合作伙伴从外部有选择地访问部分网络；
- 根据监管要求分隔 PCI 和/或 HIPAA 网络。

在 Cisco SD-WAN 解决方案中，分段隔离是通过 VPN 实现的。通过分离控制平面和数据平面，可以为每个 VPN 创建不同的拓扑结构。本质上，VPN 与传统的 VRF 是相同的概念。Cisco SD-WAN 定义的 VPN 有下面 3 种不同的类型，如图 3-26 所示。

- **服务 VPN（Service VPN）**：用户流量所在的 VPN。这些 VPN 在 Overlay 上定义，并终止在路由器的 LAN 侧（服务端）。可以在 SD-WAN 矩阵中拥有多个服务 VPN，并为不同的 VPN 创建多种拓扑。这些 VPN 的取值范围为 1~511。
- **传输 VPN（Transport VPN）**：传输 VPN 是广域网物理底层传输端口终止的地方。该 VPN 通常称为 VPN 0。VPN 0 被静态指定为广域网 VPN，不能修改。
- **管理 VPN（Management VPN）**：带外管理接口使用的 VPN。VPN 的取值为 512，也不能修改。

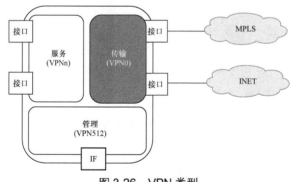

图 3-26　VPN 类型

Cisco SD-WAN 解决方案通过 VPN 标识符实现网络分段，如图 3-27 所示。每个数据包都会携带一个 VPN ID，以表示其在 Overlay 上所属的 VPN。当一个 VPN 被配置到边缘设备后，就会生成一个标签与它绑定。在边缘设备建立控制平面连接时，它会把这个标签和 VPN ID 一起发送给 vSmart 控制器。然后，vSmart 将 VPN-ID 的映射信息分发到网络中的其他边缘设备。这样，网络中的远端边缘设备就能使用这些标签为相应的 VPN 发送流量。该解决方案遵循 RFC 4023 中定义的标准，操作方式与 MPLS 类似。

得益于控制平面和数据平面的分离，解决方案支持为每个 VPN 构建不同的拓扑结构。

常见的拓扑类型有星型、点到点、全互连和部分互连。如果没有指定拓扑类型，所有 VPN 都将是全互连的。由于 TLOC 路由会影响数据平面的构建方式，因此可以借助路由过滤和 TLOC 来构建上述这些拓扑结构。VPN 的拓扑结构是在集中控制策略中定义的，本书后面会讨论。

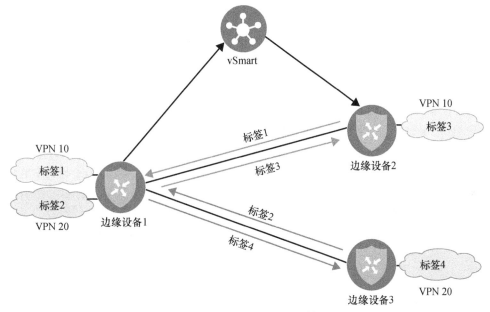

图 3-27　Overlay 标签交换

3.2.5　数据平面加密

截至目前，本章讨论了控制平面如何影响数据平面的形成。Cisco SD-WAN 与大多数 Overlay 技术一样，加密和身份验证也是通过 IPSec 实现的，最大的区别在于如何实现大规模扩展，特别是如何处理密钥交换。

处理密钥交换的传统协议是 Internet 密钥交换协议（IKE）。在 IKE 进程的第一阶段，对等体会相互协商它们使用的加密、认证、散列函数等技术参数。这个阶段用来建立一个安全通道，以承载 IPSec 隧道的第二阶段协商。IKE 的第二阶段是为了建立一个传输实际用户数据的加密隧道。要建立这条隧道，也需要协商一些参数。首先，IKE 的第二阶段将协商封装数据使用的协议（AH 或 ESP）。其次，需要商定使用的加密算法、身份验证类型和隧道生存期。这里列出了 Cisco SD-WAN 解决方案支持的各种方法。

- **身份验证**：身份验证是一种保障通信双方真实可信的机制。
  - RSA-2048 非对称加密。
  - Cisco SD-WAN 支持 AH 和 ESP 封装协议，用于验证发送者的来源。
- **加密**：Cisco SD-WAN 解决方案使用 AES-256 对称算法来加密数据。

■ **完整性**：对数据进行校验，以确保在网络中没有被篡改。
　➢ 系统内置了 256 位的 AES-GCM 散列机制，用于验证数据完整性。
　➢ 启用了防重放保护，防止重放攻击。

基于传统的 IKE 协议，很容易发现当网络规模变得越来越大时，密钥交换过程会成为网络扩展的瓶颈。即使在完成 IKE 协商后，设备间的隧道状态也必须持续跟踪，这反过来会继续消耗设备的 CPU 周期。

为了解决这个问题，Cisco SD-WAN 在控制平面内实现了上述这些协商机制。由于边缘设备已经建立了一条控制平面的隧道（这些控制隧道有它们自己的加密、身份验证和完整性），完全可以利用它进行数据平面协商。每台边缘设备将为每个传输链路生成一个 AES-256 的密钥，用于加密数据和完整性校验。这个密钥与边缘设备对应的 TLOC 一起，在 OMP 更新中通告给 vSmart。这些带有密钥的路由通告会被 vSmart 反射到网络的其余节点。然后，远端边缘设备就可以使用这些信息在它们之间建立 IPSec 隧道。这种新的密钥分配模型从根本上消除了设备单独使用 IKE 协商带来的负担。此外，为了提供增强的加密和身份验证，边缘设备每隔 12 小时就会重新生成密钥。用户也可以根据需要调整这个计时器。密钥的重新协商不会导致当前流量中断，因为这个协商是和现有的隧道同步进行的。

图 3-28 所示为 Cisco SD-WAN 密钥交换的过程。该过程的内容说明如下。

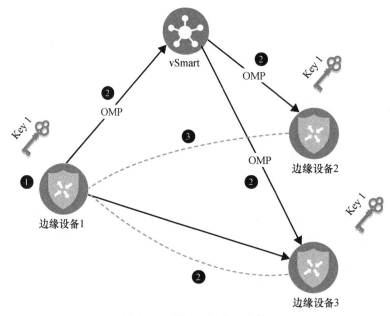

图 3-28　SD-WAN 密钥交换

1. 边缘设备 1 生成加密密钥。
2. 边缘设备 1 通过 OMP 路由更新通告密钥。这个密钥被 vSmart 控制器接收并反射出来（边缘设备 2 和边缘设备 3 也会经历同样的过程）。

3. 现在所有边缘设备都有了对端的密钥,可以开始建立 IPSec 隧道。

默认情况下,边缘设备以非对称的方式使用从 vSmart 交换到的对称密钥。也就是说,不仅加密和解密使用的不是同一个密钥,密钥共享特性还允许边缘设备在发送数据时使用对端对等体的密钥而不是自己的密钥。例如,假设边缘设备 1 生成 Key 1,边缘设备 2 生成 Key 2。当边缘设备 1 向边缘设备 2 发送数据时,它将使用边缘设备 2 的 Key 2 对数据进行加密。当边缘设备 2 接收到数据时,它将使用 Key 2 对数据解密。反之亦然。

图 3-29 所示为使用对称密钥进行加密和解密的工作过程。

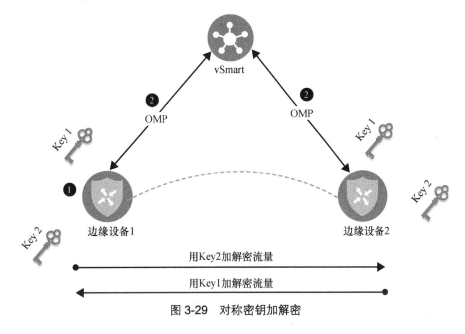

图 3-29　对称密钥加解密

现在,两台边缘设备都有各自对等体的密钥,加密和解密过程如下。

1. 边缘设备 1 和边缘设备 2 生成加密密钥(Key 1 和 Key 2)。

2. 两台路由器都通过 OMP 通告这些密钥。

3. 如果边缘设备 1 向边缘设备 2 发送数据,它将使用边缘设备 2 的 Key 2 加密。边缘设备 2 则使用相同的密钥对数据进行解密。对于边缘设备 2 发送到边缘设备 1 的流量,将使用 Key 1。

3.2.6　使用密钥对加密数据平面

Cisco SD-WAN 解决方案最新引入的密钥交换模型是密钥对(Pairwise Key)。密钥对增强了数据安全性,因为矩阵中的所有设备不再使用相同的密钥来加密和解密数据。密钥对通过在两台边缘设备之间单独协商来实现。例如,分析一个由边缘设备 1、边缘设备 2 和边缘设备 3 这 3 台路由器组成的矩阵,如图 3-30 所示。在边缘设备 1 和边缘设备 2 之间进行数据加密和解密时,将使用密钥对 AB、BA。而边缘设备 1 和边缘设备 3 之间则使用密钥对 AC、CA。公钥是唯一通过 OMP 交换的东西。这样做的最大好处是，注重安全性的用户不必担心私钥的安全。vSmart 控制器将 DH 公钥中继到边缘设备的对等体，利用非对称密钥形成的安全隧道，通信双方可以为每个传输链路协商唯一的密钥对，从而保护双向发送的数据。

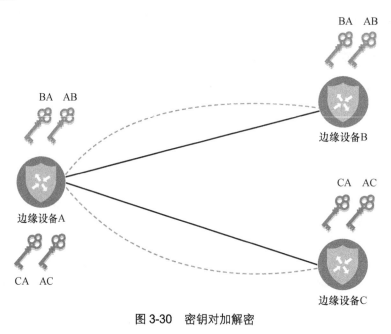

图 3-30　密钥对加解密

使用密钥对的加密和解密通信过程如下。

1. 各边缘设备将为每条传输链路和每个对等体生成一套非对称密钥。其中的公钥将通过 OMP 通告给 vSmart。经过中继，使得边缘设备之间可以协商唯一的对称密钥，用来加密数据。

2. 如果边缘设备 A 需要向边缘设备 B 发送数据，则使用会话密钥 AB。反之，边缘设备 B 将使用会话密钥 BA。

3. 如果边缘设备 A 发送数据到边缘设备 C，密钥 AC 用来加密数据。边缘设备 C 在反向发送流量时会使用密钥 CA 加密。

值得注意的是，密钥对也向后兼容不支持该特性的设备。密钥对默认是禁用的，可以通过模板进行配置。

最后，与所有 IPSec 隧道一样，这些技术会增加数据平面通信的开销。开销会减少主机可以发送到矩阵中的数据量。更复杂的是，一些传输链路（如 PPPoE 或 LTE）对每个数据包的有效载荷大小（MTU）有进一步的限制。为了解决这个问题，Cisco SD-WAN 解决方案利用 BFD 协议中的路径 MTU（PMTU）发现机制。正如本书中讨论的那样，BFD 是在 IPSec 隧道中使用的协议，它被用来测量链路的丢包、延迟和抖动等状态。PMTU 的概念是周期性地探测隧道，以确定最大数据包的大小。传统的 PMTU 报文使用 ICMP 协议，这些包在发送时设置了 DF 位。如果包被丢弃，那么发送方路由器可以认为传输链路不支持刚才发送的数据包大小。然后，PMTU 进程将发送一个更小的数据包。这个过程将重复进行，直到一个数据包发送成功。Cisco SD-WAN 解决方案将 PMTU 发现过程集成到 BFD 会话中。具体来说，边缘设备在 BFD 报头中填充 PMTU 信息。由于 BFD 的流量（Hello、Keepalive 等）是持续发送的，所以解决方案能够不断轮询 MTU，并根据需要进行调整。在默认情况下，每分钟检查一次隧道。此外，由于每个 TLOC 都有 IPSec 会话，所以每个 TLOC（或 IPSec 会话）都定期计算 MTU。然而，由于这个过程会发送不同大小的数据包，这在低带宽链路上可能会出现问题。在计算 MTU 的进程启动时，大数据包将消耗所有可用带宽。因此，建议在以下低带宽链路上关闭 PMTU 发现功能：

- VSAT；
- LTE；
- 按流量计费或低带宽链路。

3.3 总结

本章讨论了控制平面的建立过程、OMP 协议以及数据平面的功能，同时分析了对称 NAT 对 SD-WAN 矩阵的具体限制和要求，还对 IPSec 以及在控制器上集中管理密钥的理念进行了说明。本章最后介绍了 BFD，以及如何利用它进行 AAR 和 PMTU 发现。

综上所述，控制平面和数据平面的构建过程如下。

1. 首先，边缘设备建立到控制器的 DTLS 隧道，通过 vBond 认证后，被授权加入 SD-WAN 矩阵。随后它从 vBond 获取穿越 NAT 的信息。

2. 接着，边缘设备通过 OMP 协议将路由信息和加密密钥通告给 vSmart 控制器。

3. 利用对称密钥或密钥对，边缘设备之间得以建立 IPSec 隧道。

4. 最后，边缘设备在 IPSec 隧道内建立 BFD 会话，用来计算 MTU 并监控广域网的各项指标，以实现 AAR。

第 4 章

上线与配置

本章涵盖以下主题。
- **模板简介**：简要介绍 Viptela 支持的各类模板，包括 CLI 模板、设备模板（Device Template）和功能模板（Feature Template）。本节还会介绍如何巧妙地利用模板来提高网络弹性。
- **模板的配置和应用**：讲解构建、应用设备模板和功能模板的各个操作步骤。
- **设备上线**：详细讨论设备上线的方式，包括手动引导、PNP/ZTP 自动配置。

今天，管理网络设备配置的方式面临诸多挑战，包括版本控制、人为误操作和大规模设备部署带来的扩展性问题。传统上，网络工程师通过命令行界面逐台配置设备，并且调试新的设备时通常需要参考周边其他设备的配置（如 QoS 或路由协议）。另外，不同的设备存在不同的配置方法，在部署前需要明确许多问题。以 QoS 为例，QoS 是用 MLS 队列还是 MQC 队列？设备是什么硬件平台？服务运营商可以提供多少个队列的服务？DSCP 的值设置为多少？这些问题让配置管理变得更加复杂。理想情况下，所有设备的配置都应该标准化，即使它们位于不同的位置。但实际情况是，每个地区的服务运营商、硬件升级周期、业务需求等都有所不同。尤其是随着网络规模的扩大，问题更为突出。首先，硬件设备之间的差异会越来越大，甚至在功能上都有区别，这让管理员的操作和排障愈发困难。其次，设备即便被升级或替换，它的配置也往往会被保留下来。然而，由于配置很少被重新梳理，它们的原意会随着人员交替或其他因素的变化而逐渐消亡。最后一个需要面对的问题是版本控制。网络管理员在运维时更倾向于即时更改，这会彻底覆盖先前的配置。版本控制的重要性尤其体现在网络中断时，有一个可以工作的配置版本能为管理员解决很多头疼的问题。管理员并非总能在配置变更后立即得到故障反馈，在没有版本控制或变更管理的情况下，要回滚到上一个配置相当困难，因为之前的版本没有被记录下来。

在 Cisco SD-WAN 解决方案中，配置管理得益于一个支持自动回滚、功能全面的模板引擎。模板是围绕意图来构建的，网络管理员无须关心这个配置被应用到什么类型的设备上，也无须关心某些操作系统独有的配置选项。配置模板是模块化的，可以在各种类型的设备上重复使用。模板生成的配置在任何平台上都支持，即便网络管理员大规模地部署或变更，依然能确保配置语法正确。配置管理的另一个功能是自动回滚。如果设备应用模板后，失去了被 vManage 管理的能力，那么该设备的配置将自动回滚。这让网络工程师更容易发现并纠正配置错误。

随着网络规模的不断扩大，减少设备的安装和配置势在必行。传统上，在分支机构安装网络设备时，通常采用以下方式。

1. 制造商将设备交付到企业 IT 部门的员工手中。
2. 网络管理员对设备进行配置。
3. IT 工程师将设备快递到现场并安装。

这个流程对企业来说成本很高，尤其是需要部署数千台设备时。一旦出现设备不能上线的问题，IT 团队就必须介入排障，由此造成的项目延期会进一步增加运营费用。在某些情况下，设备安装可以远程指导，这样虽然可以减少员工的差旅成本，但不可避免地会遇到问题。比如，有些站点缺少本地 IT 的支持，网络管理员不得不依靠非 IT 专业人员对设备执行操作。这对本地人员来说难度太大，而且可能耽误自己的本职工作。Cisco SD-WAN 解决方案简化了设备的上线和配置。边缘设备支持诸如 PNP 和 ZTP 之类的部署机制，能自动将设备上线并加入 SD-WAN 矩阵。这些入网解决方案可以让网络管理员提前在 vManage 上对边缘设备进行配置。当边缘设备上线并被 vManage 发现后，会自动应用指定的配置。这样的话，边缘设备可以直接被快递到工程现场，无须 IT 人员初始化。在接入现场网络后，能自动定位到 vManage 控制器，获取相应的配置。Cisco SD-WAN 解决方案在减少远端站点的上线时间和人为失误的同时，提高了设备的上线效率。它节省了项目周期，降低了运营成本，可以让 IT 员工专注于为业务赋能或更有价值的工作上。

4.1 模板简介

Cisco SD-WAN 解决方案支持下面两种配置设备的方式：命令行（SSH 或 Console）和 vManage 的图形化界面。Cisco 推荐使用后者，因为它不易出错且支持配置自动回滚。vManage 的图形化界面可以管理边缘设备和 vSmart。当 vManage 接管配置后，它就成为设备唯一的配置来源，任何配置变更只能通过 vManage 完成。

> **注意**：如要在 vSmart 上应用集中策略，vSmart 就必须由 vManage 管理。当组件被 vManage 接管后，管理员将无法在设备本地修改配置。

vManage GUI 上的单个设备模板可以应用到一台或多台边缘设备或控制器。如图 4-1 所示，设备模板可以基于 CLI 模板，也可以基于功能模板。对于 CLI 模板来说，模板必须包含设备的完整配置，而不仅仅是特定的配置片段。功能模板则恰恰相反，它可以被看作是配置构件，每个构件都是一种类型的技术功能。功能模板定义了想要启用的特定功能或技术，可以在多个设备模板之间重复使用，例如路由协议、接口参数和 OMP。这种灵活性让解决方案支持更大规模的网络，这也是为什么推荐使用功能模板配置设备的原因。功能模板与设备类型无关，无论是 Cisco IOS 的设备还是 Viptela OS 的设备，vManage 都能用正确的语法适配设备。所以，网络管理员只需关注配置需求即可。

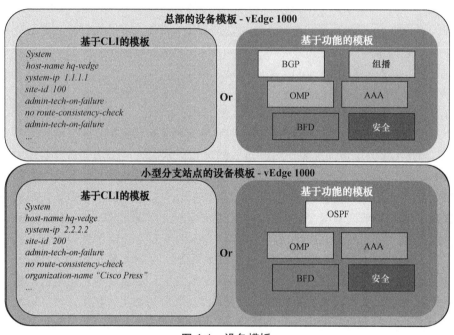

图 4-1　设备模板

设备模板是功能模板的集合，只能应用于特定的设备类型。根据设备的部署地点、连接的传输链路类型及其扮演角色的不同，可能需要为同一型号的硬件创建多种不同的设备模板。一个设备模板无法应用到不同类型的设备上，但是功能模板却可以兼容各种类型的设备。在图 4-2 中可以看到，设备模板主要包含以下 4 个组成部分。

- **基本信息**：包括系统、日志、AAA、BFD 和 OMP 等功能模板。
- **传输与管理 VPN**：有 VPN 0 和 VPN 512 的功能模板，可以配置 Underlay 的路由协议、传输或管理端接口的参数等。
- **服务 VPN**：包含服务 VPN 或面向 LAN 一侧的功能模板。这是配置 BGP、OSPF 和服务端接口参数的地方。
- **附加模板**：包含本地策略、安全策略、SNMP 等功能模板。

4.1 模板简介

```
设备模板（模型类型）
  功能模板（模型分类）
  功能模板（模型分类）     基本信息
  功能模板（模型分类）    (System、Logging、AAA、OMP、BFD、
                          Security、Archive、NTP)

  功能模板（模型分类）
  功能模板（模型分类）     传输与管理
  功能模板（模型分类）     VPN (VPN 0和512)

  功能模板（模型分类）
  功能模板（模型分类）     服务VPN

  功能模板（模型分类）
  本地策略                其他模板
  功能模板（模型分类）    (Banner、Policy、SNMP、
                          Bridge、Cellular)
```

图 4-2　设备模板的结构

功能模板的高度模块化让配置选项变得异常灵活。它能将配置参数定义为变量，从而减少需要配置的模板数量。来看一个例子，假设在某个 SD-WAN 矩阵中，各站点的 MPLS 传输链路在边缘设备上接入的物理接口编号各不相同，如 Gi0/0、Gi0/1 或 Gi0/2。在这种情况下，如果为每个物理接口都构建一个功能模板，这样就需要 3 个模板。当使用变量替换接口编号后，功能模板就能被压缩成一个，且能适配所有站点设备。

图 4-3 所示为如何利用变量来控制模板数量。在此示例中，有 9 个不同的接口模板，它们的区别是接口名称和 IP 地址（静态或 DHCP）。定义变量后，功能模板的数量可以减少到 3 个。

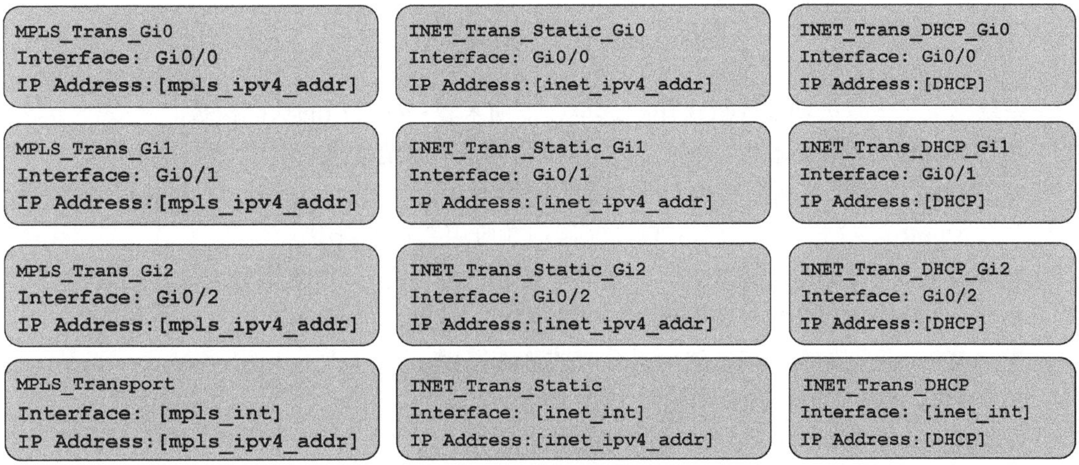

```
MPLS_Trans_Gi0                INET_Trans_Static_Gi0         INET_Trans_DHCP_Gi0
Interface: Gi0/0              Interface: Gi0/0              Interface: Gi0/0
IP Address:[mpls_ipv4_addr]   IP Address:[inet_ipv4_addr]   IP Address:[DHCP]

MPLS_Trans_Gi1                INET_Trans_Static_Gi1         INET_Trans_DHCP_Gi1
Interface: Gi0/1              Interface: Gi0/1              Interface: Gi0/1
IP Address:[mpls_ipv4_addr]   IP Address:[inet_ipv4_addr]   IP Address:[DHCP]

MPLS_Trans_Gi2                INET_Trans_Static_Gi2         INET_Trans_DHCP_Gi2
Interface: Gi0/2              Interface: Gi0/2              Interface: Gi0/2
IP Address:[mpls_ipv4_addr]   IP Address:[inet_ipv4_addr]   IP Address:[DHCP]

MPLS_Transport                INET_Trans_Static             INET_Trans_DHCP
Interface: [mpls_int]         Interface: [inet_int]         Interface: [inet_int]
IP Address:[mpls_ipv4_addr]   IP Address:[inet_ipv4_addr]   IP Address:[DHCP]
```

图 4-3　模板的整合

模板中参数的值可以在以下 3 种类型中选择。
- **Default**（默认值）：设备出厂的预设值，它的值是固定的。例如，默认的 BFD 计时器。
- **Global**（全局值）：这是一个用户自定义的值，凡是调用该模板的设备都会应用这个值。例如，可以为 SNMP 团体字符串（community string）指定一个 Global 值。这样，以后如果要修改它，只需要更新相应的功能模板，修改后的 Global 值会自动同步到每台调用该模板的设备上。
- **Device Specific**（设备特定值）：即用户自定义的变量。当把设备模板关联到某台设备时，系统会提示用户为变量设置具体的值。前文中，把接口名称配置为变量就是个例子。

从图 4-4 中可以看到这 3 类参数值的设置位置。有些模板的参数可能不支持特定的类型，这与参数的含义有关。例如，BGP 的 AS 号就没有默认值。

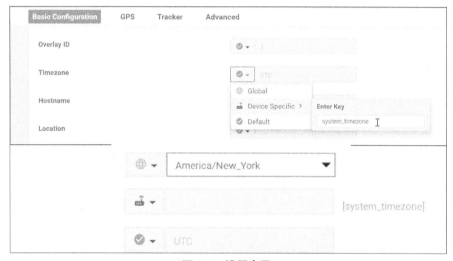

图 4-4 设置变量

系统预设了大量的功能模板供用户选择，下面来看一些常用的功能模板。
- **System**：配置系统 IP、站点 ID、主机名等基本系统信息。
- **BFD**：为每种传输链路或 Color 设置 BFD 计时器（Hello Interval）和应用路由乘数（App-Route Multiplier）。BFD 计时器用在应用感知路由中。
- **OMP**：修改 GR 定时器的值，或控制其他路由协议向 OMP 重分布。
- **Security**：修改 IPSec 安全设置，如防重放、认证、加密等。
- **VPN**：定义服务 VPN、路由重分布或静态路由。
- **BGP**：在 VPN 或 VRF 中配置 BGP 路由。
- **OSPF**：在 VPN 或 VRF 中配置 OSPF 路由。
- **VPN Interface**：定义一个接口的基础配置，它属于某个服务端 VPN 或 VRF。常见的配置选项包括 IP 地址、QoS、ACL 和 NAT。

在设备模板中可以调用上述功能模板。设备模板配置完成后，就可以应用到一台或一组指定的设备上。需要注意的是，一个设备模板只能关联到一种类型的硬件平台。在为具体设备应用设备模板时，如果被调用的功能模板中使用了任何变量，就需要它们的值。变量值可以在 vManage 的模板应用向导中手动填充，也可以使用 CSV 文件上传。后者能让管理员一次性快速配置多台设备。所有变量值都填充完毕后，vManage 会进行配置语法检查。检查通过后，配置就会被推送到设备上。如果此时边缘设备失去了与 vManage 的控制平面连接，它将启动一个 5 分钟的回滚定时器。边缘设备在 5 分钟内没有恢复控制平面连接的话，将回滚至最后一个有效配置并重新连接到 vManage。发生回滚后，系统会提示网络管理员设备的状态为 out of sync（不同步），方便纠正错误。

如果在应用设备模板后更改这些变量值，则需要逐台操作。在功能模板或设备模板发生变更后，vManage 会立即将更新的配置推送到使用该模板的所有设备。这样的一个例子是更改设备的 IP 地址或用户名密码。

4.2 模板的配置和应用

模板的配置和创建均在 vManage GUI 界面中操作。vManage 初始化安装后，会创建一些默认模板。用户既可以用默认模板为基础，也可以从零开始创建新的模板。要创建模板，请访问 **Configuration > Templates** 配置页面，并执行以下步骤。

步骤 1 进入模板配置界面，如图 4-5 所示。

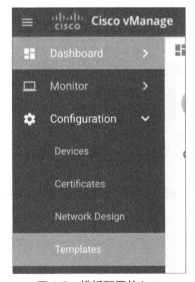

图 4-5 模板配置的入口

步骤 2 在模板配置页面中，可以选择配置设备模板（Device）或功能模板（Feature），如图 4-6 所示。

图 4-6　模板配置窗口

步骤 3　接下来准备创建功能模板。选择 **Feature(tab)> Add Template**。选择要应用该模板的设备，然后选择模板类型，如图 4-7 所示。

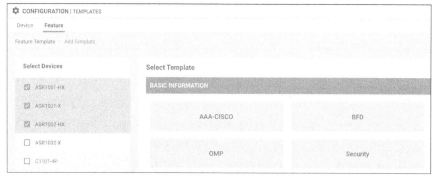

图 4-7　配置模板：选择设备和功能模板

步骤 4　单击希望配置的功能模板类型后，就可以打开模板配置页面，开始填充配置。图 4-8 显示的是 BFD 功能模板配置页面，以此为例，分别为页面中的各个参数指定必要的值。如前所述，这些值可以是变量、全局值或默认值。在命名并完成各项配置后，单击 **Save** 按钮保存。

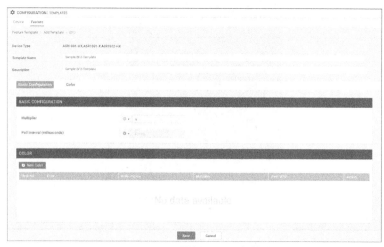

图 4-8　配置模板：设置参数值

步骤 5 现在功能模板已经创建完成，需要将它们关联到各自的设备模板上。在单击 **Device > Create Template** 之后，可以选择创建基于 CLI 的模板或者基于特性的模板。这里选择 **From Feature Template**，如图 4-9 所示。

图 4-9 配置模板：选择设备模板的类型

步骤 6 如图 4-10 所示，在打开的设备模板配置界面中，首先需要指定该模板将应用的设备型号，设置模板名称和描述信息。接着，就可以选择调用哪些功能模板了。在本例中选择在步骤 4 中创建的 BFD 模板。完成后，单击 **Save** 保存。

图 4-10 配置模板：调用功能模板

步骤 7 现在已经创建了设备模板，接着需要把它附加到设备上。在 Device Template 页面中，单击该模板最右侧的省略号。选择 **Attach Devices**，如图 4-11 所示。

图 4-11 应用设备模板

步骤 8 如图 4-12 所示，在对话框左侧的设备列表中选择需要应用该模板的设备（一台或多台），单击中间的箭头，将设备移到右侧的列表中。确认无误后，单击屏幕下方的 **Attach** 按钮，就能将模板应用到设备上。如果设备模板中曾经定义过变量，那么系统就会提示填充这些设备的变量值，这里不再赘述。

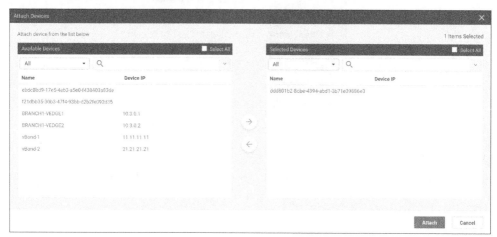

图 4-12　设备选择窗口

4.3　设备上线

为了加入 SD-WAN 矩阵，边缘设备首先需要与 vBond 控制器建立连接。在从 vBond 控制器获取 vManage 和 vSmart 控制器的位置信息后，边缘设备就会尝试与控制器组件建立连接。第 3 章讲到，组件间会进行双向的身份验证，只有通过认证的合法边缘设备才能从 vMange 接收其完整的配置。边缘设备有两种方法引导初始配置并连接到 vBond。第一种方法需要在设备上手工输入最小化上线的配置命令，这种方式所见即所得，但效率低下。第二种方法是使用 ZTP 或 PNP 自动发现。Viptela OS 平台的设备使用 ZTP，而 IOS XE 平台的设备使用 PNP。ZTP 和 PNP 的主要过程非常相似，下面几节将详细介绍它们的每个过程。

4.3.1　Bootstrap 手动引导

想要手动引导边缘设备，首先需要应用最小化配置，包括传输端接口的 IP 地址、vBond 地址（DNS 主机名或 IP）和系统标识信息。这些配置信息用于建立初始连接和身份验证。手动引导设备的过程如下。

步骤 1　配置传输端接口的 IP 地址和默认网关。如果 DHCP 可用，边缘设备就能通过 DHCP 自动获取接口的 IP 地址和网关。

步骤 2　配置 vBond 的 IP 地址或主机名。使用主机名时，必须指定 DNS 服务器的地址，并确保能通过 VPN 0 访问到 vBond。

步骤 3 配置设备标识信息，包括系统 IP、站点 ID、组织名称等。

例 4-1 和例 4-2 分别所示为 Viptela OS 和 SD-WAN IOS-XE 设备的最小化配置。

例 4-1　Viptela OS 设备的最小化配置

```
vEdge# config
vEdge(config)#
vEdge(config)# system host-name hostname
vEdge(config-system)#system-ip ip-address
vEdge(config-system)# site-id site-id
vEdge(config-system)# organization-name organization-name
vEdge(config-system)# vbond (dns-name | ip-address)
vEdge(config)# vpn 0
vEdge(config-vpn-0)# interface interface-name
vEdge(config-interface)# (ip dhcp-client | ip address prefix/length)
vEdge(config-interface)# no shutdown
vEdge(config-interface)# tunnel-interface
vEdge(config-tunnel-interface)# color color
vEdge(config-vpn-0)# ip route 0.0.0.0/0 next-hop
vEdge(config)# commit and-quit
```

例 4-2　IOS-XE 设备的最小化配置

```
Device# config-transaction
Device(config)#
Device(config)# system host-name hostname
Device(config-system)# system-ip ip-address
Device(config-system)# site-id site-id
Device(config-system)# vbond (dns-name | ip-address)
Device(config-system)# organization-name name
Device(config)# interface Tunnel #
Device(config-if)# ip unnumbered wan-physical-interface
Device(config-if)# tunnel source wan-physical-interface
Device(config-if)# tunnel mode sdwan
Device(config)# interface GigabitEthernet #
Device(config)# ip address ip-address mask
Device(config)# no shut
Device(config)# exit
Device(config)# sdwan
Device(config-sdwan)# interface WAN-interface-name
Device(config-interface-interface-name)# tunnel-interface
Device(config-tunnel-interface)# color color
Device(config-tunnel-interface)# encapsulation ipsec
Device(config)# ip route 0.0.0.0 0.0.0.0 next-hop-ip-address
Device(config)# ip domain lookup
Device(config)# ip name-server dns-server-ip-address
```

```
Device(config)# commit
Device# exit
```

4.3.2 PNP 与 ZTP 自动部署

第二种方法可以让边缘设备在网络管理员的最少干预和介入下自动上线。设备上电后，默认将通过 DHCP 尝试获取 IP 地址[①]。获取到 IP 地址后，将尝试连接到 Cisco 托管的自动部署服务器，并学习所属组织机构的 vBond 信息。此后的设备上线流程与手动引导完全相同，即连接和认证 vBond，获取 vManage 和 vSmart 信息，建立控制平面连接后接收设备配置。

> **注意**：自动部署服务器通过 Cisco 官网上的 PNP 门户进行管理。从 Cisco 购买设备后，用户需要在网站上提交设备的序列号，也可以设置 vManage，与该网站自动同步并下载属于组织机构的设备清单。

在触发自动部署流程前，需要在 vManage 上为相应的设备关联设备模板。该设备模板必须包含设备的系统 IP 和站点 ID 信息。如果没有完成这些步骤，自动部署流程就不会成功。当 vManage 第一次"看到"设备时，它将匹配 ZTP/PNP 设备的序列号，分配并推送模板。

如前所述，设备类型不同，部署流程也略有不同。Viptela OS 平台的设备使用 ZTP 流程。一旦设备启动，通过 DHCP 获取 IP 地址和 DNS 服务器，并尝试解析 ztp.viptela.com。如果成功，边缘设备将连接到 ZTP 的自动部署服务器，被服务器验证设备所属组织机构后，重定向到该组织的 vBond。边缘设备所属组织机构是通过对比设备序列号与 ZTP 数据库条目获得的。边缘设备连接到 vBond 后，后面的过程与 PNP 类似。ZTP 正常工作需要两个条件：DHCP 必须在面向广域网（VPN 0）的接口上可用；设备必须能够解析 **ztp.viptela.com**。每一种运行 Viptela OS 的设备都有各自专用的 ZTP 接口。请参考最新的产品手册来确定应该使用哪个接口接入广域网。图 4-13 详细描述了 ZTP 的自动上线过程。

1. vEdge 设备解析 **ztp.viptela.com**。ZTP 服务器验证设备的序列号和组织名称是否在 ZTP 数据库中。

2. 如果执行 ZTP 的 vEdge 的序列号能在 ZTP 数据库中找到，ZTP 服务器就会响应并通知 vEdge 该组织的 vBond 控制器的连接信息。

3. 然后，vEdge 尝试连接 vBond 并开始身份验证。成功后，vBond 将告诉 vEdge 关于 vSmart 和 vManage 控制器的信息。控制平面建立后，vManage 会把必要的配置推送到 vEdge 上。

对于基于 Cisco IOS-XE 的设备，PNP 流程与 ZTP 几乎一样，只是设备将通过 HTTPS 与 PNP 服务器（**devicehelper.cisco.com**）通信，而不是建立一个 DTLS 隧道。在经过服务器验证后，边缘设备将被重定向到组织相关的 vBond。IOS-XE 的设备和 ZTP 设备有相同的前提条件，它们必须通过 DHCP 获得广域网接口的 IP 地址和 DNS 服务器，并且能够解析 **devicehelper.cisco.com**。图 4-14 概述了设备用 PNP 上线的过程。

[①] 译者注：不同型号的设备在出厂时默认开启 DHCP 的接口编号不同，请参考 Cisco 官方文档获取详细信息。

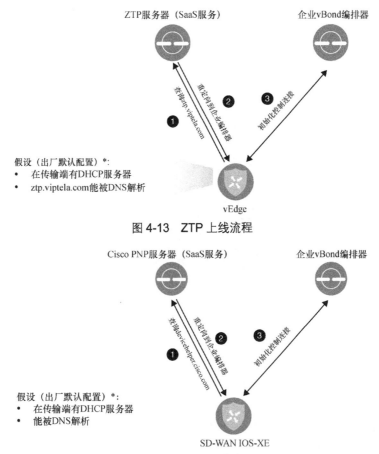

图 4-13 ZTP 上线流程

图 4-14 PNP 上线流程

4.4 总结

Cisco SD-WAN 解决方案通过一个强大的模板引擎轻松管理网络设备的配置。其中，功能模板用来实现配置的模块化，方便在各种平台上重复使用。这些功能模板组合起来构成一个设备模板，最终应用到一台或一组具有相似配置结构的设备上。通过在这些模板中引入变量，网络管理员可以胜任大量、大范围的配置需求。

有两种方法可以完成边缘设备的部署：Bootstrap 手动配置和 PNP/ZTP 自动配置。手工方式所需的配置量非常小，只需要设置系统 IP、站点 ID、组织名称和 IP 地址信息。当边缘设备通过 vBond 身份验证后，便会发现其他控制器，并从 vManage 获得配置。第二种方法涉及自动上线的过程，Viptela OS 的设备使用 ZTP 自动部署，Cisco IOS-XE 的设备使用 PNP 自动部署。当边缘设备确定了 vBond 的位置后，整个流程就和手动配置方法一样。尽管这两种方法有不同的配置选项，但也足以让网络管理员快速地部署大量设备。

第 5 章

Cisco SD-WAN 策略简介

本章涵盖以下主题。
- **策略用途**：介绍客户选择使用 Cisco SD-WAN 策略的理由。
- **策略类型**：介绍 Cisco SD-WAN 策略的分类，包括控制策略、集中数据策略和本地策略等。
- **策略框架**：包括 Cisco SD-WAN 策略的构成，以及各个组件如何结合使用。
- **策略的管理、激活和执行**：介绍 Cisco SD-WAN 策略是如何激活并实施到整个矩阵的。
- **数据包的处理流程**：介绍在同时应用多种类型的策略时，每种策略是如何相互作用的。

网络管理员可以为 Cisco SD-WAN 矩阵配置策略来实现企业特定的业务需求。本章将从 Cisco SD-WAN 的策略分类入手，重点介绍策略组件、创建过程、应用方法及其实施位置。有关各个策略类型的详细讨论、应用场景和实际用例将在第 6 章到第 10 章中陆续展开。

5.1 策略用途

企业正在全面推进数字化转型，它们比以往任何时候都更加依赖其 IT 基础设施。数据需要通过网络传输，这些数据对业务的重要性不言而喻。Cisco SD-WAN 策略是一种机制，管理员可以通过该机制将意图编码到网络矩阵来实现新的业务价值。如今，IT 工作人员的任务是满足业务领导提出的新需求，它们直接影响到网络的架构和运行。比如，要求降低广域网传输的基础设施成本。要实现这一目标，通常需要从主备模式升级到双主架构。此外，管理人员正在抛弃昂贵的专线，逐渐依赖商用的 Internet 线路来满足传输需求。与此同时，业务人员却要求它具有与传统 MPLS 专线相同的应用体验。策略是网络管理员配置 Cisco SD-WAN 矩阵以满足这些业务目标的方式。在接下来的几章中将讨论不同类型的策略，以及针对这些业务问题的各种实际用例。

5.2 策略类型

有几种不同类型的策略可以用来满足网络管理员的业务目标。Cisco SD-WAN 策略按照类型可以分为集中策略和本地策略。

从广义上讲，集中策略控制着在 Cisco SD-WAN 矩阵内部转发的路由信息和数据流量。而本地策略控制着在 Cisco SD-WAN 矩阵外围转发的路由信息和数据流量（矩阵外围是指边缘设备对接传统路由器的位置）。图 5-1 所示为这些策略类型之间的关系。

图 5-1　Cisco SD-WAN 策略类型

5.2.1 集中策略

集中策略可以细分为控制策略（在 vManage 界面上称为拓扑策略）和数据策略（在 vManage 界面上称为流策略），如图 5-2 所示。控制策略通过改变由 OMP 交换的控制平面信息来操纵 Cisco SD-WAN 矩阵。数据策略则通过改变流量的转发来直接操纵 Cisco SD-WAN 矩阵的数据平面。

影响控制平面的集中策略

VPN 成员策略用于在控制平面上操纵路由信息的传播，包括控制或过滤 OMP 路由和 TLOC 路由。第 6 章将详细讨论控制策略和 VPN 成员策略。

- **控制策略**：控制策略用于调整特定前缀的路由或默认路由，让应用程序优选某个站点，抑或是限制某些站点跨矩阵直接建立隧道。
- **VPN 成员策略**：VPN 成员策略用于限制向指定站点分发特定 VPN 的路由信息。一个常见的用例是允许访客网络访问 Internet，但拒绝站点到站点的通信。

影响数据平面的集中策略

控制策略和 VPN 成员策略主要用于操纵控制平面，而集中数据策略和 AAR 策略则直接影响数据平面的流量转发。

- **集中数据策略**：集中数据策略是一种基于策略路由的形式。它功能强大，部署灵活，通常用于实现对特定应用的直接 Internet 访问、网络服务插入和数据平面操作，如数据包复制和前向纠错（Forward Error Correction，FEC）。第 7 章将对此作更详细的讨论。

- **AAR 策略**：AAR 策略用于确保特定类型的流量总能在符合最低 SLA 要求的广域网链路上传输。第 8 章会进一步介绍这些策略。
- **流（Cflowd）策略**：流策略是一种特殊类型的集中数据策略，它指定了流记录（flow record）导出的网络位置，方便用户在外部系统上对数据流信息进行分析。

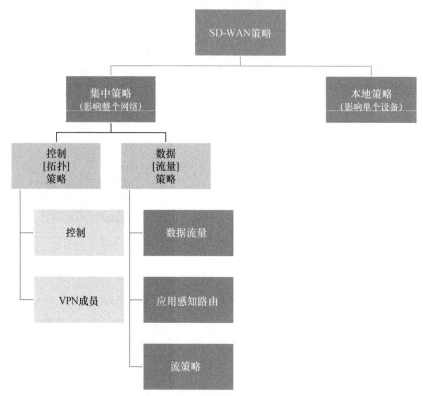

图 5-2 SD-WAN 集中策略的类型

5.2.2 本地策略

与集中策略类似，本地策略也可以用于操纵控制平面和数据平面。图 5-3 所示为本地策略的两种主要类型：传统的本地策略和安全策略。传统的本地策略包括路由策略、服务质量和访问控制列表。安全策略功能集支持的应用场景包括安全合规审查、访客接入、DCA 和 DIA 等。

影响控制平面的本地策略称为路由策略，可用于过滤或操作在 SD-WAN 外围通过 BGP、OSPF、EIGRP 等协议交换或学习到的路由。当路由从一种协议重分发到另一种协议（包括传入和传出 OMP）时，还可以用路由策略过滤路由。路由策略是本地策略中唯一能够影响控制平面的策略。

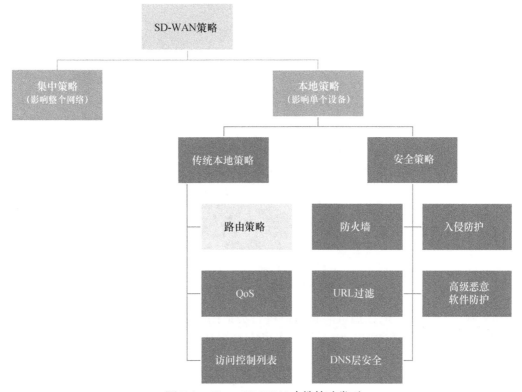

图 5-3　Cisco SD-WAN 本地策略类型

影响数据平面的本地策略包括以下几种。

- **服务质量**：可以在边缘路由器上配置 QoS，来执行排队、整形、限速、拥塞避免和拥塞管理。
- **访问控制列表**：ACL 可以与本地策略一起创建，过滤端口级别的流量。访问控制列表还可以用于标记流量来实现服务质量。
- **安全策略**：安全策略是在 18.2 版本中作为基于区域的防火墙（ZBFW）的功能集首次引入的，并在后续的版本中逐渐扩展功能。从 19.2 版本开始，安全策略支持的功能有应用感知的 ZBFW、入侵防御、URL 过滤、高级恶意软件防护（AMP）和 DNS 安全。这些功能用于影响数据平面的流量。

5.2.3　策略域

从图 5-2 和图 5-3 可以看出，控制平面和数据平面都可以通过集中策略和本地策略进行控制。图 5-4 说明了集中控制策略与本地控制策略的关系。集中策略作用在 vSmart 控制器，并影响 Cisco SD-WAN 矩阵的控制平面。本地路由策略应用于个别的边缘路由器，并影响着连接到本地站点的路由域。

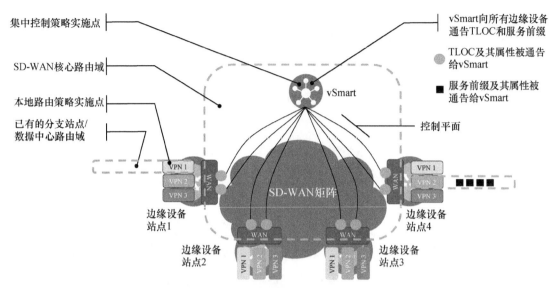

图 5-4　集中和本地控制策略的作用域

集中数据策略和本地数据策略也可以进行类似的区分。集中数据策略可以影响整个 Cisco SD-WAN 矩阵上的数据转发，而本地数据策略应用于单个路由器上的单个接口。图 5-5 说明了这些关系。

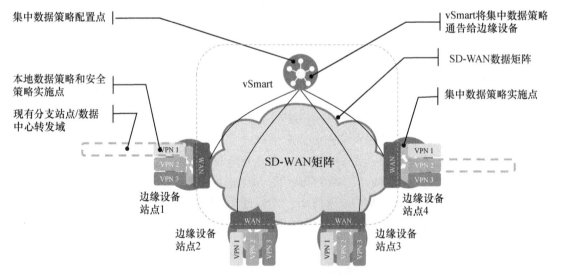

图 5-5　集中和本地数据策略的作用域

本章后续内容主要聚焦在集中策略上。虽然大多数概念既适用于集中策略，也适用于本地策略，但本地策略在构建和应用的方式上有一些关键差异。这些差异将在第 9 章和第 10 章进一步讨论。

5.3 策略框架

乍一看，Cisco SD-WAN 策略可能令人满腹狐疑，望而生畏，但其实它们的框架结构和配置步骤与传统 IOS 平台上的路由策略非常相似。在传统路由器上创建路由策略有下面三个步骤。

步骤 1 定义列表。通常使用 ACL、IP 前缀列表和 AS Path 列表等来识别感兴趣组。

步骤 2 定义路由映射。route-map 是 match 和 set 语句的结构化序列，先匹配步骤 1 中列表定义的目标流量，然后设置要采取的一系列操作。

步骤 3 应用路由映射。为了使策略生效，必须应用 route-map。一个 route-map 可以通过多种方式应用，例如在接口上配置数据平面的策略路由，或在路由邻居上操作控制平面的路由更新。仅配置列表和 route-map 而不应用它们，对 IOS 路由器的控制平面和数据平面都没有影响。

例 5-1 通过远端路由器的配置说明了这个过程，该路由器与数据中心路由器（BGP 邻居 192.168.1.100）建立了对等关系。网络管理员使用经典的 Cisco IOS 语法创建并应用策略，使得路由器只接受来自 BGP 对等体（192.168.1.100）的默认路由通告，并为该默认路由设置 MED 值。

例 5-1 配置带有 BGP 路由映射的传统 Cisco IOS 路由策略

```
REMOTE_R1#
REMOTE_R1#conf t
Enter configuration commands, one per line. End with CNTL/Z.
! Step 1: Define the list to identify the traffic of interest
! In this example, an ip prefix-list is defined to match only a default route
REMOTE_R1(config)#ip prefix-list DEFAULT_ONLY permit 0.0.0.0/0
REMOTE_R1(config)#
! Step 2: Define a route-map to execute the necessary policy actions
! In this example, sequence 10 permits the routes from our prefix-list,
! and sets the MED value to 1000; sequence 20 denies all other routes.
REMOTE_R1(config)#route-map PERMIT_ONLY_DEFAULT permit 10
REMOTE_R1(config-route-map)#match ip address prefix-list DEFAULT_ONLY
REMOTE_R1(config-route-map)#set metric 1000
REMOTE_R1(config-route-map)#route-map PERMIT_ONLY_DEFAULT deny 20
REMOTE_R1(config-route-map)#exit
REMOTE_R1(config)#
! Step 3: Apply the Route-Map
! In this example, the route-map is applied to one of the configured BGP neighbors
REMOTE_R1(config)#router bgp 100
REMOTE_R1(config-router)#neighbor 192.168.1.100 remote-as 200
REMOTE_R1(config-router)#neighbor 192.168.1.100 route-map PERMIT_ONLY_DEFAULT in
REMOTE_R1(config-router)#end
```

```
REMOTE_R1#
```

Cisco SD-WAN 策略框架比传统 IOS 策略更加灵活，这可能让初级工程师感到迷茫胆怯，其实配置步骤同样是下面三步。

步骤 1 定义列表。与传统的 IOS 相比，Cisco SD-WAN 可以使用更多类型的列表。这在某种程度上说明 Cisco SD-WAN 比传统路由策略更灵活。列表除了用来识别感兴趣流之外，还能在定义操作和应用策略时被调用。下一节将更详细地讨论列表。

步骤 2 定义策略。Cisco SD-WAN 策略是在 **match** 和 **action** 语句的结构化序列中定义的，**match** 语句使用步骤 1 中定义的列表来指定感兴趣流，然后在 **action** 语句中列出要采取的一系列具体操作。Cisco SD-WAN 可以使用各种策略类型来实现不同的目标，这些策略的结构是相似的，只是在不同类型的策略中，可以匹配的具体标准和采取的操作各不相同。

步骤 3 应用策略。与传统 Cisco IOS 的 route-map 一样，为了让 Cisco SD-WAN 策略生效，必须应用该策略。已配置但未应用的 route-map 不会影响路由器运行。对于 Cisco SD-WAN，集中策略总是在站点列表所匹配的一个或多个站点生效。如果在一个站点上有多个边缘路由器，每个配置了相同站点 ID 的路由器都将应用相同的集中策略。根据策略类型，它也可以应用在特定的 VPN 和特定流量方向。

图 5-6 所示为这 3 个步骤。

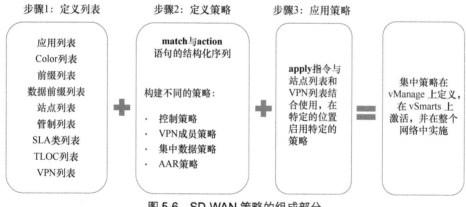

图 5-6 SD-WAN 策略的组成部分

例 5-2 所示为创建 SD-WAN 策略的三个步骤，实现与例 5-1 类似的路由策略。

> **注意**：集中策略总是配置在 vManage 和 vSmart 上，它们的 CLI 界面首先呈现的是策略定义（步骤 2），其次显示列表（步骤 1），最后显示策略应用（步骤 3）。出于这个原因，一些有经验的工程师发现从底部到顶部的阅读顺序效果更好，特别是在排除故障时。

例 5-2 配置 Cisco SD-WAN 集中策略

```
! Step 2: Define a control-policy to execute the necessary policy actions
! In this example, sequence 1 permits the routes from our prefix-list,
```

```
! and sequence 11 permits the TLOC Routes.
! The default action denies all other routes and TLOCs.
policy
 control-policy PERMIT_ONLY_DEFAULT
    sequence 1
     match route
      prefix-list DEFAULT_ONLY
      site-list DC_1
     !
     action accept
      !
    !
    sequence 11
     match tloc
      site-list DC_1
     !
     action accept
     !
    !
  default-action reject
 !
! Step 1: Define the list to identify the groups of interest
! In this example, a similar prefix-list is defined to match only a default
! route, as was done in Example 5-1.
 lists
  prefix-list DEFAULT_ONLY
   ip-prefix 0.0.0.0/0
   !
! Step 1 (continued): Two site-lists were defined to specify where
! the route is sourced from, and where the policy is applied.
   site-list REMOTE_1
    site-id 300
   !
   site-list DC_1
    site-id 100
   !
  !
 !
! Step 3: Apply the Policy
! In this example, the policy is applied to the remote site specified in the
  site-list REMOTE_1.
apply-policy
 site-list REMOTE_1
  control-policy PERMIT_ONLY_DEFAULT out
 !
!
```

本书后面的章节将更详细地回顾策略的构建。如果还不清楚具体命令的含义，请不必担心。例 5-1 和例 5-2 的目的是展示 Cisco SD-WAN 策略与 Cisco IOS 中传统的控制、数据平面策略的共通性。

5.3.1 列表类型

列表是 Cisco SD-WAN 策略的基本构件。在 Cisco SD-WAN 策略中，列表为匹配对象和指定操作提供了灵活性和可扩展性。Cisco SD-WAN 有许多不同类型的列表，可以用来匹配控制平面和数据平面上不同的兴趣组。在集中策略中，可以使用以下类型的列表。

- **Application List**（应用列表）：应用列表可以匹配特定的应用或应用族。这些列表旨在帮助管理员使用第 7 层定义的应用来创建与业务相关的规则，而不需要指定第 3 层和第 4 层（IP 地址和端口）的值。常见的例子包括 VOICE_AND_VIDEO 应用列表，它匹配诸如 RTP（VoIP）、WebEx 和 TelePresence，以及 SCAVENGER 应用列表（用于匹配非关键业务的应用程序，如 YouTube、Facebook 和 Netflix）。应用列表仅作为匹配条件使用。

- **Color List**（颜色列表）：第 3 章讲到 Color 是 TLOC 的一个属性。Color 列表可以指定一种颜色或一组颜色，被控制策略和数据策略调用。它既能作为 **match** 语句的条件，也可以在 **action** 语句中调用。

- **Prefix List**（前缀列表）：前缀列表用于指定 CIDR 的大小范围。该列表专门用来在控制平面中匹配路由信息，并且只能用于控制策略。在传统的 IOS 平台上，单个访问列表或前缀列表可以用来匹配控制平面路由或数据平面流量（取决于策略的使用方式）。与此不同的是，Cisco SD-WAN 为这些功能定义了两个单独的列表：前缀列表和数据前缀列表。

- **Data Prefix List**（数据前缀列表）：数据前缀列表与前缀列表非常类似，但是 Cisco SD-WAN 中的数据前缀列表只能用于数据策略中匹配数据平面的流量。

- **Site List**（站点列表）：Cisco SD-WAN 矩阵中的每个站点都被分配一个站点标识符，称为站点 ID。站点列表可以是单个、多个站点 ID，也可以是一个范围的站点 ID。站点列表通常作为策略的匹配条件，以及指定策略的应用范围。这将在下一节中进一步讨论。

- **Policer List**（管制列表）：与传统的 Cisco IOS 类似，**policer** 用来限制流量流入或流出的速率。管制列表只能作为策略 action 语句的一部分使用，不能用在 match 语句中。

- **SLA Class List**（SLA 类列表）：与 AAR 策略一起使用的 SLA 类列表，可以根据特定流量的最大丢包、延迟、抖动或三者的组合来定义 SLA。

- **TLOC List**(TLOC 列表)：如第 3 章所述，TLOC 是一个传输定位器，在跨越 SD-WAN 矩阵的路由查找中充当下一跳地址。TLOC 列表是一组下一跳地址，可以与控制策略和数据策略一起使用，用来操作通过 SD-WAN 矩阵转发流量的下一跳地址。

- **VPN List（VPN 列表）**：VPN 列表是服务端 VPN（或 VRF）的列表，作为控制策略中的匹配条件，将特定数据策略应用在哪一个 VPN 分段。

5.3.2 策略定义

虽然有许多不同类型的 Cisco SD-WAN 策略，但所有策略都以类似的框架定义。每个策略都包含 **match** 和 **action** 语句，按顺序编号。在一个特定的序列编号中，可以配置多个匹配条件和多个操作。如果指定了多个条件，则需要将多个条件做逻辑与运算，只有满足所有条件，才能被该序列匹配。在例 5-3 中可以看到这种情况，其中序列 1 匹配的路由必须与前缀列表 **DEFAULT_ONLY** 和站点列表 **DC_1_OR_2** 的逻辑与相关联。任何不是来自站点 100 或站点 200 的默认路由都不满足这两个条件，也不会被序列 1 匹配，转而继续比对策略中的其他序列。同样，来自站点 100 或站点 200 的非默认路由也不满足这两个条件，也会不被序列 1 匹配。

例 5-3 包含多个匹配条件的集中策略

```
control-policy PERMIT_ONLY_DEFAULT
! Sequence 1 accepts routes that are matched by the prefix list DEFAULT_ONLY
! and the Site list DC_1_OR_2.
   sequence 1
    match route
     prefix-list DEFAULT_ONLY
     site-list DC_1_OR_2
    !
    action accept
    !
   !
   sequence 11
    match tloc
     site-list DC_1_OR_2
    !
    action accept
    !
   !
  default-action reject
 !
!
```

例 5-3 中的序列 1 表明，可以指定多个列表作为单个序列的匹配条件，在这种情况下，必须满足所有匹配条件（该示例中的前缀列表和站点列表）。同时，每个列表中的每一个匹配条件都可以包含一个或多个值，例 5-4 中的站点列表 **DC_1_OR_2** 就说明了这一点。

例 5-4 匹配多个值的列表

```
lists
```

```
prefix-list DEFAULT_ONLY
 ip-prefix 0.0.0.0/0
!
site-list REMOTE_1
 site-id 300
!
! This list, when used as matching criteria, will match multiple values. Site 100
OR Site 200
! will be matched by this list.
site-list DC_1_OR_2
 site-id 100,200
 !
!
!
```

如果用作匹配条件的列表中包含多个值，则匹配任何一个值即可满足条件。在例 5-3 中，序列 1 将匹配从站点列表 **DC_1_OR_2** 派生的路由，即在例 5-4 中定义的 site-id 100 或 site-id 200。通过这种方式，可以看到单个列表中的多个值用作匹配条件时被视为逻辑或。由于每台路由器只能配置一个站点 ID，所以一条路由不可能同时满足 site-id 100 和 site-id 200 两个匹配条件。

与传统的 route-map 和 ACL 类似，Cisco SD-WAN 策略中应用的匹配逻辑是首次匹配。只要匹配了策略中的任何给定序列，就会采取特定操作，不再按顺序进行下一次匹配。因此，通常的做法是将最细化的匹配标准放在策略的开头，而将更广泛、更通用的匹配标准放在策略结尾。

条件语句配置完成后，管理员必须首先为操作语句指定"允许或拒绝"。这是强制性的。它在集中控制策略中对应着关键字"Accept/Reject"，在集中数据策略中则对应着"Accept/Deny"。除此之外，还可以在 Accept 或 Deny/Reject 中附加可选操作。对控制策略来说，如果操作语句指定的是"拒绝"，则不能附加可选操作。而对数据策略来说，流量被"拒绝"后，依然可以选择记录或统计流量。如果操作语句指定的是"允许"，那么这两种策略都可以附加更多可选操作。这方面的其他例子将在后续章节中更详细地介绍。例 5-5 突出展示了这些 **action** 语句。

例 5-5 策略操作和默认操作

```
control-policy PERMIT_ONLY_DEFAULT
   sequence 1
    match route
     prefix-list DEFAULT_ONLY
     site-list DC_1_OR_2
    !
! Every policy sequence either accepts or denies 122(for control policies) /
! rejects (for data policies) entries
```

```
   action accept
  !
 !
 sequence 11
  match tloc
   site-list DC_1_OR_2
  !
  action accept
  !
 !

 ! Every policy has a default action that applies when no other sequences
 ! have been matched
 default-action reject
 !
!
```

每个策略还有一个默认操作作为最后一个序列。这个默认操作类似于传统 Cisco ACL 和 route-map 中的隐式拒绝，但与传统 route-map 不同的是，默认操作总是显式配置的。在配置集中策略时，请务必记住默认操作已存在，并相应地将控制策略和数据策略设置为 Reject 或 Deny。例 5-5 突出显示了默认的操作。

5.4 策略的管理、激活和执行

集中策略由控制策略、VPN 成员策略、数据策略和 AAR 策略组成，它们作为子策略在 5.3 节的步骤 2（定义策略，见第 88 页）中被单独配置。每个子策略都有各自的 **match** 和 **action** 语句序列，彼此之间独立执行。它们组合在一起构成了一个集中策略。

5.4.1 创建集中策略

例 5-6 所示为将多个子策略组合在一起的过程。本例在例 5-4 和例 5-5 中创建的策略的基础上增加了一个集中数据策略，用于过滤网络中特定的应用流量。这个集中数据策略只有一个序列（即 sequence 1），与名为 **BLOCKED_APPS** 的应用列表相匹配。例 5-6 除了新的集中数据策略，还新增了几个列表，包括应用列表 **BLOCKED_APPS**、VPN 列表 **CORP_VPN** 和站点列表 **ALL_BRANCHES**。

最后，策略末尾更新了 apply-policy 命令块。它表明新的数据策略已经应用到 **ALL_BRANCHES** 站点列表所指定的站点。

例 5-6 包含多个子策略的集中策略

```
policy
 control-policy PERMIT_ONLY_DEFAULT
```

```
    sequence 1
     match route
      prefix-list DEFAULT_ONLY
      site-list DC_1_OR_2
     !
     action accept
     !
    !
    sequence 11
     match tloc
      site-list DC_1_OR_2
     !
     action accept
     !
    !
   default-action reject
  !
! The new data policy "_CORP_VPN_BLOCK_BAD_APPS" has been added
 data-policy _CORP_VPN_BLOCK_BAD_APPS
! This policy only applies to traffic in the specified VPN list
  vpn-list CORP_VPN
    sequence 1
     match
      app-list BLOCKED_APPS
     !
     action drop
     !
    !
   default-action accept

 lists
  app-list BLOCKED_APPS
   app youtube
  !
  prefix-list DEFAULT_ONLY
   ip-prefix 0.0.0.0/0
  !
  site-list ALL_BRANCHES
   site-id 300-599
  !
  site-list REMOTE_1
   site-id 300
  !
  site-list DC_1_OR_2
   site-id 100,200
  !
  vpn-list CORP_VPN
```

```
   vpn 10
 !
 !
 ! The new data policy has been applied to all of the sites referenced
 ! by the site-list "ALL_BRANCHES".
 !
apply-policy
 site-list ALL_BRANCHES
  data-policy _CORP_VPN_BLOCK_BAD_APPS all
 !
 site-list REMOTE_1
  control-policy PERMIT_ONLY_DEFAULT out
 !
 !
```

在例 5-6 中，单个集中策略可以由许多不同的子策略组成，在 **apply-policy** 命令块中，这些子策略可以分别应用于不同的站点，实现管理员的意图。控制策略 **PERMIT_ONLY_DEFAULT** 只应用于 site-id 300，数据策略**_CORP_VPN_BLOCK_BAD_APPS** 应用于 site-id 300-599。这样，site-id 300 这个站点将应用控制和数据策略，而同时 site-id 301-599 的站点将只应用数据策略。

集中数据策略一般都有站点列表、VPN 列表和应用方向。方向可以配置为 **from-tunnel**、**from-service** 或 **all**（**from-tunnel** 表示 WAN 到 LAN，**from-service** 表示 LAN 到 WAN）。这些策略可以操纵从矩阵接收和发送到矩阵的流量。在例 5-6 中配置了 **all** 的数据策略，表示该策略应用于双向流量。第 7 章将进一步详细讨论。

在应用 AAR 策略时，必须指定 VPN 列表和站点列表，但无须明确配置流量方向。AAR 策略的目的是根据点到点隧道的实时性能，选择 SD-WAN 流量转发的特定隧道。AAR 策略只适用于流量穿越该隧道的情况。这个策略的方向总是固定的，对已经通过 Cisco SD-WAN 矩阵的流量，在转发到本地服务端 VPN 接口时没有必要应用 AAR 策略。第 8 章将对此进行更详细的讨论。

在任何时刻，每个 Cisco SD-WAN 矩阵只能有一个集中策略生效。但单个集中策略可以由许多不同的子策略组成，它们应用于不同的站点或 VPN 的集合实现不同的业务需求。在例 5-6 中，这个完整的集中策略由控制策略、数据策略、被引用的列表和策略应用的范围组合而成。所有这些元素组合在一起形成了一个集中策略，以缩进的方式呈现在第一行的 policy 配置语句下面。

5.4.2 激活集中策略

vManage 是整个 Cisco SD-WAN 结构的单一管理点，是完成整体解决方案的所有管理、监视、配置和故障排查的地方，包括所有策略的配置。虽然本章主要以 CLI 的方式介绍策略的构建模块，但接下来的章节将逐步介绍使用 vManage NMS 进行策略配置和激活的许多不同示例，这是大多数企业管理环境的方式。

在 vManage 上激活集中策略就是将策略完整地写入 vSmart 控制器的配置中。配置任务是通过 NETCONF 协议完成的，与 vManage 配置边缘路由器时用的方法相同。使用 NETCONF 修改 vSmart 控制器的配置通常需要几秒时间，随后就会永久生效。即使 vSmart 重启或初始化，它都会再次从 vManage 获取最新的配置副本，保持一致。

典型的生产环境部署会有两个或两个以上的 vSmart，这取决于冗余和规模需求。vManage 的职责是确保所有 vSmart 控制器上的策略配置保持同步。如果出于某种原因，策略变更未成功应用到所有 vSmart 控制器，vManage 将自动从所有 vSmart 控制器回滚策略。

> **注意**：在 vManage 上激活策略实际上是操纵 vSmart 本身的配置，因此 vSmart 控制器必须应用由 vManage 配置的模板（无论是 CLI 模板还是功能模板），且处于被 vManage 纳管的模式。这样，vSmart 的配置就由 vManage 全权管理。生产环境中常常使用 CLI 进行快速简单的首次部署，此后设备就不再需要用 CLI 管理。这与部署 vBond 和 vManage 不同，通常 vBond 和 vManage 根本不需要应用模板。

虽然 Cisco SD-WAN 矩阵中的所有策略都在 vManage 上单点管理，但不同类型的策略应用在网络中的不同位置。以 AAR 策略和数据策略为例，它们需要在边缘路由器上被执行，从而操纵数据平面的流量转发，这就需要有办法能将策略发布到边缘路由器上。在 Cisco SD-WAN 解决方案中，vManage 将配置的策略激活并应用到 vSmart 后，vSmart 会把策略的必要部分编码成 OMP 更新报文，最终通告到边缘路由器上。图 5-7 的左侧第一张图说明了这个过程。

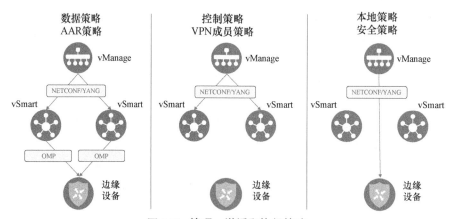

图 5-7 管理、激活和执行策略

采用 OMP 而不是 NETCONF 来编码并发布集中数据策略到边缘设备，这一架构设计的背后有下面几个主要考虑。首先，使用 OMP 路由更新来发布集中数据策略，可以将大规模的配置变更快速推送到整个 SD-WAN 矩阵。如果在成百上千台设备上使用独立的 NETCONF 配置事务来发布更新，可能需要短则几分钟，长则几十分钟的时间。而 OMP 更新只需要几秒时间就可以快速推送到整个矩阵，与路由更新一样快。

其次，策略配置并没有存储在边缘路由器本地。如果路由器重启，将会丢失策略配置，并在初始化后没有有效的策略。这无关大局，因为转发流量总是在路由器与 vSmart 建立控制平面连接、形成 OMP 会话后，此时策略信息已经通过 OMP 更新重新学到了。

集中控制策略和 VPN 成员策略都是在 vSmart 上执行的。从根本上讲，它们用来操纵或限制控制平面的信息发布。因此，在控制信息的汇聚点 vSmart 上执行策略，无疑是一个优雅、简洁、弹性的解决方案。这些策略无须被通告到各台边缘路由器，相反，从 vSmart 发送到边缘路由器的路由更新中可以看到这些策略的执行效果，如图 5-7 所示。

所有本地策略，包括传统的本地策略和安全策略，都在 vManage 上管理，并通过设备模板直接配置到边缘路由器上。通过这种方式，本地策略与功能模板的共同点要比集中策略（与功能模板的共同点）多得多。本地策略和安全策略不直接与 vSmart 控制器交互。图 5-7 中最右边的一列说明了这种关系。

> **注意**：可以直接在 vSmart 控制器上手动配置策略，而不通过 vManage 管理和激活它们。虽然这在技术上是可行的，但是绝大多数的网络都不是用这种方式管理的，而且这种管理模式不在本书的讨论范围之内。

5.5 数据包的处理流程

由于可以将多种类型的策略应用到一个站点并影响单个数据流的转发，因此了解这些策略的执行顺序以及它们如何协同工作是很重要的。由于控制策略不会直接影响数据平面，因此它们独立于数据平面策略进行处理。相反，控制策略会影响数据平面的路由信息，可以影响流量的转发。当控制策略过滤、操控、汇总或限制特定的路由前缀或 TLOC 通告时，边缘设备将改变控制平面信息，并用这些改变的控制平面信息建立其转发平面。数据包转发的操作顺序如图 5-8 所示。

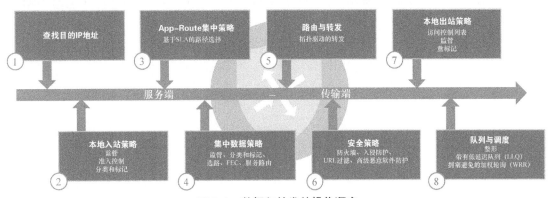

图 5-8 数据包转发的操作顺序

在边缘路由器上转发数据包时，将按以下顺序处理。

1. **查找目的 IP 地址**：包转发过程中的第一步是在路由表中对包的目的 IP 进行路由查找，这个信息为后续步骤提供转发决策。
2. **入接口 ACL**：本地策略能创建 ACL，并与接口模板绑定。接口 ACL 可用于包过滤、监管、QoS 标记或重标记。如果一个包被入接口 ACL 拒绝，它将在此时被丢弃，不再进一步处理。
3. **应用感知路由**：在根据路由表做出转发决策后，评估 AAR 策略。值得注意的是，AAR 策略只能区分路由表中的等价路径。如果目的地路径的多个下一跳地址在路由表中不是等价路径，那么 AAR 策略将不起作用，流量将根据路由表选择最优路径。这将在第 8 章中进一步探讨。
4. **集中数据策略**：集中数据策略是在 AAR 策略之后进行评估，并能够覆盖 AAR 转发决策。
5. **路由和转发**：现在执行路由查找以确定正确的输出接口，以便继续进行处理。
6. **安全策略**：配置安全策略后，安全策略的处理顺序依次为：防火墙、入侵防御、URL 过滤、高级恶意软件防护。
7. **封装和加密**：当数据包准备在矩阵中转发时，就会执行必要的 VPN 标记和隧道封装。
8. **出接口 ACL**：与入接口 ACL 一样，本地策略也可以创建 ACL 应用在出接口上。如果流量被出接口 ACL 拒绝或操纵，这些变更将在报文被转发之前生效。

5.6 总结

本章讨论了构建 Cisco SD-WAN 策略的基础知识。主要有两种类型的策略：集中策略和本地策略。策略从构建列表开始，列表用于识别控制平面（如前缀列表和站点列表）和数据平面（如应用列表和数据前缀列表）中感兴趣的组。每个策略都是 **match** 和 **action** 语句的结构化序列。然后，将这些子策略组合成一个集中策略，并在 vSmart 控制器上激活。vSmart 会强制执行控制策略，然后将数据策略的必要组件编码到 OMP 更新中，由 OMP 更新通告到边缘路由器，并在数据平面中强制执行。

第 6 章

集中控制策略

本章涵盖以下主题。
- **集中控制策略概述**：介绍集中控制策略的基础知识，以及在 vSmart 应用策略的方向。
- **用例 1——分支站点隔离**：详解创建和应用集中控制策略的配置过程，分析在 SD-WAN 矩阵中如何限制站点之间建立数据平面隧道。
- **用例 2——数据中心回传分支流量**：讨论使用汇总路由和 TLOC 列表，让没有直接数据平面连接的分支站点通过数据中心进行通信。
- **用例 3——多宿主站点的流量工程**：介绍了如何使用 TLOC 优先级属性为站点指定转发流量的边缘路由器。
- **用例 4——区域化 Internet 访问**：利用 OMP 路由的优先级属性实现基于网络前缀的流量工程。
- **用例 5——区域全互连拓扑**：讨论在 SD-WAN 矩阵中，如何创建区域性的全互连拓扑结构。
- **用例 6——用服务插入定义安全边界**：演示了如何利用服务插入特性，将流量引导到服务所在地（可以是 SD-WAN 矩阵的任意位置）。
- **用例 7——访客隔离**：VPN 成员策略在 SD-WAN 矩阵中能够用来限制某个 VPN 的通告。
- **用例 8——基于分段的拓扑**：介绍了使用控制策略为不同的 VPN 构建各自的拓扑结构的方法。
- **用例 9——企业互连和资源共享**：演示了企业与业务伙伴的外联网的设计方案，在企业间共享资源的同时最大限度地提高网络安全性。

第 6 章　集中控制策略

网络管理员可以使用集中控制策略来操纵 Cisco SD-WAN 矩阵中的整体数据流向。从根本上说，集中控制策略是 vSmart 控制器操纵或过滤控制平面信息的机制。通过 vSmart 和边缘路由器之间由 OMP 协议通告的控制信息，网络管理员可以影响终端用户流量在数据平面中转发的方式，从而实现用户的业务目标。本章将通过几个常见用例，介绍如何规划网络设计和配置集中控制策略来满足相应的业务需求。

6.1　集中控制策略概述

本章将使用图 6-1 所示的网络拓扑来研究 Cisco SD-WAN 中的策略结构。

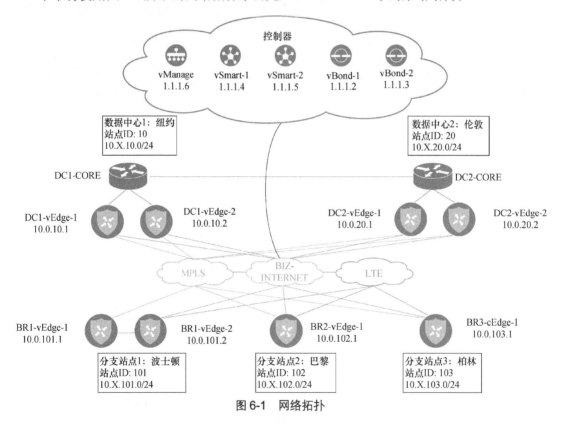

图 6-1　网络拓扑

这个简单的网络拓扑中有两个数据中心站点（数据中心 1 和数据中心 2）和三个分支站点（分支站点 1～分支站点 3）。各数据中心站点都接入了一条 MPLS 和一条 Internet 传输链路。分支站点在此基础上，还有一条 LTE 传输链路。图 6-1 中标注了主机名、站点 ID、系统 IP 和站点的服务端网络前缀。拓扑中的服务端 IP 地址遵循 10.X.Y.0/24 的形式，其中 X 表示服务端 VPN 号，Y 表示站点 ID。本章的前几个用例将重点关注 VPN 1。根据上述规则，所有站点服务端 VPN 1 的地址段为 10.1.Y.0/24。SD-WAN 控制器及其系统 IP 也标注在图中正上方。这个拓扑可以用来研究不同的策略类型是如何与 SD-WAN 矩阵交互的，对网络管理员配置策略来解决实际的业务问题也具有指导意义。

上一章提到，每一种策略都有应用的方向。对集中控制策略来说，策略既可以应用在入站（Inbound）方向，也可以应用在出站（Outbound）方向。这里的方向总是从 vSmart 的角度出发，如图 6-2 所示。

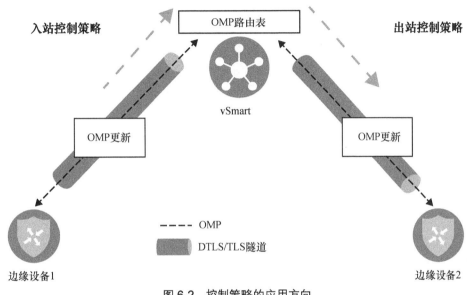

图 6-2　控制策略的应用方向

入站策略应用在 vSmart 执行选路算法将路由插入 OMP 表之前。因此，入站控制策略的任何操作都将影响 vSmart 的选路过程，也会在 vSmart 向其他所有边缘路由器通告的 OMP 通告中表现出来。反之，出站控制策略是在 vSmart 完成最佳路径选择后应用的，策略的影响范围仅限于管理员应用策略时指定的站点列表（Site List）。由此可知，集中控制策略应用在入向往往更具全局性，而出向则更有局限性和针对性。

随后的小节将研究几组不同的业务需求，以及用集中控制策略来满足这些需求的解决方案。这些用例旨在展示集中控制策略的常见应用场景，并对集中控制策略的部分构件进行说明。网络管理员可以参考这些用例来创建自己的策略，实现特定目标。

6.2　用例 1——分支站点隔离

第一个探讨的用例是将 SD-WAN 矩阵的拓扑结构从全互连变成星型，将数据中心作为 Hub，分支机构作为 Spoke。实际环境中采用这样的拓扑结构的原因有下面几点。在某些行业的网络中，特别是零售业和金融业，出于安全考虑，几乎不需要让一个分支直接访问另一个分支。因此，可以改变网络结构来反映实际的通信流，并将业务意图直接编码到 SD-WAN 结构中。此外，如果这是一个由成百上千个分支站点组成的大型网络，部署在分支站点的设备可能没有足够的性能建立通往所有其他分支站点的隧道。使用星型拓扑，就不必扩容分支站点设备来处理这么多数量的 IPSec 隧道。

第 3 章讲到，在没有应用策略时，Cisco SD-WAN 矩阵的默认结构是全互连。也就是说，每台边缘路由器都会向其他所有可达的路由器建立 IPSec 隧道。当前环境中，由于在 MPLS Color 的隧道接口上设置了 **restrict** 属性，MPLS 接口只能与其他 MPLS 接口建立隧道。相比之下，biz-internet 接口则会向其他路由器上的 biz-internet 和 LTE 接口建立 IPSec 隧道。同理，LTE Color 的接口也会向其他路由器上的 biz-internet 和 LTE 接口建立 IPSec 隧道。最终，在这个只有 5 个站点和 8 台路由器的相对简单的网络中，仅 BR2-vEdge-1 上就会建立 27 条隧道，图 6-3 的实时输出显示了这些隧道。

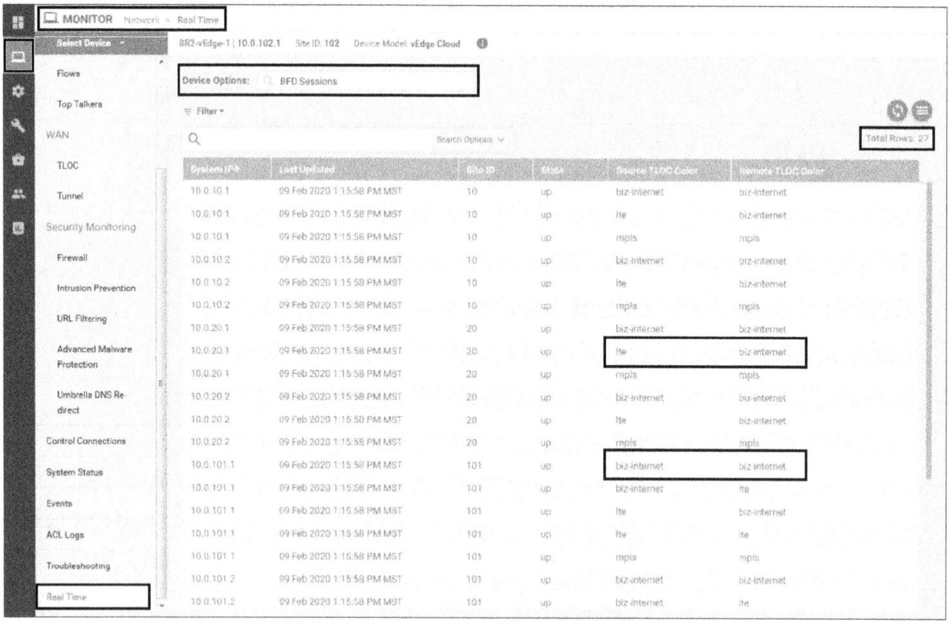

图 6-3　应用控制策略前的分支隧道

> **注意**：图 6-3 所示的实时输出可以在 vManage 的 GUI 界面中通过菜单 **Monitor > Network > [Device]** 找到。**Monitor > Network** 菜单可以跟踪大量信息，这些信息对管理员配置和操作 SD-WAN 矩阵很有用。Real Time 选项可以在屏幕左侧列表的底部找到。进入 Real Time 页面后，在顶部的 **Device Options** 文本框中输入关键字，可以查询该设备的指定内容，几乎所有在 CLI 界面下的 **show** 命令输出都能在这里显示。这个功能之所以被称为 **Real Time**，是因为它能实时与设备交互，而不像 Monitor 页面中的许多其他元素那样依赖缓存数据。因此，我们可能偶尔会注意到轻微的延迟，这是 vManage 正在向设备发送实时的查询请求导致的。

第 3 章还提到，建立数据平面隧道的过程是由传输定位器（TLOC）来控制的。如果边缘设备收到来自 vSmart 控制器的 TLOC 通告，它会尝试向该 TLOC 建立一个数据平面隧道，并在隧道内建立 BFD 会话。因此，用图 6-3 中的方法查看设备的 BFD 会话，可以了解设备是否正在尝试组建隧道，以及是否组建成功。要改变数据平面的这种行为，就必须在 vSmart 上对通告到边缘路由器的 TLOC 进行过滤。

如果 BFD 会话工作正常，并且存在数据平面双向连接，那么 BFD 会话的状态就显示为 up。如果收到来自 vSmart 的 TLOC 通告，但数据平面隧道无法正确建立，那么 BFD 会话将处于 down 状态。如果在 BFD 会话列表中没有出现数据平面隧道，这意味着边缘设备甚至没有尝试建立连接。此时通常有两个原因：边缘设备没有收到来自 vSmart 的 TLOC 通告；或者隧道接口设置了 **restrict** 或隧道组属性，详情请参考第 3 章。

网络的当前状态也可以通过查询流量的转发路径来确认。例 6-1 显示了从分支站点 2 访问分支站点 3 的 traceroute 输出，目的地址是 10.1.103.1。输出表明分支站点 2 距离分支站点 3 只有一跳，也就是说，它们当前是直连的。

例 6-1　分支站点 2 上的 traceroute

```
Traceroute from BR2-vEdge1 to BR3-cEdge1:
! The traceroute is successful, and shows that the path is direct (1 hop)
BR2-vEdge-1# traceroute vpn 1 10.1.103.1
Traceroute 10.1.103.1 in VPN 1
traceroute to 10.1.103.1 (10.1.103.1), 30 hops max, 60 byte packets
 1  10.1.103.1 (10.1.103.1)  8.227 ms * *
!
! Traceroute from BR2-vEdge1 to DC1-vEdge1:
! The traceroute is successful; resources in the DC are also one hop away
BR2-vEdge-1# traceroute vpn 1 10.1.10.1
Traceroute 10.1.10.1 in VPN 1
traceroute to 10.1.10.1 (10.1.10.1), 30 hops max, 60 byte packets
 1  10.1.10.1 (10.1.10.1)  3.912 ms  5.534 ms  5.596 ms
BR2-vEdge-1#
```

除了访问分支站点 3 的网段外，例 6-1 还显示了数据中心的网段也是一跳可达的。这一点在边缘设备的路由表中同样可以得到印证。如图 6-4 的实时输出显示，分支站点 3 的前缀 10.1.103.0/24 通过 TLOC IP 10.0.103.1（BR3-cEdge-1 的系统 IP）可达，数据中心前缀 10.1.10.0/30 通过 TLOC IP 10.0.10.1（DC1-vEdge-1 的系统 IP）可达。

为了消除分支站点间通信，达到减少隧道数量的业务意图，可以创建一个集中策略，让分支站点只与数据中心边缘设备建立隧道。鉴于边缘路由器会尝试与所有从 vSmart 接收到的 TLOC 建立隧道，因此可以设计一个策略，仅把来自数据中心的 TLOC 通告到分支站点（分支站点的控制平面连接不受影响）。图 6-5 所示为这个过程。

下面参照图 6-5 来逐步解析应用集中控制策略后的 TLOC 通告过程。首先在步骤 1 中，所有站点的边缘路由器将它们的本地 TLOC 通告给 vSmart 控制器。接着，vSmart 将接收到的 TLOC 悉数反射给环境中的全体边缘设备，这是步骤 2。对数据中心的边缘设备而言，它会收到 vSmart 拥有的全部 TLOC，包括其自身 TLOC 的副本，即{T1, T2, T3, T4, T5, T6}。

对于分支站点 1 和分支站点 2，由于 vSmart 在出站方向应用了控制策略，分支站点将只能收到数据中心站点通告的 TLOC，即{T1, T2}。最后，策略的效果体现在步骤 3 中，根据从 vSmart 获得的 TLOC 信息，所有边缘路由器会向已知的对端 TLOC 建立数据平面隧道（没有 **restrict** 和隧道组限制）。对于数据中心的边缘设备，隧道的目标 TLOC 为 T3、T4、T5 和 T6。对于分支站点，将只向数据中心站点建立 T1 和 T2 隧道。请注意，图 6-5 中 T3、T4、T5 和 T6 之间没有建立隧道。换句话说，分支站点 1 的边缘路由器从来没有收到 T5 和 T6 的 TLOC 信息，它不知道这些 TLOC，就不会尝试建立这些隧道。操纵和限制 TLOC 通告是控制 SD-WAN 矩阵中数据平面隧道建立的基本方法，也是网络管理员控制拓扑结构的主要手段。

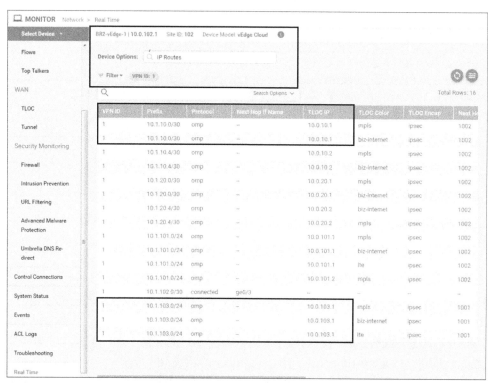

图 6-4　BR2-vEdge-1 上 VPN 1 的路由表（无集中控制策略）

注意：本章的前两个用例将详细展示创建和修改策略的全部配置流程。为了行文简洁，从第三个用例起，将只提供 CLI 输出。无论是使用 GUI 还是 CLI 构建策略，效果都没有区别。

创建这个策略的第一步是在 vManage 的 **Configuration > Policies** 界面中单击 **Add Policy**[①]，打开新的"集中策略配置向导"，如图 6-6 所示。

---

① 译者注：在 Centralized Policy 标签下。

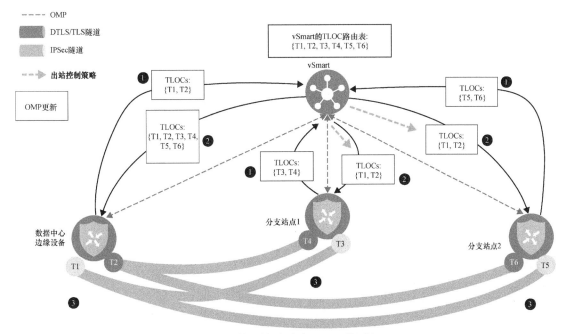

图 6-5 控制策略过滤 TLOC 的过程

图 6-6 打开集中策略配置向导

"集中策略配置向导"的第一步是配置对象(列表),以便未来调用。对于当前用例,需要创建两个站点列表:一个包含数据中心的站点 ID,另一个包含分支机构的站点 ID。如图 6-7 所示,列表配置的站点 ID 范围包含了数据中心和分支机构使用的站点 ID 值,参见图 6-1。

图 6-7　配置用于集中策略的站点列表

单击列表页面底部的 **Next** 按钮，向导会转到 Configure Topology and VPN Membership 页面。在这个新页面中，单击 **Add Topology** 下拉菜单，选择 **Custom Control**（**Route & TLOC**），如图 6-8 所示。

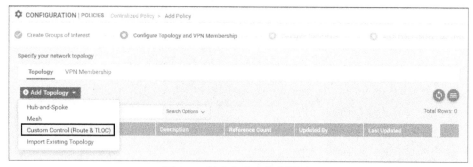

图 6-8　创建自定义控制策略

注意：vManage 内置了创建星型和全互连拓扑的向导，如图 6-8 所示。虽然有些网络管理员认为这些辅助工作流程更容易使用，但本章将着重介绍自定义控制策略，这样可以更好地说明策略的构建及其使用原理。

构建控制策略时，首先需要配置的是策略名称和描述字段，如图 6-9 所示。

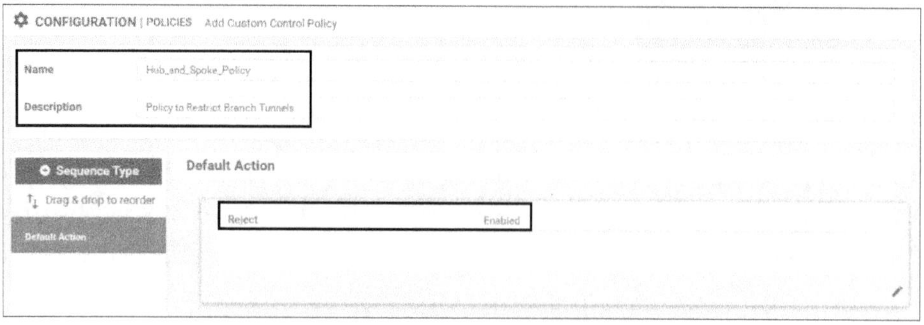

图 6-9　配置控制策略的默认操作

其次还需注意到在图 6-9 中自定义路由和 TLOC 策略的默认操作是 Reject。默认操作在策略配置中非常重要，如果一条 OMP 或 TLOC 路由没有被策略中的任何条目匹配，那么根据默认操作，路由将不会被 vSmart 通告出来。

单击 **Sequence Type** 按钮，选择 TLOC 序列，如图 6-10 所示。

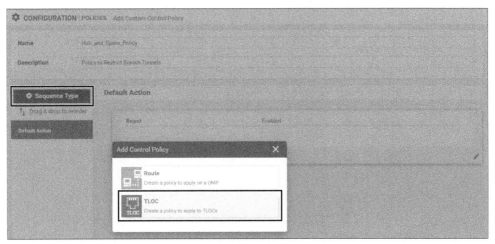

图 6-10　向集中控制策略添加 TLOC 规则

接下来，单击图 6-11 中的 **Sequence Rule** 按钮，创建一个新的 TLOC 策略规则。在该序列中，指定站点列表作为匹配条件，匹配 "DCs"。最后，设置 **Accept** 操作，然后单击 **Save Match and Action** 按钮，如图 6-11 所示。

图 6-11　创建 TLOC 规则接受数据中心通告

刚才配置的这条 TLOC 规则与默认的拒绝条目组合后，将导致只有 DC TLOC（即只有来自站点列表 DCs 中指定的站点的 TLOC）被允许通告到应用此策略的站点。现在，来自分支站点的 TLOC 已经被隐式过滤，分支站点之间将不会建立数据平面隧道，SD-WAN 矩阵会形成图 6-5 所示的拓扑结构。然而，如图 6-4 所示，各分支站点上的服务端网络前缀依然会通过 OMP 路由通告出来。在没有收到分支 TLOC 路由的情况下，这些 OMP 路由是无法解析和使用的，传输这些 OMP 路由更新反而浪费了带宽和计算资源。

与其继续传输不能使用的分支站点路由，还不如过滤掉它们。单击 **Sequence Type** 按钮，选择 **Route**，如图 6-12 所示。

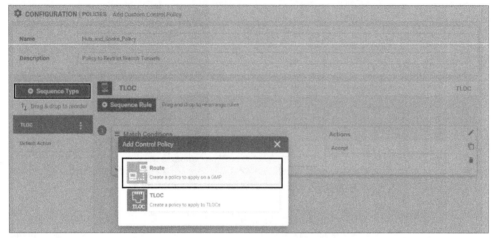

图 6-12　向控制策略添加路由规则

与配置 TLOC 规则类似，需要配置路由序列匹配来自站点列表 DCs 的路由，并接受。这里无须配置其他序列，如图 6-13 所示。

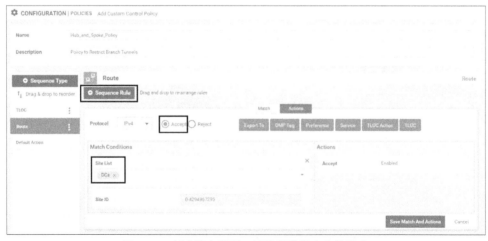

图 6-13　创建路由规则，以接受数据中心的路由

单击 **Save Match And Actions** 按钮保存路由规则后，可以单击屏幕底部的 **Save Control Policy** 按钮保存整个控制策略。随后，单击 **Next** 跳过 Configure Topology and VPN Membership 和 Configure Traffic Rules 这两个步骤，直接进入 Apply Policies to Sites and VPNs 页面，如图 6-14 所示。在这个页面上，需要为集中策略配置名称和描述字段。请注意，在当前页面的 Topology 选项卡下，还需要为之前创建的 Hub_and_Spoke_Policy 控制策略指定应用的方向和范围。本例将策略应用到 vSmart 向分支站点（站点列表 BranchOffices）通告更新的出站方向上。

图 6-14 指定控制策略应用的范围和方向

注意：推荐使用简单的版本号来命名集中策略。在本例中，集中策略被命名为 Centralized_Policy_v1。如第 5 章强调的，任何时候都只能激活一个集中策略。调整集中策略时，为了方便操作，可以克隆当前的策略，增加策略版本号。然后在策略描述字段中记录与上一个版本的变化。通过版本管理，当需要在 vManage 上回滚策略配置时，重新激活它的前一个版本即可。

单击图 6-14 中的 **Add** 按钮添加并保存站点列表后，就可以单击页面下方的 **Preview** 按钮查看整个策略的命令行配置。例 6-2 所示为该策略在 vSmart 上的完整命令行输出。

例 6-2 用例 1 的完整策略配置

```
policy
 control-policy Hub_and_Spoke_Policy
```

```
    sequence 1
     match tloc
      site-list DCs
     !
     action accept
     !
    !
! The reference to the prefix list below was not configured,
! but instead was added automatically by vManage. The matching
! logic remains the same: Match all Routes.
    sequence 11
     match route
      site-list DCs
      prefix-list _AnyIpv4PrefixList
     !
     action accept
     !
    !
  default-action reject
 !
 lists
  site-list BranchOffices
   site-id 100-199
  !
! Only Routes and TLOCs that match this site list will be advertised
! by the policy above.
  site-list DCs
   site-id 10-50
  !
  prefix-list _AnyIpv4PrefixList
   ip-prefix 0.0.0.0/0 le 32
  !
 !
!
! The policy is applied in the outbound direction to the sites that
! match the site list "BranchOffices".
apply-policy
 site-list BranchOffices
  control-policy Hub_and_Spoke_Policy out
 !
!
```

最后，可以通过单击图 6-14 页面底部的 **Save Policy** 按钮来保存策略。策略保存后，回到图 6-15 所示的 Centralized Policy 标签页面，在策略菜单中选择 **Activate**，将策略激活并应用到 SD-WAN 矩阵中。就像第 5 章介绍的那样，激活策略的过程就是 vManage 把策略写入 vSmart 配置的过程。

6.2 用例 1——分支站点隔离 111

图 6-15 激活集中策略

注意：在 vManage 上配置 vSmart 策略，实际上就是在操纵 vSmart 本身。vManage 能对 vSmart 的配置进行管控的前提是：vSmart 控制器必须应用由 vManage 配置的模板，且处于被 vManage 纳管的模式。

策略应用后，可以再次使用同样的方法来查看策略的执行效果。进入 **Monitor > Network > BR2-vEdge-1 > Real Time** 界面，重新获取边缘设备当前的 BFD 会话列表，如图 6-16 所示。把它与图 6-3 应用策略前的输出结果进行对比后可以发现，由于应用了集中策略，BFD 会话（包括 IPSec 隧道）的数量从 27 条减少到了 12 条。另外，仔细观察图 6-16，BFD 会话的对象都是数据中心 1 和数据中心 2 的边缘路由器，它们的系统 IP 为 10.0.10.1、10.0.10.2、10.0.20.1 和 10.0.20.2。而 BR2-vEdge-1 上隧道的对端站点 ID 也都是 10、20。

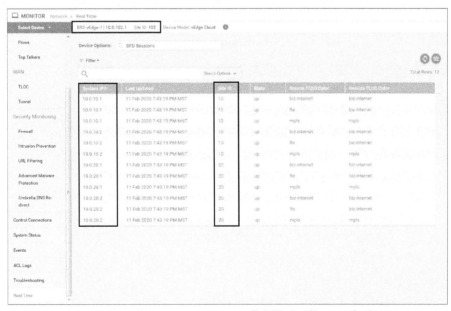

图 6-16 应用 Hub_and_Spoke 控制策略后的 BFD 会话

在应用策略前，例 6-1 中从 BR2 路由跟踪 BR3 只经过一跳。现在，当在 BR-vEdge1 运

行同一个 **traceroute** 命令时，网络是不可达的。查看例 6-3 所示的 **traceroute** 命令输出，来自本地主机的 "!N" 响应表明了这一点。

例 6-3　BR2 traceroute BR3

```
! Traceroute from BR2-vEdge1 to BR3-cEdge1:
! The traceroute is unsuccessful based on the "!N" (Network Unreachable)
! message being received from 127.1.0.2 (local host)
BR2-vEdge-1# traceroute vpn 1 10.1.103.1
Traceroute 10.1.103.1 in VPN 1
traceroute to 10.1.103.1 (10.1.103.1), 30 hops max, 60 byte packets
 1 127.1.0.2 (127.1.0.2) 0.042 ms !N 0.049 ms !N 0.047 ms !N
!
! Traceroute from BR2-vEdge1 to DC1-vEdge1:
! The traceroute is successful; resources in the DC remain reachable
BR2-vEdge-1# traceroute vpn 1 10.1.10.1
Traceroute 10.1.10.1 in VPN 1
traceroute to 10.1.10.1 (10.1.10.1), 30 hops max, 60 byte packets
 1  10.1.10.1 (10.1.10.1)  3.912 ms  5.534 ms  5.596 ms
BR2-vEdge-1#
```

在例 6-3 中，第二条到数据中心前缀的 **traceroute** 能够成功抵达目的地。下面据此来分析一下 BR2-vEdge-1 上实时输出的 IP 路由表。如图 6-17 所示，在对 VPN 1 中的路由进行过滤后，可以看到分支机构没有 10.1.103.0/24 的路由前缀，因此对分支站点 3 的跟踪是不可达的。而数据中心（站点 ID 10 和站点 ID 20）前缀 10.1.10.X 和 10.1.20.X，可以在 BR2-vEdge-1 的 VPN 1 路由表中找到，因此第二个 **traceroute** 返回成功。

图 6-17　BR2-vEdge-1 应用策略后的路由表

回顾用例 1

这个用例使用了集中控制策略来禁止分支站点之间的通信。通过将业务意图编码到 SD-WAN 矩阵中，企业能够防止分支站点之间的东西向流量，强化网络安全。

6.3 用例 2——数据中心回传分支流量

用例 1 用集中控制策略实现了分支站点隔离。虽然这满足了一部分企业的需求，但有时候，企业可能希望通过数据中心或其他区域中心站点代理流量，间接实现分支站点到分支站点的通信。这样做的好处是，在降低边缘路由器的控制平面和数据平面复杂度和规模的同时，仍然能为分支机构之间偶尔产生的流量提供连通性。对于上述需求，下面将探索两种不同的解决方案：路由汇总和 TLOC 列表。

6.3.1 通过汇总路由实现分支站点间通信

路由汇总并不是专门针对 Cisco SD-WAN 的技术，它只是在上一个集中控制策略用例的基础上，利用了路由器的最长匹配原则。如果汇总路由（如 10.0.0.0/8）或默认路由（0.0.0.0/0）从数据中心的路由器通告，那么流量将沿着这条路由到达数据中心的边缘路由器。然后，数据中心路由器将检查它们的路由表，匹配分支站点通告的更明细的路由，随即转发。这是一种针对星型拓扑的常用设计方案，与传统 DMVPN 技术中的阶段 1 类似。图 6-18 所示为这个过程。

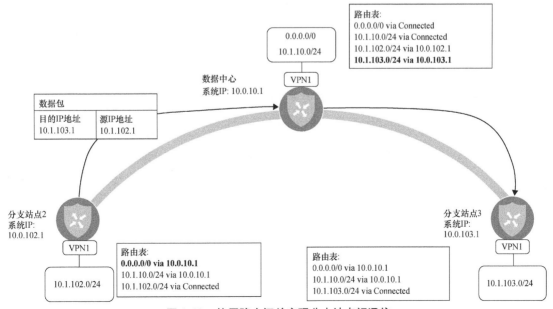

图 6-18 使用路由汇总实现分支站点间通信

从图 6-18 的左边开始，当分支站点 2 的边缘设备收到目的地址为 10.1.103.1 的数据包时，它会执行路由查找，在本地路由表中找到的最匹配的表项是默认路由。默认路由是从数据中心的边缘路由器通告的，下一跳指向 10.0.10.1，据此数据包被转发到该地址的路由器。当数据包到达中间的数据中心路由器时，它在自己的路由表中对目的地址 10.1.103.1 执行查找。由于数据中心路由器没有对任何路由或 TLOC 进行过滤，所以它将使用从 10.0.103.1 学到的明细路由 10.1.103.0/24 来转发数据包到右下角的分支站点 3。至此，通过在数据中心注入默认路由或汇总路由，在不改变 SD-WAN 拓扑结构或策略的情况下建立了分支站点间的通信。

上述用例在数据中心 1 中注入了一条默认路由并由 DC1-vEdge-1 和 DC1-vEdge-2 通告出来。注入的具体方法不重要。如果在数据中心边缘设备的路由表中有默认路由，那么可以直接把它通告到 OMP。或者，也可以手工配置一条静态默认路由并将其通告到 OMP。无论采用哪种方法，一旦默认路由被通告到 OMP，就会被传播到各分支站点，如图 6-19 所示。

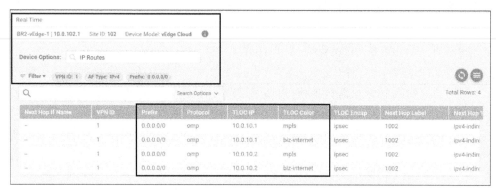

图 6-19　BR2-vEdge-1 的默认路由

有了默认路由就可以将流量回传到数据中心，然后再转发到不同的分支站点，如例 6-4 所示。

例 6-4　从 BR2-vEdge-1 到 BR3-cEdge-1 的两跳跟踪

```
! Traceroute from BR2-vEdge1 to BR3-cEdge1:
! The traceroute is successful, but requires two hops. The intermediary hop,
! identified by the system ip of 10.1.10.1, is the DC1-vEdge1 router.
BR2-vEdge-1# traceroute vpn 1 10.1.103.1
Traceroute 10.1.103.1 in VPN 1
traceroute to 10.1.103.1 (10.1.103.1), 30 hops max, 60 byte packets
 1  10.1.10.1 (10.1.10.1)  104.163 ms  104.833 ms  105.491 ms
 2  10.1.103.1 (10.1.103.1)  125.817 ms * *
!
! Note that no changes have been made to the centralized control policy that was
! deployed for Use Case 1, and the number of data plane tunnels has not changed.
BR2-vEdge-1# show bfd summary
sessions-total          12
```

```
sessions-up          12
sessions-max         27
sessions-flap        15
poll-interval        10000
```

需要重点牢记的是，目前为止还没有对用例 1 中应用的集中控制策略做任何更改。例 6-4 中命令 **show bfd summary** 的输出表明，分支站点仍然建立了 12 条 BFD 会话（12 条隧道）。这证实了当前的隧道数量与图 6-16 显示的完全相同，分支之间没有建立新的直连隧道。

6.3.2 使用 TLOC 列表实现分支站点间通信

除了向 Cisco SD-WAN Overlay 中注入汇总路由外，还可以操纵已有的路由来解决分支站点间的通信问题。

第 3 章讲到，传输定位器（TLOC）是 SD-WAN 矩阵隧道接口的唯一标识，也是 Overlay 上所有 OMP 和服务路由使用的下一跳属性。如图 6-20 所示，当边缘路由器向 vSmart 通告路由（并由 vSmart 传播到其他边缘路由器）时，OMP 路由都以通告者本地接口的 TLOC 作为下一跳。在图 6-20 中标注的步骤 1 中，所有边缘路由器都把本地可达的前缀以 OMP 更新的方式通告给 vSmart 控制器。在步骤 2 中，vSmart 控制器将这些前缀反射给网络中的其他成员，并保留 TLOC 值作为下一跳地址。

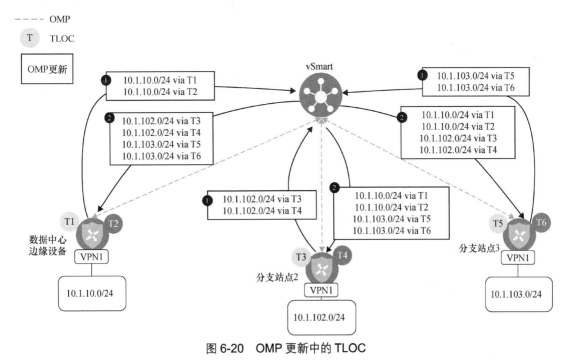

图 6-20 OMP 更新中的 TLOC

集中控制策略可以操纵 OMP 路由中的 TLOC 属性，进而改变 OMP 路由对"下一跳地址"的递归查找。通过这个过程，集中控制策略可以成为一个非常强大的工具，为 SD-WAN 矩阵执行流量工程。同时，它还保持了过程的简洁，只要在 vSmart 这个单一位置应用策略即可。

为了让分支站点间的流量可以通过数据中心中转，又不注入默认路由，下面对用例 1 中的策略（见例 6-2）稍作修改。在控制器上用新的 TLOC（即数据中心 1 的边缘路由器）作为 OMP 路由的下一跳，而不是完全过滤分支站点的路由。图 6-21 演示了该策略对分支站点 3 通告的路由产生的影响。

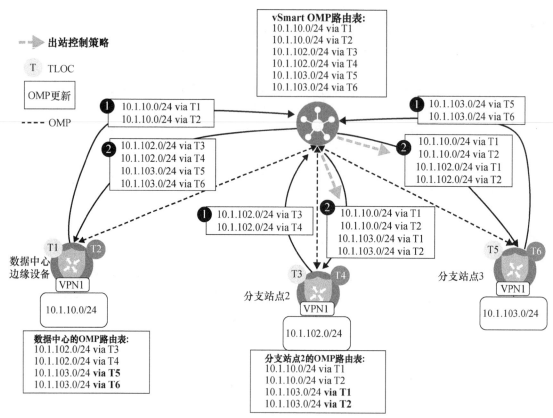

图 6-21 通过修改 TLOC 实现分支站点间通信

图 6-21 基于图 6-20 中讨论的路由交换过程。在步骤 1，所有边缘路由器将它们本地直连的服务端前缀通告给 vSmart 控制器。以分支站点 3 为例，VPN 1 中的前缀 10.1.103.0/24 用 OMP 通告，该前缀通过 TLOC T5 和 T6 可达。这个通告的结果可以在 vSmart 的 OMP 表中看到。在步骤 2，当 vSmart 将这个路由反射给左下角的数据中心路由器时，不做任何改动。但是，当路由被反射到分支站点 2 的边缘路由器时，会应用出方向的集中控制策略，将 TLOC 修改为数据中心边缘路由器的 TLOC（T1 和 T2）。

注意: 下面将在 vManage 上演示通过 GUI 修改现有集中策略的详细步骤,可以跟随这些步骤一起操作。示例会以上一个用例配置的策略为基础,创建它的副本,然后重新编辑这个副本来满足当前用例的需求。同样的配置步骤可以用于构建本书其他用例中需要的策略,本书后面将不再重复介绍。

要在 vManage GUI 中构造这个策略,第一步是创建所需的新列表:TLOC 列表。在 **Configuration > Policies** 界面的 **Custom Option** 菜单中选择 **Lists** 选项,如图 6-22 所示。

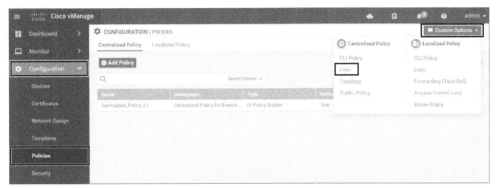

图 6-22 配置集中策略的列表元素

添加新的 TLOC 列表时,需要在图 6-23 左侧的列表类型栏中选择 **TLOC**,然后单击 **New TLOC List** 按钮。

图 6-23 新建 TLOC List

图 6-24 配置了一个 TLOC 列表,名称为 DC_TLOCs。列表总共指定了 4 个 TLOC:DC1-vEdge-1 和 DC1-vEdge-2 上的 mpls 与 biz-internet。第 3 章讲到,每个 TLOC 都是系统 IP、Color 和封装类型的唯一组合。除了指定这 3 个参数的值之外,还可以使用一个可选的参数优先级来定义不同的 TLOC 偏好值。优先级属性的用法将在后面的用例中讨论,这里没有用到。配置完列表后,就可以通过单击 **Save** 按钮保存并关闭该列表。

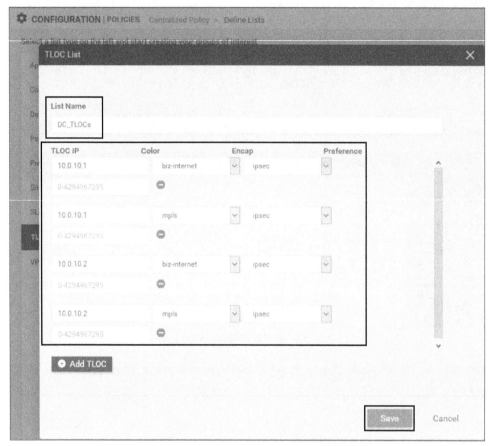

图 6-24　创建 TLOC 列表 DC_TLOCs

接下来，创建一个控制策略来调用该列表。在左上角的 **Custom Options** 菜单中选择 **Topology** 选项，如图 6-25 所示。

图 6-25　从 Custom Options 中选择 Topology

在图 6-26 中，选择策略旁边的 "…" 菜单，然后单击 **Copy** 复制用例 1 中创建的现有策略，这样可以方便地创建并修改它的副本。

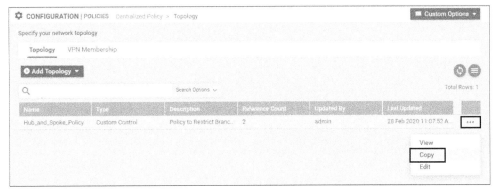

图 6-26　创建控制策略的副本

每一个策略都需要配置名称和描述信息。如图 6-27 所示，本例中新的拓扑策略被命名为 Hub_and_Spoke_TLOC_Lists。

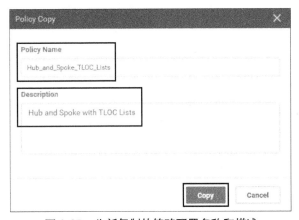

图 6-27　为新复制的策略配置名称和描述

至此，已经以用例 1 的原始策略为蓝本，创建了新的控制策略，在 "…" 菜单中选择 **Edit** 选项，就能开始编辑策略，如图 6-28 所示。

现在需要对这个策略进行修改，重写来自分支站点的路由，以解析到新的 DC_TLOCs 列表，如图 6-29 所示。为了实现这一点，在左侧 **Sequence Type** 列表中选择现有的 **Route** 控制策略，它会以绿色高亮显示。然后，单击界面中的 **Sequence Rule** 按钮来添加一条新的规则。在这条新的规则中，单击 **Match** 选项卡，选择 **Site** 作为匹配标准，添加必要的站点列表（未在图中显示）。这里匹配在用例 1 中创建的 BranchOffices 站点列表。指定匹配标准后，在 **Actions** 选项卡中设置 **Accept**。分支站点的路由被接受后，就可以在 **Actions** 选项卡中继续选择 **TLOC**，并在 TLOC 列表中指定之前创建的 **DC_TLOCs** 覆盖路由中原本的

TLOC。所有的配置完成后，单击图 6-29 底部的蓝色 **Save Match and Actions** 按钮，保存刚刚创建的规则。

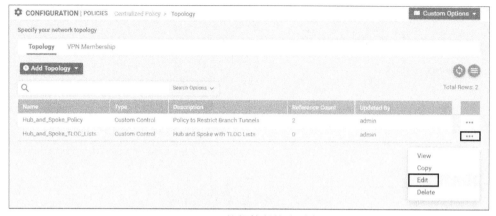

图 6-28　编辑控制策略副本

图 6-29　创建一条新的规则来操纵分支站点通告的路由

在图 6-30 中可以看到完整的策略，其中既有上一个用例中已有的路由规则，也有刚才新建的路由规则。总之，该策略的第一条将匹配从数据中心通告的所有路由，不做任何修改地转发它们。第二条将匹配从其他分支通告的所有路由，并将它们的 TLOC（或下一跳属性）更改为数据中心的 TLOC。通过单击界面底部的蓝色 **Save Control policy** 按钮保存完成的策略。

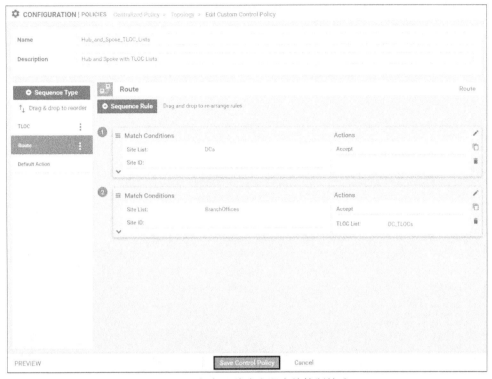

图 6-30　保存两种路由顺序的控制策略

现在已经创建了控制策略,接着就需要将其导入到集中策略中。单击屏幕上方导航条中的 Centralized Policy,快速跳转到集中策略配置界面,如图 6-31 所示。

图 6-31　使用路径记录跳转到集中策略配置界面

下一步需要利用用例 1 的集中策略来创建副本,然后对其进行修改。如图 6-32 所示,在复制的对象策略右侧,选择"**…**"菜单并单击 Copy 选项。

在弹出的对话框中输入新的集中策略的名称和描述,如图 6-33 所示。输入后,单击 **Copy** 按钮就完成了副本的创建。

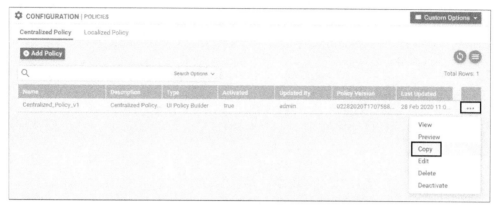

图 6-32　创建集中策略的副本

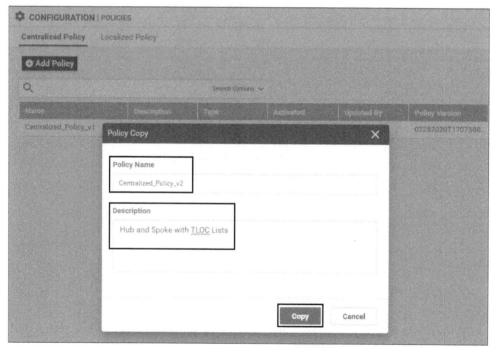

图 6-33　输入集中策略副本的名称和描述

图 6-32 和图 6-33 的集中策略复制流程与图 6-26 和图 6-27 复制控制策略的操作步骤类似。尽管它们都可以通过编辑现有的策略实现配置变更，但最佳做法是推荐先复制再修改策略副本。创建副本可以避免在不经意间将配置应用到网络，也让用户能随时回滚任何配置版本。

现在已经创建了 Centralized_Policy_v2，可以通过单击"…"菜单中的 **Edit** 选项来编辑它，应用新的控制策略，如图 6-34 所示。

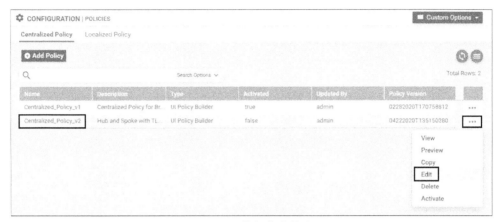

图 6-34　编辑集中策略

为了应用用例 2 的控制策略，需要对新的集中策略进行一些修改。首先分离用例 1 的控制策略，再把图 6-26～图 6-30 中创建的新控制策略导入进来。最后，将新的集中策略应用到各个分支站点即可。具体的操作步骤如图 6-35 所示，单击窗口顶部的 **Topology** 标签。在子标签 **Topology** 页面的下方，罗列了该集中策略调用的控制策略。需要注意的是，还有一个 **VPN Membership** 子标签，后面的用例会讨论它。从策略 Hub_and_Spoke_Policy 的 "**…**" 菜单中单击 **Detach** 选项，就可以分离用例 1 的控制策略。

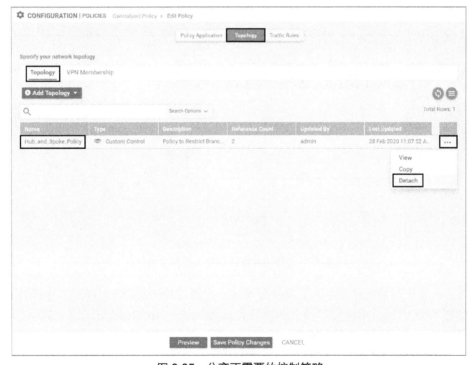

图 6-35　分离不需要的控制策略

接着，单击"**Add Topology**"按钮，选择 **Import Existing Topology** 选项，将新创建的控制策略附加到该策略上，如图 6-36 所示。

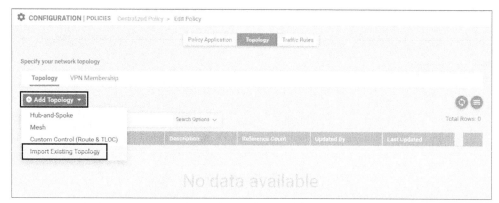

图 6-36　导入新的控制策略

在弹出的 **Import Existing Topology** 对话框中，选择 **Policy Type** 下的 **Custom Control**（**Route and TLOC**）单选按钮，然后从 **Policy** 下拉列表中选择新的集中控制策略 Hub_and_Spoke_TLOC_Lists。单击蓝色的 **Import** 按钮完成导入，如图 6-37 所示。

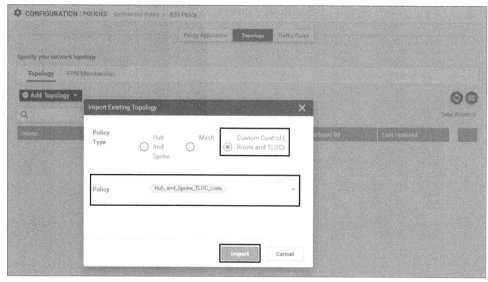

图 6-37　选择控制策略并导入到集中策略

现在，新的控制策略已经导入到集中策略中，配置过程的最后一步是指定该策略的应用位置。如图 6-38 所示，单击窗口顶部的标签，返回 **Policy Application** 页面。默认情况下系统将打开 **Topology** 标签，并列出该集中策略中的所有控制策略。其他子标签，如 Application-Aware Routing 和 Traffic Data，将在后面的章节中使用。

在 Hub_and_Spoke_TLOC_Lists 策略下，单击蓝色的 **New Site List** 按钮，指定应用此策略的站点列表。在 **Outbound Site List** 中添加 **BranchOffices**，然后单击右边的 **Add** 按钮保存策略。最后，单击界面底部的 **Save Policy Changes** 按钮应用配置，如图 6-38 所示。

图 6-38　配置控制策略的应用范围和方向

新的集中策略已经保存，可以通过在"**…**"菜单中选择 **Activate** 来激活它，如图 6-39 所示。在激活新策略前，不需要停用 Centralized_Policy_v1。在任何时间点上，由于只能有一个激活的集中策略，因此激活新策略将自动停用其他策略。

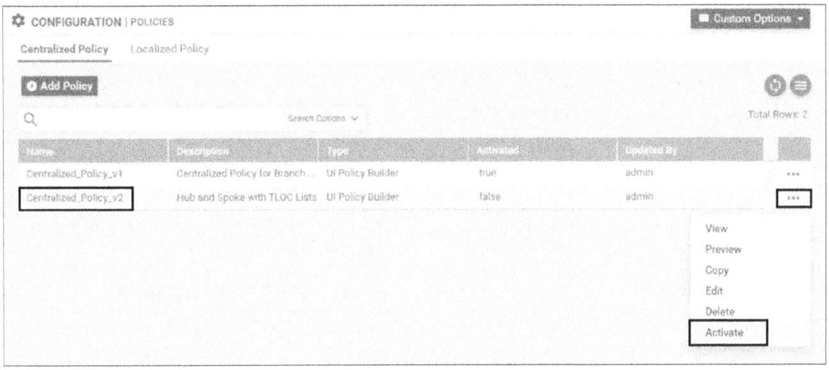

图 6-39　激活集中策略

还可以通过图 6-39 中的 **Preview** 选项查看策略的完整 CLI 配置。例 6-5 所示为本节配置的集中策略的全貌。

例 6-5　用例 2：使用 TLOC 列表的 Hub_and_Spoke 策略

```
! Much of the centralized policy is unchanged from Example 6-2.
! The relevant changes in sequence 21 and the lists are highlighted below.
policy
 control-policy Hub_and_Spoke_TLOC_Lists
    sequence 1
     match tloc
      site-list DCs
     !
     action accept
      !
    !
    sequence 11
     match route
      site-list DCs
      prefix-list _AnyIpv4PrefixList
     !
     action accept
      !
    !
! The new sequence 21 has been added to permit the routes that are
! advertised from the branches, and advertise them with new TLOCs that are
! specified by the "DC_TLOCs" argument to the tloc-list command.
    sequence 21
     match route
      site-list BranchOffices
      prefix-list _AnyIpv4PrefixList
     !
     action accept
      set
       tloc-list DC_TLOCs
      !
     !
    !
  default-action reject
 !
 lists

  site-list BranchOffices
   site-id 100-199
  !
  site-list DCs
```

```
  site-id 10-50
 !
! A new list called "DC_TLOCs" is used to specify which TLOCs should be
! advertised as the next hop addresses of the routes.
 tloc-list DC_TLOCs
  tloc 10.0.10.1 color mpls encap ipsec
  tloc 10.0.10.1 color biz-internet encap ipsec
  tloc 10.0.10.2 color mpls encap ipsec
  tloc 10.0.10.2 color biz-internet encap ipsec
  !
 prefix-list _AnyIpv4PrefixList
  ip-prefix 0.0.0.0/0 le 32
  !
 !
!
apply-policy
 site-list BranchOffices
  control-policy Hub_and_Spoke_TLOC_Lists out
 !
!
```

例 6-5 所示为图 6-24 中 TLOC 列表的命令行配置。TLOC 列表是用命令 **tloc-list** {*list-name*} 创建的。列表建立后，可以用下面的语法单独指定每个 TLOC：

tloc {*system-ip*} **color** {*color*} **encap** {**ipsec**|**gre**} [**preference** *preference*] [**weight** *weight*]

这些配置命令对应着图 6-24 中的 vManage 设置。这个 TLOC 列表随后被序列 21（Sequence 21）的控制策略调用，该策略把分支站点的 TLOC 属性设置为数据中心站点的 TLOC。这些属性将与来自分支站点的 OMP 路由一起通告。在例 6-5 的最后一段配置中，该策略被应用于站点列表 BranchOffices 定义的出站方向。

应用新的集中策略后，可以通过路由表来查看策略效果，如图 6-40 所示。BR2-vEdge-1 的 IP 路由表中有 4 条不同的路径通往前缀 10.1.103.0/24。仔细比较之前的输出，可以发现 TLOC IP 并不是图 6-4 没有应用控制策略时的 10.0.103.1，而是 TLOC 列表中指定的数据中心 1 边缘路由器的 TLOC IP：10.0.10.1 和 10.0.10.2。

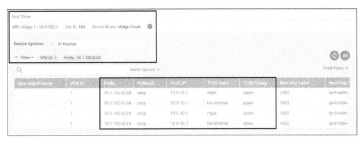

图 6-40　BR2-vEdge-1 的路由表

此外，还需要检查策略对通告到数据中心边缘路由器的路由条目的影响。Real Time 视图提供了查看 DC1-vEdge-1 的路由输出的窗口，如图 6-41 所示。可以看到路由器接收的所有原始 TLOC 信息，它们并未被策略影响。

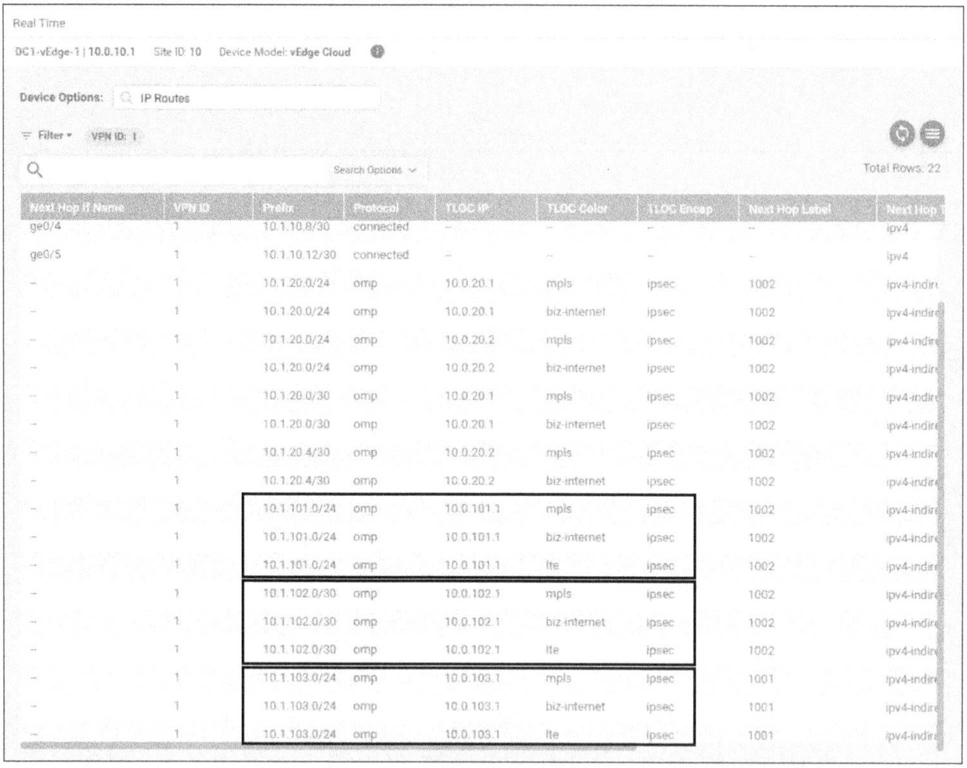

图 6-41 DC1-vEdge-1 的路由表

从图 6-41 中可以看到，在数据中心的路由表中，来自分支站点前缀条目的下一跳地址为原始分支站点的 TLOC IP。对比图 6-41 和图 6-40 可以发现，分支边缘设备通告的 TLOC IP 与数据中心边缘设备通告的 TLOC IP 明显不同。不出所料，路由操纵发生在向分支站点出站方向的 OMP 通告中，而对发送到数据中心边缘设备的 OMP 通告则没有变化。

最后，从分支站点 2 的边缘路由器发起 **traceroute**，可以确认数据平面转发路径符合预期，如例 6-6 所示。

例 6-6　BR2-vEdge-1 能够通过数据中心访问另一个分支站点的前缀

```
! BR2-vEdge1 is able to reach the destination 10.1.103.1, but the path requires
! two hops, and must transit through the DC WAN Edge Routers (10.1.10.1).
BR2-vEdge-1# traceroute vpn 1 10.1.103.1
Traceroute 10.1.103.1 in VPN 1
traceroute to 10.1.103.1 (10.1.103.1), 30 hops max, 60 byte packets
 1  10.1.10.1 (10.1.10.1)  3.780 ms  5.017 ms  5.265 ms
```

```
 2  10.1.103.1 (10.1.103.1)   15.704 ms * *
BR2-vEdge-1#
```

回顾用例 2

用例 2 介绍了两种方案来实现 SD-WAN 矩阵中分支站点间的通信。实验环境继承自用例 1，为了防止分支站点间建立直连的数据平面隧道，分支站点的 TLOC 已经被过滤。第一个解决方案在数据中心通告汇总路由，以便将分支到分支的流量（分支路由器没有明细路由）引导到数据中心。然后，数据中心路由器就可以使用各站点精确的路由信息将流量转发到最终目的地。

第二个方案引入了 TLOC 列表元素。使用集中控制策略的 **set tloc-list** 命令操纵 OMP 路由，用数据中心的 TLOC 来覆盖分支站点通告的 TLOC 信息。由于边缘路由器已经收到了数据中心的 TLOC 通告，并且建立了到数据中心边缘路由器的隧道，于是就可以利用这些修改了下一跳地址的 OMP 路由来转发流量。

> **注意**：TLOC 列表是一个非常强大的工具，可以创建灵活的策略，帮助网络管理员实现各种流量工程目标。与此同时，所谓"能力越大，责任越大"。TLOC 列表的不当应用可能会导致意想不到的转发行为。最后，TLOC 列表需要在集中控制策略中静态定义，并不能像 OMP 路由协议那样自动更新。如果（在应用策略的多年后）用户在数据中心添加了一条额外的传输链路，并且在 DC1-vEdge-1 和 DC1-vEdge-2 上增加了一个隧道接口，那么用于此流量工程策略的 TLOC 列表不会自动变更。网络管理员必须手动更新 TLOC 列表，才能让数据中心用上新的传输链路。举个更极端的例子，如果要为数据中心 1 上的边缘路由器分配新的系统 IP 地址，由于 TLOC 列表中的地址不会自动更新，将导致分支站点间的流量中断，即使分支站点到数据中心的流量正常转发。
>
> 因此，只有当 TLOC 列表是唯一能够实现预期结果的工具时，才推荐使用它们。以当前的用例来说，在不构建分支间隧道的情况下，强烈建议使用汇总路由而不是 TLOC 列表实现分支站点间的通信。

6.4 用例 3——多宿主站点的流量工程

当前的示例环境中，数据中心 1、数据中心 2 和分支站点 1 这 3 个站点都部署了冗余的路由器。在跨矩阵转发流量时，SD-WAN 的默认行为是在所有等价的路径上进行负载分担。对这 3 个站点来说，这意味着流量会被分担在两台站点路由器的所有路径上，如图 6-42 所示。

在图 6-42 所示的 SD-WAN 矩阵环境中，有 4 条前往前缀 10.1.10.0/24 的隧道，流量可以使用其中任意一条抵达目的网络。然而，如果 SD-WAN 矩阵之外的设备（如图 6-43 右侧站点的核心路由器）将返回的数据流转发到与原始接收流量不同的另一台边缘设备，则会出现某些问题。由于 SD-WAN 矩阵本身是无状态的，使用多台路由器来处理往返特定目标的流量并不存在问题。可是，一些高级的数据平面业务，如深度数据包检测（Deep Packet

Inspection)或嵌入式 SD-WAN 安全特性集，需要看到双向的流量，才能提供最佳的应用层服务。

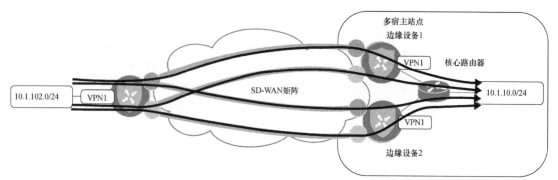

图 6-42　通往 10.1.10.0/24 的 4 条路径

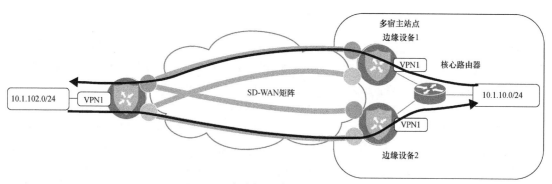

图 6-43　多路径导致往返流量不一致

为了确保往返流量通过同一台边缘路由器转发，通常会对矩阵进行设计，使得所有流量都通过主用路由器转发，而备用路由器在活跃设备发生故障前不会主动转发流量。

注意：这个设计实现分为两个部分：流量如何通过 SD-WAN 矩阵转发到边缘设备，以及流量如何从 LAN 交换机返回边缘设备。第 5 章已经讨论过这两个不同的策略域。

用例 3 主要演示如何操纵 SD-WAN 矩阵，在转发流量进入目的站点时，优先选择某台边缘路由器。第 9 章将介绍如何为来自 LAN 侧的流量配置边缘路由器的优选顺序。

第 3 章讲到，在 OMP 的选路过程中，TLOC 和 OMP 路由的优先级属性都会进行比较。因此，可以通过改变优先级属性来操纵 OMP 的路由选择。就像网络中的许多问题一样，有不止一种解决方案。本例将尝试从两种途径操纵 TLOC 优先级，完成流量工程的设计目标。6.4.1 节通过集中控制策略为进入数据中心的流量设置优选路由器。6.4.2 节则在分支边缘路由器本地配置，影响访问分支站点 1 的入站流量。

6.4.1 使用集中策略设置 TLOC 优先级

当前环境中部署了用例 2 中的策略，如例 6-5 所示。在这个策略下，DC1-vEdge-1 和 DC1-vEdge-2 都通告了到 10.1.10.0/24 前缀的等价路由，如图 6-44 所示。

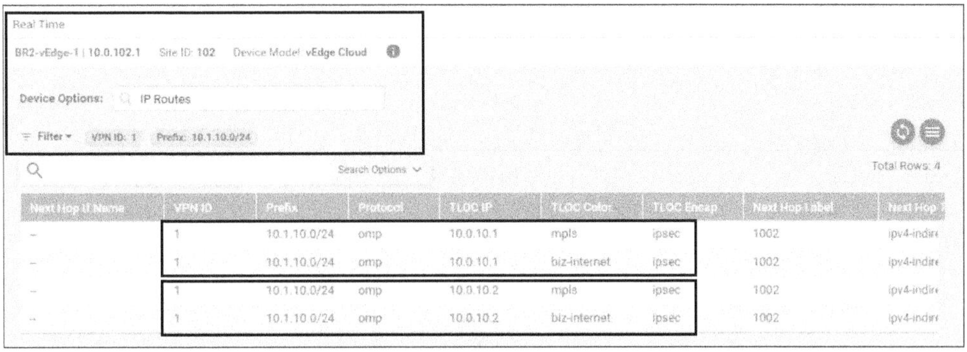

图 6-44　两台边缘路由器通告的 4 条 10.1.10.0/24 的路由

图 6-44 中共有 4 条前缀 10.1.10.0/24 的等价路由：两条来自 DC1-vEdge-1；另外两条来自 DC1-vEdge-2。每台边缘设备通告的两条路由分别对应 Color mpls 和 biz-internet。

前面的用例配置了出站方向的集中控制策略，用于过滤和操纵从 vSmart 通告的路由。由于出站操作不影响 vSmart 自身的 OMP 路由和 TLOC 路由，因此尽可能缩小策略的应用范围有利于对不同的站点应用不同的通告策略。比如，向某些站点（分支）通告时，可以配置策略，使其只覆盖来自分支站点的某些 OMP 路由的 TLOC 值，而不覆盖其他站点（数据中心）。相反，当试图对 OMP 路由或 TLOC 进行全局更改时，更合适的做法是使用入站方向的集中控制策略。入站集中控制策略在 vSmart 执行最佳路径选择算法，把路由插入 vSmart 表之前进行操作。除非被额外的出向控制策略覆盖，入站控制策略所做的操作会影响 vSmart 向所有对等体发出的 OMP 通告。

按照本例的需求，即让所有路由器优选 vEdge-1 而不是 vEdge-2 作为访问数据中心的入口，将使用一个入站方向的集中策略来实现这个全局流量工程。例 6-7 显示了集中控制策略的相应配置。

注意：简洁起见，例 6-7 省略了与本用例无关以及与之前用例相同的配置部分。完整的集中策略配置可以在例 6-24 中找到。

例 6-7　用例 3：集中策略设置 TLOC 优先级

```
policy
 control-policy Hub_and_Spoke_TLOC_Lists
! <<<No changes made to this policy from Example 6-5, omitted for brevity>>>
 !
! A new control policy is created to set the TLOC preference values
```

```
control-policy Set_DC_TLOC_Preference
   sequence 1
    match tloc
     originator 10.0.10.1
     !
    action accept
     set
      preference 500
     !
    !
   !
   sequence 11
    match tloc
     originator 10.0.10.2
     !
    action accept
     set
      preference 400
     !
    !
   !
   sequence 21
    match tloc
     originator 10.0.20.1
     !
    action accept
     set
      preference 500
     !
    !
   !
   sequence 31
    match tloc
     originator 10.0.20.2
     !
    action accept
     set
      preference 400
     !
    !
   !
  default-action accept
 !
 lists
 ! <<<No changes made to the lists from Example 6-5, omitted for brevity>>>
 !
!
```

```
! The apply-policy statement has been modified to reflect that the new policy
! should be applied inbound on advertisements received from the datacenters
apply-policy
 site-list DCs
  control-policy Set_DC_TLOC_Preference in
 !
 ! The existing policy for the branches remains unchanged
 site-list BranchOffices
  control-policy Hub_and_Spoke_TLOC_Lists out
 !
!
```

例 6-7 中引入了一个新的控制策略,可在收到来自数据中心边缘路由器的通告时,修改 TLOC 路由的优先级属性值。sequence 1 命令块使用了一个新的匹配条件：originator。originator 的语法是 **originator** {*originator-ip*},其中 *originator-ip* 是被匹配的边缘设备的系统 IP 地址。由于本例的调整目标来自相同的站点,无法使用站点列表来匹配。当 vSmart 收到 TLOC 路由时,如果 TLOC 被匹配,就会执行配置语句 **preference** {*value*} 来设置预期的优先级。优先级值的范围是 0~4294967295（$2^{32}-1$）。本例为数据中心 vEdge-1 和 vEdge-2 分别设置了 500 和 400。

例 6-7 的策略应用到 SD-WAN 网络后,再次刷新 BR2-vEdge-1 上的路由表,结果如图 6-45 所示。在这个输出中,对网络 10.0.10.0/24,分支站点上只安装了两条路由：来自 DC1-vEdge1 的 mpls 和 biz-internet。

图 6-45　前缀 10.1.10.0/24 的路由

图 6-45 的输出信息是 BR2-vEdge-1 上已经安装到 VPN1 路由表中的路由,并不是边缘设备的 OMP 表中的所有路由。为了查看从 vSmart 收到的所有路由,在 Real Time 界面中执行 **OMP Received routes** 命令。图 6-46 的输出显示了从 OMP 对等体收到的所有路由,类似于 Cisco IOS 命令 **show ip bgp** 的输出（显示从 BGP 对等体收到的 BGP 路由,即使它们不是最佳的 BGP 路由,也没有安装在路由表中）。

注意：在图 6-46 中的 Search Options 输入了 1.1.1.4,这是 vSmart-1 的系统 IP 地址。这个搜索条件用于过滤从 vSmart-2（系统 IP 地址为 1.1.1.5）接收到的重复的 OMP 路由通告,以便网络管理员更容易理解路由表。一个租户的所有 vSmart 应该保持一致的策略配置。换句话说,它们的路由通告没有区别,过滤其中的任意一组路由也不会遗漏任何路由信息。

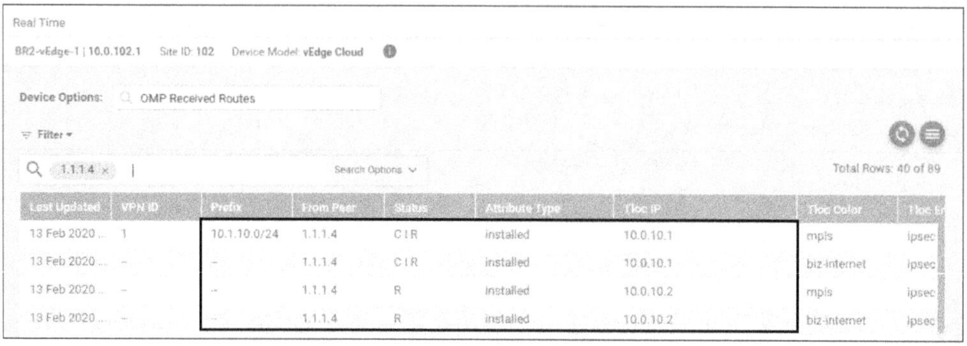

图 6-46 BR2-vEdge-1 的 OMP 表

从 OMP 表中可以明显看出,边缘设备仍然能收到来自 DC1-vEdge2 的 OMP 路由通告。这些路由通告在 OMP 表的第 3 个和第 4 个条目,其 TLOC IP 为 10.0.10.2。这些路由的 Status 列标记为 R,而来自 10.0.10.1(第 1、2 条)的 OMP 路由的 Status 列显示状态为 C I R。遗憾的是,由于版本问题,这些状态码对应的含义没有在 vManage 图形界面中显示。但是可以在 CLI 的 **show omp routes** 命令输出中找到,如例 6-8 所示。

例 6-8 OMP 的状态码

```
BR1-vEdge-1# show omp routes | table
Code:
C    -> chosen
I    -> installed
Red  -> redistributed
Rej  -> rejected
L    -> looped
R    -> resolved
S    -> stale
Ext  -> extranet
Inv  -> invalid
Stg  -> staged
U    -> TLOC unresolved
<<<omitted for brevity>>>
```

表 6-1 挑选了一些常见的状态码及其具体含义,完整解释可以在 Cisco 官方文档中找到。

表 6-1　OMP 状态码

状态码	含义	解释
C	Chosen	是指通过 OMP 选路进程选出的后继路由
I	Installed	表示这条 OMP 路由已经安装到 IP 路由表中
R	Resolved	是指这条 OMP 路由引用的 TLOC 是存在且有效的

根据表 6-1 的解释，状态码"C I R"表示该 OMP 路由已经成功安装到路由表，并且正被用于转发流量。来自 10.0.10.2 的第三、四条 OMP 路由的状态码为 R。这些路由虽然可以被解析，但没有被选为最佳 OMP 路由，不会被用于转发。没有被选择的原因可以从 OMP TLOC 表的输出中查看，如图 6-47 所示。

图 6-47　BR2-vEdge-1 的 TLOC 表

由于来自 10.0.10.1 的 TLOC 条目比 10.0.10.2 具有更高的优先级值，因此它在 OMP 选路过程中胜出，被选中并安装在路由表中。

整个过程如图 6-48 所示，边缘设备 1 和边缘设备 2 通告的 TLOC 在边缘设备 3 上有两个不同的 TLOC 优先级值。由于边缘设备 1 的 TLOC 优先级值较高，它的隧道被用来转发流量。如果边缘设备 1 发生故障，或者边缘设备 1 上的两个 TLOC 失效，那么边缘设备 3 会启用从边缘设备 2 通告的路由，流量将切换到图 6-48 下方的隧道上。

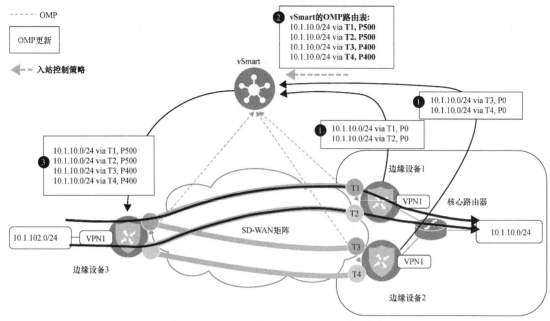

图 6-48　TLOC 优先级对转发平面的影响

6.4.2　使用设备模板设置 TLOC 优先级

上一节回顾了 TLOC 优先级属性的用途，并展示了如何用集中控制策略配置。TLOC 优先级属性也可以直接配置在边缘路由器的隧道接口上。第 4 章讲到，边缘设备的配置通常是由 vManage 集中管理的。它对应着功能模板和设备模板的特定组合。隧道接口的权重和优先级可以通过功能模板进行配置，也可以直接在隧道接口（tunnel-interface）下通过命令 **encapsulation** {**ipsec**|**gre**} [**preference** *preference*] [**weight** *weight*]进行设置。例 6-9 所示为多宿主站点内两台 vEdge 的命令行配置，它们也能实现相同的流量工程目标。

例 6-9　配置隧道接口的权重和优先级

```
! The following configuration excerpts from BR1-vEdge1 and BR1-vEdge2 that
! indicate the preference and weight settings that have been configured
! on the tunnel interfaces
!
BR1-vEdge-1# BR1-vEdge-1# sho run vpn 0 | include "interface|color|encap"
 interface ge0/0
  tunnel-interface
   encapsulation ipsec preference 50 weight 20
   color biz-internet
 interface ge0/1
  tunnel-interface
   encapsulation ipsec preference 50 weight 5
```

```
    color mpls restrict
  interface ge0/2
   tunnel-interface
    encapsulation ipsec preference 5
    color lte
  interface ge0/3
BR1-vEdge-1#

BR1-vEdge-2# sho run vpn 0 | include "interface|color|encap"
  interface ge0/0
   tunnel-interface
    encapsulation ipsec preference 40 weight 20
    color biz-internet
  interface ge0/1
   tunnel-interface
    encapsulation ipsec preference 40 weight 5
    color mpls restrict
  interface ge0/2
   tunnel-interface
    encapsulation ipsec preference 4
    color lte
  interface ge0/4
  interface ge0/5
BR1-vEdge-2#
```

除了上一节已经讨论过的优先级属性，例 6-9 中还引入了新的权重属性。权重属性用于在相同优先级值的 TLOC 之间确定负载分担的比例。权重值不是路由选择算法的一部分，而是在确定了最佳路由后，按照比例在路径之间转发数据。权重属性的取值范围是 1～255，默认为 1。通常，权重的取值与站点本地的各条链路的带宽成比例。在本例中，权重值被设置为 20 和 5，可以分别对应 20Mbit/s 和 5Mbit/s 的链路。请记住，权重参考值没有绝对意义，它仅在站点本地的链路之间相对有效。

在例 6-9 中，BR1-vEdge-1 的 biz-internet、mpls 和 lte 链路的优先级分别配置为 50、50 和 5。BR1-vEdge-2 上则分别为 40、40 和 4。于是，当两台路由器的所有链路都稳定运行时，访问分支站点 1 的入站流量将通过 BR1-vEdge-1 的 biz-internet 和 mpls 链路转发。这些链接配置了最高的优先级值，会在对端站点路由选择过程中胜出。同时，根据隧道接口上配置的权重值，出站流量将按照 20∶5 的比例进行负载分担。如果 BR1-vEdge-1 上的 biz-internet 和 mpls 链路中断，且矩阵中的其他路由器无法解析它们的 TLOC，那么从 BR1-vEdge-2 通告的 biz-internet 和 mpls 的 TLOC（优先级值为 40），将赢得最佳路径并接管分支站点 1 的入站流量。只有当所有 biz-internet 和 mpls 的 TLOC 都无法解析时，BR1-vEdge-1 上的 LTE TLOC 才能以 5 的优先级值被选中。最后，如果 BR1-vEdge-1 上 LTE 的 TLOC 不可解析，则使用分支站点 1 上的最后一个 TLOC，即 BR1-vEdge-2 上 LTE 的 TLOC，其优先级为 4。

这些 TLOC 的配置效果可以在 SD-WAN 矩阵内的对端站点（如 DC1-vEdge-1）中查看，

如图 6-49 所示。

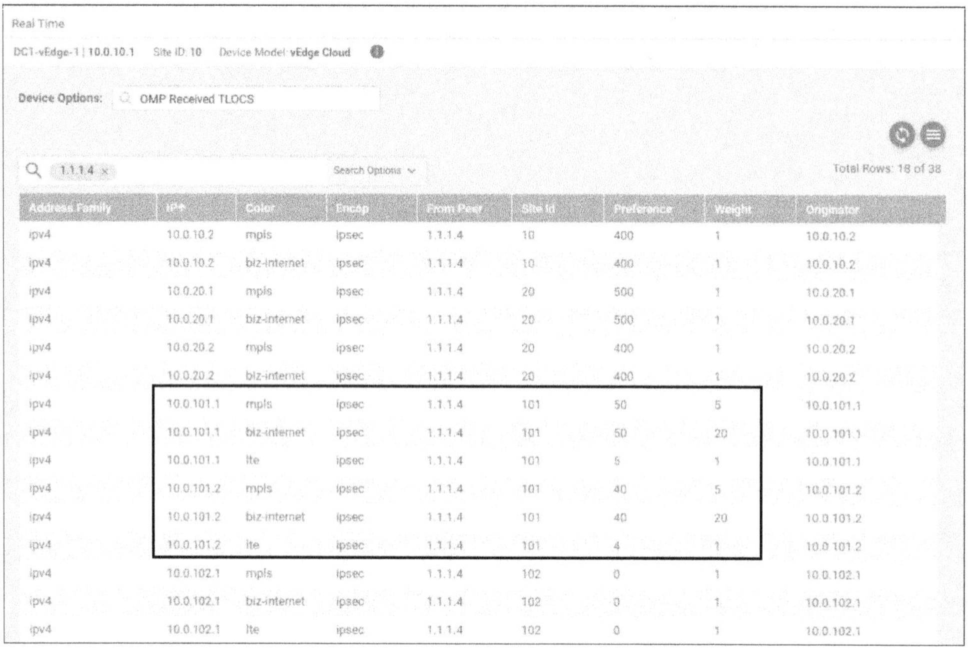

Address Family	IP	Color	Encap	From Peer	Site Id	Preference	Weight	Originator
ipv4	10.0.10.2	mpls	ipsec	1.1.1.4	10	400	1	10.0.10.2
ipv4	10.0.10.2	biz-internet	ipsec	1.1.1.4	10	400	1	10.0.10.2
ipv4	10.0.20.1	mpls	ipsec	1.1.1.4	20	500	1	10.0.20.1
ipv4	10.0.20.1	biz-internet	ipsec	1.1.1.4	20	500	1	10.0.20.1
ipv4	10.0.20.2	mpls	ipsec	1.1.1.4	20	400	1	10.0.20.2
ipv4	10.0.20.2	biz-internet	ipsec	1.1.1.4	20	400	1	10.0.20.2
ipv4	10.0.101.1	mpls	ipsec	1.1.1.4	101	50	5	10.0.101.1
ipv4	10.0.101.1	biz-internet	ipsec	1.1.1.4	101	50	20	10.0.101.1
ipv4	10.0.101.1	lte	ipsec	1.1.1.4	101	5	1	10.0.101.1
ipv4	10.0.101.2	mpls	ipsec	1.1.1.4	101	40	5	10.0.101.2
ipv4	10.0.101.2	biz-internet	ipsec	1.1.1.4	101	40	20	10.0.101.2
ipv4	10.0.101.2	lte	ipsec	1.1.1.4	101	4	1	10.0.101.2
ipv4	10.0.102.1	mpls	ipsec	1.1.1.4	102	0	1	10.0.102.1
ipv4	10.0.102.1	biz-internet	ipsec	1.1.1.4	102	0	1	10.0.102.1
ipv4	10.0.102.1	lte	ipsec	1.1.1.4	102	0	1	10.0.102.1

图 6-49 分支站点 1 配置的各项 TLOC 属性值

回顾用例 3

这个用例探讨了配置 TLOC 优先级属性的两种机制，并介绍了如何使用这些优先级值来操纵网络中的数据流。用例还使用权重属性实现了非等价的负载分担。当网络管理员希望根据链路带宽的大小来分担流量时，通常会用到这个属性。

注意： 用例 3 演示了设置 TLOC 优先级值的两种不同方式：配置在集中控制策略和配置在设备的隧道接口。集中控制策略可以覆盖设备隧道接口上配置的值，它不是设置优先级的首选位置。建议在边缘路由器的隧道接口上配置 TLOC 优先级值，只在必要时使用集中控制策略来操作。

注意： 大家可能已经敏锐地察觉到，本例在数据中心路由器配置的优先级值是 500 和 400，而分支站点 1 使用的值是 50、40、5 和 4。虽然数字本身没有绝对意义，但在数据中心站点使用比分支站点大一个数量级的值是刻意为之的。如果一个属于数据中心站点的前缀（或默认路由）被分支站点意外通告或重分布出来，由于数据中心通告的路由具有更高的优先级值，SD-WAN 矩阵中的其他边缘设备仍将优选来自数据中心的 OMP 条目。这种设计选择有助于保护网络结构免受错误或恶意更新的影响。

6.5 用例 4——区域化 Internet 访问

网络管理员经常面临的业务目标是，让地理位置分散的用户可以就近访问共享资源实例。如果位于纽约和伦敦的数据中心都部署了相同的服务，那么在波士顿的用户通常应该使用纽约的数据中心，而巴黎和柏林的用户则可以访问伦敦的数据中心。服务类型没有限制，可以是企业 ERP 应用程序、视频会议服务器，也可以是（本用例中使用的）访问 Internet 的默认路由等。图 6-50 所示的拓扑图显示了用例的配置目标。

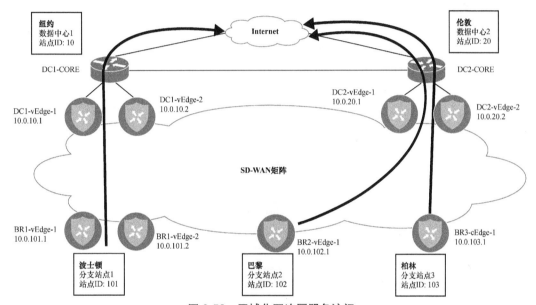

图 6-50　区域化互连网服务访问

在继续分析这个用例前，有必要再一次从数据中心向 VPN 1 的路由表注入默认路由。就像在用例 2 强调的，注入默认路由的具体方法不重要。如图 6-51 所示，BR2-vEdge-1 的 VPN 1 路由表中有 4 条数据中心通告的默认路由。

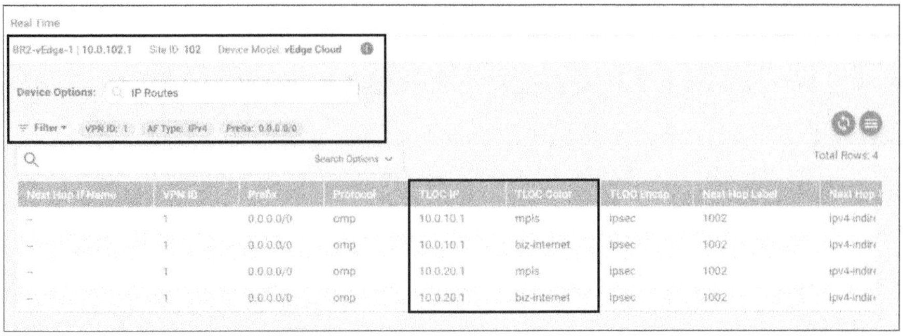

图 6-51　BR2-vEdge-1（巴黎分支）的默认路由

图 6-51 中前两条 TLOC 的 IP 地址为 10.0.10.1，即 DC1-vEdge-1 的系统 IP。后两条路由则由 DC2-vEdge-1 通告，它们的 TLOC IP 是 10.0.20.1。这意味着，巴黎分支站点的一半流量会被路由到伦敦数据中心，另一半则被路由到纽约数据中心（到纽约的流量会产生额外的延迟）。

对于波士顿（分支站点 1）和柏林（分支站点 3）站点的用户也是如此：一半的流量将从区域本地数据中心卸载到 Internet，另一半则被转发到大洋对岸。通过模拟波士顿分支站点的流量输出可以验证这一点，如图 6-52 所示。

图 6-52 分支站点 1 波士顿分支上的流量模拟

> **注意**：在 **Monitor > Network > {*WAN Edge*} 的 Troubleshooting** 页面中可以找到 Simulate Flows（流量模拟）工具。流量模拟工具能够提供给定边缘设备在当前状态下数据流的预期转发路径。该模拟输出将设备路由表、应用的集中和本地策略以及传输链路的当前性能表现全部纳入考量。这是一个非常有用的工具，可以验证包括策略在内的各项设置是否得到了预期效果。流量模拟工具实际上并没有在数据平面上生成和转发任何流量，只是模拟了设备转发流量时使用的路径。

为了确保用户始终使用距离自己地理位置最近的数据中心来访问 Internet，可以在网络上配置例 6-10 中的集中控制策略。该策略建立在前几个用例的策略基础上，本例新建了单独的出向控制策略，以便让位于欧洲的分支站点优先选择来自欧洲数据中心的默认路由。北美站点也是如此。

例 6-10　用例 4：区域化 Internet 访问策略

```
! The control-policy "Hub_and_Spoke_TLOC_Lists" that was configured in
! Example 6-5 has been changed into two separate centralized
! control policies: Europe_Hub_and_Spoke_TLOC and North_America_Hub_and_Spoke_TLOC.
policy
 control-policy Europe_Hub_and_Spoke_TLOC
    sequence 1
     match tloc
      site-list DCs
      !
     action accept
      !
     !
! A new sequence was added to this policy to match the default route from
! the London DC (combination of prefix-list and site-list as matching criteria),
! and set a preference of 100.
!
    sequence 11
     match route
      prefix-list Default_Route
      site-list Europe_DC
      !
     action accept
      set
       preference 100
      !
     !
    !
    sequence 21
     match route
      site-list DCs
      prefix-list _AnyIpv4PrefixList
      !
     action accept
      !
    !
    sequence 31
     match route
      site-list BranchOffices
      prefix-list _AnyIpv4PrefixList
      !
     action accept
      set
       tloc-list DC_TLOCs
      !
     !
```

```
    !
  default-action reject
 !
! Similar to the previous control policy, the following policy matches
! the default route specifically from the New York datacenter and
! sets a preference. The rest of the policy is unchanged.
!
control-policy North_America_Hub_and_Spoke_TLOC
   sequence 1
    match tloc
     site-list DCs
     !
    action accept
     !
    !
   sequence 11
    match route
     prefix-list Default_Route
     site-list North_America_DC
     !
    action accept
     set
      preference 100
     !
    !
   !
   sequence 21
    match route
     site-list DCs
     prefix-list _AnyIpv4PrefixList
     !
    action accept
     !
    !
   sequence 31
    match route
     site-list BranchOffices
     prefix-list _AnyIpv4PrefixList
     !
    action accept
     set
      tloc-list DC_TLOCs
      !
     !
    !
  default-action reject
 !
```

```
control-policy Set_DC_TLOC_Preference
! <<<No changes made to this policy from Example 6-7, omitted for brevity>>>
!
lists
 ! <<<Some lists without changes from Example 6-5 are omitted for brevity>>>
 !
 ! A new prefix-list is created to match the default route
 !
 prefix-list Default_Route
  ip-prefix 0.0.0.0/0
 !
 site-list BranchOffices
  site-id 100-199
  !
 site-list DCs
  site-id 10-50
  !
 ! New site lists are created to allow for more specific matching criteria
 ! (Europe_DC and North_America_DC) and more targeted policy application scopes
 ! (Europe_Branches and North_America_Branches).
 !
 site-list Europe_Branches
  site-id 102-103
  !
 site-list Europe_DC
  site-id 20
  !
 site-list North_America_Branches
  site-id 101
  !
 site-list North_America_DC
  site-id 10
  !
!
! Lastly, the policy that prefers the London DC is applied to the European
! branches, and the policy that prefers the American DC is applied to the
! American Branches.
!
!
apply-policy
 site-list Europe_Branches
  control-policy Europe_Hub_and_Spoke_TLOC out
 !
 site-list North_America_Branches
  control-policy North_America_Hub_and_Spoke_TLOC out
 !
```

```
site-list DCs
 control-policy Set_DC_TLOC_Preference in
 !
!
```

将上述新的集中策略应用到 SD-WAN 矩阵后，通过查看巴黎或波士顿分支站点的路由表可以进一步了解策略效果。如图 6-53 所示，BR2-vEdge-1 现在只有两条默认路由（对比图 6-51 中的策略应用前）。

图 6-53　BR2-vEdge-1（巴黎分支）的两条默认路由

BR2-vEdge-1 上默认路由的 TLOC IP 地址为 10.0.20.1，指向 DC2-vEdge-1（伦敦数据中心）。进一步查看巴黎分支站点的 OMP 路由表，如图 6-54 所示，两个数据中心、4 台边缘路由器通告的 8 条默认路由都已收到，但只有 DC2-vEdge-1 的两条路由被优选为最佳路由并插入到 VPN 1 的路由表中。它当前的状态为 C I R。

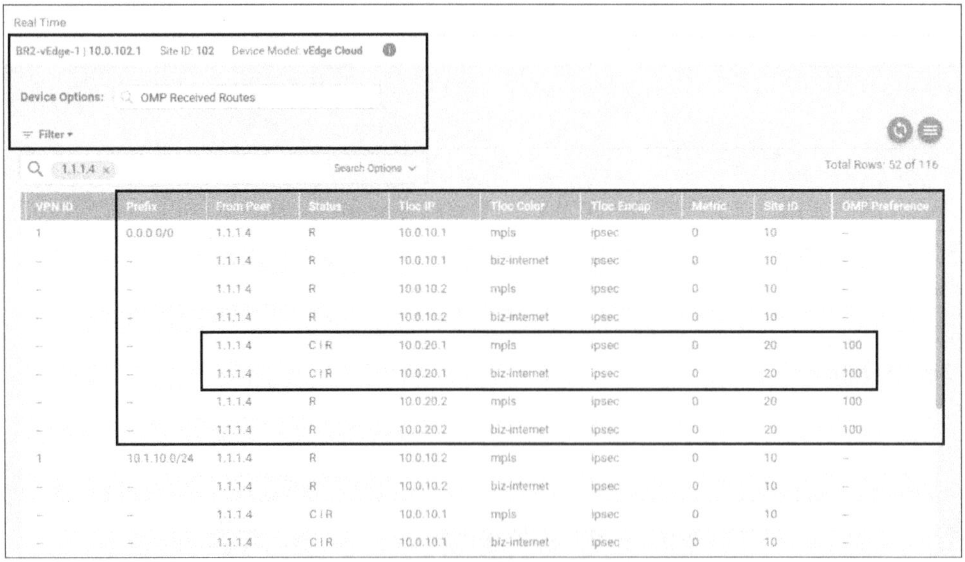

图 6-54　BR2-vEdge-1（巴黎分支）收到的默认路由

继续分析图 6-54 中的输出。在这 8 条路由中，从伦敦数据中心（站点 ID: 20）通告的 4

条路由由于 OMP 优先级为 100 率先胜出。根据选路规则，DC2-vEdge-1（TLOC IP 为 10.0.20.1）的 TLOC 优先级在用例 3 中被设置为 500，优于 DC2-vEdge-2（TLOC IP 为 10.0.20.2）的 400，因此最终胜出并且被安装到路由表中。

同理，波士顿分支通过北美数据中心的两条路径访问 Internet，如图 6-55 所示。

图 6-55　波士顿分支的流量模拟

波士顿分支（BR1-vEdge-1）将访问 Internet 的流量转发到纽约数据中心 DC1-vEdge-1（系统 IP: 10.0.10.1）。相关策略中，纽约数据中心 DC1-vEdge-1 通告的 OMP 优先级为 100，TLOC 优先级为 500。

回顾用例 4

这个用例提出并解决了一个经常困扰网络管理员的流量工程问题，即如何选择距离最近的站点作为访问共享资源的实例。虽然本节中使用的配置对于只有 5 个站点的简单网络来说可能显得过于复杂，但是，网络管理员只需要更新欧洲分支和北美分支的站点列表，就可以将这个网络规模轻松扩展到 500 个或 5000 个站点。拥有单一、集中的广域网架构管理入口是 Cisco SD-WAN 的基础能力之一。

上一节的用例侧重于 TLOC 优先级属性，本节介绍了 OMP 优先级属性，并演示了如何在一个策略中同时使用它们。在 OMP 路由选择算法中，OMP 优先级在 TLOC 优先级之前比较，因此，它可以用来覆盖 TLOC 的选路结果。灵活运用这两个属性可以让管理员更加精细地控制网络去实现流量工程和业务目标。

6.6　用例 5——区域全互连拓扑

用例 1 已经探讨了如何将网络从默认的全互连拓扑结构变成星型结构。虽然星型结构的设计可以满足一些组织的需要，但对于许多企业来说，它往往过于僵化。很多时候，一些分支站点之间有着互连互通的业务需求。此时应该允许这种通信，而不是要求分支站点将流量回传到企业的数据中心。另外，某些站点在地理位置上距离很近，又或者根据企业分支的业务功能（如研发类站点、制造类站点、销售类站点等），需要实现同类站点间的全互连。本节将通过集中策略改变现有拓扑，让欧洲的分支站点形成区域全互连拓扑结构，如图 6-56 所示。

本例将继承前面配置的策略，构建区域全互连拓扑结构，让欧洲的分支站点之间可以直接通信，无须通过数据中心回传。图 6-56 突出显示了需要新建的数据平面隧道。对于跨区域分支站点间的通信（如北美和欧洲分支之间），依然保持星型拓扑，让流量通过数据中心转发。北美地区也将应用同样的区域全互连策略，但由于目前北美地区只有一个分支站点，所以在策略应用后察觉不到流量的变化。

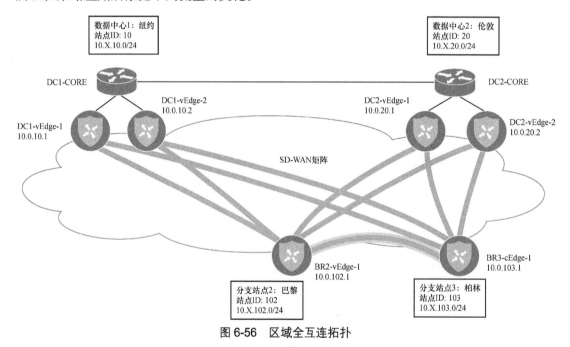

图 6-56　区域全互连拓扑

在应用新策略前，首先通过查看 BFD 会话的实时输出，确认当前在 BR2-vEdge-1 和 BR3-cEdge-1 之间没有直接的数据平面连接，如图 6-57 所示。所有 BFD 会话都终止于数据中心边缘设备，系统 IP 为 10.0.10.X 和 10.0.20.X。

例 6-11 中的 **traceroute** 输出表明，虽然分支站点 2 与分支站点 1、分支站点 3 有连通性，但目前流量必须经过数据中心（10.1.10.1）中转，总共需要两跳才能到达这两个分支站点。

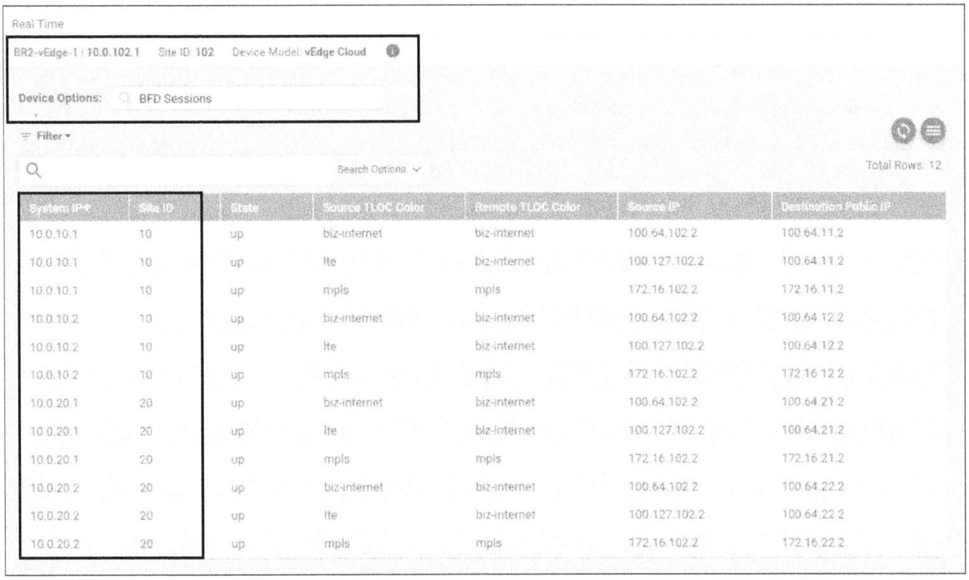

Real Time

BR2-vEdge-1 | 10.0.102.1 Site ID: 102 Device Model: vEdge Cloud

Device Options: BFD Sessions

Filter

Search Options

Total Rows: 12

System IP	Site ID	State	Source TLOC Color	Remote TLOC Color	Source IP	Destination Public IP
10.0.10.1	10	up	biz-internet	biz-internet	100.64.102.2	100.64.11.2
10.0.10.1	10	up	lte	biz-internet	100.127.102.2	100.64.11.2
10.0.10.1	10	up	mpls	mpls	172.16.102.2	172.16.11.2
10.0.10.2	10	up	biz-internet	biz-internet	100.64.102.2	100.64.12.2
10.0.10.2	10	up	lte	biz-internet	100.127.102.2	100.64.12.2
10.0.10.2	10	up	mpls	mpls	172.16.102.2	172.16.12.2
10.0.20.1	20	up	biz-internet	biz-internet	100.64.102.2	100.64.21.2
10.0.20.1	20	up	lte	biz-internet	100.127.102.2	100.64.21.2
10.0.20.1	20	up	mpls	mpls	172.16.102.2	172.16.21.2
10.0.20.2	20	up	biz-internet	biz-internet	100.64.102.2	100.64.22.2
10.0.20.2	20	up	lte	biz-internet	100.127.102.2	100.64.22.2
10.0.20.2	20	up	mpls	mpls	172.16.102.2	172.16.22.2

图 6-57 BR2-vEdge-1 上的数据平面隧道

例 6-11 需要数据中心中转的分支站点间流量

```
! Tracing a path from BR2 to BR3 is successful, but the data path is indirect
! and transits a datacenter
!
BR2-vEdge-1# traceroute vpn 1 10.1.103.1
Traceroute 10.1.103.1 in VPN 1
traceroute to 10.1.103.1 (10.1.103.1), 30 hops max, 60 byte packets
 1  10.1.10.1 (10.1.10.1)  5.495 ms  6.579 ms  6.593 ms
 2  10.1.103.1 (10.1.103.1)  13.031 ms * *
BR2-vEdge-1#
!
! Tracing a path from BR2 to BR1 is successful, but the data path is indirect
! and transits a datacenter
!
BR2-vEdge-1# traceroute vpn 1 10.1.101.2
Traceroute 10.1.101.2 in VPN 1
traceroute to 10.1.101.2 (10.1.101.2), 30 hops max, 60 byte packets
 1  10.1.10.1 (10.1.10.1)  53.191 ms  55.226 ms  55.268 ms
 2  10.1.101.2 (10.1.101.2)  76.770 ms  77.283 ms  77.456 ms
BR2-vEdge-1#
```

例 6-12 的集中策略应用到 vSmart 后，会使欧洲和北美地区的分支站点分别形成各自区域的全互连拓扑结构。以欧洲地区为例，vSmart 把需要互连欧洲分支站点的 TLOC 通告给欧洲区域内的分支站点。而其他区域的分支站点，则不会收到跨区域站点的 TLOC。跨区域分支站点的 OMP 路由中，下一跳 TLOC 将被数据中心的 TLOC 覆盖。

例 6-12　用例 5：建立区域全互连的集中策略

```
! In the "Europe_Regional_Mesh" control policy, sequence 11 and sequence 41 were
! added to permit the advertisements of the TLOCs and Routes (respectively) from
! other sites in the Site List "Europe_Branches". Additionally, sequence 51 has
! been updated so that only the sites in the "North_America_Branches" site list
! now have their TLOCs updated with the TLOC list.
!
policy
 control-policy Europe_Regional_Mesh
    sequence 1
     match tloc
      site-list DCs


     !
     action accept
      !
    !
    sequence 11
     match tloc
      site-list Europe_Branches
     !
     action accept
      !
    !
    sequence 21
     match route
      prefix-list Default_Route
      site-list Europe_DC
     !
     action accept
      set
       preference 100
      !
     !
    !
    sequence 31
     match route
      site-list DCs
      prefix-list _AnyIpv4PrefixList
     !
     action accept
      !
    !
    sequence 41
     match route
      site-list Europe_Branches
```

```
       prefix-list _AnyIpv4PrefixList
       !
     action accept
     !
    !
    sequence 51
     match route
      site-list North_America_Branches
      prefix-list _AnyIpv4PrefixList
      !
     action accept

     set
       tloc-list DC_TLOCs
      !
     !
    !
  default-action reject
 !
! Similar to the previous control policy, the following policy permits the TLOCs
! and Routes from the "North_America_Branches" site list to be advertised.
! Additionally, sequence 51 has been updated to only apply to the European
! Branches.
!
control-policy North_America_Regional_Mesh
    sequence 1
     match tloc
      site-list DCs
      !
     action accept
      !
     !

    sequence 11
     match tloc
      site-list North_America_Branches
      !
     action accept
      !
     !
    sequence 21
     match route
      prefix-list Default_Route
      site-list North_America_DC
      !
     action accept
      set
       preference 100
```

```
      !
     !
    !
   sequence 31
    match route
     site-list DCs
     prefix-list _AnyIpv4PrefixList
    !
     action accept
      !
    !
   sequence 41
    match route
     site-list North_America_Branches
     prefix-list _AnyIpv4PrefixList
    !
     action accept
    !
    !
   sequence 51
    match route
     site-list Europe_Branches
     prefix-list _AnyIpv4PrefixList
    !
     action accept
      set
       tloc-list DC_TLOCs
     !
      !
     !
   default-action reject
  !
 control-policy Set_DC_TLOC_Preference
 ! <<<No changes made to this policy from Example 6-7, omitted for brevity>>>
  !
 lists
 ! <<<No changes made to the lists from Example 6-10, omitted for brevity>>>
  !
!
! Lastly, the new policies are applied to the site lists.
!
apply-policy
 site-list **Europe**_Branches
  control-policy **Europe_Regional_Mesh** out
  !
 site-list **North_America**_Branches
  control-policy **North_America_Regional_Mesh out**
```

```
 !
 site-list DCs
  control-policy Set_DC_TLOC_Preference in
!
```

在应用区域全互连的集中策略后，BR2-vEdge-1（巴黎分支）和 BR3-cEdge-1（柏林分支）能学到对方的 TLOC 来形成数据平面隧道。在 BR2-vEdge-1 的 BFD 会话输出中可以看到这两个站点间建立的 5 条新的隧道，如图 6-58 所示。

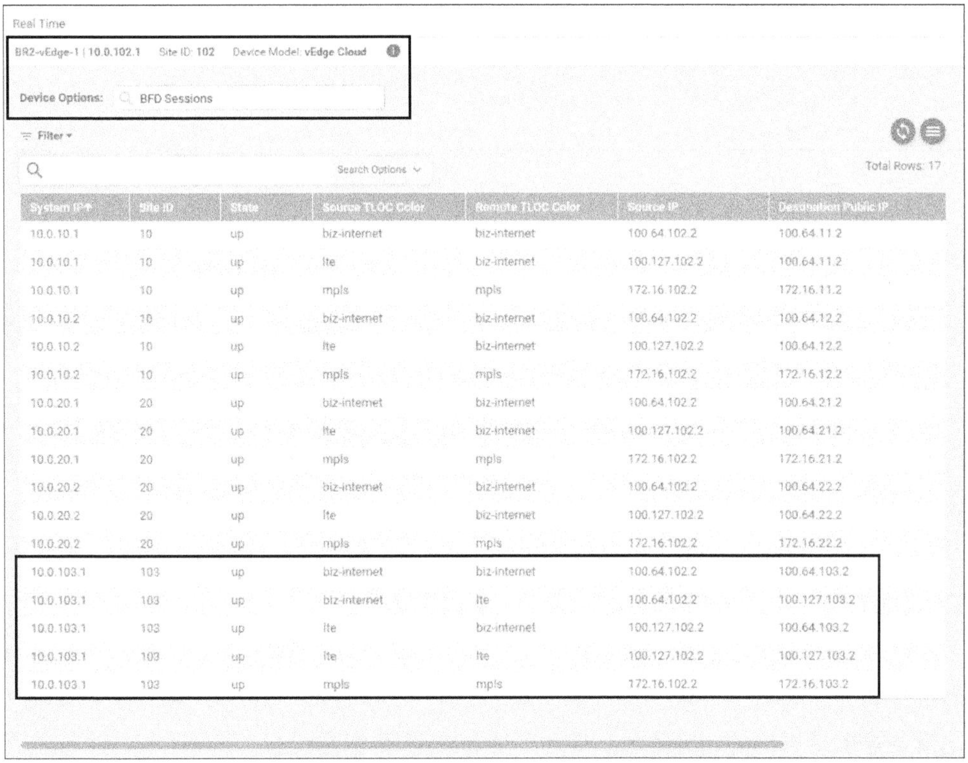

System IP	Site ID	State	Source TLOC Color	Remote TLOC Color	Source IP	Destination Public IP
10.0.10.1	10	up	biz-internet	biz-internet	100.64.102.2	100.64.11.2
10.0.10.1	10	up	lte	biz-internet	100.127.102.2	100.64.11.2
10.0.10.1	10	up	mpls	mpls	172.16.102.2	172.16.11.2
10.0.10.2	10	up	biz-internet	biz-internet	100.64.102.2	100.64.12.2
10.0.10.2	10	up	lte	biz-internet	100.127.102.2	100.64.12.2
10.0.10.2	10	up	mpls	mpls	172.16.102.2	172.16.12.2
10.0.20.1	20	up	biz-internet	biz-internet	100.64.102.2	100.64.21.2
10.0.20.1	20	up	lte	biz-internet	100.127.102.2	100.64.21.2
10.0.20.1	20	up	mpls	mpls	172.16.102.2	172.16.21.2
10.0.20.2	20	up	biz-internet	biz-internet	100.64.102.2	100.64.22.2
10.0.20.2	20	up	lte	biz-internet	100.127.102.2	100.64.22.2
10.0.20.2	20	up	mpls	mpls	172.16.102.2	172.16.22.2
10.0.103.1	103	up	biz-internet	biz-internet	100.64.102.2	100.64.103.2
10.0.103.1	103	up	biz-internet	lte	100.64.102.2	100.127.103.2
10.0.103.1	103	up	lte	biz-internet	100.127.102.2	100.64.103.2
10.0.103.1	103	up	lte	lte	100.127.102.2	100.127.103.2
10.0.103.1	103	up	mpls	mpls	172.16.102.2	172.16.103.2

图 6-58 BR2-vEdge-1 上新的分支间隧道

数据平面的连通性可以通过 **traceroute** 验证，如例 6-13 所示。第一个 **traceroute** 输出表明，现在巴黎和柏林的分支站点之间建立了一条直连路径，这是欧洲区域全互连网络的一部分。现在分支站点只相距一跳，无须数据中心路由器中转流量。第二个 **traceroute** 的输出显示，巴黎和波士顿分支站点间没有直接的数据平面连接，从分支站点 2（巴黎）或分支站点 3（柏林）到分支站点 1（波士顿）的流量仍然必须经过数据中心转发。

例 6-13 区域全互连拓扑建立后的 traceroute

```
! Tracing a path from BR2 to BR3 is successful and the path is now direct (1 hop)
!
```

```
BR2-vEdge-1# traceroute vpn 1 10.1.103.1
Traceroute 10.1.103.1 in VPN 1
traceroute to 10.1.103.1 (10.1.103.1), 30 hops max, 60 byte packets
 1  10.1.103.1 (10.1.103.1)  5.783 ms * *
BR2-vEdge-1#
!
! Tracing a path from BR2 to BR1 is successful, but the data path is still ! indirect
  and transits a datacenter (2 hops)
!
BR2-vEdge-1# traceroute vpn 1 10.1.101.2
Traceroute 10.1.101.2 in VPN 1
traceroute to 10.1.101.2 (10.1.101.2), 30 hops max, 60 byte packets
 1  10.1.10.1 (10.1.10.1)  5.307 ms  6.238 ms  18.233 ms
 2  10.1.101.2 (10.1.101.2)  30.879 ms  31.555 ms  31.607 ms
BR2-vEdge-1#
```

回顾用例 5

本节探讨了如何修改 SD-WAN 的拓扑结构，从单纯的星型网络，变成由多个区域全互连结构组成的网络。在这种拓扑下，网络管理员可以让相距较近的分支站点或具有相同业务功能的分支站点进行直接通信，而不需要数据中心代理转发。

从这个用例中还能发现，单一、集中管理的控制策略能够非常方便地创建各种复杂拓扑。只要让参与通信的站点学到对方的 TLOC 和 OMP 路由信息，就能让双方建立直接互连的数据平面隧道。

6.7 用例 6——用服务插入定义安全边界

在广域网环境中，企业往往需要为流量添加额外的服务。最常见的一种服务类型是由安全设备提供的，如防火墙、IPS/IDS 以及网络嗅探器等。此外，Web 代理、缓存引擎、广域网优化设备等也是可选的服务类型。无论服务的具体类型是什么，Cisco SD-WAN 都可以在广域网环境中通告它们，并引导流量定向到服务所在地。有关网络服务的更多信息，请参阅第 3 章。

本节的用例需要确保欧洲分支站点的用户必须经过防火墙检查才能与北美的分支站点通信，反之亦然。下面将继续在之前创建的策略的基础上进行修改，达成设计目标。

服务插入的第一步是配置服务本身。在这个用例中，首先需要把连接到 DC1-vEdge-1 的防火墙作为网络服务通告出来，如图 6-59 所示。源自欧洲分支站点的流量（如图中的示例）在转发到北美的分支站点之前，必须通过该防火墙的审查。

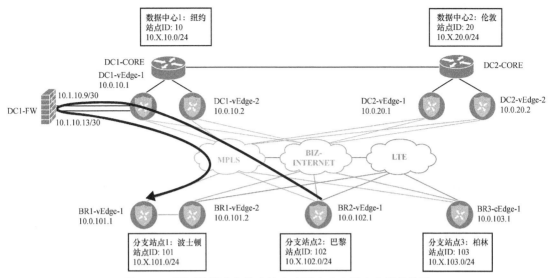

图 6-59　通过数据中心防火墙审查两个分支站点之间的流量

例 6-14 所示为在 DC1-vEdge-1 中创建服务的命令行配置,以及把服务路由通告给 vSmart 控制器时的样子。边缘设备一旦通告了服务路由,就会为这项服务分配一个新的标签。此后,当通告服务的边缘设备接收到带有此标签的流量时,就会将流量转发给提供服务的设备。本例中为防火墙服务分配的标签值为 1005。

例 6-14　DC1-vEdge-1 上的服务通告

```
! The minimum configuration necessary for a service is a single line that
! specifies where the service is reachable.
!
DC1-vEdge-1# sho run vpn 1
vpn 1
 service FW address 10.1.10.9
!
!
! As soon as the service is configured, it is advertised to the vSmart and
! ready to be reflected to the entire fabric. Other WAN Edges that want to
! send traffic to this service should use label 1005.
!
DC1-vEdge-1# show omp services family ipv4 service FW | ex >

                                          PATH
VPN     SERVICE  ORIGINATOR  FROM PEER    ID    LABEL   STATUS
----------------------------------------------------------------
1       FW       10.0.10.1   0.0.0.0      66    1005    C,Red,R
                             0.0.0.0      68    1005    C,Red,R
```

提供服务的 IP 地址可以是与边缘设备本地直连的，也可以是通过 GRE 隧道打通的。本地直连的服务（如本例中的防火墙）的配置命令为 **service** {*service-name*} **address** {*ip address*}，而远程访问的服务的配置命令为 **service** {*service-name*} **interface** {*gre_interface_number1*} [*gre_interface_number2*]。

在把策略应用到 SD-WAN 矩阵前，分支站点 2 能够在两跳内到达分支站点 1，如例 6-15 所示。同时，边缘路由器在转发这些流量时使用的标签为 1002，代表 VPN 1。

例 6-15　激活服务插入前分支站点 2 上的输出

```
! Tracing a path from BR2 to BR1 is successful, but the data path transits
! a datacenter.
!
BR2-vEdge-1# traceroute vpn 1 10.1.101.2
Traceroute 10.1.101.2 in VPN 1
traceroute to 10.1.101.2 (10.1.101.2), 30 hops max, 60 byte packets
 1  10.1.10.1 (10.1.10.1)  5.307 ms  6.238 ms  18.233 ms
 2  10.1.101.2 (10.1.101.2)  30.879 ms  31.555 ms  31.607 ms
BR2-vEdge-1#
!
! The OMP Route table indicates that the label that is used to reach
! 10.1.101.0/24 without the service insertion policy is 1002.
!
BR2-vEdge-1# show omp routes 10.1.101.0/24 vpn 1 | nomore

---------------------------------------------------
omp route entries for vpn 1 route 10.1.101.0/24
---------------------------------------------------
                 RECEIVED FROM:
peer             1.1.1.4
path-id          232
label            1002
status           C,I,R
loss-reason      not set
lost-to-peer     not set
lost-to-path-id  not set
    Attributes:
     originator       10.0.101.1
     type             installed
     tloc             10.0.10.1, mpls, ipsec
<<omitted for brevity>>>
                 RECEIVED FROM:
peer             1.1.1.4
path-id          256
label            1002
status           C,I,R
```

```
loss-reason       not set
lost-to-peer      not set
lost-to-path-id   not set
    Attributes:
    originator          10.0.101.1
    type                installed
    tloc                10.0.10.1, biz-internet, ipsec
<<omitted for brevity>>>
```

在边缘路由器上配置好防火墙服务后，只需修改集中控制策略中的一条命令，就可以引导分支站点使用该服务，如例6-16所示。

例6-16　用例6：跨大西洋分支流量的服务插入策略

```
! The only change that has been made is to change the action in sequence
! 51 from referencing the TLOC Lists to now reference the FW service.
!
policy
 control-policy Europe_Regional_Mesh_with_FW
    sequence 1
     match tloc
      site-list DCs
     !
     action accept
      !
    !
    sequence 11
     match tloc
      site-list Europe_Branches
     !
     action accept
      !
    !
    sequence 21
     match route
      prefix-list Default_Route
      site-list Europe_DC
     !
     action accept
      set
       preference 100
      !
     !
    !
    sequence 31
     match route
```

```
     site-list DCs
     prefix-list _AnyIpv4PrefixList
     !
    action accept
    !
   !
   sequence 41
    match route
     site-list Europe_Branches
     prefix-list _AnyIpv4PrefixList
     !
    action accept
    !
   !
   sequence 51
    match route
     site-list North_America_Branches
     prefix-list _AnyIpv4PrefixList
     !
    action accept
    set
     service FW
    !
   !
  !
  default-action reject
 !
 control-policy North_America_Reg_Mesh_with_FW
 ! <<<The change in this policy mirrors the change made in the
 ! Europe_Regional_Mesh_with_FW policy, and was omitted for brevity >>>
 !
 control-policy Set_DC_TLOC_Preference
 ! <<<No changes made to this policy from Example 6-7, omitted for brevity>>>
 !
 lists
 ! <<<No changes made to the lists from Example 6-10, omitted for brevity>>>
 !
 !
!
apply-policy
 site-list Europe_Branches
  control-policy Europe_Regional_Mesh_with_FW out
 !
 site-list North_America_Branches
  control-policy North_America_Reg_Mesh_with_FW out
 !
 site-list DCs
```

```
  control-policy Set_DC_TLOC_Preference in
 !
!
```

一旦激活服务插入策略，OMP 路由表就会更新，新的标签将用来标记从 BR2-vEdge-1 发往 10.1.101.0/24 的流量。请注意，例 6-17 中显示的新标签是 1005，与例 6-14 中防火墙服务使用的标签相同。

现在，从分支站点 2 到分支站点 1 的跨大西洋流量由于必须经过防火墙，**traceroute** 的输出势必额外增加一跳，这符合集中策略的配置。同时，分支站点 2 和分支站点 3 之间的流量是欧洲全互连架构的一部分，直接在边缘设备之间转发，不需要通过防火墙过滤。

例 6-17　激活服务插入后分支站点 2 上的输出

```
! The OMP Route table indicates that the label that is used to reach
! 10.1.101.0/24 without the service insertion policy is 1002.
!
BR2-vEdge-1# show omp routes 10.1.101.0/24 vpn 1 | nomore
---------------------------------------------------
omp route entries for vpn 1 route 10.1.101.0/24
---------------------------------------------------
            RECEIVED FROM:
peer            1.1.1.4
path-id         232
label           1005
status          C,I,R
loss-reason     not set
lost-to-peer    not set
lost-to-path-id not set
    Attributes:
     originator      10.0.101.1
     type            installed
     tloc            10.0.10.1, mpls, ipsec
<<omitted for brevity>>>
            RECEIVED FROM:
peer            1.1.1.4
path-id         256
label           1005
status          C,I,R
loss-reason     not set
lost-to-peer    not set
lost-to-path-id not set
    Attributes:
     originator      10.0.101.1
     type            installed
     tloc            10.0.10.1, biz-internet, ipsec
```

```
<<omitted for brevity>>>
!
! Tracing a path from BR2 to BR1 is successful, but the data path now
! has additional hops for the Firewall Service in the datacenter.
!
BR2-vEdge-1# traceroute vpn 1 10.1.101.2
Traceroute 10.1.101.2 in VPN 1
traceroute to 10.1.101.2 (10.1.101.2), 30 hops max, 60 byte packets
 1  10.1.10.1 (10.1.10.1)   6.990 ms  8.770 ms  8.819 ms
 2  10.1.10.9 (10.1.10.9)   8.787 ms  8.824 ms  8.859 ms
 3  10.1.10.14 (10.1.10.14)  8.830 ms  12.380 ms  14.301 ms
 4  10.1.101.2 (10.1.101.2)  23.016 ms  23.874 ms  26.072 ms
BR2-vEdge-1#
!
!
BR2-vEdge-1# traceroute vpn 1 10.1.103.1
Traceroute 10.1.103.1 in VPN 1
traceroute to 10.1.103.1 (10.1.103.1), 30 hops max, 60 byte packets
 1  10.1.103.1 (10.1.103.1)   7.703 ms * *
BR2-vEdge-1#
```

回顾用例 6

本节研究了提供网络服务的方法，以及如何配置控制策略将流量定向到该服务。在该用例中，只有一个防火墙服务被通告出来，而实际环境的网络服务往往冗余地分布在 SD-WAN 矩阵的各个位置。这时，可以将前面的经验与服务插入相结合，确保用户能够可靠、快速地获取他们需要的服务，并实现故障切换。

用例 6 通过操纵控制平面策略实现了流量工程的设计目标。具体方法是在策略中定义和匹配特定的源、目站点 ID 和前缀。第 7 章将继续讨论如何增强这种策略，通过匹配网络服务而不是整个站点或子网来引流特定的应用程序。

6.8 用例 7——访客隔离

许多企业都提供访客接入的网络。将访客用户限制在特定的 VPN 中，可以实现简单的安全隔离。然而，SD-WAN 矩阵默认会交换各站点的 TLOC 和 OMP 路由，为所有 VPN 自动建立跨站点的连接。虽然这样对业务网络很方便，但大多数企业不希望访客用户能跨广域网矩阵互相通信。本节将介绍一种解决方案，用 VPN 成员策略禁止 vSmart 交换访客 VPN（VPN 3）的控制平面信息。

在向网络应用策略前，目前环境中各站点的访客 VPN 网络都能互连互通，如例 6-18 所示。

例6-18 不同站点间的访客VPN互通

```
! BR2-vEdge1 is able to reach BR3-cEdge1 in the Guest VPN
!
BR2-vEdge-1# ping vpn 3 10.3.103.1 count 5
Ping in VPN 3
PING 10.3.103.1 (10.3.103.1) 56(84) bytes of data.
64 bytes from 10.3.103.1: icmp_seq=1 ttl=255 time=6.26 ms
64 bytes from 10.3.103.1: icmp_seq=2 ttl=255 time=3.37 ms
64 bytes from 10.3.103.1: icmp_seq=3 ttl=255 time=7.65 ms
64 bytes from 10.3.103.1: icmp_seq=4 ttl=255 time=3.93 ms
64 bytes from 10.3.103.1: icmp_seq=5 ttl=255 time=3.73 ms
```

为了在访客VPN中禁止这种站点到站点的通信，可向集中控制策略添加VPN成员策略。具体配置如例6-19所示。

例6-19 用例7：禁止不同站点间访客互通的VPN成员策略

```
! The new piece of this policy is the VPN Membership policy. This VPN membership
! policy permits the VPNs for Corporate (VPN 1), and PCI (VPN 2). All other
! VPNs will be subject to the default action (reject).
policy
 vpn-membership vpnMembership_-950781881
    sequence 10
     match
      vpn-list CorporateVPN
     !
     action accept
     !
    !
    sequence 20
     match
      vpn-list PCI_VPN
     !
     action accept
     !
    !
  default-action reject
 !
 control-policy Set_DC_TLOC_Preference
  ! <<<No changes made to this policy from Example 6-7, omitted for brevity>>>
  !
 control-policy Europe_Regional_Mesh_with_FW
  ! <<<No changes made to this policy from Example 6-16, omitted for brevity>>>
  !
 control-policy North_America_Reg_Mesh_with_FW
  ! <<<No changes made to this policy from Example 6-16, omitted for brevity>>>
```

```
!
 lists
  ! <<<Some lists without changes from Example 6-5 are omitted for brevity>>>
  !
  ! Two new VPN lists were created to work with the VPN membership policy.
  !
  vpn-list CorporateVPN
   vpn 1
  !
  vpn-list PCI_VPN
   vpn 2
  !
 !
!
! Lastly, the VPN Membership policy is applied to the Branch Offices
!
apply-policy
 site-list Europe_Branches
  control-policy Europe_Regional_Mesh_with_FW out
 !
 site-list North_America_Branches
  control-policy North_America_Reg_Mesh_with_FW out
 !
 site-list DCs
  control-policy Set_DC_TLOC_Preference in
 !
 site-list BranchOffices
  vpn-membership vpnMembership_-950781881
 !
!
```

如例 6-19 所示，VPN 成员策略遵循的结构和语法与本章讨论过的其他集中控制策略相似。从本质上讲，VPN 成员策略显式定义了哪些 VPN 被允许从指定站点加入 SD-WAN 矩阵，而未匹配的 VPN 都被默认操作拒绝。

VPN 成员策略的应用效果可以通过 vSmart 上的 OMP 服务输出看到，如例 6-20 所示。命令 **show omp service** 列出了 OMP 服务对 VPN 3 的处理方式。vSmart 不会将来自 VPN 3 的更新通告到这些标记为 Rej 的对等体，当然更不会通告给其他非 VPN 3 成员的 OMP 邻居。这就在控制平面的层面隔离了 VPN 3。例 6-20 的第二部分输出验证了隔离效果，分支站点 2 的访客用户已经无法 ping 通其他站点的访客网段。

例 6-20　用例 7：VPN 成员策略的影响

```
vSmart-1# show omp services family ipv4 vpn 3
C   -> chosen
I   -> installed
```

6.8 用例7——访客隔离

```
Red -> redistributed
Rej -> rejected
L   -> looped
R   -> resolved
S   -> stale
Ext -> extranet
Inv -> invalid
Stg -> staged
U   -> TLOC unresolved
                                            PATH
VPN     SERVICE   ORIGINATOR   FROM PEER    ID     LABEL   STATUS
-------------------------------------------------------------------
3       VPN       10.0.101.1   10.0.101.1   66     1004    Rej,R,Inv
                               10.0.101.1   68     1004    Rej,R,Inv
                               10.0.101.1   70     1004    Rej,R,Inv
3       VPN       10.0.101.2   10.0.101.2   66     1004    Rej,R,Inv
                               10.0.101.2   68     1004    Rej,R,Inv
                               10.0.101.2   70     1004    Rej,R,Inv
3       VPN       10.0.102.1   10.0.102.1   66     1004    Rej,R,Inv
                               10.0.102.1   68     1004    Rej,R,Inv
                               10.0.102.1   70     1004    Rej,R,Inv
3       VPN       10.0.103.1   10.0.103.1   66     1003    Rej,R,Inv
                               10.0.103.1   68     1003    Rej,R,Inv
                               10.0.103.1   70     1003    Rej,R,Inv
!
!
! BR2-vEdge1 is unable to reach BR3-cEdge1 in the Guest VPN
!
BR2-vEdge-1# ping vpn 3 10.3.103.1 count 5
Ping in VPN 3

PING 10.3.103.1 (10.3.103.1) 56(84) bytes of data.
--- 10.3.103.1 ping statistics ---
5 packets transmitted, 0 received, 100% packet loss, time 3999ms
BR2-vEdge-1#
!
! Guest Users at BR2-vEdge1 are still able to access the public internet via
! local internet egress even though they can no longer reach other branch sites.
!
BR2-vEdge-1# ping vpn 3 8.8.8.8 count 5
Ping in VPN 3
PING 8.8.8.8 (8.8.8.8) 56(84) bytes of data.
64 bytes from 8.8.8.8: icmp_seq=1 ttl=53 time=17.9 ms
64 bytes from 8.8.8.8: icmp_seq=2 ttl=53 time=15.5 ms
64 bytes from 8.8.8.8: icmp_seq=3 ttl=53 time=16.4 ms
64 bytes from 8.8.8.8: icmp_seq=4 ttl=53 time=17.2 ms
64 bytes from 8.8.8.8: icmp_seq=5 ttl=53 time=16.2 ms
```

```
--- 8.8.8.8 ping statistics ---
5 packets transmitted, 5 received, 0% packet loss, time 4003ms
rtt min/avg/max/mdev = 15.559/16.704/17.936/0.830 ms
BR2-vEdge-1#
```

回顾用例 7

这个用例用一个 VPN 成员策略来阻止访客 VPN 与 vSmart 交换控制平面信息，进而让访客 VPN 无法跨 SD-WAN 矩阵转发流量。VPN 成员策略不仅可以用来禁止在 SD-WAN 矩阵中使用某个 VPN，也可以通过防止在边缘路由器上错误或恶意地使用 VPN 来保护 VPN 的安全（这是通过限制敏感 VPN 的控制平面和数据平面被扩展到用户计划外的站点上来实现保护的）。

6.9　用例 8——基于分段的拓扑

本节将修改、合并一些策略，为不同的网络分段应用不同的策略。当前，分支站点 2 和分支站点 3 构建了欧洲区域全互连拓扑结构。下面将为 VPN 1 的企业内部用户保留这样的网络结构，而把 PCI VPN（VPN 2）恢复成星型拓扑。

在激活策略前，从例 6-21 的输出信息中可以确认当前 VPN 1 和 VPN 2 在分支站点 2 和分支站点 3 之间都有直接的数据平面连接。

例 6-21　分支站点 2 和分支站点 3 之间的所有 VPN 都是全互连拓扑

```
!
! BR2-vEdge1 is one hop away from Branch 3 in VPN 1
!
BR2-vEdge-1# traceroute vpn 1 10.1.103.1
Traceroute 10.1.103.1 in VPN 1
traceroute to 10.1.103.1 (10.1.103.1), 30 hops max, 60 byte packets
 1  10.1.103.1 (10.1.103.1)  5.325 ms * *
BR2-vEdge-1#
!
! BR2-vEdge1 is one hop away from Branch 3 in VPN 2
!
BR2-vEdge-1# traceroute vpn 2 10.2.103.1
Traceroute 10.2.103.1 in VPN 2
traceroute to 10.2.103.1 (10.2.103.1), 30 hops max, 60 byte packets
 1  10.2.103.1 (10.2.103.1)  10.646 ms * *
BR2-vEdge-1#
```

例 6-22 的集中控制策略中，突出标记了需要修改的配置语句。其中，sequence 41 增加了一个新的匹配标准，让这条规则匹配所有来自欧洲地区分支站点且属于 VPN 1 的路由，这些路由将被原封不动地接受。此外，新的规则条目 sequence 51 匹配来自欧洲地区分支站点的 VPN 2 的路由。这些路由的 TLOC（下一跳属性）被修改为欧洲地区数据中心站点，使得这些分支站点的 VPN 2 的路由前缀可以通过数据中心转发。

例 6-22　用例 8：多拓扑策略

```
!
! In order to create different logical topologies on a per-VPN basis, the
! routes need to be manipulated on a per-VPN basis. In this policy, this is
! done in sequence 41, which matches and accepts the routes in the corporate
! VPN, and in sequence 51, which matches routes in the PCI VPN and sets a
! TLOC list with the TLOCs of DC2.
!
policy
 control-policy Euro_Reg_Mesh_with_FW_MultiTopo
    sequence 1
     match tloc
      site-list DCs
     !
     action accept
      !
     !

    sequence 11
     match tloc
      site-list Europe_Branches
     !
     action accept
      !
     !
    sequence 21
     match route
      prefix-list Default_Route
      site-list Europe_DC
     !
     action accept
      set
       preference 100
      !
     !
    !
    sequence 31
     match route
      site-list DCs
      prefix-list _AnyIpv4PrefixList
     !
     action accept
```

```
         !
         !
      sequence 41
        match route
          site-list Europe_Branches
          vpn-list CorporateVPN
          prefix-list _AnyIpv4PrefixList
         !
         action accept
         !
         !
      sequence 51
        match route
          site-list Europe_Branches
          vpn-list PCI_VPN
          prefix-list _AnyIpv4PrefixList
         !
         action accept
           set
             tloc-list Europe_DC_TLOCs
          !
         !
         !
      sequence 61
        match route
          site-list North_America_Branches
          prefix-list _AnyIpv4PrefixList
         !
         action accept
           set
             service FW
          !
         !
        !
    default-action reject
   !
   control-policy North_America_Reg_Mesh_with_FW
    ! <<<No changes made to this policy from Example 6-16, omitted for brevity>>>
    !
   vpn-membership vpnMembership_-950781881
    ! <<<No changes made to this policy from Example 6-19, omitted for brevity>>>
    !
   control-policy Set_DC_TLOC_Preference
    ! <<<No changes made to this policy from Example 6-7, omitted for brevity>>>
    !
   lists
    ! <<<Some lists without changes from Example 6-5 are omitted for brevity>>>
```

```
 !
 ! A new TLOC List is created for the TLOCs in DC2
 !
 tloc-list Europe_DC_TLOCs
  tloc 10.0.20.1 color mpls encap ipsec
  tloc 10.0.20.1 color biz-internet encap ipsec
  tloc 10.0.20.2 color mpls encap ipsec
  tloc 10.0.20.2 color biz-internet encap ipsec
  !
 !
!
apply-policy
 site-list Europe_Branches

  control-policy Euro_Reg_Mesh_with_FW_MultiTopo out
 !
 site-list DCs
  control-policy Set_DC_TLOC_Preference in
 !
 site-list North_America_Branches
  control-policy North_America_Reg_Mesh_with_FW out
 !
 site-list BranchOffices
  vpn-membership vpnMembership_-950781881
 !
!
```

例 6-22 配置的多拓扑策略为每个 VPN 创建了不同的逻辑拓扑，它的本质是基于 VPN 来操纵路由。本例中，为伦敦数据中心创建了一个新的 TLOC 列表，并将该 TLOC 列表作为 VPN 2（PCI）路由的下一跳。策略激活后，虽然 VPN 1 中分支间流量依然可以直接互通，但 VPN 2 中的通信将通过数据中心代理转发。例 6-23 验证了策略的执行效果。

例 6-23　VPN 1 为全互连拓扑；VPN 2 为星型拓扑

```
!
! BR2-vEdge1 is one hop away from Branch 3 in VPN 1
!
BR2-vEdge-1# traceroute vpn 1 10.1.103.1
Traceroute 10.1.103.1 in VPN 1
traceroute to 10.1.103.1 (10.1.103.1), 30 hops max, 60 byte packets
 1  10.1.103.1 (10.1.103.1)  13.625 ms * *
BR2-vEdge-1#
!
! BR2-vEdge1 is two hops away from Branch 3 in VPN 2
!
BR2-vEdge-1# traceroute vpn 2 10.2.103.1
Traceroute 10.2.103.1 in VPN 2
```

```
traceroute to 10.2.103.1 (10.2.103.1), 30 hops max, 60 byte packets
 1  10.2.20.2 (10.2.20.2)  4.708 ms  6.235 ms  6.263 ms
 2  10.2.103.1 (10.2.103.1)  20.969 ms * *
BR2-vEdge-1#
```

回顾用例 8

本节结合之前用例中使用的元素，创建了一个多拓扑策略。借鉴这个用例，网络管理员能够在每个分段上创建不同的数据平面拓扑，以满足企业的业务需求。除了 VPN，用户还可以根据其他属性来选择、过滤和操作控制平面的更新。

6.10 用例 9——企业互连和资源共享

本章最后将探讨如何用集中控制策略构建外联网。外联网通常用来为企业的业务合作伙伴提供共享资源（如 ERP 解决方案），同时确保它们之间不能直接互访。在当前的实验环境中，分别在站点 101 和 102 上用 VPN 101 和 102 来代表业务合作伙伴。这些合作伙伴需要访问的共享资源位于数据中心 1 的 VPN 100。图 6-60 描述了这些外联网，下面将在之前用例的策略基础上进行配置。

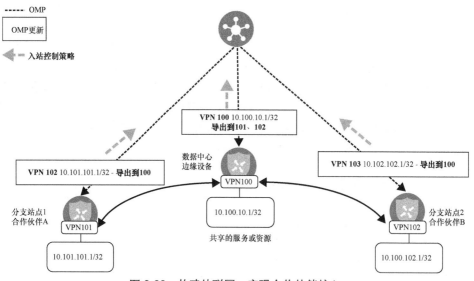

图 6-60　构建外联网，实现合作伙伴接入

为了构建必要的连接性，需要对集中控制策略的几个关键部分进行调整或新建。需要调整用例 7 创建的 VPN 成员策略，以适应外联网用到的新的 VPN。接着，调整对数据中心的入站路由策略，同时创建面向分支站点的入站路由策略，让数据中心 VPN 100 的路由可以通过 **export-to** 命令泄漏给合作伙伴的 VPN。为此，必须重写数据中心站点的入向集中策略

Set_DC_TLOC_Preference，添加路由泄漏的命令。由于同一个站点列表下只能激活一条入向或出向集中策略，所以需要将策略的两个任务（设置 TLOC 优先级，以及把 VPN 100 的路由泄露给 VPN 101 和 VPN 102）合二为一。调整后的策略被重新命名为 DC_Inbound_Control_Policy，以反映它的实际功能。

由于这是本章最后一个用例，因此例 6-24 不仅包含了实现外联网需求的新增策略，还完整展示了调整后实验环境的策略全貌，以便读者参考。

例 6-24　用例 9：部署外联网的集中策略全貌

```
policy
!
! The VPN membership policy is extended to account for the additional VPNs
! that need to be advertised to form the extranet connectivity. Specifically,
! these are grouped into the CLIENT_VPNS (VPNs 101 and 102), and the
! SERVICE_VPN (VPN 100).
!
 vpn-membership vpnMembership_-1376283532
    sequence 10
      match
       vpn-list CLIENT_VPNS
      !
      action accept
      !
    !
    sequence 20
      match
       vpn-list CorporateVPN
       !
      action accept
       !
    !
    sequence 30
      match
       vpn-list SERVICE_VPN
       !
      action accept
       !
    !
    sequence 40
      match
       vpn-list PCI_VPN
       !
      action accept
```

```
     !
    !
  default-action reject
 !
!
! The former "Set_DC_TLOC_Preference" policy has been renamed to
! "DC_Inbound_Control_Policy" and has had sequence 41 inserted in order to perform
! the route leaking from VPN 100 to VPN 101 and 102.
!
 control-policy DC_Inbound_Control_Policy
   sequence 1
    match tloc
     originator 10.0.10.1
     !
    action accept
     set
      preference 500
     !
    !
   !
   sequence 11
    match tloc
     originator 10.0.10.2
     !
    action accept
     set
      preference 400
     !
    !
   !
   sequence 21
    match tloc
     originator 10.0.20.1
     !
    action accept
     set
      preference 500
     !
    !
   !
   sequence 31
    match tloc
     originator 10.0.20.2
     !
    action accept
```

```
       set
        preference 400
       !
      !
     !
    sequence 41
     match route
      vpn-list SERVICE_VPN
      prefix-list _AnyIpv4PrefixList
     !
     action accept
      export-to vpn-list CLIENT_VPNS
      set
       !
       ! An OMP TAG is similar to a route tag that can be found in other
       ! routing protocols.  While it is not strictly necessary to set an OMP TAG
       ! during redistribution, it may become useful in the future to assist with
       ! tracking how routes are propagating as well as creating additional
       ! criteria to filter on.
       !
       omp-tag 100
      !
     !
    !
  default-action accept
 !
!
! The "North_America_Reg_Mesh_with_FW" policy remains unchanged from previous
! versions.
!
 control-policy North_America_Reg_Mesh_with_FW
    sequence 1
     match tloc
      site-list DCs
     !
     action accept
     !
    !
    sequence 11
     match tloc
      site-list North_America_Branches
     !
     action accept
     !
    !
    sequence 21
```

```
     match route
      prefix-list Default_Route
      site-list North_America_DC
      !
     action accept
      set
       preference 100
      !
     !
    !
    sequence 31
     match route
      site-list DCs
      prefix-list _AnyIpv4PrefixList
      !
     action accept
      !
    !
    sequence 41
     match route
      site-list North_America_Branches
      prefix-list _AnyIpv4PrefixList
      !
     action accept
      !
    !
    sequence 51
     match route
      site-list Europe_Branches
      prefix-list _AnyIpv4PrefixList
      !
     action accept
      set
       service FW
      !
     !
    !
  default-action reject
 !
 !
 ! The "Euro_Reg_Mesh_with_FW_MultiTopo" policy remains unchanged from previous
 ! versions.
 !
 control-policy Euro_Reg_Mesh_with_FW_MultiTopo
    sequence 1
```

```
   match tloc
    site-list DCs
   !
   action accept
   !
  !
  sequence 11
   match tloc
    site-list Europe_Branches
   !
   action accept
   !
  !
  sequence 21
   match route
    prefix-list Default_Route
    site-list Europe_DC
   !
   action accept
    set
     preference 100
    !
   !
  !
  sequence 31
   match route
    site-list DCs
    prefix-list _AnyIpv4PrefixList
   !
   action accept
   !
  !
  sequence 41
   match route
    site-list Europe_Branches
    vpn-list CorporateVPN
    prefix-list _AnyIpv4PrefixList
   !
   action accept
   !
  !
  sequence 51
   match route
    site-list Europe_Branches
    vpn-list PCI_VPN
```

```
         prefix-list _AnyIpv4PrefixList
        !
        action accept
         set
          tloc-list Europe_DC_TLOCs
          !
         !
        !
       sequence 61
        match route
         site-list North_America_Branches
         prefix-list _AnyIpv4PrefixList
        !
        action accept
         set
          service FW
          !
         !
        !
    default-action reject
   !
  !
  ! A new control policy is created in order to be applied inbound from the
  ! branch sites and export the routes from VPN 101 and VPN 102 to VPN 100.
  ! An OMP tag is again added during the route leaking, and while not strictly
  ! required, it is highly recommended to do so.
  !
   control-policy Branch_Extranet_Route_Leaking
      sequence 1
       match route
        vpn 101
         prefix-list _AnyIpv4PrefixList
        !
        action accept
         export-to vpn-list SERVICE_VPN
         set
          omp-tag 101
          !
         !
        !
      sequence 11
       match route
        vpn 102
         prefix-list _AnyIpv4PrefixList
        !
        action accept
         export-to vpn-list SERVICE_VPN
```

```
      set
        omp-tag 102
      !
    !
   !
 default-action accept
!
lists
 prefix-list Default_Route
  ip-prefix 0.0.0.0/0
 !
 site-list BranchOffices
  site-id 100-199
 !
 site-list DCs
  site-id 10-50
 !
 site-list Europe_Branches
  site-id 102-103
 !
 site-list Europe_DC
  site-id 20
 !
 site-list North_America_Branches
  site-id 101
 !
 site-list North_America_DC
  site-id 10
 !
 tloc-list Europe_DC_TLOCs
  tloc 10.0.20.1 color mpls encap ipsec
  tloc 10.0.20.1 color biz-internet encap ipsec
  tloc 10.0.20.2 color mpls encap ipsec
  tloc 10.0.20.2 color biz-internet encap ipsec
 !
 vpn-list CLIENT_VPNS
  vpn 101
  vpn 102
 !
 vpn-list CorporateVPN
  vpn 1
 !
 vpn-list PCI_VPN
  vpn 2
 !
 vpn-list SERVICE_VPN
  vpn 100
```

```
 !
 prefix-list _AnyIpv4PrefixList
  ip-prefix 0.0.0.0/0 le 32
  !
 !
!
!
! Lastly, all of the policies are applied. Note, the policies that perform
! route leaking must be applied inbound.
 !
apply-policy
 site-list Europe_Branches
  control-policy Euro_Reg_Mesh_with_FW_MultiTopo out
 !
 site-list DCs
  control-policy DC_Inbound_Control_Policy in
 !
 site-list BranchOffices
  control-policy Branch_Extranet_Route_Leaking in
  vpn-membership vpnMembership_-1376283532
 !
 site-list North_America_Branches
  control-policy North_America_Reg_Mesh_with_FW out
 !
!
```

例 6-24 的策略 Branch_Extranet_Route_Leaking 和 DC_Inbound_Control_Policy 都配置了路由导出的操作。命令 **export-to** 能从现有的 VPN 复制匹配的路由条目，注入不同的 VPN 或 VPN 列表中。它的具体语法是 **export-to** {**vpn** *vpn-id* | **vpn-list** *vpn-list*}。

路由泄漏对网络管理员而言是一件灵活强大的工具。需要注意的是，Viptela OS 19.2 版本使用的 **export-to** 命令有一些限制条件。首先，**export-to** 动作必须应用在入站方向的控制策略上，如果应用在出站方向则没有效果。其次，**export-to** 命令只能在两个服务 VPN 之间操作路由，不能用来向 VPN 0 或 VPN 512 泄漏路由。这样设计是刻意的，尤其对于 VPN 0，路由泄露会造成重大的安全隐患，因此不存在使用策略对这些特殊 VPN 进行泄漏操作的机制。如果用户存在这样的需求，可以参考第 12 章，其中特别介绍了一些设计思想来尝试解决这个挑战。

例 6-24 中的策略被激活后，路由泄漏的效果可以在 BR1-vEdge-1 和 BR2-vEdge-1 的路由表中看到，分别如图 6-61 和图 6-62 所示。BR1-vEdge-1 和 BR2-vEdge-1 的服务端 VPN 中安装了从数据中心泄露的路由。这些路由被标记为 100，意味着它们来自 VPN 100。

最后，可以通过 ping 测试来验证外联网访问企业共享资源的连通性，如例 6-25 所示。这可在确保 VPN 101 和 VPN 102 都可以访问 VPN 100 承载的共享服务的同时，隔离外联网间的相互通信。

图 6-61　VPN 100 的路由导入 VPN 101

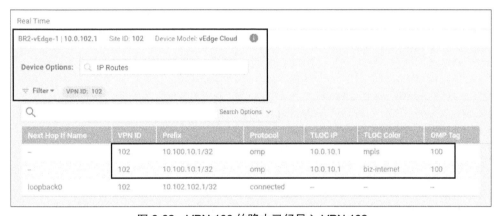

图 6-62　VPN 100 的路由已经导入 VPN 102

例 6-25　验证外联网的连通性

```
!
! BR2-vEdge1 is able to reach the shared services in VPN 100
!
BR2-vEdge-1#
BR2-vEdge-1# ping 10.100.10.1 vpn 102 count 5
Ping in VPN 102
PING 10.100.10.1 (10.100.10.1) 56(84) bytes of data.
64 bytes from 10.100.10.1: icmp_seq=1 ttl=64 time=3.98 ms
64 bytes from 10.100.10.1: icmp_seq=2 ttl=64 time=2.49 ms
64 bytes from 10.100.10.1: icmp_seq=3 ttl=64 time=3.34 ms
64 bytes from 10.100.10.1: icmp_seq=4 ttl=64 time=2.02 ms
64 bytes from 10.100.10.1: icmp_seq=5 ttl=64 time=2.09 ms
--- 10.100.10.1 ping statistics ---
5 packets transmitted, 5 received, 0% packet loss, time 4003ms
rtt min/avg/max/mdev = 2.024/2.787/3.981/0.760 ms
!
! BR2-vEdge1 is not able to directly reach hosts in VPN 101
!
```

```
BR2-vEdge-1# ping 10.101.101.1 vpn 102 count 5
Ping in VPN 102
PING 10.101.101.1 (10.101.101.1) 56(84) bytes of data.
From 127.1.0.2 icmp_seq=1 Destination Net Unreachable
From 127.1.0.2 icmp_seq=2 Destination Net Unreachable
From 127.1.0.2 icmp_seq=3 Destination Net Unreachable
From 127.1.0.2 icmp_seq=4 Destination Net Unreachable
From 127.1.0.2 icmp_seq=5 Destination Net Unreachable
--- 10.101.101.1 ping statistics ---
5 packets transmitted, 0 received, +5 errors, 100% packet loss, time 3999ms
!
!
! BR1-vEdge1 is able to reach the shared services in VPN 100
!
BR1-vEdge-1# ping 10.100.10.1 vpn 101 count 5
Ping in VPN 101
PING 10.100.10.1 (10.100.10.1) 56(84) bytes of data.
64 bytes from 10.100.10.1: icmp_seq=1 ttl=64 time=3.45 ms
64 bytes from 10.100.10.1: icmp_seq=2 ttl=64 time=2.81 ms
64 bytes from 10.100.10.1: icmp_seq=3 ttl=64 time=2.78 ms
64 bytes from 10.100.10.1: icmp_seq=4 ttl=64 time=2.70 ms
64 bytes from 10.100.10.1: icmp_seq=5 ttl=64 time=2.90 ms
--- 10.100.10.1 ping statistics ---
5 packets transmitted, 5 received, 0% packet loss, time 4005ms
rtt min/avg/max/mdev = 2.705/2.931/3.450/0.275 ms
!
! BR1-vEdge1 is not able to directly reach hosts in VPN 102
!
BR1-vEdge-1# ping 10.102.102.1 vpn 101 count 5
Ping in VPN 101
PING 10.102.102.1 (10.102.102.1) 56(84) bytes of data.
From 127.1.0.2 icmp_seq=1 Destination Net Unreachable
From 127.1.0.2 icmp_seq=2 Destination Net Unreachable
From 127.1.0.2 icmp_seq=3 Destination Net Unreachable
From 127.1.0.2 icmp_seq=4 Destination Net Unreachable
From 127.1.0.2 icmp_seq=5 Destination Net Unreachable
--- 10.102.102.1 ping statistics ---
5 packets transmitted, 0 received, +5 errors, 100% packet loss, time 3999ms
BR2-vEdge-1#
```

通过例 6-25 的输出能够确认外联网工作正常。VPN 101 和 VPN 102 可以访问 VPN 100 中的共享资源，但 VPN 101 和 VPN 102 之间不能进行通信。

回顾用例 9

用例 9 创建了外联网，让业务合作伙伴在保持安全隔离的同时跨 SD-WAN 矩阵访问共享资源。这个外联网为每个合作伙伴创建了一个唯一的 VPN 实例，然后在外联网 VPN（101 和 102）与共享资源所在的 VPN（100）间配置路由泄露。集中控制策略的路由泄漏技术可以用在许多场景。除了本节提到的用例外，另一个需要 VPN 泄漏的常见用例是使用 SD-WAN 安全功能集，特别是基于区域的防火墙（Zone-Based Firewall，ZBFW）。Cisco SD-WAN 安全性将在第 10 章中进一步讨论。

6.11 总结

本章讨论了 SD-WAN 的关键策略类型：集中控制策略，还介绍了几个使用集中控制策略的典型用例，包括操控 SD-WAN 的数据平面拓扑，将全互连架构变为严格的星型架构或区域全互连架构，通过集中策略实现不同类型的流量工程，用 TLOC 列表来覆盖 OMP 路由的下一跳信息，以及为流量插入网络服务。最后还讨论了使用集中控制策略来加强网络安全，包括使用 VPN 成员策略隔离访客网络和建立带有路由泄漏的外联网。本章演示了组合使用这些策略类型的方法，以及创建满足任何业务目标所需要的体系结构。

第 7 章

集中数据策略

本章涵盖以下主题。

- **集中数据策略概述**：回顾集中数据策略的基础知识，以及边缘路由器上策略应用的方向。
- **集中数据策略用例**：探讨几组常见的业务需求，介绍网络管理员如何使用集中数据策略来实现它们。
- **用例 10——访客 DIA**：通过一个简单的数据策略将访客的流量从站点本地直接转发到 Internet。该集中数据策略使用 vManage 的图形化界面构建。
- **用例 11——受信应用的 DCA**：介绍使用集中数据策略改变企业特定应用的转发路径，为员工提供站点本地的直接云访问出口。
- **用例 12——基于应用的流量工程**：介绍对穿越 SD-WAN 矩阵的数据应用流量工程的不同方法。
- **用例 13——CDFW 保护企业用户**：通过服务插入将流量重定向到 Cisco 保护伞安全 Internet 网关（Umbrella Secure Internet Gateway）。
- **用例 14——保护应用免受丢包影响**：介绍两种方法来重建受有损传输网络影响的数据流。

本章在第 6 章用例的基础上，重点讨论集中数据策略。与操纵数据平面中路由信息的集中控制策略不同，集中数据策略让路由器遵循一组特定的转发指令运行，覆盖路由器做出的正常转发决策。集中数据策略可以针对特定流量或应用来实施，也可以针对站点上的所有流量来实施。这种难以置信的控制权正是它经常被称为"类策略路由"的原因。然而，与传统的策略路由不同，由于集中数据策略都是集中配置和应用的，所以它更容易被管理。

7.1 集中数据策略概述

集中数据策略是一个功能强大的工具，可以覆盖数据平面的正常转发操作，用另一组操作来替代。这些新的操作可能非常简单，比如丢弃数据包，也可能是将数据流重定向到一个特定的路径或服务，提供额外的数据平面服务来加速数据传输并防止数据包丢失，抑或是以上操作的任意组合。本章的用例详细介绍了这些操作。

正如第 5 章中所述，每种策略都有特定的应用方向。对于集中数据策略，策略可以应用在源自隧道端（from-tunnel）或源自服务端（from-service）的流量上，也可以应用在穿越边缘路由器的双向流量上。图 7-1 说明了这些方向。

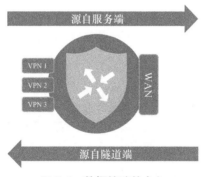

图 7-1 数据策略的方向

7.2 集中数据策略用例

下文将介绍几组典型的业务需求，探讨如何使用集中数据策略来实现它们。这些用例旨在展示集中数据策略的常见用法，并对策略的各种构件进行回顾说明，网络管理员可以据此构建自己的策略来实现具体目标。图 7-2 所示为本章使用的网络拓扑，后续的用例都建立在第 6 章的基础上，大家可以将例 6-24 中的集中策略作为配置起点。

图 7-2 中的网络与第 6 章完全相同，但为了配合本章的用例，图 7-2 还细化了一些内容。具体来说，分支站点 2（BR2）详细标明了服务端 VPN，分别是企业用户（BR2-PC）、PCI（BR2-PCI）和访客用户（BR2-Guest）。请注意，支付服务器位于 DC1 的 PCI VPN 中。如第 6 章所述，该网络中的地址规划为 10.X.Y.0/24，其中 X 表示服务端 VPN，Y 表示站点 ID。本章前几个用例的侧重点是 VPN 1，即服务端网段是 10.1.Y.0/24。这个拓扑可用来研究不同类型的策略是如何与 SD-WAN 矩阵交互的，以及如何应用这些策略来解决业务问题。

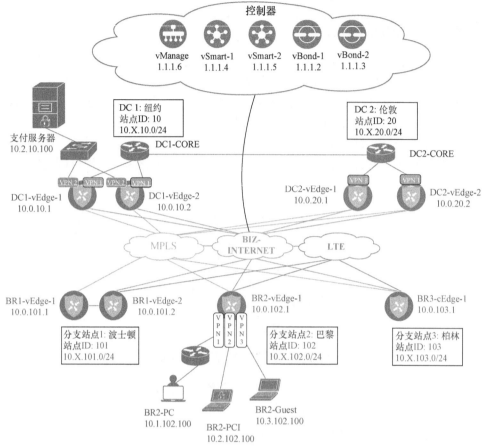

图 7-2 本章使用的网络拓扑

7.3 用例 10——访客 DIA

本章讨论的第一个用例是为访客提供 DIA，它建立在第 6 章介绍的 VPN 成员策略的基础上。在例 6-20 中，BR2-vEdge-1 上的 Guest VPN 用户能够访问 Internet，但无法访问其他分支机构。但是故事还没有结束，因为 VPN 中的所有流量都遵循默认路由，即使去往不合规 IP 地址（如 RFC 1918 定义的私有地址）的流量也会被转发到 Internet 并最终丢弃，如例 7-1 所示。

例 7-1　BR2-vEdge-1 上访客 VPN 的连通性

```
!
! BR2-vEdge1 is able to reach the public internet from the Guest VPN
!
BR2-vEdge-1# ping vpn 3 8.8.8.8 count 3
```

7.3 用例10——访客DIA

```
Ping in VPN 3
PING 8.8.8.8 (8.8.8.8) 56(84) bytes of data.
64 bytes from 8.8.8.8: icmp_seq=1 ttl=53 time=18.2 ms
64 bytes from 8.8.8.8: icmp_seq=2 ttl=53 time=16.0 ms
64 bytes from 8.8.8.8: icmp_seq=3 ttl=53 time=17.4 ms

--- 8.8.8.8 ping statistics ---
3 packets transmitted, 3 received, 0% packet loss, time 2001ms
rtt min/avg/max/mdev = 16.018/17.259/18.289/0.951 ms
!
! BR2-vEdge1 is unable to reach BR3-cEdge1 in the Guest VPN as expected
!
BR2-vEdge-1# ping vpn 3 10.3.103.1 count 3
Ping in VPN 3
PING 10.3.103.1 (10.3.103.1) 56(84) bytes of data.

--- 10.3.103.1 ping statistics ---
3 packets transmitted, 0 received, 100% packet loss, time 1999ms
!
! Looking at the traceroute to 10.3.103.1 and the routing table, it is clear
! that BR2-vEdge1 is using the default route to the internet to forward this
! packet, rather than dropping the traffic.
!
BR2-vEdge-1# traceroute vpn 3 10.3.103.1
Traceroute 10.3.103.1 in VPN 3
traceroute to 10.3.103.1 (10.3.103.1), 30 hops max, 60 byte packets
 1  * * *
 2  100.64.102.1 (100.64.102.1)  1.243 ms  1.260 ms  1.320 ms
 3  192.168.255.1 (192.168.255.1)  3.809 ms  4.031 ms  4.070 ms
 4  192.168.1.1 (192.168.1.1)  4.320 ms  4.359 ms  4.469 ms
 5  * * *
 6  * * *
<<<Omitted for Brevity>>>
29  * * *
30  * * *
!
! The protocol of 'nat' and a nexthop-vpn of 0 indicate that this route is
! being used to nat traffic out to the transit interfaces in VPN 0 for access
! to the internet.
!
BR2-vEdge-1# sho ip route vpn 3 10.3.103.1 detail
Codes Proto-sub-type:
  IA -> ospf-intra-area, IE -> ospf-inter-area,
  E1 -> ospf-external1, E2 -> ospf-external2,
  N1 -> ospf-nssa-external1, N2 -> ospf-nssa-external2,
  e -> bgp-external, i -> bgp-internal
Codes Status flags:
```

```
 F -> fib, S -> selected, I -> inactive,
 B -> blackhole, R -> recursive

""----------------------------------------
 VPN   3      PREFIX 0.0.0.0/0
------------------------------------------
 proto            nat
 distance         1
 metric           0
 uptime           3:23:26:52
 nexthop-ifname   ge0/0
 nexthop-vpn      0
 status           F,S
```

在例 7-1 中可以看到，数据包可以从 Internet 接口转发出去，但它们的目的地是内部的私有地址，因此无法通过 Internet 到达目的地。与其毫无意义地将这些数据包转发到 Internet 上浪费带宽，不如构建一个集中数据策略把它们丢弃。

构建集中数据策略的第一步是定义必要的数据前缀列表。在 **Configuration > Policies** 页面，单击右上角蓝色的 **Custom Options** 按钮，在展开的菜单中，选择 **Centralized Policy > Lists**，如图 7-3 所示。

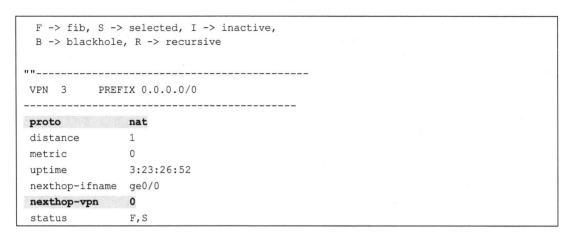

图 7-3　创建用于集中策略的列表

这个集中数据策略需要的第一个列表是指定 Bogon 地址的数据前缀列表。下文是 RFC 3871 对 Bogon 地址的描述：

Bogon 地址是指数据包的源 IP 地址使用了尚未被 IANA 或地区 Internet 注册机构（ARIN、RIPE、APNIC……）分配的地址，以及 RFC 为私有或特殊用途保留的地址。请参考 RFC 3330 和 RFC 1918。

创建一个数据前缀列表，过滤掉那些目的地在 Internet 上不可能存在的数据包，这样有助于节省资源。选择 **Data Prefix** 并单击蓝色的 **New Data Prefix List** 按钮添加前缀列表。在弹出的 **Data Prefix List** 窗口中，配置列表名称和必要的数据前缀，如图 7-4 所示。

图 7-4　配置数据前缀列表

图 7-4 中的数据前缀列表指定了 RFC 1918 定义的私有地址、127.0.0.0/8 环回地址和 100.64.0.0/10 运营商 NAT 地址范围。这些地址都不是公网可路由的，因此，去往这些目的地的流量不应该被转发到 Internet。接下来要做的是构建数据策略来过滤这些流量。回到图 7-3，在 **Custom Options** 下拉菜单中选择 **Traffic Policy**，打开 **Data Policy** 配置界面。在图 7-5 中可以看到，页面上方有 3 个标签：**Application Aware Routing**、**Traffic Data** 和 **Cflowd**。请选择 **Traffic Data** 标签，然后在 **Add Policy** 菜单中单击 **Create New**，创建新的数据策略。

图 7-5　新建集中数据策略

创建新策略的第一步是单击 **Sequence Type** 按钮，添加序列类型，如图 7-6 所示。集中数据策略有许多不同的序列类型，包括应用防火墙、QoS、服务链和流量工程。每种序列类型都有特定的操作选项，功能和用途也各不相同。管理员可以参考序列名称下方的说明，了解它们的具体功能。许多管理员倾向于使用自定义序列类型（**Custom**），因为它可以支持 GUI 中的所有操作选项，应用在任何用例中。在本例中选择 **Custom** 序列类型，如图 7-6 所示。

这个新策略由两个序列组成，如图 7-7 所示。第一个序列匹配发往 Bogon 前缀列表范围内的数据包，并将其丢弃。该序列的操作语句还指定了一个名为 GUEST_DROPPED_PKTS 的计数器来统计与该序列匹配的数据包数量。计数器是一个非常有用的策略评估和排障工具，它不会对流量的转发方式产生任何影响。

184 第 7 章 集中数据策略

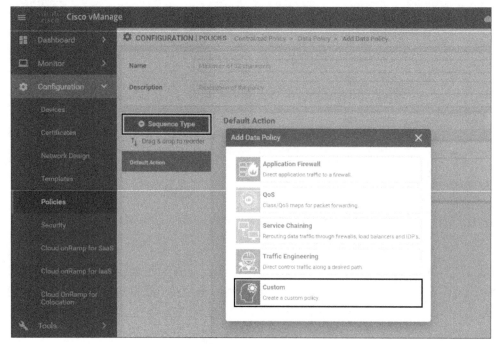

图 7-6 向数据策略添加新的序列类型

图 7-7 访客 DIA 的数据策略

第二个序列将其他所有数据包从 VPN 0 接口发送到 Underlay。在该序列规则中不需要指定任何匹配条件，就可以实现对其他所有数据包的匹配。该序列规则中还指定了两个操作：NAT VPN 和 Counter。NAT VPN 操作将流量泄漏到 VPN 0，并从启用了 NAT 的接口转发出去。NAT VPN 不支持在服务端 VPN 之间泄漏流量，它只在服务端和传输端之间转发数据，以实现 DIA。它还有一个 Fallback 可选参数（在用例 11 中将详细讨论，这里并没有选择）。

为了便于查看，在第二个序列的操作中添加了一个名为 GUEST_DIA_PKTS 的计数器，统计转发的数据包数量。

添加序列并填充名称和描述后，就可以保存集中数据策略了。配置流程的下一步是将该数据策略添加到第 6 章已建好的集中策略中。最简单的方法是选择这个正在使用的集中策略，从屏幕右侧的下拉菜单中单击 **Copy**，创建一个副本，如图 7-8 所示。

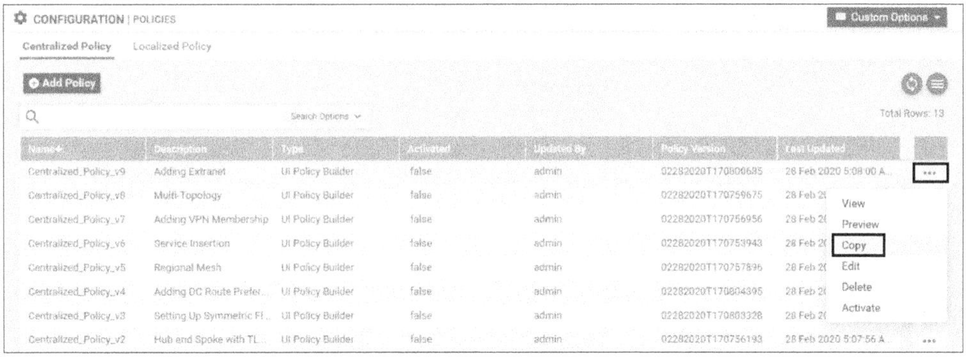

图 7-8　创建集中策略的副本

创建策略副本后，在下拉菜单中单击 **Edit** 来编辑它。如图 7-9 所示，**Edit Policy** 界面的最上方有 3 个标签：**Policy Application**、**Topology** 和 **Traffic Rules**。单击 **Traffic Rules** 标签后又会显示 3 个子标签：**Application Aware Routing**、**Traffic Data** 和 **Cflowd**，就像最初创建数据策略时一样。选择 **Traffic Data** 子标签，单击 **Add Policy** 菜单导入现有策略，如图 7-9 所示。

图 7-9　策略编辑窗口

根据提示，在弹出的策略导入对话框中选择之前创建的 Guest_DIA_Policy，然后单击 **Import** 按钮，如图 7-10 所示。

现在集中策略中已经引用了 Guest_DIA_Policy，最后一步是单击 **New Site List and VPN List** 按钮来指定数据策略的应用位置。选择应用方向（From Service）、站点 ID 列表（BranchOffices）、VPN 列表（GUEST_ACCESS_VPN），如图 7-11 所示。

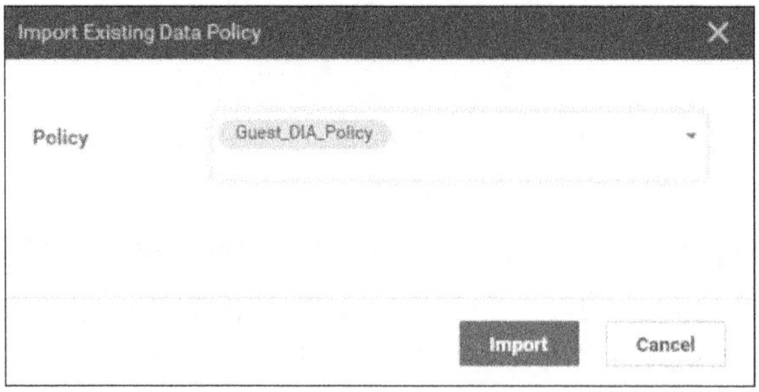

图 7-10 将 Guest_DIA_Policy 导入到集中策略

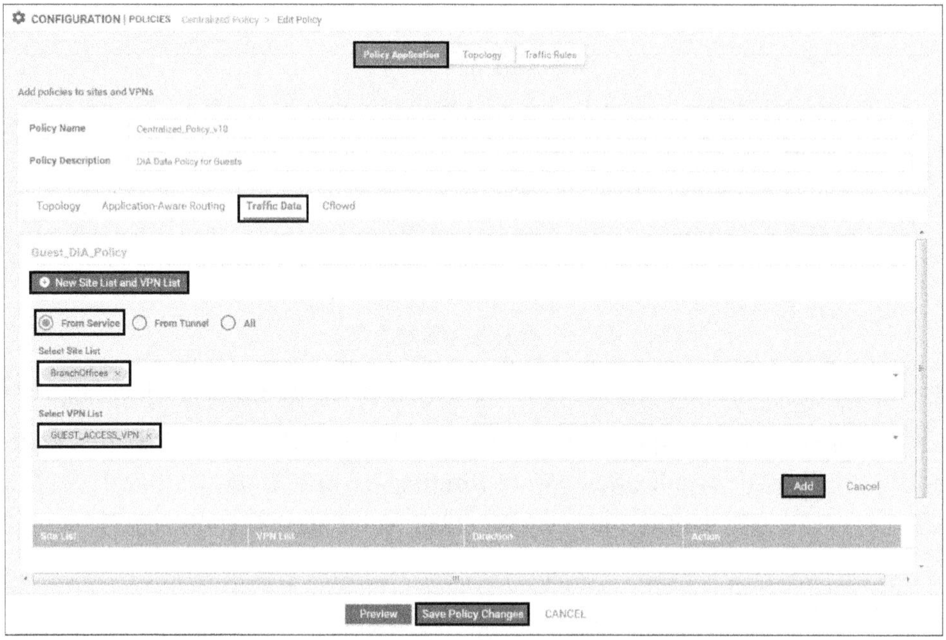

图 7-11 应用新的数据策略

单击 **Add** 按钮将数据策略添加进来后，就可以单击屏幕下方的 **Save Policy Changes** 按钮保存整个集中策略。完成此步骤后，还需要在 SD-WAN 矩阵上保存并激活该策略。例 7-2 所示为集中数据策略的相关配置。

例 7-2 访客上网策略

```
policy
 ! <<<No changes were made to the control policies or VPN membership policies,
 ! and they are omitted for brevity. The full configuration of those policies
 ! can be found in Example 6-24. >>>
 !
 ! The newly created data policy is specified below. Note that the vpn-list
 ! the policy is applied to is specified in the policy definition, not in the
```

```
! apply-policy section at the end.
!
data-policy _GUEST_ACCESS_VPN_Gu_-1821888509
 vpn-list GUEST_ACCESS_VPN
   sequence 1
    match
     destination-data-prefix-list BOGON_ADDR
    !
    action drop
    !
      ! The count action and counter are specified here, and are used for
      ! monitoring and troubleshooting.
     count GUEST_DROPPED_PKTS_-837951389
    !
   !
      ! In the second sequence, all other packets are forwarded using the
      ! "nat use-vpn 0" syntax and also counted. Note that the matching criteria
      ! of any source address were automatically inserted by vManage.

   sequence 11
    match
     source-ip 0.0.0.0/0
    !
    action accept
     nat use-vpn 0

     count GUEST_DIA_PKTS_-837951389
    !
   !
 default-action drop
!
lists
! <<<Some lists without changes from Example 6-24 are omitted for brevity>>>
!
 data-prefix-list BOGON_ADDR
  ip-prefix 10.0.0.0/8
  ip-prefix 100.64.0.0/10
  ip-prefix 127.0.0.0/8
  ip-prefix 172.16.0.0/12
  ip-prefix 192.168.0.0/16
!
 site-list BranchOffices
  site-id 100-199
 !
 vpn-list GUEST_ACCESS_VPN

  vpn 3
```

```
 !
!
apply-policy
 site-list Europe_Branches
  control-policy Euro_Reg_Mesh_with_FW_MultiTopo out
 !
! The newly created policy is applied to the Site List "BranchOffices"
! with the direction "from-service".
 !
 site-list BranchOffices
  data-policy _GUEST_ACCESS_VPN_Gu_-1821888509 from-service
  control-policy Branch_Extranet_Route_Leaking in
  vpn-membership vpnMembership_1710051916
 !
 site-list DCs
  control-policy DC_Inbound_Control_Policy in
 !
 site-list North_America_Branches
  control-policy North_America_Reg_Mesh_with_FW out
 !
!
```

在例 7-2 中可以看到，数据策略的结构与第 6 章讨论的控制策略非常相似。每个策略都是 **match** 和 **action** 语句的结构化序列，指定了条件和要采取的操作。在该策略中，sequence 1 匹配去往 **BOGON_ADDR** 列表中地址的数据包。这些包被丢弃并使用计数器 **GUEST_DROPPED_PKTS** 进行计数。sequence 11 匹配其他所有流量，通过 **nat use-vpn 0** 命令将流量从 VPN 0 接口转发到 Internet。与此同时，流量会被计数器 **GUEST_DIA_PKTS** 跟踪。在这个特定的策略中，默认操作的设置无关紧要，因为所有未被 sequence 1 匹配的流量都会被 sequence 11 匹配。

> **注意**：图 7-7 中配置的数据策略的名称是 Guest_DIA_Policy，而在命令行中呈现的策略名称是_GUEST_ACCESS_VPN_Gu_-1821888509。这个名称是由策略使用的 VPN 列表、策略名和 vManage 自动生成的字符串组合而成的。乍看之下，结尾的数字可能会让人摸不着头脑，这是为了让用户配置的名称不会和系统自动生成的策略名重合，是确保唯一性的系统机制。
>
> 同理，计数器的名称也与字符串连接在一起，用来确保在多个策略中使用同一个计数器时依然唯一。

可以在例 7-3 中看到该策略的应用效果。用户仍然可以访问公共 Internet 上的相同资源，但不该转发到 Internet 的流量将被丢弃，这样不会消耗带宽。

例 7-3 数据策略对访客 VPN 用户的影响

```
!
! As the centralized data policy is enforced on the WAN-Edge router, the policy
! is encoded as an OMP update by the vSmart controller and advertised to the
! WAN-Edge. The policy is viewable with the "show policy from-vsmart" command.
!
BR2-vEdge-1# show policy from-vsmart
from-vsmart data-policy _GUEST_ACCESS_VPN_Gu_-1821888509
 direction from-service
 vpn-list GUEST_ACCESS_VPN
  sequence 1
   match
    destination-data-prefix-list BOGON_ADDR
   action drop
    count GUEST_DROPPED_PKTS_-837951389
  sequence 11
   match
    source-ip 0.0.0.0/0
   action accept
    count GUEST_DIA_PKTS_-837951389
    nat use-vpn 0
    no nat fallback
  default-action drop
from-vsmart lists vpn-list GUEST_ACCESS_VPN
 vpn 3
from-vsmart lists data-prefix-list BOGON_ADDR
 ip-prefix 10.0.0.0/8
 ip-prefix 100.64.0.0/10
 ip-prefix 127.0.0.0/8
 ip-prefix 172.16.0.0/12
 ip-prefix 192.168.0.0/16
BR2-vEdge-1#
BR2-vEdge-1#
!
! The counters that are configured in the policy can be seen with the "show policy
! data-policy-filter" command. Before any traffic is sent, both counters are 0.
!
BR2-vEdge-1# show policy data-policy-filter
data-policy-filter _GUEST_ACCESS_VPN_Gu_-1821888509
 data-policy-vpnlist GUEST_ACCESS_VPN
  vpn 3
   data-policy-counter GUEST_DIA_PKTS_-837951389
    packets 0
    bytes 0
   data-policy-counter GUEST_DROPPED_PKTS_-837951389
    packets 0
```

```
    bytes 0
!
! After sending four packets to 8.8.8.8, the GUEST_DIA_PKTS counter has
! incremented to 4.
!
BR2-vEdge-1# ping vpn 3 8.8.8.8 count 4
Ping in VPN 3
PING 8.8.8.8 (8.8.8.8) 56(84) bytes of data.
64 bytes from 8.8.8.8: icmp_seq=1 ttl=53 time=22.2 ms
64 bytes from 8.8.8.8: icmp_seq=2 ttl=53 time=26.2 ms
64 bytes from 8.8.8.8: icmp_seq=3 ttl=53 time=21.4 ms
64 bytes from 8.8.8.8: icmp_seq=4 ttl=53 time=22.3 ms
--- 8.8.8.8 ping statistics ---
4 packets transmitted, 4 received, 0% packet loss, time 3003ms
rtt min/avg/max/mdev = 21.414/23.062/26.235/1.874 ms
BR2-vEdge-1#
BR2-vEdge-1# show policy data-policy-filter
data-policy-filter _GUEST_ACCESS_VPN_Gu_-1821888509
 data-policy-vpnlist GUEST_ACCESS_VPN
  data-policy-counter GUEST_DIA_PKTS_-837951389
   packets 4
   bytes   408
  data-policy-counter GUEST_DROPPED_PKTS_-837951389
   packets 0
   bytes   0
!
! After sending five packets to 10.3.103.1, the GUEST_DROPPED_PKTS counter has
! incremented to 5.
!
BR2-vEdge-1# ping vpn 3 10.3.103.1 count 5
Ping in VPN 3
PING 10.3.103.1 (10.3.103.1) 56(84) bytes of data.
--- 10.3.103.1 ping statistics ---
5 packets transmitted, 0 received, 100% packet loss, time 3999ms
BR2-vEdge-1# show policy data-policy-filter
data-policy-filter _GUEST_ACCESS_VPN_Gu_-1821888509
 data-policy-vpnlist GUEST_ACCESS_VPN
  data-policy-counter GUEST_DIA_PKTS_-837951389
   packets 4
   bytes   408
  data-policy-counter GUEST_DROPPED_PKTS_-837951389
   packets 5
   bytes   510
BR2-vEdge-1#
```

在例 7-3 中可以看到，数据策略的相关配置已经从 vSmart 控制器发送到边缘设备。请注意，这与集中控制策略的机制不同。例 7-2 所示为一个集中控制策略和一个 VPN 成员策略同时应用到 BranchOffices 站点列表中，却只有数据策略在 **show policy from-vsmart** 输出中可见。这是因为控制策略是直接在 vSmarts 上执行的，没有理由向边缘设备通告。而数据策略是在边缘设备被执行的，需要向边缘设备通告。

网络管理员可以通过 **show policy data-policy-filter** 命令查看计数器，监控流量在网络中的转发情况，如例 7-3 所示。在第一次运行该命令时，所有的计数器显示为零，因为还没有与该策略匹配的数据包。在向 Internet 上的目标地址发起 4 个 ping 包后，**GUEST_DIA_PKTS** 计数器反映出 4 个包被转发。同理，发送到 Bogon 地址的 5 个 ping 包也会反映在 **GUEST_DROPPED_PKTS** 计数器中。

边缘路由器的转发行为也可以使用流量模拟工具验证，第 6 章介绍过，通过 Monitor > Network > [Device]页面，选择右侧 Troubleshooting 菜单即可进入流量模拟界面。当模拟目的地为 8.8.8.8 时，数据流只有一个下一跳地址和一个指定的接口，如图 7-12 所示。把此输出与图 6-37 中的类似输出进行对比后，很明显地发现此输出缺少远端站点的系统 IP、封装类型和 Color。这表明数据流不会跨 SD-WAN 矩阵转发，而是从 ge0/0 接口发出，下一跳地址为 100.64.102.1。该地址是连接到 BR2-vEdge-1 的上游 ISP 路由器。

图 7-12　VPN 3 去往 8.8.8.8 的模拟流量被转发到 Internet

另一个测试是模拟去往 10.3.103.1 的流量，结果显而易见，如图 7-13 所示。

回顾用例 10

这个用例创建了一个简单的数据策略并将其应用于 VPN 3。通过这个示例可以看到数据策略是如何操纵流量的转发路径的。数据策略的语法结构与控制策略非常相似，都由 **match** 和 **action** 语句构成。虽然它的实际目的——丢弃发往特定目的地的数据包——相对简单，但很容易联想到如何用它完成更加复杂的任务。例如，数据策略可以非常容易地实现丢弃去往特定目的端口的流量，同时放行去往其他端口的流量，而控制策略则无法实现。

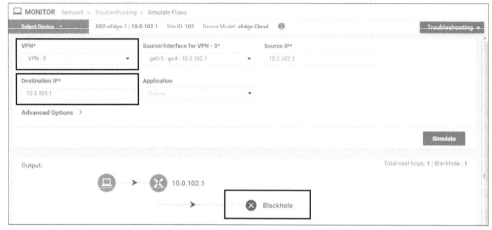

图 7-13　VPN 3 中去往 10.3.103.1 的模拟流量被丢弃

7.4　用例 11——受信应用的 DCA

继访客 DIA 之后，许多企业开始寻找员工 DIA 的解决方案。然而，允许分支机构直接访问整个 Internet 会带来重大的安全隐患。诚然，企业可以使用 Cisco 边缘路由器内建的安全特性来建立安全边界（关于这一点将在第 10 章详细讨论）。本章将介绍另一种安全管控的方案：用集中数据策略控制分支机构的 DIA 应用或目的地，只允许员工访问某些可信或较低风险的应用，如 Office 365、Google Apps 和 Salesforce 等企业服务。这些类型的策略通常称为 DCA，与 DIA 的策略不同，DCA 可以不受限制地允许访问所有外部目的地。

在这个用例中，将构建一个数据策略，允许用户直接从本地分支机构访问特定的受信应用：Cisco WebEx。同时要求其他 Internet 流量都穿过数据中心的主安全边界。图 7-14 所示为企业用户的这种流量模式。

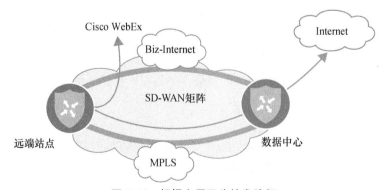

图 7-14　根据应用区分转发路径

在应用策略之前，BR2-vEdge-1 传输端 VPN 1 的企业用户的所有流量都通过 DC2 转发到 Internet。这个可以通过流量模拟工具得到验证。在图 7-15 的输出中，webex-meeting 应用程序被转发到 DC2 站点的设备上，系统 IP 地址为 10.0.20.1。

图 7-15　VPN 1 用户的 WebEx 流量被转发到 DC2 的边缘路由器

请注意，在图 7-15 和图 7-16 中分别指定了不同的应用，目的 IP 地址都是 0.0.0.0。流量模拟工具在没有具体目的地址的情况下，都遵循默认路由的转发决策来模拟数据流。如果有明确的目标地址，那么在确定最终转发路径时就会纳入考量。通过指定应用名、DSCP 标记位、源目 IP 地址、源目端口和协议号的不同组合，流量模拟工具可以成为网络管理员了解流量实际转发行为的强大武器。

图 7-15 和图 7-16 中的远端系统 IP 为 10.0.20.1，这意味着 WebEx 流量和 YouTube 流量都将通过 SD-WAN 矩阵转发到 DC2-vEdge-1。多路径的输出结果表明，这些应用的流量会在 mpls 和 business-internet 路径上负载分担。在应用新的策略之前，这两个应用的转发路径相同。

为了满足该用例的要求，将 WebEx 流量直接转发到 Internet 上，同时继续回传包括 YouTube 在内的其他流量到数据中心。这里修改例 7-2 的集中策略，使之成为与 WebEx 应用相匹配的新的数据策略，并将其转发到本地接口，如例 7-4 所示。

第 7 章 集中数据策略

图 7-16 VPN 1 用户的 YouTube 流量被转发到 DC2 的边缘路由器上

例 7-4 企业 DCA 策略

```
policy
 ! <<<No changes were made to the control policies or VPN membership policies,
 ! and they are omitted for brevity. The full configuration of those policies
 ! can be found in Example 6-24. >>>
 !
 ! The data policy below specifies two different VPNs, and each VPN has an
 ! individual set of sequences with different rules. However, the entire policy
 ! is applied to the site list.
 !
 data-policy _CorporateVPN_Branch__1962746902
  vpn-list CorporateVPN
   sequence 1
    ! In the new sequence for the CorporateVPN, we are matching a specific app-list
    ! for the TRUSTED_APPS. The action (nat use-vpn 0) is the same action that was
    ! used for guest internet access. A new counter was also created and applied
    ! for monitoring.
    match
     app-list TRUSTED_APPS
     source-ip 0.0.0.0/0
    !
    ! The nat fallback configuration specifies the forwarding behavior in the event
    ! that there are no local interfaces that are operational and configured for NAT
    action accept
     nat use-vpn 0
     nat fallback
```

```
            count CORP_DCA_-209017211
           !
         !
      ! All non-webex traffic will be matched by the default action and forwarded as
      ! normal across the fabric.
      !
     default-action accept
    !
    ! The Guest_DIA_Policy that was configured as part of Use Case 10 is unchanged.
    !
    vpn-list GUEST_ACCESS_VPN
        sequence 1
         match
           destination-data-prefix-list BOGON_ADDR
          !
         action drop
           count GUEST_DROPPED_PKTS_-1348283274
          !
         !
        sequence 11
         match
           source-ip 0.0.0.0/0
          !
         action accept
           nat use-vpn 0

           count GUEST_DIA_PKTS_-1348283274
          !
         !
     default-action drop
    !
    lists
    ! <<<Some lists without changes are omitted for brevity>>>
    !
     app-list TRUSTED_APPS
      app webex-meeting
      app webex_weboffice
      app webex
     !
     vpn-list CorporateVPN
      vpn 1
     !
     vpn-list GUEST_ACCESS_VPN
      vpn 3
     !
    !
   !
```

```
apply-policy
 site-list Europe_Branches
  control-policy Euro_Reg_Mesh_with_FW_MultiTopo out
 !
 site-list BranchOffices
  data-policy _CorporateVPN_Branch__1962746902 from-service
  control-policy Branch_Extranet_Route_Leaking in
  vpn-membership vpnMembership_373293275
 !
 site-list DCs
  control-policy DC_Inbound_Control_Policy in
 !
 site-list North_America_Branches
  control-policy North_America_Reg_Mesh_with_FW out
 !
!
```

为了实现企业用户的 DCA 功能，例 7-4 对数据策略做了修改。它以用例 10 创建的策略为基础，使用一系列新的规则，在第 2 个 VPN（VPN 1）中添加了对企业用户的支持。需要重点理解的是，尽管在 vManage 中，Branch_Corp_Data_Policy_v1 和 Guest_DIA_Policy 是作为两套策略独立配置的（见图 7-17），但是在应用到 vSmart 控制器时，它们被合并为一个策略：_CorporateVPN_Branch__1962746902。这个策略影响了 Corporate VPN 与 GUEST_ACCESS_VPN 两个列表所指定的 VPN，即使它们在各自所在序列中指定了不同的策略。此外，在集中策略末尾的 **apply-policy** 命令块中，没有指定该数据策略应用的 VPN，这是通过数据策略引用的 VPN 列表来实现的。

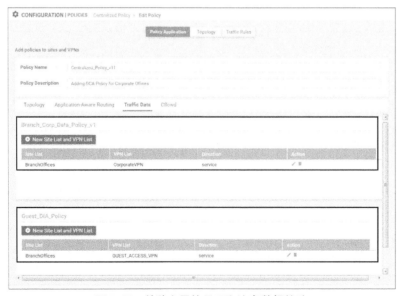

图 7-17　单独应用的员工和访客数据策略

激活策略后，就可以使用流量模拟工具来验证策略效果。在图 7-18 中可以看到，现在 WebEx 流量被直接转发到 Internet。它与图 7-12 中观察到的访客 VPN 流量类似，与图 7-15 中应用策略前观察到的流量模式不同。

反之，策略激活后，YouTube 流量的转发模式与策略激活前一致，如图 7-19 所示。YouTube 的所有流量都将穿过矩阵转发到数据中心，并在数据中心的传统安全边界上执行检查。

图 7-18　VPN 1 用户的 WebEx 流量直接转发到 Internet

图 7-19　VPN 1 用户的 YouTube 流量继续转发到 DC2

如图 7-7 和例 7-4 强调的那样，**nat use-vpn 0** 操作有一个名字为 **nat fallback** 可选配置参数。这个参数可以让管理员指定出现故障后期望的操作。启用 **nat fallback** 后，如果本端 vEdge 上所有启用 NAT 的 VPN 0 接口都处于 non-operational 状态，流量将遵循路由表来确定转发路径。这通常意味着流量会穿越矩阵，并在不同的站点（如数据中心）卸载。图 7-20 所示为这种流量模式。

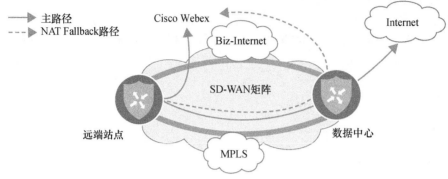

图 7-20　NAT Fallback 的数据路径

在用例 10 中，**nat-vpn 0** 操作是为访客用户的 Internet 流量配置的，没有启用 **nat fallback**。这意味着，当配置了 NAT 的所有本地接口都出现故障时，访客流量不会回退，而是通过 SD-WAN 矩阵转发到黑洞。在本用例中，企业用户 VPN 的数据策略配置了 **nat fallback** 选项，这样就可以在本地 Internet 连接失败时，把 WebEx 流量回传到数据中心。例 7-5 所示为这两种流量模式。

例 7-5 还引入了一组新的工具，用于监控流量的转发决策，它们是 **show policy service-path** 和 **show policy tunnel-path**。这两个 **show** 命令相当于在 vManage GUI 界面中执行流量模拟。

例 7-5　本地 Internet 故障前后的 WebEx 流量模式

```
! When all of the transport interfaces are up / up:
!
BR2-vEdge-1# show interface description | until lte

                                    IF       IF       IF
                      AF            ADMIN    OPER     TRACKER
VPN   INTERFACE  TYPE  IP ADDRESS   STATUS   STATUS   STATUS   DESC
------------------------------------------------------------------------
0     ge0/0      ipv4  100.64.102.2/30   Up       Up       NA       biz-internet
0     ge0/1      ipv4  172.16.102.2/30   Up       Up       NA       mpls
0     ge0/2      ipv4  100.127.102.2/30  Up       Up       NA       lte
BR2-vEdge-1#
!
! With all of the transports up / up, Webex traffic from VPN 1 will egress
! locally. This output matches Figure 7-17.
!
BR2-vEdge-1# show policy service-path vpn 1 interface ge0/3 source-ip 10.1.102.1
```

```
  dest-ip 0.0.0.0 protocol 1 app webex all
Number of possible next hops: 1
Next Hop: Remote
  Remote IP: 100.64.102.1, Interface ge0/0 Index: 4
BR2-vEdge-1#
!
! VPN 3 has connectivity to resources on the internet.
!
BR2-vEdge-1# ping vpn 3 8.8.8.8 count 4
Ping in VPN 3
PING 8.8.8.8 (8.8.8.8) 56(84) bytes of data.
64 bytes from 8.8.8.8: icmp_seq=1 ttl=53 time=26.2 ms
64 bytes from 8.8.8.8: icmp_seq=2 ttl=53 time=25.1 ms
64 bytes from 8.8.8.8: icmp_seq=3 ttl=53 time=33.7 ms
64 bytes from 8.8.8.8: icmp_seq=4 ttl=53 time=26.0 ms
--- 8.8.8.8 ping statistics ---
4 packets transmitted, 4 received, 0% packet loss, time 3004ms
rtt min/avg/max/mdev = 25.141/27.798/33.733/3.457 ms
BR2-vEdge-1#
!
! Turning ge0/0 to a down state, simulating the failure of the local internet link:
!
BR2-vEdge-1# show interface description | until lte

                                    IF        IF        IF
                        AF          ADMIN     OPER      TRACKER
VPN   INTERFACE   TYPE  IP ADDRESS  STATUS    STATUS    STATUS    DESC
-------------------------------------------------------------------------------
0     ge0/0       ipv4  100.64.102.2/30   Down    Down    NA      biz-internet
0     ge0/1       ipv4  172.16.102.2/30   Up      Up      NA      mpls
0     ge0/2       ipv4  100.127.102.2/30  Up      Up      NA      lte
BR2-vEdge-1#
!
! With the local internet connection down, Webex traffic will be forwarded across
! the fabric to destinations 172.16.21.2 and 100.64.21.2. From the OMP TLOCs table,
! we can see that this is DC2-vEdge1 (System IP 10.0.20.1).
BR2-vEdge-1# show policy service-path vpn 1 interface ge0/3 source-ip 10.1.102.1
  dest-ip 0.0.0.0 protocol 1 app webex all
Number of possible next hops: 2
Next Hop: IPsec
  Source: 172.16.102.2 12346 Destination: 172.16.21.2 12366 Color: mpls
Next Hop: IPsec
  Source: 100.127.102.2 12346 Destination: 100.64.21.2 12386 Color: lte


BR2-vEdge-1#
!
! The filters on this command are used to enhance its clarity and brevity
```

```
!
BR2-vEdge-1# show omp tlocs ip 10.0.20.1 received | i mpls\|biz\|public\|C,I,R |
  exclude ::\|port | nomore
                 mpls
status           C,I,R
    public-ip        172.16.21.2
    public-ip        172.16.21.2
tloc entries for 10.0.20.1
                 biz-internet
status           C,I,R
    public-ip        100.64.21.2
    public-ip        100.64.21.2
BR2-vEdge-1#
!
! On the other hand, guest traffic originating in VPN 3 does not fallback across
! the fabric and now blackholed:
!
BR2-vEdge-1# ping vpn 3 8.8.8.8 count 4
Ping in VPN 3
PING 8.8.8.8 (8.8.8.8) 56(84) bytes of data.
From 127.1.0.2 icmp_seq=1 Destination Net Unreachable
From 127.1.0.2 icmp_seq=2 Destination Net Unreachable
From 127.1.0.2 icmp_seq=3 Destination Net Unreachable
From 127.1.0.2 icmp_seq=4 Destination Net Unreachable
--- 8.8.8.8 ping statistics ---
4 packets transmitted, 0 received, +4 errors, 100% packet loss, time 2999ms
BR2-vEdge-1# show policy service-path vpn 3 interface ge0/5 source-ip 10.1.103.1
    dest-ip 8.8.8.8 protocol 1 app icmp all
Number of possible next hops: 1
Next Hop: Blackhole
```

回顾用例 11

集中数据策略的真正威力从用例 11 开始展现，它能够针对单个应用指定不同的转发操作。除了基于 OSI 应用层做出转发决策外，集中数据策略还可以匹配 L3、L4 和/或 L7 的许多特征。例如，该策略可以被扩展为匹配 WebEx 应用与源网络前缀的组合，使得该规则仅适用于某些子网的用户，而范围之外的用户将依旧遵循传统的转发模式。

用例 11 在 **nat use-vpn 0** 操作上增加了 **nat fallback** 关键字。通过它，网络管理员可以创建动态策略来满足业务需求，指定在故障发生时的操作。如果网络管理员关心的是如何节约有限的站点间带宽，那么可以轻松地扩展该策略，用本地 Internet 出口为更多应用提供 DIA 访问。同样地，管理员可以非常谨慎地选择允许哪些应用 fall back（回退）到有限的站点间隧道。例如，云托管的薪资管理应用，它通常对业务至关重要，有必要能回退到站点间的隧道上。相反，多媒体广播可以使用本地 Internet 出口，但是它不是关键业务，在发生故障时，不应被回退到站点间的隧道上。

7.5 用例 12——基于应用的流量工程

对企业来说，广域网正变得越来越重要，它需要提供快速、可靠的不间断连接，并满足企业降低总体成本的需要。传统上，企业为了连接分散的站点，通常会租赁有 SLA 保障的传输链路，尽管它们带宽低且价格昂贵。随着企业向混合传输环境过渡，越来越需要强大的新型工具为应用选择合适的广域网传输路径（在混合传输环境下，企业可能仍然拥有昂贵的小型链路，并辅以没有 SLA 保障的大型线路作为补充）。

如图 7-19 所示，当前配置的策略把 YouTube 等非关键的业务流量在 MPLS 和 Biz-Internet 链路上负载分担。对于这种非关键的业务流量，浪费有限且昂贵的 MPLS 带宽是不可取的。因此本例将继续完善集中数据策略，让某些类别的流量仅在 Biz-Internet 路径上转发。这里以 YouTube 和 Facebook 这两种应用为例，为它们设置不同的转发规则。首先，YouTube 流量优选 Biz-Internet 隧道，当隧道不可用时，流量将被转移到其他可用的传输链路上。然后，Facebook 流量只能使用 Biz-Internet 隧道通过数据中心转发，不设置备份路径。当 Biz-Internet 隧道中断时，Facebook 将不可用。它们的流量模式如图 7-21 所示。

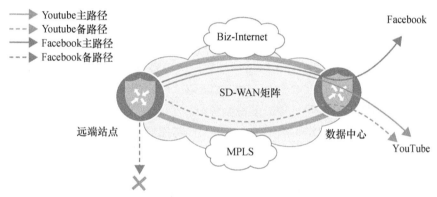

图 7-21 YouTube 和 Facebook 流量的转发行为

在修改例 7-4 的策略前，可以先通过例 7-6 查看当前这两个应用的转发行为。

例 7-6 修改策略前的应用转发行为

```
!
! Before modifications are made to the policy, both YouTube and Facebook traffic is
! forwarded across both links.
!
BR2-vEdge-1# show policy service-path vpn 1 interface ge0/3 source-ip 10.1.102.1
  dest-ip 0.0.0.0 protocol 1 app youtube all
Number of possible next hops: 2
Next Hop: IPsec
  Source: 172.16.102.2 12346 Destination: 172.16.21.2 12366 Color: mpls
Next Hop: IPsec
```

```
    Source: 100.64.102.2 12346 Destination: 100.64.21.2 12386 Color: biz-internet

BR2-vEdge-1# show policy service-path vpn 1 interface ge0/3 source-ip 10.1.102.1
dest-ip 0.0.0.0 protocol 1 app facebook all
Number of possible next hops: 2
Next Hop: IPsec
    Source: 172.16.102.2 12346 Destination: 172.16.21.2 12366 Color: mpls
Next Hop: IPsec
    Source: 100.64.102.2 12346 Destination: 100.64.21.2 12386 Color: biz-internet

BR2-vEdge-1#
```

例 7-6 再次使用 **show policy service-path** 命令来确定特定流量通过边缘路由器的转发路径。该例显示了 YouTube 和 Facebook 应用的输出结果，来自这两个应用的数据流将在 MPLS 和 Biz-Internet 隧道之间负载分担，最终被转发到 DC2-vEdge-1。为了满足本例的要求，例 7-7 中配置的策略将使用 **local-tloc** 和 **tloc-list** 来操作。

local-tloc 操作的 CLI 语法如下：

```
set local-tloc color {color} [encap {ipsec|gre}]
```

命令中的 *color* 可以是 TLOC 支持的任意一种颜色。该命令可以让数据包从 **color** 指定的 TLOC 转发出去。如果因未配置、隧道中断等原因导致这个 TLOC 不可用，那么流量将遵循路由表，从任何有效的 TLOC 转发。在 vManage GUI 界面配置时，使用的命令语句是 **set local-tloc-list**，同样可以设置一种或多种颜色。

在结构和功能上，集中数据策略的 **tloc-list** 操作与用例 2 的集中控制策略类似。**tloc-list** 操作可以静态指定数据流的转发隧道，它与用 route-map 设置下一跳地址的策略路由大致相同。但是，当列表中指定的 TLOC 不可用时，即便有可用的其他路径，也会出现流量黑洞。

简而言之，**local-tloc** 可以优选本地边缘路由器的 TLOC 出口来转发流量，而 **tloc-list** 则强制规定了流量接收端边缘设备的 TLOC[①]。

例 7-7 基于应用的流量工程策略

```
policy
 ! <<<No changes were made to the control policies, VPN membership policies, or
 ! the Guest VPN data policies, and they are omitted for brevity.>>>
 !
 data-policy _CorporateVPN_Branch_-1763799758
  vpn-list CorporateVPN
    sequence 1
      match
        app-list TRUSTED_APPS
```

---

① 译者注：**local-tloc** 优选的出口在故障时可以回退到正常选路，而 **tloc-list** 强制的出口不支持故障切换。

```
      source-ip 0.0.0.0/0
     !
    action accept
     nat use-vpn 0
     nat fallback
     count CORP_DCA_359403425
     !
    !
   !
   ! Sequence 11 uses the local-tloc-list command to indicate the color or colors
   ! on the local WAN Edge that are PREFERRED to be used for forwarding this flow.
   !
   sequence 11
    match
     app-list YouTube
     source-ip 0.0.0.0/0
     !
    action accept
     count CORP_YOUTUBE_359403425
     set
      local-tloc-list
       color biz-internet
       encap ipsec
     !
    !
   !
   ! Sequence 21 uses the tloc-list command to specify the TLOCs that this traffic
   ! MUST be forwarded to. If the TLOCs are unavailable, the traffic will be
   ! dropped.
   !
   sequence 21
    match
     app-list Facebook
     source-ip 0.0.0.0/0
     !
    action accept
     count CORP_FACEBOOK_359403425
     set
      vpn 1
      tloc-list Europe_DC_INET_TLOCS
     !
    !
   !
  default-action accept
 !
 vpn-list GUEST_ACCESS_VPN
```

```
! <<<Omitted for brevity>>>
!
lists
! <<<Some lists without changes are omitted for brevity>>>
!
 app-list Facebook
  app facebook
  app facebook_messenger
  app fbcdn
  app facebook_mail
  app facebook_live
 !
 app-list YouTube
  app youtube
  app youtube_hd
 !
 site-list BranchOffices
  site-id 100-199
 !
 tloc-list Europe_DC_INET_TLOCS
  tloc 10.0.20.1 color biz-internet encap ipsec preference 500
  tloc 10.0.20.2 color biz-internet encap ipsec preference 400
 !
 !
!
apply-policy
 site-list Europe_Branches
  control-policy Euro_Reg_Mesh_with_FW_MultiTopo out
 !
 site-list BranchOffices
  data-policy _CorporateVPN_Branch_-1763799758 from-service
  control-policy Branch_Extranet_Route_Leaking in
  vpn-membership vpnMembership_373293275
 !
 site-list DCs
  control-policy DC_Inbound_Control_Policy in
 !
 site-list North_America_Branches
  control-policy North_America_Reg_Mesh_with_FW out
 !
!
```

在例 7-7 中，YouTube 流量被 sequence 11 匹配，并从 **local-tloc-list** 操作指定的 Biz-Internet TLOC 转发出去。Facebook 流量则被 sequence 21 匹配，按照 **tloc-list** 操作转发到 DC2-vEdge-1 和 DC2-vEdge-2 上的 Biz-Internet TLOC。例 7-8 所示为这两个应用在网络稳定和 DC2 的 Internet 链路中断时的流量模式。

例 7-8 Internet 链路正常和中断时的应用流量模式

```
!
! When all of the Biz-Internet BFD Sessions to Site 20 are operational:
!
BR2-vEdge-1# show bfd sessions remote-color biz-internet site-id 20
                                      SOURCE TLOC       REMOTE TLOC
                        DST PUBLIC                      DST PUBLIC        DETEC
T     TX
SYSTEM IP        SITE ID   STATE     COLOR             COLOR            SOURCE I
P                         IP                                            PORT    ENCAP MULTI
PLIER  INTERVAL(msec) UPTIME              TRANSITIONS
-------------------------------------------------------------------------
-------------------------------------------------------------------------
-----------------------------------------
10.0.20.1       20        up        biz-internet      biz-internet     100.64.1
02.2                      100.64.21.2                 12386            ipsec 7
       1000              0:00:24:25           6
10.0.20.2       20        up        biz-internet      biz-internet     100.64.1
02.2                      100.64.22.2                 12386            ipsec 7
       1000              0:00:24:25           5
10.0.20.1       20        up        lte               biz-internet     100.127.
102.2                     100.64.21.2                 12386            ipsec 7
       1000              0:03:07:26           1
10.0.20.2       20        up        lte               biz-internet     100.127.
102.2                     100.64.22.2                 12386            ipsec 7
       1000              0:00:47:23           1
!
! In steady state, when all of the links are operational, the two configurations
! have the same effect: Traffic matching the YouTube app-list and traffic matching
! the Facebook app-list are both forwarded across biz-internet tunnel to
! 100.64.21.2 (DC2-vEdge1).
BR2-vEdge-1# show policy service-path vpn 1 interface ge0/3 source-ip 10.1.102.1
  dest-ip 0.0.0.0 protocol 1 app youtube all
!
Number of possible next hops: 1
Next Hop: IPsec
  Source: 100.64.102.2 12346 Destination: 100.64.21.2 12386 Color: biz-internet

BR2-vEdge-1# show policy service-path vpn 1 interface ge0/3 source-ip 10.1.102.1
  dest-ip 0.0.0.0 protocol 1 app facebook all
Number of possible next hops: 1
Next Hop: IPsec
  Source: 100.64.102.2 12346 Destination: 100.64.21.2 12386 Color: biz-internet


!
! After an internet failure at DC2, all of the Biz-Internet BFD Sessions to
```

```
! Site 20 are down:
!
BR2-vEdge-1# show bfd sessions remote-color biz-internet site-id 20
                                  SOURCE TLOC      REMOTE TLOC
             DST PUBLIC           DST PUBLIC         DETECT      TX
SYSTEM IP        SITE ID  STATE   COLOR             COLOR       SOURCE IP
       IP                         PORT    ENCAP  MULTIPLIER  INTERVAL(msec)
   UPTIME       TRANSITIONS
-------------------------------------------------------------------------------
-------------------------------------------------------------------------------
-------------
10.0.20.1        20       down    biz-internet      biz-internet  100.64.102.2
         100.64.21.2               12386   ipsec     7           1000          NA
         11
10.0.20.2        20       down    biz-internet      biz-internet  100.64.102.2
         100.64.22.2               12386   ipsec     7           1000          NA
         10
10.0.20.1        20       down    lte               biz-internet  100.127.102.2
         100.64.21.2               12386   ipsec     7           1000          NA
         4
10.0.20.2        20       down    lte               biz-internet  100.127.102.2
         100.64.22.2               12386   ipsec     7           1000          NA
         4
!
! In a failed state, where there is no longer a path to DC2 via the Biz-Internet color,
! the YouTube traffic will be forwarded across the MPLS path.
!
BR2-vEdge-1# show policy service-path vpn 1 interface ge0/3 source-ip 10.1.102.1
 dest-ip 0.0.0.0 protocol 1 app youtube all
Number of possible next hops: 1
Next Hop: IPsec
  Source: 172.16.102.2 12346 Destination: 172.16.21.2 12366 Color: mpls
!
! The Facebook application, will not failover to the MPLS path. The tloc-list
! action statically specifies the next-hop tunnel endpoints. If those
! endpoints are not available, the traffic is blackholed.
!
BR2-vEdge-1# show policy service-path vpn 1 interface ge0/3 source-ip 10.1.102.1
 dest-ip 0.0.0.0 protocol 1 app facebook all
Number of possible next hops: 1
Next Hop: Blackhole
BR2-vEdge-1#
```

当所有 Biz-Internet 隧道都正常运行时，这两种配置的转发行为是相同的。例 7-8 的输出显示 YouTube 和 Facebook 的数据流都通过 Biz-Internet 隧道发到 100.64.21.2（即 DC2-vEdge-1 的接口 IP 地址）。这两种配置的差异体现在网络发生故障时。例如，当去往 DC2 的 Biz-Internet 的传输光纤被挖断时，配置了 **local-tloc-list** 的 YouTube 流量就会切换到 MPLS TLOC 继续运行。而使用 **tloc-list** 静态指定下一跳的 Facebook 则没有发生故障迁移，流量被发到黑洞。

回顾用例 12

本例再次证明，达成任何业务目标通常都有多种设计和配置选项。对于管理员来说，重要的不仅是设计流量的预期转发行为，而且还要考虑不同的故障场景可能带来的结果和影响，并做出应对措施。如例 7-8 所示，TLOC 列表是一个强大但无情的工具，请谨慎使用。

为了便于说明，本用例仅选用 Facebook 和 YouTube 这两个应用。网络管理员可以轻易地将其替换为企业自身的关键应用，比如瘦客户端、企业资源规划（ERP）系统、文件服务器、电子邮件、协作软件等。管理员可以借鉴本节的内容和经验来解决企业所面临的实际挑战。

7.6 用例 13——CDFW 保护企业用户

本章至此已经探讨了用户通过边缘设备直接访问 Internet 的用例，如用例 11 中的 WebEx 应用。用例 12 还介绍了几个流量工程的集中数据策略，让用户通过数据中心回传流量来访问基于 Internet 的应用。本节会讨论第三个选项：集成 CDFW。例如将 Cisco Umbrella SIG 集成到 SD-WAN 矩阵中，通过服务插入策略将流量重定向到 Umbrella SIG。这个用例重点关注 Umbrella SIG 与 SD-WAN 矩阵的集成，以及将流量重定向到 Umbrella SIG 的集中数据策略。

在第 6 章，曾经把 DC1 内的一台防火墙配置为 SD-WAN 矩阵的一项服务，并作为服务路由通告出来。在这个用例中，用集中控制策略操控路由表，实现了欧洲和北美分支站点间的流量过滤。本用例将通过集中数据策略，将一组特定的应用（Google Apps）通过 CDFW 来发送，而不是操纵路由表。图 7-22 所示为这种流量。

图 7-22 将 Google 应用的流量重定向到 Cisco Umbrella SIG

需求实现的大致流程是，先建立与 CDFW 的连接，然后把 CDFW 配置为 SD-WAN 矩阵的一项服务，如例 7-9 所示。虽然本节以集成 Cisco Umbrella 为例，但这种方式也支持与其他大多数厂商的 CDFW 集成，使用标准的 IPSec 或 GRE 隧道建立连接。

例 7-9　CDFW 隧道的本地配置

```
!
! An IPSec tunnel to Cisco Umbrella is configured in VPN0.
!
BR2-vEdge-1# show running-config vpn 0 interface ipsec1
vpn 0
 interface ipsec1
  ip address 10.255.255.253/30
  tunnel-source-interface ge0/0
  tunnel-destination      146.112.82.8
  ike
   version         2
   rekey           28800
   cipher-suite    aes256-cbc-sha1
   group           14
   authentication-type
    pre-shared-key
     pre-shared-secret abcdegfhijklmnopqrstuvwxyz
     local-id            SDWAN_BOOK@XXXXXXX-XXXXXXXXX-umbrella.com
     remote-id           146.112.82.8
    !
   !
  !
  ipsec
   rekey                   3600
   replay-window           512
   cipher-suite            aes256-gcm
   perfect-forward-secrecy none
  !
  no shutdown
 !
!
! The IPSec tunnel is in the Up / Up state
!
BR2-vEdge-1# show interface ipsec1
                                    IF     IF     IF
                     AF             ADMIN  OPER   TRACKER
VPN  INTERFACE  TYPE   IP ADDRESS   STATUS STATUS STATUS  DESC
-----------------------------------------------------------------
0    ipsec1     ipv4   10.255.255.253/30  Up     Up     NA      -

!
! A service is defined in VPN1 that references the new ipsec tunnel in VPN 0
!
```

```
BR2-vEdge-1# show running-config vpn 1
vpn 1
 service IDP interface ipsec1
 interface ge0/3
  ip address 10.1.102.1/30
  no shutdown
 !
 ip route 10.1.102.64/26 10.1.102.2
BR2-vEdge-1#
```

配置任务的第一步是建立与 CDFW 连接的隧道，如例 7-9 所示。建立隧道的详细参数通常由 CDFW 厂商提供。配置好隧道接口后，第二步是在服务端 VPN 下使用 **service** 命令配置网络服务。它与第 6 章中发布服务的配置非常相似，本用例中，选择的服务类型是 **IDP**（入侵检测与防御）。最后，需要创建一个集中数据策略，将感兴趣的流量重定向到网络服务。

集中控制策略在 vSmart 上执行，通过 OMP 发送或接收的控制平面更新来传播。因此，控制策略对 vSmart 的性能影响有限，对边缘设备则完全没有影响。而集中数据策略会从 vSmart 转发到边缘设备，在边缘设备上审查每一个数据流。于是，策略结构会对设备性能产生重大影响。对设备来说，用尽可能少的策略序列来审查数据更有益。如果仅有一个涉及外部应用的数据策略，那么创建的第一个序列应该匹配所有内部流量，并在其余序列中排除内部应用，而不是依赖于数据策略末尾的默认操作。

虽然上述策略配置的方式在实验环境并不是严格必需的，但是在例 7-10 的第一个序列中依然遵循了这个最佳做法。

例 7-10　SIG 策略

```
policy
 ! <<<No changes were made to the control policies, VPN membership policies, or
 ! the Guest VPN data policies, and they are omitted for brevity.>>>
 !
 data-policy _CorporateVPN_Branch__1930818813

  vpn-list CorporateVPN
   !
   ! Sequence 1 stops any traffic that is being routed across the fabric from
   ! needing to be processed by any of the rules that are for internet bound
   ! applications.
   !
   sequence 1
    match
     destination-data-prefix-list INTERNAL_ADDRESSES
    !
    action accept
     count INTERNAL_PCKTS_1041684049
```

```
       !
      !
   sequence 11
    match
     app-list TRUSTED_APPS
     source-ip 0.0.0.0/0
     !
    action accept
     nat use-vpn 0
     nat fallback
     count CORP_DCA_1041684049
     !
    !
   sequence 21
    match
     app-list YouTube
     source-ip 0.0.0.0/0
    !
    action accept
     count CORP_YOUTUBE_1041684049
     set
      local-tloc-list
       color biz-internet
       encap ipsec
      !
     !
    !
   sequence 31
    match
     app-list Facebook
     source-ip 0.0.0.0/0
    !
    action accept
     count CORP_FACEBOOK_1041684049
     set
      vpn 1
      tloc-list Europe_DC_INET_TLOCS
     !
    !
   !
  !
  ! Sequence 41 redirects applications matching the "Google_Apps" list to the
  ! local instance of the IDP service. The "IDP" name matches the configured
  ! service in VPN 1.
  !
  sequence 41
   match
```

```
       app-list Google_Apps
       source-ip 0.0.0.0/0
      !
     action accept
       count UMBRELLA_PCKTS_1041684049
       set
        service IDP local
      !
     !
    !
  default-action accept
 !
 vpn-list GUEST_ACCESS_VPN
  ! <<<Omitted for brevity>>>
 !
 lists
 ! <<<Some lists without changes are omitted for brevity>>>
  !
  !
 ! vManage includes, by default, two app-lists: one for Google_Apps, and a second for
 ! Microsoft_Apps. These two lists contain a myriad of different applications that are
 ! produced by the two organizations. Custom app-lists can be created to match
 ! only a subset of apps, but the default app-list is used in this example. The
 ! entire list is not displayed for brevity.
 !
  app-list Google_Apps
   app gmail
   app google
   app google_translate
   app gmail_drive
   app gtalk
   app youtube
   app youtube_hd
! <<< Output omitted>>>
  !
  app-list TRUSTED_APPS
   app webex-meeting
   app webex_weboffice
   app webex
  !
  app-list YouTube
   app youtube
   app youtube_hd
  !
  data-prefix-list INTERNAL_ADDRESSES
   ip-prefix 10.0.0.0/8
  !
```

```
   !
  !
 apply-policy
  site-list Europe_Branches
   control-policy Euro_Reg_Mesh_with_FW_MultiTopo out
  !
  site-list BranchOffices
   data-policy _CorporateVPN_Branch__1930818813 from-service
   control-policy Branch_Extranet_Route_Leaking in
   vpn-membership vpnMembership_373293275
  !
  site-list DCs
   control-policy DC_Inbound_Control_Policy in
  !
  site-list North_America_Branches
   control-policy North_America_Reg_Mesh_with_FW out
  !
 !
```

为了实现本用例的目标,例 7-10 对策略做了更改。其中,sequence 41 定义了匹配 Google_Apps 应用列表的数据包会被转发到 **service local** 命令定义的 IDP 服务,即 CDFW。**service local** 的配置语法为 **set service** *{service}* **local [restrict]**。该命令用于将流量转发到边缘设备本地定义的某个网络服务上,如例 7-9 中 VPN 1 配置的服务。*service* 的值可以是 FW、IPS、IDP、netsvc1、netsvc2、netsvc3、netsvc4 这 7 种网络服务中的任意一种。可选关键字 **[restrict]** 的作用是,如果本地服务不可用就丢弃流量。

将例 7-10 的策略应用到网络后,执行效果如例 7-11 所示。

例 7-11 使用 CDFW 验证服务插入策略

```
BR2-vEdge-1# show policy data-policy-filter data-policy-vpnlist CorporateVPN
data-policy-filter _CorporateVPN_Branch__1930818813
 data-policy-vpnlist CorporateVPN
  data-policy-counter CORP_DCA_-240945300
   packets 1
   bytes   96
  data-policy-counter CORP_YOUTUBE_-240945300
   packets 1
   bytes   96
  data-policy-counter CORP_FACEBOOK_-240945300
   packets 141
   bytes   13737
  data-policy-counter INTERNAL_PCKTS_-240945300
   packets 47
   bytes   11748
 !
```

```
! The counters indicate that traffic is being forwarded to the Cisco Umbrella SIG.
!
  data-policy-counter UMBRELLA_PCKTS_-240945300
  packets 272
  bytes    43518
BR2-vEdge-1#
!
! The "show policy service-path" output for "google" and "gmail", two different!
  services that are covered by the app-list "Google_Apps", are being forwarded
! out of the IPSec tunnel that connects to the Umbrella SIG.
!
BR2-vEdge-1# show policy service-path vpn 1 interface ge0/3 source-ip 10.1.102.1
  dest-ip 0.0.0.0 protocol 1 app google
Next Hop: RFC-IPsec

BR2-vEdge-1# show policy service-path vpn 1 interface ge0/3 source-ip 10.1.102.1
  dest-ip 0.0.0.0 protocol 1 app gmail

Next Hop: RFC-IPsec
!
! However, the "show policy service-path" output for "youtube," which is also
! covered by the app-list "Google_Apps", is being forwarded to DC2-vEdge1
! instead of Umbrella SIG.
!
BR2-vEdge-1# show policy service-path vpn 1 interface ge0/3 source-ip 10.1.102.1
  dest-ip 0.0.0.0 protocol 1 app youtube
Next Hop: IPsec
  Source: 100.64.102.2 12346 Destination: 100.64.21.2 12386 Color: biz-internet
!
! The "show policy from-vsmart lists app-list" output confirms that the app
! "youtube" is part of two different app-lists: "Google_Apps" and "YouTube".
!
BR2-vEdge-1# show policy from-vsmart lists app-list | i Google\|You\|you
from-vsmart lists app-list Google_Apps
 app youtube
 app youtube_hd
from-vsmart lists app-list YouTube
 app youtube
 app youtube_hd
BR2-vEdge-1#
!
! The "show policy from-vsmart" output indicates why "youtube" is being routed
! differently than "google" and "gmail". The app-list "YouTube" is being matched
! in sequence 11, and has the action "local-tloc-list" applied to it. The
! rest of the sequences are therefore not evaluated for "youtube" traffic. Since
! Cisco SD-WAN policies use a first-match logic, the actions in sequence 41 are
! never applied to "youtube" traffic.
```

```
!
BR2-vEdge-1# show policy from-vsmart data-policy vpn-list CorporateVPN seq 11,41

from-vsmart data-policy _CorporateVPN_Branch__1930818813
 vpn-list CorporateVPN
  sequence 11
   match
    source-ip 0.0.0.0/0
    app-list YouTube
   action accept
    count CORP_YOUTUBE_-240945300
    set
     local-tloc-list
      color biz-internet
      encap ipsec
  sequence 41
   match
    source-ip 0.0.0.0/0
    app-list  Google_Apps
   action accept
    count UMBRELLA_PCKTS_-240945300
    set
     service IDP
     service local
BR2-vEdge-1#
```

在例 7-11 中可以看到，**show policy data-policy-filter** 和 **show policy service-path** 都可以用来验证服务插入策略是否已成功将流量重定向到 Cisco Umbrella SIG 服务。这个例子还强调了网络管理员在配置集中数据策略时需要注意的问题。在该策略中，sequence 11 和 sequence 41 都匹配了 YouTube 应用。由于序列是按顺序匹配的，因此当数据流与 sequence 11 匹配时，将执行 sequence 11 的操作，不再继续匹配。这导致 YouTube 的流量在 Biz-Internet 隧道转发，而不是通过服务插入的操作被重定向到 CDFW。

回顾用例 13

在这个用例中，服务插入用来将特定流量重定向到 Cisco Umbrella SIG。除此之外，服务插入还有很多其他用途。如用例 6 所示，服务插入可以对矩阵上两个站点之间的流量用防火墙过滤。不仅如此，它还能把流量重定向到广域网优化设备、负载均衡设备、代理服务器、网络嗅探器等。

7.7 用例 14——保护应用免受丢包影响

作为本章最后一个用例，将介绍几种可以保护应用免受有损传输链路影响的工具。根据定义，基于 IP 的网络在转发数据包时都是尽全力转发的，网络层没有确保数据包成功转发的机制，无论底层传输是直连线缆、有 SLA 保障的 MPLS 线路，还是公共 Internet。所有网络都无法避免某种程度的丢包，这是它们的典型特征。大多数在 IP 网络中运行的应用都经过精心设计，可以承受一定程度的数据包丢失。

应对底层传输网络丢包的最有效方法之一，是把敏感应用从当前正在丢包的传输链路上移出。在 Cisco SD-WAN 矩阵中，该功能是通过 AAR 策略实现的，这将在第 8 章详细讨论。然而，在某些情况下（例如只有一条传输链路可用，或者所有传输链路目前都在经受某种程度的丢包），简单地将应用从有损传输链路移出，并不是一个可行的方案。在这个用例中，将使用两种工具来减轻丢包的影响：前向纠错和数据包复制。

7.7.1 前向纠错（Forward Error Correction）

首先介绍的技术是 FEC。FEC 并不是一项新技术，数十年间出现过许多不同的应用和实现方式。它背后的原理是，为原始报文添加额外的奇偶校验信息一并传输。这样，即使一部分原始报文被破坏，也可以重建它的全部内容。网络工程师熟悉的很多常用协议在网络协议栈的不同层上都实现了某种形式的 FEC。例如，40GBASE-T 和 100GE 以太网标准在第 2 层使用 FEC，而大多数 VoIP 协议在第 7 层实现某种形式的 FEC。现在，借助于 Cisco SD-WAN，还能在网络层上实现 FEC。

图 7-23 所示为 BR2-vEdge-1 的 MPLS 传输网络的状态。**Monitor > Network > WAN Tunnel** 页面的输出表明 MPLS 网络正经历 4%～6% 的丢包。本用例将通过部署 FEC 来减轻这种有损传输网络对员工使用的音频和视频应用带来的影响。

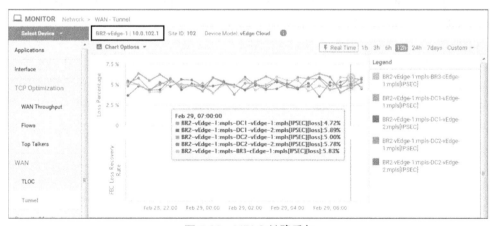

图 7-23 MPLS 链路丢包

Cisco SD-WAN 在转发数据包时，以 4 个为一组 FEC 块，如图 7-24 所示。首先，发送方对 FEC 块中的 4 个数据包进行异或运算，把计算结果封装到新的数据包中，也就是第 5 个奇偶校验包。接着，用一个新的 FEC 报头编码每个数据包，并发送到接收方。在传输过程中，如果 4 个原始数据包丢失任何一个，通过异或取反，接收方就能从接收到的 3 个数据包和一个奇偶校验包中重构丢失的数据。但如果有两个或两个以上数据包损坏或丢失,就无法重构,接收方只能把其中没有损坏的数据包向目的地继续转发。此时,终端主机会察觉到数据包丢失。

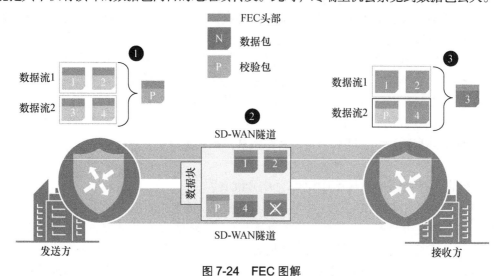

图 7-24 FEC 图解

在广域网上,每传输 4 个数据包,就要额外传输一个奇偶校验包。由于奇偶校验包的大小取决于 4 个原始数据包中最大的包,所以整个过程将增加至少 25%的带宽消耗。虽然 FEC 在传输链路丢包时能增加数据可靠性,但多数时候可能没有必要。为了优化这一点,Cisco SD-WAN 引入了两种不同的 FEC 配置模式:FEC-always 和 FEC-adaptive。顾名思义,FEC-always 的含义是始终无条件地运行 FEC,而 FEC-adaptive 意味着仅在传输链路上检测到大于 2%的丢包率时,才会启用 FEC。在 Viptela OS 的 19.2 版本中,这个 2%的值是静态的,不能修改。

为了实现丢包最小化策略,需要一个新的序列来匹配音频和视频应用。然后,启用 FEC-adaptive 功能,以便在传输丢包率高于 2%时提供 FEC 功能。除了在分支路由器上应用策略外,还需要在数据中心路由器上配置一个对应的策略,让 FEC 保护从数据中心返回到分支站点的流量。策略还设置了 **local-tloc** 操作,将流量固定到 MPLS 上传输,这样能更好地演示 FEC 策略的效果。例 7-12 列出了这些配置。

例 7-12 FEC 策略

```
policy
 ! <<<No changes were made to the control policies, VPN membership policies, or
 ! the Guest VPN data policies, and they are omitted for brevity.>>>
 !
 ! Branch Data Policy
 !
data-policy _CorporateVPN_Branch__1623113498
   vpn-list CorporateVPN
```

```
! Sequence 1 matches all of the applications in the Audio / Video App family
! and turns on fec-adaptive.
!
  sequence 1
   match
    app-list AUDIO_VIDEO_APPS
    source-ip 0.0.0.0/0
    !
   action accept
    count CORP_AUDIO_VIDEO_-548650615
    loss-protect fec-adaptive
    loss-protection forward-error-correction adaptive
    set
     local-tloc-list
      color mpls
     !
    !
   !
  sequence 11
   match
    destination-data-prefix-list INTERNAL_ADDRESSES
    !
   action accept
    count INTERNAL_PCKTS_-548650615
    !
   !
  !<<<<remaining sequences are unchanged and omitted for brevity>>>>
  !
default-action accept
!
 vpn-list GUEST_ACCESS_VPN
 ! <<<Omitted for brevity>>>
!
! A corresponding policy is also configured on the datacenter routers in order
! to apply the FEC policy to traffic that is being sent from the DC to the Branch
!
data-policy _CorporateVPN_DC_Corp__443359352
 vpn-list CorporateVPN
  sequence 1
   match
    app-list AUDIO_VIDEO_APPS
    source-ip 0.0.0.0/0
    !
   action accept
    count CORP_AUDIO_VIDEO_-1728404761
    loss-protect fec-adaptive
    loss-protection forward-error-correction adaptive
```

```
         set
           local-tloc-list
             color mpls
         !
         !
         !
     default-action accept
    !
    lists
    ! <<<Some lists without changes are omitted for brevity>>>
    !
     app-list AUDIO_VIDEO_APPS
       app-family audio-video
       app-family audio_video
      !
      !
      !
  !
  apply-policy
   site-list Europe_Branches
    control-policy Euro_Reg_Mesh_with_FW_MultiTopo out
   !
   site-list BranchOffices
    data-policy _CorporateVPN_Branch__1623113498 from-service
    control-policy Branch_Extranet_Route_Leaking in
   vpn-membership vpnMembership_373293275
   !
   site-list DCs
    data-policy _CorporateVPN_DC_Corp__443359352 from-service
    control-policy DC_Inbound_Control_Policy in
   !
   site-list North_America_Branches
    control-policy North_America_Reg_Mesh_with_FW out
   !
  !
```

例 7-12 列出了在分支站点和数据中心新增的策略序列，它们都属于数据策略。通过 **show tunnel statistics fec** 命令可以看到它的运行效果，如例 7-13 所示。

例 7-13　命令行验证 FEC 策略

```
DC2-vEdge-1# show tunnel statistics fec dest-ip 172.16.102.2
tunnel stats ipsec 172.16.21.2 172.16.102.2 12366 12346
 fec-rx-data-pkts       60308
 fec-rx-parity-pkts     15095
 fec-tx-data-pkts       759660
```

```
fec-tx-parity-pkts      189915
fec-reconstruct-pkts    1100
fec-capable             true
fec-dynamic             true
DC2-vEdge-1#
```

例 7-13 所示为 DC2-vEdge-1 的输出，用于统计来自 BR2-vEdge-1 的数据包。**fec-rx-data-pkts** 和 **fec-rx-parity-pkts** 分别是本地设备接收到的数据包和奇偶校验包的数量。由于数据包可能在传输过程中丢失，这个统计值与发送方相比会存在细微差异。值得注意的是，当前接收到约 60000 个数据包和 15000 多个奇偶校验包，两者相差 4 倍。这符合 FEC 的工作设定，即每个 FEC 块中有 4 个数据包和 1 个奇偶校验包。**fec-reconstruct-pkts** 的值代表从接收到的奇偶校验包中恢复了多少个数据包。DC2-vEdge-1 重构了 1100 次，这表示至少收到 1100 个不完整的 FEC 块。利用奇偶校验包，路由器能够重构丢失的包，让终端主机无法察觉到数据的缺损。最后，**fec-tx-data-pkts** 和 **fec-tx-parity-pkts** 的值分别表示发送给 BR2-vEdge-1 的数据包和奇偶校验包的数量。在图 7-25 中，可重构的 FEC 块与丢失包总数的比率以 FEC 重构率的形式进行了展示。

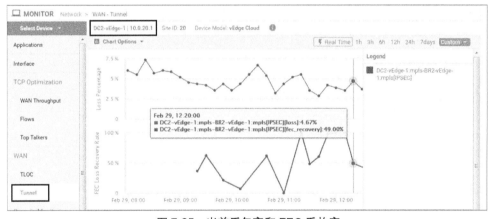

图 7-25　当前丢包率和 FEC 重构率

7.7.2　数据包复制（Packet Duplication）

如图 7-25 所示，尽管 FEC 可以有效地减少终端应用丢包的数量，但在例 7-13 中，很多时候的重构率不是 100%。对于需要尽最大努力实现零丢包的场景，数据包复制可能是更合适的解决方案。

图 7-26 所示为边缘设备在启用数据包复制策略后的流量转发情况。在启用数据包复制后，对于跨隧道转发的每一个包，都会在同一对边缘路由器之间的不同隧道中转发一个重复的数据包。用来转发重复包的隧道是当前丢包率最低的隧道（不含转发原始数据包的隧道）。

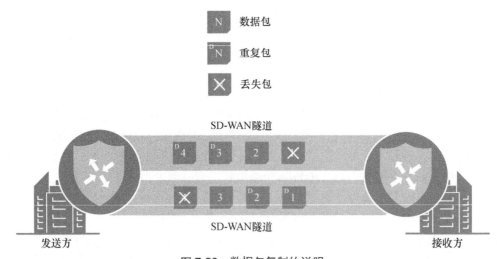

图 7-26 数据包复制的说明

数据包复制策略通常在零售环境中使用，如信用卡支付的场景。刷卡交易的流量通常非常小，但如果发生丢包重传，最终用户的体验可能会大大降低。出于这个原因，网络管理员发现，为了避免丢包重传造成的时间上的延迟，可能值得付出每个数据包传输两次的代价。

例 7-14 演示了在分支站点 2 的信用卡读卡器与数据中心的支付服务器之间使用 ICMP 的转发情况。目前这两个站点之间的丢包率超过 3%。

例 7-14 PCI 分段的丢包导致支付交易缓慢

```
test@BR2-PCI:~$ sudo ping 10.2.10.100 -i .001 -c 10000 -q
PING 10.2.10.100 (10.2.10.100) 56(84) bytes of data.

--- 10.2.10.100 ping statistics ---
10000 packets transmitted, 9612 received, 3% packet loss, time 50580ms
rtt min/avg/max/mdev = 2.398/4.804/104.705/2.810 ms, pipe 9
test@BR2-PCI:~$
```

例 7-15 列出了在 PCI VPN 上配置的数据策略，策略启用数据包复制功能来保护对丢包敏感的支付流量。请注意，数据中心和分支机构的策略中都配置了两个新序列：一个用来匹配支付服务器源地址的流量；另一个匹配从支付服务器返回的流量。以这种方式构造的策略可以同时用于数据中心和分支站点。

例 7-15 数据包复制策略

```
policy
 ! <<<No changes were made to the control policies, VPN membership policies,
 ! the Guest VPN or the Corporate VPN data policies, and they are omitted for
 ! brevity.>>>
 !
```

```
data-policy _CorporateVPN_Branch_-1923459860
 vpn-list CorporateVPN
  ! <<<Omitted for brevity>>>
  !
 vpn-list PCI_VPN
   sequence 1
    match
      source-data-prefix-list PAYMENT_SERVERS
     !
     action accept
      count PCI_PCKTS_-1949123913
      set
       local-tloc-list
        color mpls
       !
      loss-protect pkt-dup
      loss-protection packet-duplication
     !
    !
   sequence 11
    match
      destination-data-prefix-list PAYMENT_SERVERS
     !
     action accept
      count PCI_PCKTS_-1949123913
      set
       local-tloc-list
        color mpls
       !
      loss-protect pkt-dup
      loss-protection packet-duplication
     !
    !
 default-action accept
 !
 vpn-list GUEST_ACCESS_VPN
  ! <<<Omitted for brevity>>>
  !
data-policy _CorporateVPN_DC_Corp_1741652260
 vpn-list CorporateVPN
  ! <<<Omitted for brevity>>>
  !
 vpn-list PCI_VPN
   sequence 1
    match
      source-data-prefix-list PAYMENT_SERVERS
     !
```

```
       action accept
        count PCI_PCKTS_1715988207
        set
         local-tloc-list
          color mpls
         !
         loss-protect pkt-dup
         loss-protection packet-duplication
        !
      !
     sequence 11
      match
       destination-data-prefix-list PAYMENT_SERVERS
       !
       action accept
        count PCI_PCKTS_1715988207
        set
         local-tloc-list
          color mpls
         !
         loss-protect pkt-dup
         loss-protection packet-duplication
        !
      !
    default-action accept
   !
   lists
   ! <<<Some lists without changes are omitted for brevity>>>
   !
    data-prefix-list PAYMENT_SERVERS
     ip-prefix 10.2.10.0/24
    !
    vpn-list PCI_VPN
     vpn 2
    !
   !
  !
 apply-policy
  site-list Europe_Branches
   control-policy Euro_Reg_Mesh_with_FW_MultiTopo out
  !
  site-list BranchOffices
   data-policy _CorporateVPN_Branch_-1923459860 from-service
   control-policy Branch_Extranet_Route_Leaking in
   vpn-membership vpnMembership_373293275
  !
  site-list DCs
```

```
 data-policy _CorporateVPN_DC_Corp_1741652260 from-service
 control-policy DC_Inbound_Control_Policy in
 !
 site-list North_America_Branches
  control-policy North_America_Reg_Mesh_with_FW out
 !
!
```

例 7-15 中的策略应用后，再次在刷卡机上的测试结果显示，终端主机上的丢包已经完全消除，如例 7-16 所示。

例 7-16　启用数据包复制后的效果

```
test@BR2-PCI:~$ sudo ping 10.2.10.100 -i .001 -c 10000 -q
PING 10.2.10.100 (10.2.10.100) 56(84) bytes of data.

--- 10.2.10.100 ping statistics ---
10000 packets transmitted, 10000 received, 0% packet loss, time 45476ms
rtt min/avg/max/mdev = 2.385/4.512/53.553/1.963 ms, pipe 11
test@BR2-PCI:~$
```

在 DC1-vEdge-1 的 Real Time 页面上使用 Tunnel Packet Duplication Statistics 可以查看数据包复制的实时统计信息，如图 7-27 所示。第二行输出中的 PKTDUP RX 列的值只有 9800，这表明设备从 MPLS 隧道中仅收到 9800 个数据包。而在 Internet 隧道上则收到了 10000 个原始数据包的副本（即第一行的 PKTDUP RX OTHER 列）。于是，边缘设备能够将两者组合得到完整的 10000 个原始数据包，也就是第二行中 PKTDUP RX THIS 列的值。

图 7-27　DC1-vEdge-1 数据包复制的实时统计

图 7-27 中 PKTDUP TX 和 PKTDUP TX OTHER 的输出表明，10000 个应答数据包也沿着 MPLS 隧道传输，并复制到 Biz-Internet 隧道。从图 7-28 的输出可以看出，在 10000 个原始报文中，只有 9812 个在 MPLS 路径上收到。与 DC1-vEdge-1 路由器一样，PKTDUP RX THIS 中的 10000 代表着在所有传输隧道上接收到的原始数据包数量。得益于数据包复制，它们已经被转发到本地终端，这表明在传输过程中没有数据包丢失和复制的数据包未成功送达的情况。

图 7-28 BR2-vEdge-1 数据包复制的实时统计

用例 14 介绍了两种数据平面功能：前向纠错和数据包复制，这些功能旨在防止数据包丢失。还有一种功能，即 TCP 优化（TCP-Opt）。这 3 种功能都对常规的转发行为进行了根本性的改变，远远超出了早期重定向或重新标记数据包的用例。

遗憾的是，这 3 种功能在 Viptela OS 和 IOS-XE SD-WAN 平台上的实现是不同的。当前在 Viptela 19.2 和 XE 16.12 版本下，这些功能在两个平台之间无法互相兼容。在部署规划和设计时，网络管理员需要牢记这一点，并经常查看官方的发布说明来了解在哪些平台上支持哪些功能。

回顾用例 14

在这个用例中，探索了两种方法来减少有损传输网络对业务应用带来的影响：前向纠错和数据包复制。第 8 章将详细讨论另一种方法：AAR。AAR 可以将受影响的流量从经历丢包的传输线路中移出，从而解决类似的问题。

7.8 总结

本章讨论了 SD-WAN 策略的关键类型之一：集中数据策略，介绍了集中数据策略的几个不同用例，包括如何制定每个应用程序的转发决策、DCA、服务插入，以及通过前向纠错和数据包复制来减轻有损传输网络的影响。

本章的用例代表了集中数据策略可以完成的大部分工作。限于篇幅，这里并没有展示过多的具体操作。网络工程师可能感兴趣的某些主题请参考第 9 章，如 QoS 的 DSCP 标记和重标记、排队和调度（在数据流上设置转发类并在本地策略中匹配），还有流量整形。集中数据策略还可以用于生成 Cflowd 和 NetFlow 记录，这些记录可以导出到外部的流量采集器，用于监控和生成报表。更多有关这些主题的相关信息和配置示例，请参阅 Cisco 文档。

虽然这些用例代表了网络工程师为实现业务目标面临的一些常见挑战，但本章中讨论的工具和技术也可以被灵活应用和扩展，切实满足任何实际需求。

第 8 章

应用感知路由策略

本章涵盖以下主题。
- **AAR 的业务需求**：阐述用户部署 AAR 的驱动力。
- **App-Route 策略的配置流程**：介绍配置 App-Route 策略的三个步骤。
- **构建 App-Route 策略**：分析 App-Route 策略的组成部分，以及通过 vManage GUI 界面构建简单 App-Route 策略的过程。
- **监控隧道性能**：介绍使用 BFD 协议监控和计算隧道状态性能的方法。
- **流量映射**：介绍 App-Route 策略中的配置选项，以及这些选项与隧道状态的交互逻辑。

本章以第 7 章讨论的集中数据策略为基础，介绍一种特殊的数据策略类型——App-Route 策略。用 App-Route 策略构建的 AAR 功能，能够让企业在不牺牲应用程序性能的前提下，摆脱高成本、有保障的传输链路（如 MPLS），转而使用商用 Internet 链路。App-Route 策略通过实时监控链路的传输性能，整合链路状态信息到选路过程中来实现应用程序保障。App-Route 策略使网络管理员能够确保他们的应用始终沿着不低于应用程序要求的路径转发。

8.1 AAR 的业务需求

企业向 SD-WAN 架构迁移的主要驱动力是，能够用容量更大、成本更低的宽带链路取代昂贵的现有传输网络。之所以能够做到这一点，部分得益于 Cisco SD-WAN。Cisco SD-WAN 能够在 Underlay 没有 SLA 承诺的情况下提供可靠的应用程序体验。

在从传统传输网络切换到 Internet 的过程中，企业发现，它们可以大幅增加可用带宽，降低传输成本。然而，许多企业都依赖专线和 MPLS 运营商提供的 SLA，这一点在 Internet 上还无法实现。尽管如此，Cisco SD-WAN 可以利用 Internet 传输的低成本优势，借助 AAR 和丢包缓解技术为企业带来专线品质的应用体验。

部署 AAR 后，网络管理员能够识别关键业务流量，并为该流量定义所需的 SLA 类别。

当使用 Internet 即传输（Internet-as-a-Transport，IaaT）取代或增强现有的 MPLS 传输链路时，企业能够在它们的站点之间建立多条连接，同时又能够满足用户体验。SD-WAN 的双活架构能让企业充分利用所有带宽，节约成本，无须追加投资升级链路。

8.2 App-Route 策略的配置流程

配置 AAR 分为以下三个步骤。

1. **构建 App-Route 策略**：配置 AAR 的第一步是构建 App-Route 策略。App-Route 策略是一种特定类型的集中数据策略，它与第 7 章探讨的数据策略有许多相似的地方。构造策略包括定义必要的列表，配置组成策略的 **match** 和 **action** 语句，以及激活策略。

2. **测量和监控传输隧道的性能**：创建并激活 App-Route 策略后，下一步就是监控 SD-WAN 隧道的实时性能。链路的性能从 BFD 数据包中收集，这些数据包作为 SD-WAN 架构的一部分在每条隧道中自动发送。

3. **映射应用流量到特定的传输链路**：通过 BFD 数据包确定隧道性能后，再根据配置的 SLA 对这些指标进行评估，确定哪些隧道符合要求。最后根据 SLA 合规状态做出转发决策。

下文将详细讨论每一个配置步骤。

8.3 构建 App-Route 策略

构建 App-Route 策略的第一步是定义所有元素的列表。第 7 章讲到，识别感兴趣流的方法有很多，包括传统的第三、四层头部，如 IP 地址、协议、端口号和 DSCP 标记。管理员还可以根据应用列表定义的应用层特征来匹配流量。通过 **Custom Options** 菜单下的 **Lists** 选项可以配置这些列表，如图 8-1 所示。

图 8-1 创建策略中使用的列表

有一种专门用于 App-Route 策略的新型列表，称为 SLA 类列表。SLA 类列表用来定义应用程序能够容忍的最大丢包、延迟和抖动的阈值（或三者的组合），即不影响最终用户体验的极限 SLA。如果丢包、延迟或抖动值中的任何一个超过 SLA 类列表中配置的阈值，那么对应的传输隧道被视为不合规，应用程序将由其他合规的隧道转发。由于某些类型的流量（如实时语音和视频等）对网络的要求相对较高，网络管理员通常会配置多个 SLA 类列表来匹配不同应用的需求等级。图 8-2 所示为统一通信（Unify Community）流量配置的 SLA 类列表的例子。列表名称为 REALTIME_SLA，配置的最大丢包率为 2%、最大延迟 100ms、最大抖动 30ms。可以在例 8-1 中查看这个列表的命令行配置详情。

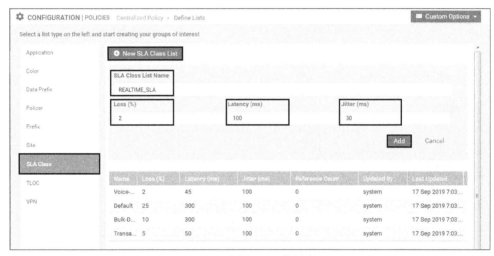

图 8-2　新建 SLA 类列表

列表定义后，构建 App-Route 策略的第二步就是配置一系列 **match** 和 **action** 策略语句。App-Route 策略属于数据策略，所以需要进入 Centralized Policy 菜单下的 Traffic Policy 配置页面，如图 8-3 所示。

图 8-3　打开 Traffic Policy 配置页面

在 Traffic Policy 配置标签页中，默认选中了 Application Aware Routing 子标签。单击 **Add Policy** 按钮，选择 **Create New**，就可以创建新的 App-Route 策略，如图 8-4 所示。

图 8-4　新建 App-Route 策略

构建 App-Route 策略的过程与第 7 章的数据策略相同。唯一的区别是在策略中配置了不同的操作。这里用图 8-5 进行说明，这是一个简单的单序列 App-Route 策略，它对 DSCP 值为 46（Expedited Forwarding，EF）的流量进行了匹配。

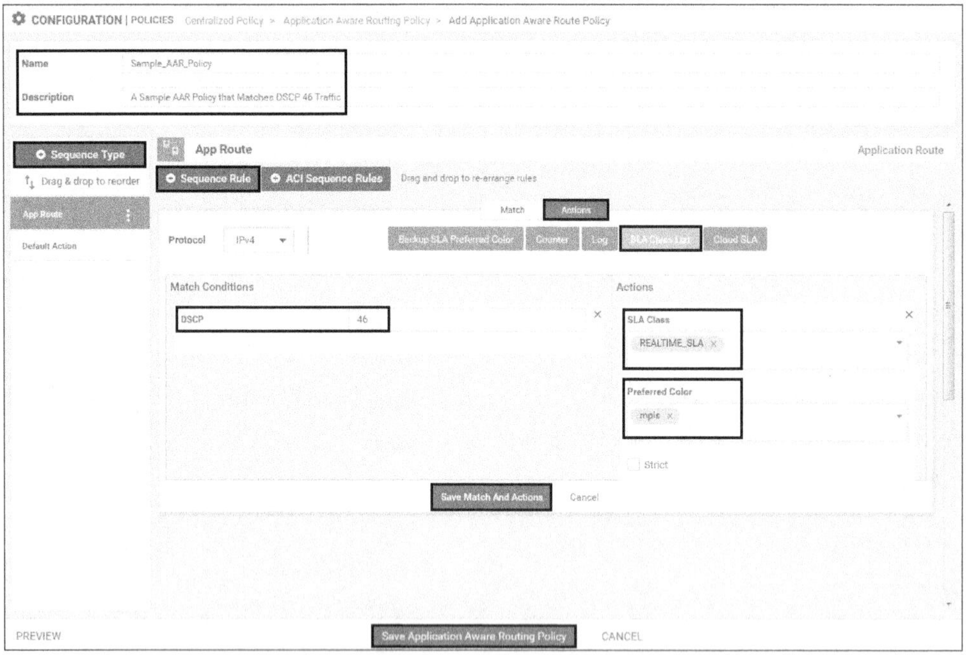

图 8-5　App-Route 策略配置示例

如图 8-5 所示，首先是所有 App-Route 策略都需要配置名称和描述字段。接着，App-Route 策略使用了与集中控制和集中数据策略相同的序列类型与规则结构。图 8-5 中的策略指定了 DSCP 值为 46 的匹配标准，执行的策略操作则是 SLA 类和首选 Color（SLA Class，Preferred Color）。SLA Class 引用了先前配置的 SLA 类列表，指定了最大丢包、延迟和抖动的阈值。Preferred Color 包含网络管理员希望转发该应用的一种或多种 Color，只要这些 Color 符合 SLA Class 的阈值。本例的配置规则可以理解为，当使用 **mpls** Color 建立的隧道符合

REALTIME_SLA 定义的阈值时，就使用这些隧道转发 DSCP 为 46 的流量。8.5 节将进一步讨论策略规则的操作逻辑。配置完成后，单击 **Save Match and Actions** 按钮保存这条规则，然后单击 **Save Application-Aware Routing Policy** 按钮保存整个 App-Route 策略。

最后，配置的 App-Route 策略需要应用到集中策略。在集中策略的配置页面中单击 **Add Policy** 按钮，创建新的集中策略，如图 8-6 所示。如果已经有配置并激活的集中策略，可以直接把 App-Route 策略导入进来。具体的策略复制和编辑操作在第 6 章和第 7 章中都有演示，这里不再赘述。

图 8-6　使用集中策略向导新建策略

由于本例不需要创建别的列表和控制策略，因此连续单击 **Next** 按钮，跳过 **Create Groups of Interest** 和 **Configure Topology and VPN Membership**，直接进入 **Configure Traffic Rules** 配置步骤，如图 8-7 所示。

图 8-7　跳转集中策略的配置向导

在 **Configure Traffic Rules** 配置步骤的子标签 **Application Aware Routing** 下，单击 **Add Policy** 按钮，选择 **Import Existing** 选项，如图 8-8 所示。

图 8-8 将 App-Route 策略导入集中策略

在弹出的对话框中选择之前创建的 App-Route 策略，单击 **Import** 按钮导入并关闭对话框。随后，单击页面底部的 **Next** 按钮进入下一个配置任务，如图 8-9 所示。

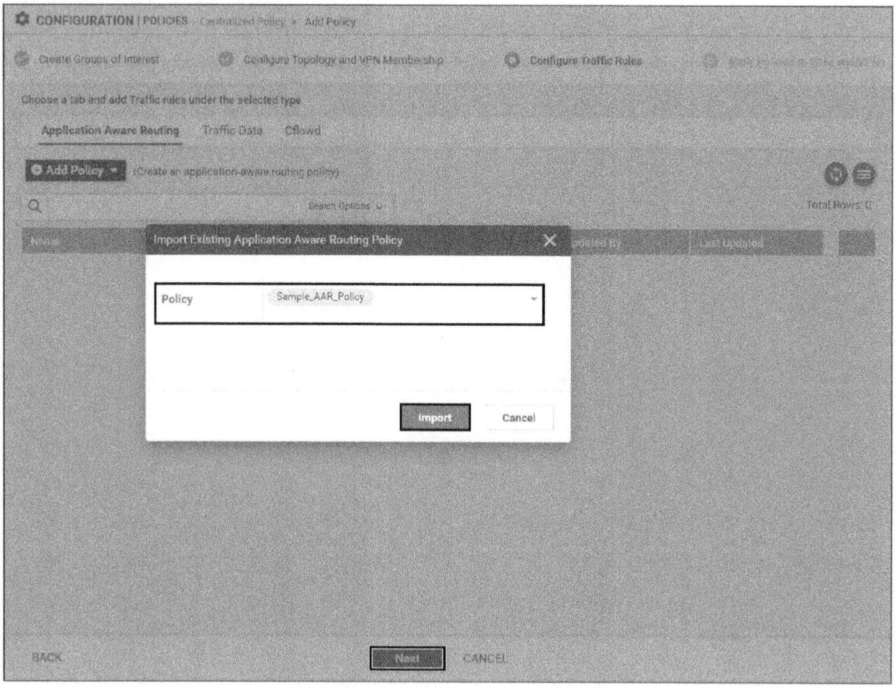

图 8-9 选择并导入 App-Route 策略

配置集中策略的最后一步是应用策略组件。首先，必须为新的集中策略填写名称和描述信息，如图 8-10 所示。接着，选择 **Application-Aware Routing** 配置标签，并单击 **Sample_AAR_Policy** 策略下的蓝色按钮 **New Site List and VPN List**。这里引用前几章创建的站点列表，将这个策略应用于所有数据中心和分支站点。同样地，需要指定策略影响的 VPN，即 VPN 列表 **CorporateVPN**，如图 8-10 所示。最后单击 **Add** 按钮添加策略的应用配置，再单击 **Save Policy** 按钮保存，完成集中策略配置向导。

8.3 构建 App-Route 策略　231

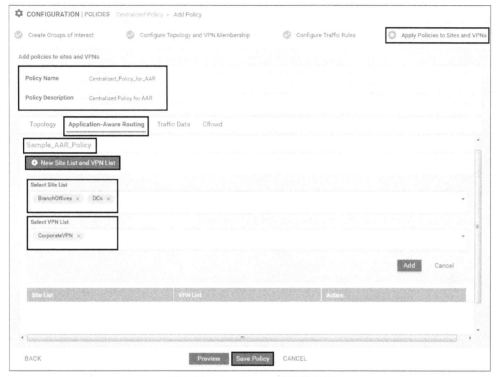

图 8-10　App-Route 策略的应用

注意：App-Route 策略是一种集中数据策略，它应用于 vSmart 控制器上，然后被编码到 OMP 更新中，并随着更新发布到执行策略的边缘路由器上。可以参考第 5 章了解其中的细节。

第 7 章讨论了数据策略的应用方向：From-Service 和 From-Tunnel。App-Route 策略在应用时没有指定方向，因为它总是作用于 From-Service 方向的流量。这一点结合它的工作原理就能理解：当流量需要通过广域网发送出去时，App-Route 策略决定了使用站点间的哪条隧道来转发，所以始终是 From-Service 的方向。

例 8-1 所示为整个 App-Route 策略的命令行配置。在 vManage 的图形化配置页面中，找到相应的集中策略，单击 **Preview** 按钮也可以获得策略的完整命令行输出。简洁起见，本章接下来都将以配置片段的形式呈现示例的 App-Route 策略。与其他 Cisco SD-WAN 策略一样，通过 vManage GUI 或命令行配置 App-Route 策略是等效的。

例 8-1　App-Route 策略示例

```
policy
! The SLA Class that specifies the required tunnel performance
  sla-class REALTIME_SLA
    latency 100
```

```
      loss 2
      jitter 30
     !
 ! The AAR policy that is composed of 'match' and 'action' sequences
 app-route-policy _CorporateVPN_Sample_AAR_Policy
   vpn-list CorporateVPN
      sequence 1
       match
        dscp 46
        source-ip 0.0.0.0/0
       !
 ! The sla-class action specifies the SLA Class and the preferred colors
       action
        sla-class REALTIME_SLA preferred-color mpls
       !
      !
    !
 !
 ! Additional lists used within the policy. In this case, these lists are used
 ! when the policy is applied.
 lists
   site-list BranchOffices
    site-id 100-199
   !
   site-list DCs
    site-id 10-50
   !
   vpn-list CorporateVPN
    vpn 1
   !
  !
 !
 ! The AAR policy is applied to selected Site Lists and VPN Lists.
 ! Note: There is no directionality to this policy.
 apply-policy
  site-list DCs
   app-route-policy _CorporateVPN_Sample_AAR_Policy
   !
  site-list BranchOffices
   app-route-policy _CorporateVPN_Sample_AAR_Policy
   !
  !
```

8.4 监控隧道性能

BFD 协议用于监控底层传输网络的实时状态。BFD 数据包由 SD-WAN 矩阵中的路由器发起，穿越隧道来检测隧道活跃度和路径质量。Viptela 路由器使用 BFD 回显模式来检测隧道，因此隧道两端的路由器之间不会形成 BFD 邻居关系。图 8-11 说明了这个过程。

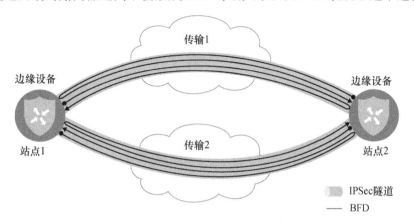

图 8-11　SD-WAN 矩阵中的 BFD 数据包

在图 8-11 中，边缘路由器会在每条隧道内发送 BFD 数据包。当远端路由器收到数据包后，会回传给发送方路由器。BFD 探针的配置参数可以在 BFD 功能模板中设置，功能模板再被设备模板调用。这意味着矩阵中各路由器的 BFD 配置参数可以不同。

8.4.1　故障检测

BFD 功能模板中有几个可选的配置项，如图 8-12 所示。

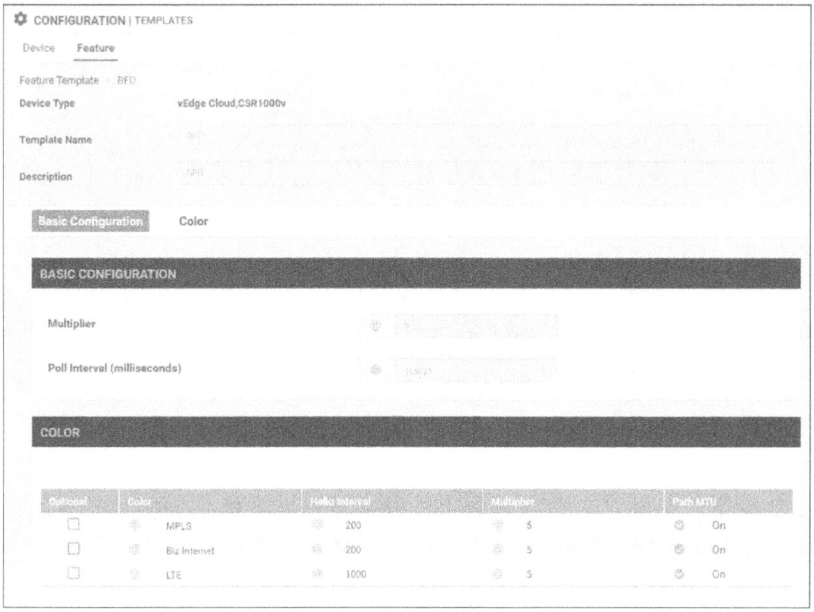

图 8-12　BFD 功能模板

BFD 功能模板分为 BASIC CONFIGURATION 和 COLOR 两部分。BASIC CONFIGURATION 包含与 AAR 相关的配置参数，这个稍后讨论。COLOR 部分包含两个基础设置：Hello Interval 和 Multiplier。如图 8-12 所示，这两个参数可以为不同 Color 的传输链路设置不同的检测参数。一种常见的设计是在有线网络上使用较激进的 BFD 计时器，而在蜂窝网络上使用保守的计时器。因为蜂窝网络往往按照字节数收费。

1. Hello 间隔

Hello 间隔（Hello Interval）用来调整特定隧道中发送 BFD 探测数据包的频率。该计时器的默认值是 1000ms，即每秒发送一个 BFD 探针。在图 8-12 中，MPLS 和 Biz-Internet 传输链路上的 Hello 间隔被设置为 200ms，LTE 的 Hello 间隔为 1000ms。

当同一条隧道的两端设备配置了不同的 BFD 计时器时，BFD 会协商使用较大的值。图 8-13 举例说明了协商的好处。很多时候，广域网边缘路由器在 SD-WAN 隧道两端使用不同的 Color 值。比如，使用 LTE 等传输链路的站点连接到其他分支或数据中心的 Biz-Internet 链路，这些站点的设备很可能没有调整 BFD 参数。此时，协商使用较慢的 BFD 计时器将有助于节省 LTE 的带宽，同时确保在两端都是有线传输链路上建立的隧道继续使用更激进的计时器参数。

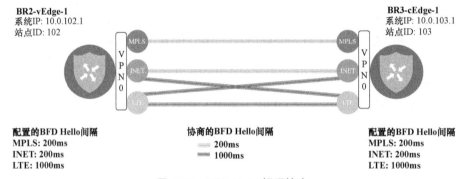

图 8-13 BFD Hello 间隔协商

在图 8-13 的设备上应用图 8-12 的 BFD 功能模板后，跨不同 Color 建立的 SD-WAN 隧道内，BFD 会话将协商使用 Hello 间隔较大的那个值。通过 BR2-vEdge-1 的实时输出可以验证它们的协商结果，如图 8-14 所示。

在图 8-14 输出内容的第一行，从 Biz-Internet 的 TLOC 接口（Hello 间隔为 200ms）与对端路由器的 Biz-Internet 接口建立的隧道内，BFD 会话协商的 Hello 间隔为 200ms（Tx Interval）。在第二行，同一个 TLOC 接口向远端 LTE 接口建立的隧道中，BFD 探针发送间隔的协商结果为 1000ms。

2. 乘数

Multiplier（乘数）值指定了在宣布隧道中断之前可以连续丢失多少个 BFD 探针。该功能是故障检测的基础，对于检测诸如间接中断的情况非常有用。间接中断是指，设备的物理接口处于 up 状态，但链路上没有流量可以转发。相对地，在传输接口的状态从 up 变成 down 时，无须等待检测周期过期，相关的隧道会被立即设置为 down，相应的路由也会被撤回。

默认的 Multiplier 值为 7，在图 8-12 所示的例子中已经把它修改为 5。

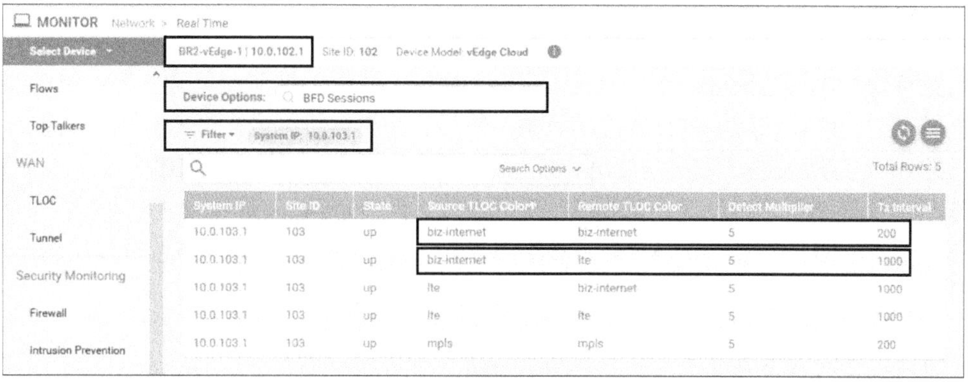

图 8-14 BFD 协商后的 Hello 间隔

根据图 8-12 中的配置，下面以 MPLS 链路为例，分析 Hello 间隔、Hello 乘数和确定故障所需时间的关系。

如图 8-15 所示，如果配置 Hello 间隔为 200ms，Hello 乘数为 5，那么检测到间接电路故障大约需要 1000ms。默认情况下的 Hello 间隔为 1000ms，Hello 乘数为 7，因此系统需要大约 7 秒（1×7）来判定间接中断故障。有关设置这些计时器的更多信息和建议可以在本章后面找到。

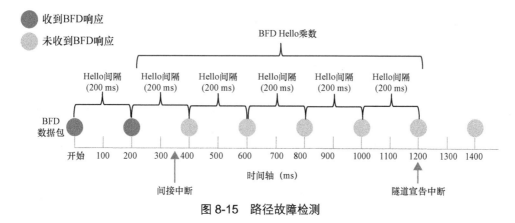

图 8-15 路径故障检测

8.4.2 路径质量监测

除故障检测外，同样的 BFD 数据包还被用来监控每条传输路径的性能和质量。可以在图 8-12 的 BASIC CONFIGURATION 中设置 App-Route Multiplier 和 App-Route Poll Interval 参数来单独控制每台设备的采样乘数和轮询间隔。这两个参数可以在每台设备上单独设置，但只能全局定义，不能针对不同链路使用不同的值。

1. App-Route 轮询间隔

App-Route 轮询间隔（App-Route Poll Interval）定义了一个采样周期。边缘路由器根据这个周期内发送的 BFD 数据包计算出每条隧道丢包、延迟和抖动的情况。App-Route 轮询间隔有时也称为样本桶（bucket），它是采样周期内所有 BFD 数据包的集合。边缘路由器在采样周期结束时，计算该周期内样本的统计值。然后，路由器将综合多个采样周期的统计值与预定义的 SLA 类列表进行比较，得出各条隧道是否合规的结论。最后，按照配置的 App-Route 策略选择相应的隧道来转发应用数据，直到下一个周期的到来，循环往复。

图 8-16 所示为一个以 10 秒为轮询周期的示例，隧道中的 BFD 数据包每秒发送一次。

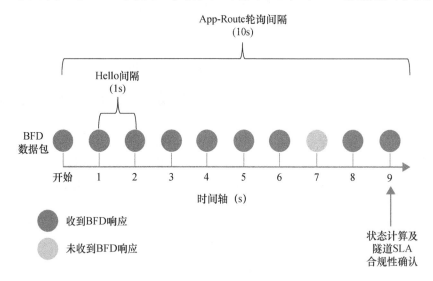

图 8-16　App-Route 轮询间隔示例

从图 8-16 可以看到，采样周期内的样本数量没有显式配置，而是由 App-Route 轮询间隔和 Hello 间隔这两个参数组合决定的。图 8-16 中一个周期内的样本数量为 10 个 BFD 数据包。

再进一步，用表 8-1 中的样本数据计算这个采样周期内隧道丢包、延迟和抖动的具体数值。

表 8-1　App-Route 轮询间隔内的 BFD 采样数据包

BFD 数据包	收到/丢失	往返时间
1	收到	10ms
2	收到	11ms
3	收到	13ms
4	收到	11ms
5	收到	10ms
6	收到	11ms

续表

BFD 数据包	收到/丢失	往返时间
7	收到	10ms
8	丢失	N/A
9	收到	12ms
10	收到	11ms

如前所述，在每个采样周期（App-Route 轮询间隔）结束时，边缘路由器会根据样本桶内的样本信息（BFD 数据包）计算出隧道质量的统计值。根据表 8-2 中的数据，隧道的丢包率是周期内 BFD 数据包成功返回的百分比。延迟是指 BFD 数据包的平均往返时间，抖动则表示为数据包往返时间差的绝对值。后两者仅计算有效样本的算术平均值，示例周期内的延迟值计算为 11ms，抖动值为 1ms。

表 8-2 该轮采样周期的统计值

App-Route 轮询间隔	丢包率	延迟	抖动
0	10%	11ms	1ms

图 8-16 和表 8-2 揭示了一个在配置 App-Route 轮询间隔和 Hello 间隔时的关键问题：只有确保在一个轮询周期内有足够的 BFD 探针时，才能产生统计学意义上的有效结果。在本例中，路径可能只有 0.05% 的丢包，但由于实际丢失的 BFD 数据包占比为 10%，所以丢包率为 10%。

将表 8-2 中统计值与图 8-2 和例 8-1 中配置的 REALTIME_SLA 列表进行比较，可以发现当前的丢包率（10%）超过了 SLA 阈值（2%）。因此，隧道不满足 REALTIME_SLA 列表的要求（即下一节图 8-17 中的时刻 A）。

2. App-Route 乘数

App-Route Multiplier（App-Route 乘数）指定了在判断隧道是否符合 SLA 类列表时，需要经过多少个上面的轮询间隔（即参考多少个样本桶）。App-Route 乘数的最大值和默认值都是 6。在图 8-10 中，配置的 App-Route 乘数值是 3。换句话说，在计算隧道性能时，将使用 3 个样本桶的统计数据。继续前面的例子，第二次 App-Route 轮询周期结束后的统计结果如表 8-3 所示。

表 8-3 两个采样周期后的统计值

App-Route 轮询间隔	丢包率	延迟	抖动
0	0%	10ms	1ms
1	10%	11ms	1ms

第一个采样周期的统计数据被移动到第二行（Interval 1）。新的隧道性能值是根据表 8-3

中两个采样周期的数据平均值来计算的。
- 丢包率=5%
- 延迟=10ms
- 抖动=1ms

图 8-17 详细展示了时间轴上的两个采样周期，以及在每次 App-Route 轮询间隔结束时 SLA 的采样计算结果。如前所述，在 A 时刻，隧道不符合 SLA，它有 10% 的丢包。此时，因为只经历了一个 App-Route 轮询间隔，所以在这个时间间隔内收集的数据是唯一可用的统计信息。

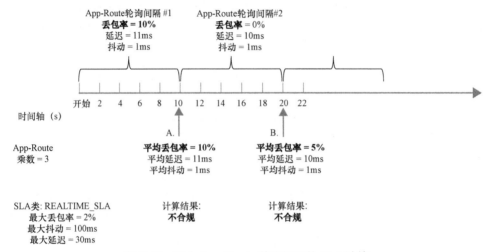

图 8-17　两个 App-Route 轮询间隔的 SLA 计算

再看 B 时刻。第二个采样周期内没有丢包，将第一个周期内的丢包统计值 10%一起合并计算后，得出的平均丢包率为 5%。仍然超过了 SLA 类列表中要求的 2%。

随着时间推移，在经过总共 4 个采样周期后，隧道的 SLA 统计数据如表 8-4 所示。

表 8-4　四个 App-Route 轮询间隔的 BFD 统计值

App-Route 轮询间隔	丢包率	延迟	抖动
0	0%	200ms	25ms
1	0%	11ms	0ms
2	0%	10ms	1ms
~	10%	11ms	1ms

注意，表 8-4 中最后一行的统计信息现在是灰色的。这是因为配置的 App-Route 乘数的值为 3，所以在计算隧道性能时只会考虑最近 3 个采样周期的统计数据。第一个采样周期的统计值已经老化，不再纳入计算。从其余 3 个周期的数据计算出以下平均值：
- 丢包率=0%
- 延迟=73ms

- 抖动=8ms

图 8-18 将时间轴推进到接下来的两个 App-Route 轮询间隔：C 和 D。在 C 时间点，经历了 3 个采样周期。即使没有新的丢包产生，3 个 App-Route 轮询间隔的平均丢包率依然为 3%，不符合 SLA 要求。

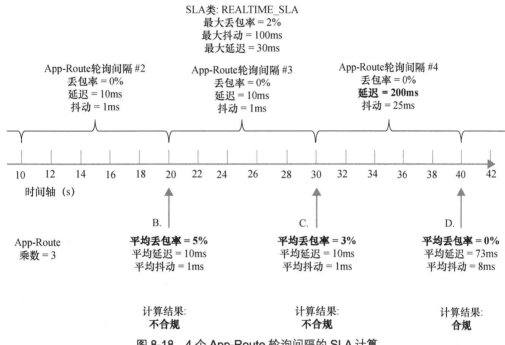

图 8-18　4 个 App-Route 轮询间隔的 SLA 计算

时间来到了 D 时刻，因为 App-Route 乘数设置为 3，所以不再计算第一个采样。统计 B、C、D 处的数值得到现在的平均丢包率为 0%。

如果将 App-Route 乘数配置为 1，那么在 B 时刻，只会计算第二个 App-Route 轮询间隔的采样信息。此时得到的丢包率为 0%，隧道性能符合 SLA 要求。同理，在时间点 C 只计算第三个 App-Route 轮询间隔的采样值的话，那么隧道性能可以兼容应用程序定义的 SLA。由此可见，App-Route 乘数就像一个抑制计时器，防止由于底层网络的瞬时事件，导致应用程序在 SD-WAN 路径之间过度震荡。更大的 App-Route 乘数数值能在计算隧道 SLA 性能时，综合评估更长采样周期内的数据。但相应地，更长的统计周期会延长 App-Route 切换的响应时间。例子中第四轮计算到的延迟已经上升到 200ms，虽然该值高于 SLA 类列表定义的 100ms 的阈值，但将前两个周期的采样值平均后（73ms），依然符合 SLA 的要求。因此，隧道将暂时被视为是合规的。网络管理员需要根据链路的历史表现来调整 App-Route 轮询间隔和乘数的值，尽可能反映出链路真实的 SLA 状态。

SLA 合规性状态仅在 App-Route 轮询间隔结束时重新评估，并根据评估结果决定应用数据的转发路径。另外，有两种情况会立刻切换应用转发路径：设备的物理接口状态变化和隧道接口状态变化。后者可能是由于在 Hello 间隔内没有收到 BFD 的 Hello 数据包导致的。需要调试 Hello 间隔、App-Route 轮询间隔和 App-Route 乘数来适应网络环境，让网络对环境变化有足够的响应能力，同时还要确保有足够的 BFD 数据包来收集有意义的统计数据。虽然更短的 BFD Hello 间隔和更激进的计时器可以让网络对故障的反应更快，但也会增加误报的可能，导致应用数据在隧道间不必要地频繁切换，从而给网络运营团队带来更高的管理负担。

> **注意**：尽管每个企业部署 SD-WAN 的具体设计目标和拓扑都截然不同，但以下的设置不失为一个好的起点。
> - **App-Route 轮询间隔**：120,000ms（2min）。
> - **App-Route 乘数**：6。
> - **Hello 间隔**：1000ms（1s）。
> - **Hello 乘数**：7。
>
> 在这些参数的共同作用下，边缘路由器能在链路间接中断 7s（BFD Hello 间隔× Hello 乘数 =1000ms × 7）后检测并响应问题。路由器以 2min 为周期，不断评估各条隧道性能，并基于最后 12min（App-Rout 轮询间隔 × App-Route 乘数 =2min × 6）的数据来计算是否符合 SLA。每个轮询间隔包含 120 个 BFD 数据包（App-Route 轮询间隔 / Hello 间隔 = 2min / 1s）。每个轮询间隔内 BFD 数据包的数量越多，丢包、延迟抖动的统计数据就越能真实地反映底层传输的性能。
>
> 可以参考 Cisco 验证设计指南（Cisco Validated Design Guides）为特定的网络设计和调整这些计时器的参数。

8.5 流量映射

在得出每条隧道的丢包、延迟和抖动的统计值后，AAR 的最后一步是将应用数据流映射到特定的传输隧道。边缘路由器首先在传统路由表中执行常规查找来确定下一跳。当且仅当路由表中有多条等价路径时，才会依据 App-Route 策略来评估路径，做出转发决策。

AAR 的转发决策

本节将继续使用第 6 章和第 7 章的示例网络，重点关注分支站点 2（10.1.102.0/24）访问分支站点 3（10.1.103.0/24）的流量。策略执行的效果会在 BR2-vEdge-1 上通过 **show** 命令验证。图 8-19 所示为这两个分支站点的部分拓扑。

1. 常规路由查找

结合图 8-19 的网络拓扑，开始分析 App-Route 策略如何为流量选择转发路径。流程的第一步是根据流量的目的地址在边缘路由器的路由表中执行常规路由查找。

任何 App-Route 策略生效前，总是先查询路由表。当路由表中有多条转发数据的等价路由时，才会开始评估 App-Route 策略，通过策略从等价路由中选出一条或多条路径转发数据。如果在路由表中只找到一条路由，那么流量就按照这条唯一的路径转发，App-Route 策略将被忽略。总之，App-Route 策略用来在多条等价路由中做出选路决策。

图 8-19　AAR 的站点拓扑

如例 8-2 所示，边缘路由器的路由表中有 3 条通往分支站点 3（10.1.103.0/24）的等价路由。请注意，这些路由的状态标志都是"F，S"，表示它们都被选中并安装到转发信息库（Forwarding Information Base，FIB）。此外，该输出还显示了每条路由的 **tloc-color**，说明这些路由跨越了三种不同的链路：MPLS、Biz-Internet 和 LTE，如图 8-19 所示。

例 8-2　路由表中的等价路由

```
BR2-vEdge-1# show ip routes vpn 1 10.1.103.0/24 detail

<<<Omitted>>>

Codes Status flags:
  F -> fib, S -> selected, I -> inactive,
  B -> blackhole, R -> recursive


""-----------------------------------------
 VPN 1      PREFIX 10.1.103.0/24
-------------------------------------------
 proto              omp
 distance           250
 metric             0
 uptime             0:00:36:13
 tloc-ip            10.0.103.1
 tloc-color         mpls
 tloc-encap         ipsec
 nexthop-label      1001
 status             F,S
-------------------------------------------
 VPN 1      PREFIX 10.1.103.0/24
-------------------------------------------
```

```
     proto               omp
     distance            250
     metric              0
     uptime              0:00:36:13
     tloc-ip             10.0.103.1
     tloc-color          biz-internet
     tloc-encap          ipsec
     nexthop-label       1001
     status              F,S

    -----------------------------------------
     VPN 1       PREFIX 10.1.103.0/24
    -----------------------------------------
     proto               omp
     distance            250
     metric              0
     uptime              0:00:36:13
     tloc-ip             10.0.103.1
     tloc-color          lte
     tloc-encap          ipsec
     nexthop-label       1001
     status              F,S

    BR2-vEdge-1#
```

2. SLA 操作

如果一个网络前缀在路由表中有多条可选的等价路由，并且已经创建了一个应用感知的路由策略匹配该前缀的流量，那么就会评估策略中的 SLA 操作。下面具体分析例 8-3 的策略内容。在 vSmart 上使用命令 **show running-config policy** 可以显示这个完整的策略，它是例 8-1 的策略扩展。

例 8-3　扩展的 App-Route 策略

```
vSmart-1# show running-config policy
policy
 sla-class BULK_DATA_SLA
  loss     10
  latency 300
 !
 sla-class CRITICAL_DATA_SLA
  loss     5
  latency 150
 !
 sla-class REALTIME_SLA
  loss     2
  latency 100
```

```
   jitter   30
  !
app-route-policy _CorporateVPN_Expande_-170838785
 vpn-list CorporateVPN
  sequence 1
   match
    source-ip 0.0.0.0/0
    dscp      46
   !
   action
    sla-class REALTIME_SLA preferred-color mpls
    backup-sla-preferred-color mpls
   !
  !
  sequence 11
   match
    source-ip 0.0.0.0/0
    app-list REALTIME_DATA_TRANSFER
   !
   action
    sla-class CRITICAL_DATA_SLA strict preferred-color mpls
   !
  !
  sequence 21
   match
    source-ip 0.0.0.0/0
    app-list CRITICAL_DATA
   !
   action
    sla-class CRITICAL_DATA_SLA preferred-color mpls biz-internet
   !
  !
  sequence 31
   match
    source-ip 0.0.0.0/0
    dscp      8
   !
   action
    sla-class BULK_DATA_SLA preferred-color biz-internet
   !
  !
 !
!
lists
 vpn-list CorporateVPN
  vpn 1
 !
```

```
  app-list CRITICAL_DATA
   app-family audio_video
   app-family erp
   app-family microsoft-office
   app-family microsoft_office
   app-family network-management
   app-family network_management
   app-family terminal
   app-family thin-client
   app-family thin_client
   app-family web
  !
  app-list REALTIME_DATA_TRANSFER
   app tftp
  !
  site-list BranchOffices
   site-id 100-199
  !
  site-list DCs
   site-id 10-50
  !
 !
!
vSmart-1#
```

这个扩展策略中添加了两个新的 SLA 类列表：CRITICAL_DATA_SLA 和 BULK_DATA_SLA。请注意，这些新的 SLA 类列表没有配置抖动值，因此，将不评估隧道的抖动。

计算和评估每条隧道的质量对边缘路由器来说是一项 CPU 密集型和内存密集型的任务，而且需要在每次轮询周期结束后重新执行。因此，从软件版本 19.2 开始，每台边缘路由器上只能使用 4 个 SLA 类列表。虽说如此，一个 vSmart 策略最多可以包含 8 个不同的 SLA 类列表，只是在为特定边缘路由器配置 App-Route 策略时，只能调用其中的 4 个。网络管理员可以活用这项功能将 SLA 类列表分组调用到不同性质的站点。比如，为企业的国内站点配置一组 SLA 类列表，而为其海外站点配置另一组 SLA 类列表。

例 8-3 中的 App-Route 策略新增了几条额外的规则。每条规则都是 **match** 和 **action** 语句的结构化序列。这些序列的 **action** 语句在命令 **sla-class action** 中调用了一个 SLA 类列表（在本例中是 REALTIME_SLA、CRITICAL_DATA_SLA 或 BULK_DATA_SLA），随后列出一个或多个优选的 TLOC Color 值。这样，凡是与命令中列举的 TLOC Color 值匹配的隧道，都将根据 SLA 类列表的要求评估传输质量。如果一条或多条隧道满足 SLA 类列表定义的阈值，那么这些隧道就会被用来转发流量。

查看新增的规则 sequence 1，它的配置可以解读为，DSCP 字段值为 46 的数据包需要一个满足 REALTIME_SLA 列表要求的传输隧道。如果 Color 为 **mpls** 的隧道能够满足这一要求，就使用该隧道转发流量。通过用例 8-4 中的命令可以查看这个过程。

例 8-4　查看隧道是否符合 SLA

```
BR2-vEdge-1# show app-route sla-class

INDEX    NAME                  LOSS    LATENCY    JITTER
-----------------------------------------------------------
0        __all_tunnels__       0       0          0
1        BULK_DATA_SLA         10      300        0
2        CRITICAL_DATA_SLA     5       150        0
3        REALTIME_SLA          2       100        30

BR2-vEdge-1# show app-route stats local-color mpls remote-system-ip 10.0.103.1
app-route statistics 172.16.102.2 172.16.103.2 ipsec 12346 12346
 remote-system-ip   10.0.103.1
 local-color        mpls
 remote-color       mpls
 mean-loss          0
 mean-latency       7
 mean-jitter        1
 sla-class-index    0,1,2,3

         TOTAL            AVERAGE    AVERAGE    TX DATA    RX DATA
INDEX    PACKETS   LOSS   LATENCY    JITTER     PKTS       PKTS
------------------------------------------------------------------
0        10        0      7          1          0          0
1        10        0      7          1          0          0
2        10        0      8          1          0          0
BR2-vEdge-1#
```

在例 8-4 中，REALTIME_SLA 列表的 **sla-class-index** 值为 3。然后，用命令 **show app-route stats** 查看特定的隧道符合哪些 SLA 类列表。当前，BR2-vEdge-1 上的 **mpls** 隧道符合 SLA，App-Route 策略也将 **mpls** 作为首选 Color，因此 DSCP 字段值为 46 的数据包会通过该隧道转发。

还可以通过 vManage 中的流量模拟故障排除工具进行验证，如图 8-20 所示。

图 8-20　使用流量模拟工具验证 AAR

继续分析例 8-3 中 sequence 1 的操作语句 **sla-class REALTIME_SLA preferred-color mpls**。假如 **mpls** 隧道不符合要求，而存在其他符合要求的 Color，那么流量将通过这些符合要求的隧道转发。使用命令 **show app-route stats** 也能验证这一点，如例 8-5 所示。

例 8-5 查看各条隧道的合规性

```
BR2-vEdge-1# show app-route stats remote-system-ip 10.0.103.1
app-route statistics 100.64.102.2 100.64.103.2 ipsec 12346 12346
 remote-system-ip 10.0.103.1

 local-color         biz-internet
 remote-color        biz-internet
 mean-loss           0
 mean-latency        25
 mean-jitter         18
 sla-class-index     0,1,2,3

        TOTAL           AVERAGE  AVERAGE  TX DATA  RX DATA
 INDEX  PACKETS  LOSS   LATENCY  JITTER   PKTS     PKTS
 ---------------------------------------------------------
 0      10       0      62       34       0        0
 1      10       0      11       17       0        0
 2      10       0      3        2        0        0

<<<Omitted for Brevity>>>

app-route statistics 100.127.102.2 100.127.103.2 ipsec 12346 12346
 remote-system-ip 10.0.103.1
 local-color         lte
 remote-color        lte
 mean-loss           0
 mean-latency        10
 mean-jitter         13
 sla-class-index     0,1,2,3

        TOTAL           AVERAGE  AVERAGE  TX DATA  RX DATA
 INDEX  PACKETS  LOSS   LATENCY  JITTER   PKTS     PKTS
 ---------------------------------------------------------
 0      10       0      9        11       0        0
 1      10       0      4        1        0        0
 2      10       0      17       27       0        0

app-route statistics 172.16.102.2 172.16.103.2 ipsec 12346 12346
 remote-system-ip 10.0.103.1
 local-color         mpls
 remote-color        mpls
```

```
mean-loss           6
mean-latency        3
mean-jitter         3
sla-class-index     0,1

         TOTAL           AVERAGE  AVERAGE  TX DATA  RX DATA
INDEX    PACKETS  LOSS   LATENCY  JITTER   PKTS     PKTS
-------------------------------------------------------------
0        10       2      2        2        0        0
1        10       0      4        6        0        0
2        10       0      2        1        0        0

BR2-vEdge-1#
```

例 8-5 的输出表明，**biz-internet** 和 **lte** 隧道符合 sla-class-index 3（REALTIME_SLA）的要求，而 **mpls** 隧道只符合 sla-class-index 0 和 1（_all_tunnels_ 和 BULK_DATA_SLA）的要求，这是由于 **mpls** 隧道上检测到 6% 的平均丢包率。此时，DSCP 46 的流量将通过 **biz-internet** 和 **lte** 隧道转发，如图 8-21 所示。

图 8-21　使用流模拟工具验证 AAR

图 8-21 创建了与图 8-20 相同的模拟流量，模拟结果表明，当首选 Color 不符合配置的 SLA 类列表要求时，将在其他符合该 SLA 的隧道间等价负载流量。于是，本例中会有总共 4 条隧道用于流量转发（biz-internet 和 lte 之间也建立了隧道，反之亦然）。

到目前为止的例子中，**preferred-coloc [color]** 命令仅指定了一种 Color 作为首选。实际上，这条命令可以指定多种 Color。回到例 8-3 App-Route 策略的 sequence 21 命令块，为

CRITICAL_DATA 指定了多种首选 Color：**sla-class CRITICAL_DATA_SLA preferred-color mpls biz-internet**。此时，如果用这些 Color 建立的隧道都符合 SLA 类列表要求，那么应用将基于流在这些隧道间负载分担。如果检测后，只有一条以首选 Color 建立的隧道符合要求，那么流量就在该隧道上转发，与例 8-5 的情况相同。最后，当所有配置的首选 Color 都不符合 SLA 要求时，流量就会通过任何符合 SLA 的其他 Color 建立的隧道上转发。该配置命令的另一种变化是指定 SLA 类列表，但不设置首选 Color。在这种情况下，流量将在符合 SLA 的所有隧道之间负载分担。

接下来讨论当所有隧道都不满足 SLA 时，边缘路由器对数据包的处理方式，如例 8-6 所示。

例 8-6　查看各条隧道的合规性

```
BR2-vEdge-1# show app-route stats remote-system-ip 10.0.103.1 | i app\|sla\|col
app-route statistics 100.64.102.2 100.64.103.2 ipsec 12366 12366
 local-color        biz-internet
 remote-color       biz-internet
 sla-class-index    0
app-route statistics 100.64.102.2 100.127.103.2 ipsec 12366 12366
 local-color        biz-internet
 remote-color       lte
 sla-class-index    0
app-route statistics 100.127.102.2 100.64.103.2 ipsec 12366 12366
 local-color        lte
 remote-color       biz-internet
 sla-class-index    0
app-route statistics 100.127.102.2 100.127.103.2 ipsec 12366 12366
 local-color        lte
 remote-color       lte
 sla-class-index    0
app-route statistics 172.16.102.2 172.16.103.2 ipsec 12366 12346
 local-color        mpls
 remote-color       mpls
 sla-class-index    0
BR2-vEdge-1#
```

当所有隧道都不符合配置的 SLA 时，边缘路由器将根据 App-Route 策略中的几个配置选项来决定转发操作。首先是最简单的情形，如例 8-7 中的 sequence 31，规则内只配置了 **sla-class** 操作命令。此时，流量将在所有可用的传输中负载分担，即使隧道的传输质量都不达标。

例 8-7　隧道质量不符合 SLA 时的配置选项

```
vSmart-1# show running-config policy

<<< Omitted>>>
```

```
app-route-policy _CorporateVPN_Expande_-170838785
 vpn-list CorporateVPN
  sequence 1
   match
    source-ip 0.0.0.0/0
    dscp     46
   !
   action
! When the backup-sla-preferred-color command is supplied, traffic is forwarded
! across that color or colors if no colors can meet the required SLA
    sla-class REALTIME_SLA preferred-color mpls
    backup-sla-preferred-color mpls
   !
  !
  sequence 11
   match
    source-ip 0.0.0.0/0
    app-list REALTIME_DATA_TRANSFER
   !
   action
! When the strict command is supplied, traffic is forwarded across the
! preferred color if the preferred color is able to meet the SLA. If the
! preferred color does not meet the SLA, but any other color does, the
! traffic will be forwarded on that tunnel. If there are no colors that
! meet the required SLA, the traffic is dropped.
    sla-class CRITICAL_DATA_SLA strict preferred-color mpls
   !
<<< Omitted>>>
   !
  sequence 31
   match
    source-ip 0.0.0.0/0
    dscp     8
   !
   action
! When no other arguments are configured, and no colors meet the SLA, then the
! traffic is load shared per flow across all available paths. This functionality
! is equivalent to not having an app-route policy configured.
    sla-class BULK_DATA_SLA preferred-color biz-internet
   !
```

其次，有两条配置命令 **backup-sla-preferred-color** 和 **strict**，可以用来手工指定所有隧道都不符合 SLA 时的路由器操作。

命令 **backup-sla-preferred-color** 定义了转发流量的备用 Color。例 8-7 的规则 sequence 1 就配置了这条命令。把首选 Color 和备用 Color 都设置为 **mpls**，虽然乍一看很奇怪，但这是一种常用的配置选择。它应该这么理解。

1. 如果 MPLS 隧道满足 SLA 要求，那么就在 MPLS 隧道上转发流量。
2. 如果 MPLS 隧道不满足 SLA 要求，而其他隧道满足，就用满足 SLA 要求的隧道转发流量。
3. 如果没有符合 SLA 要求的隧道，则在 MPLS 隧道上转发流量。

MPLS 链路运营商通常对 SLA 有承诺，所以例 8-7 中的规则 sequence 1 将延迟敏感、实时通信的数据流优先选择在 MPLS 路径上传输，只要传输性能符合 SLA。如果 MPLS 路径不符合 SLA，而其他的传输隧道能够达标，那么这个实时流量就通过该隧道转发。如果没有任何传输路径能够满足所需的 SLA（网管今天点儿太背了），那么这些延迟敏感的数据将不得不通过 MPLS 路径转发，毕竟它们有链路运营商的 SLA 承诺。用户只好祈祷链路质量能尽快恢复了。

最后一个配置可选项是 **strict** 关键字，如例 8-7 中的 sequence 11 所示。**strict** 选项规定，如果没有满足 SLA 要求的 Color，就丢弃而不是转发流量。**backup-sla-preferred-color** 和 **strict** 在逻辑上是相反的。当没有满足 SLA 要求的路径时，**backup-sla-preferred-color** 选项用于指定将流量转发到哪里，**strict** 则指示路由器直接丢弃流量。因此，这两个选项是互斥的，不能同时配置。

> **注意**：strict 关键字可能用于非常特殊的应用（例如 SCADA 网络，该网络对及时提供监控流量至关重要），它不是常用的选项。它给网络管理员带来的混乱往往多过价值，用户最好尽量避免使用它。

8.6 总结

本章讨论了用 Cisco SD-WAN 创建 App-Route 策略的基础知识。在数据平面建立的每条 SD-WAN 隧道都会自动发送 BFD 探针。这些探针有两种用途：检测两台边缘路由器之间的转发路径是否仍然有效；判断转发路径的丢包、延迟和抖动情况。它用这些路径的实时状况信息为转发过程提供决策，确保关键业务应用能够利用符合 SLA 要求的路径发送。总之，App-Route 策略可帮助企业摆脱昂贵的传统链路运营商，采用商用 Internet 链路进行传输，而不必在应用性能上妥协。

第 9 章

本地策略

本章涵盖以下主题。
- **本地策略简介**：简述不同类型的本地策略，以及它们与 Cisco SD-WAN 解决方案中其他策略之间的关系。
- **本地控制策略**：详解本地控制策略，以及如何用它来操控向 SD-WAN 矩阵外部发送的路由通告。
- **本地数据策略**：介绍本地数据策略的构建和使用方法，尤其是访问控制列表。
- **服务质量策略**：讲解使用本地策略构建和应用服务质量（QoS），包括分类、排队和拥塞管理等。

如第 5 章所述，Cisco SD-WAN 解决方案主要使用两种类型的策略：集中策略和本地策略。第 6 章到第 8 章着重讨论了不同类型的集中策略，本章开始介绍本地策略。与集中策略（集中控制策略和集中数据策略）的分类一样，本地策略也可以分为本地控制策略和本地数据策略。本章将讲解本地策略的类型、配置和应用方法，以及它们的常见用例。

9.1 本地策略简介

本地策略的两种主要类型是本地控制策略和本地数据策略。前文中讲到，集中控制策略用来操控 Cisco SD-WAN 矩阵的控制平面和路由通告，本地控制策略也一样。当边缘设备与矩阵外围的路由器用 BGP、OSPF、EIGRP 建立连接时，可用本地控制策略来操控外围的路由通告。它不仅可以过滤路由，还可以操控路由的属性，例如 OSPF 开销、BGP 本地属性、EIGRP 延迟等。而在处理边缘路由器数据平面的单个数据包或数据流时，就要用到本地数据策略，它主要分为 ACL 和 QoS 两种类型。当数据包或数据流经过路由器时，ACL 用于过滤、重写或应用额外的服务，而 QoS 则用来标记、排队和调度数据包，让网络管理员优先处理某些类别的流量。虽然集中策略和本地策略在结构上有许多相似之处，但是集中策略是在 vSmart 上激活的，而本地策略是作为边缘设备配置模板的一部分在 vManage 上应用的，因此这两种类型的策略没有通用的配置元素或列表可以共享。图 9-1 所示为这些不同类型的策略之间的关系。

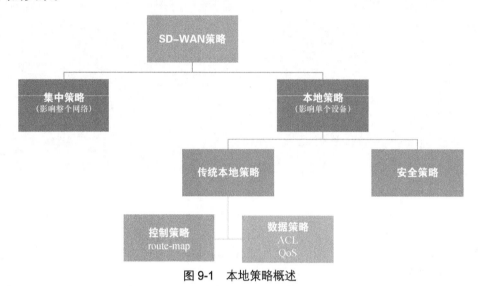

图 9-1 本地策略概述

除了本地控制策略和本地数据策略外，还有一种特殊类型的本地策略，称为安全策略。安全策略将在第 10 章详细讨论。

9.2 本地控制策略

本地控制策略的用途是，在边缘路由器向其他路由域通告路由时，操控路由条目的属性或彻底过滤掉路由。这样做的原因之一是，在多宿主站点上，可以区别主备路由器的角色，优先选择其中一台边缘路由器转发数据。尽管 Cisco SD-WAN 解决方案采用双活高可用性设计，每台路由器都能够转发任何接收到的流量，没有备用路由器的概念，但以这样的方式部署网络，确保特定的流量流经特定的路由器，仍然有一些优势。

第 6 章的用例 3 详细讨论了这种架构设计。通过调整 TLOC 参数，完成了流量工程中广域网侧的配置任务，接下来的例子将展示如何在局域网侧使用不同的路由策略来实现流量工程。

图 9-2 所示为 DC1 的详细拓扑。可以看到，这个例子中有两台边缘路由器连接到同一个传统核心交换机。默认情况下，核心交换机将在两台边缘路由器之间负载分担流量。

为了实现路由对称，需要调整 DC1-vEdge-1 和 DC1-vEdge-2 的路由通告，让前者向 LAN 侧通告的路由更优。这样，在稳定状态下，从数据中心去往广域网的流量会更倾向于 DC1-vEdge-1。在环境中，边缘路由器和数据中心核心间运行 eBGP 协议，因此可以操纵 BGP

属性来达成需求，如 AS 路径预附加（AS Path Prepending）。本例调整了 MED 属性（即 Metric），利用 MED 值低优先的特点，把 DC1-vEdge-1 通告的路由 MED 设置为 100，DC1-vEdge-2 设置为 1000。

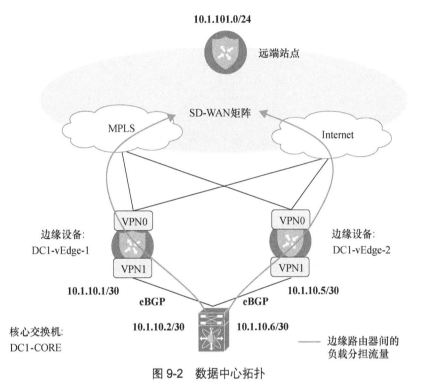

图 9-2 数据中心拓扑

如例 9-1 所示，应用策略前，DC1-CORE 的路由条目都有两个等价的下一跳（10.1.10.1 和 10.1.10.5）。在这种默认状态下，DC1-CORE 将使用 ECMP 在两台边缘路由器之间负载分担流量。

例 9-1 DC1-CORE 的路由表

```
DC1-CORE#sho ip route bgp
Codes: L - local, C - connected, S - static, R - RIP, M - mobile, B - BGP
       D - EIGRP, EX - EIGRP external, O - OSPF, IA - OSPF inter area
       N1 - OSPF NSSA external type 1, N2 - OSPF NSSA external type 2
       E1 - OSPF external type 1, E2 - OSPF external type 2
       i - IS-IS, su - IS-IS summary, L1 - IS-IS level-1, L2 - IS-IS level-2
       ia - IS-IS inter area, * - candidate default, U - per-user static route
       o - ODR, P - periodic downloaded static route, H - NHRP, l - LISP
       a - application route
       + - replicated route, % - next hop override, p - overrides from PfR
Gateway of last resort is 192.168.255.1 to network 0.0.0.0
      10.0.0.0/8 is variably subnetted, 11 subnets, 3 masks
```

254 第 9 章 本地策略

```
B        10.1.20.0/30 [20/1000] via 10.1.10.5, 00:01:49
                      [20/1000] via 10.1.10.1, 00:01:49
B        10.1.20.4/30 [20/1000] via 10.1.10.5, 00:01:49
                      [20/1000] via 10.1.10.1, 00:01:49
B      10.1.101.0/24 [20/1000] via 10.1.10.5, 00:01:49
                      [20/1000] via 10.1.10.1, 00:01:49
B      10.1.102.0/30 [20/1000] via 10.1.10.5, 00:01:49
                      [20/1000] via 10.1.10.1, 00:01:49
B      10.1.103.0/24 [20/1000] via 10.1.10.5, 00:01:49
                      [20/1000] via 10.1.10.1, 00:01:49
DC1-CORE#
```

本地控制策略的构建过程与前面各章介绍的集中策略类似，但策略的应用过程略有不同。本章的第一个例子通过 vManage GUI 配置了整个策略；而对于本章的其他例子，仅展示 CLI 配置。

配置过程的第一步是创建路由策略。本地路由策略在结构上与第 6 章介绍的集中控制策略相同，它属于本地控制策略的一部分。对于这个特殊的例子，将创建两个不同的路由策略，一个设置 MED 值为 100，一个设置 MED 值为 1000。在 vManage 上打开 **Configuration > Policies** 页面，然后在右上角的 **Custom Options** 菜单中选择 **Route Policy**，如图 9-3 所示。

图 9-3　进入路由策略配置界面

在新的页面上单击 **Add Route Policy** 菜单下的 **Create New** 选项，如图 9-4 所示。

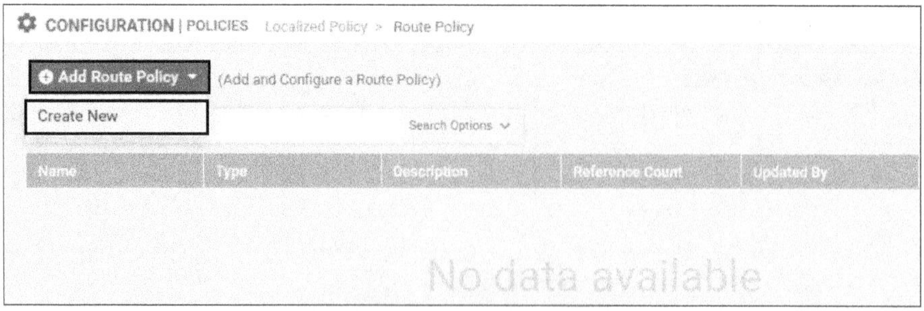

图 9-4　新建路由策略

在打开的路由策略配置页面中，首先需要填写策略名称和描述信息。接着，单击页面左侧的 **Sequence Type** 按钮来添加一个新的序列类型，如图 9-5 所示。在本地控制策略中，唯一可用的序列类型是路由序列，因此这个按钮会自动添加一个新的路由序列（见图中左侧的阴影显示）。在新的路由序列中，单击 **Sequence Rule** 添加一个新的序列规则。由于这个 MED 值将应用到边缘路由器通告的所有路由，因此没有指定匹配条件。为了让第一个序列规则允许所有的路由，单击 **Actions** 标签并选择 **Accept** 选项。然后从操作列表中选择 Metric，指定 MED 值为 **100**。最后，单击 **Save Match and Actions** 按钮保存这条规则，并单击页面底部的 **Save Route Policy** 按钮，即可完成路由策略的配置。

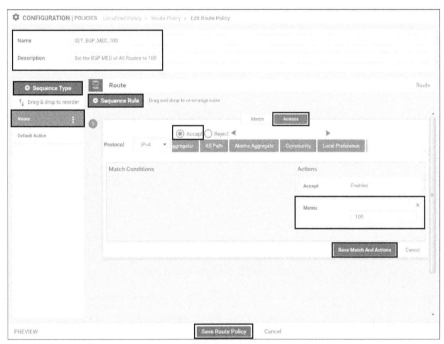

图 9-5 设置 BGP MED 值为 100

单击图 9-5 中左下角的 **PREVIEW** 按钮可以查看策略完整的 CLI 输出。例 9-2 显示了目前的策略配置。

例 9-2 路由策略的 CLI 输出

```
route-policy SET_BGP_MED_100
  sequence 1
   action accept
    set
     metric 100
    !
   !
  !
 default-action reject
!
```

注意：本策略中的 **default-action** 步骤不起作用，因为 sequence 1 能匹配所有路由。而在通常情况下，网络管理员需要特别留意 **route-policy** 配置中的 **default-action** 语句。

重复上面的步骤来创建第二个路由策略，将 DC1-vEdge-2 通告的路由设置 MED 值为 1000，如图 9-6 所示。

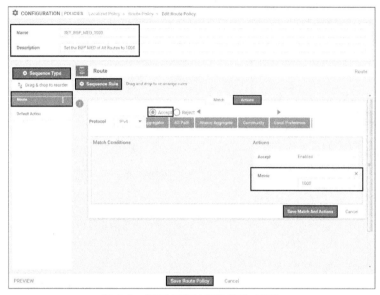

图 9-6　设置 BGP MED 值为 1000

路由策略创建后，还需配置一个本地策略。单个集中策略可以包含很多不同的组件，本地策略的结构也是如此。一个本地策略可以应用在任何路由器上，它能包含多个本地控制策略和本地数据策略，这些子策略可以应用在本地路由器配置的不同地方。在如图 9-7 所示的本地策略界面中单击 **Add Policy** 按钮，启动本地策略配置向导。

图 9-7　通过策略配置向导来新建本地策略

请在本地策略配置向导的前几个步骤中，一直单击 Next 按钮，直到进入 **Configure Route Policy** 配置页面。如图 9-8 和图 9-9 所示，在第一个页面上，单击 **Add Route Policy > Import Existing** 按钮，通过导入之前创建的两个路由策略，将它们关联到这个本地策略中。

图 9-8　导入已有路由策略

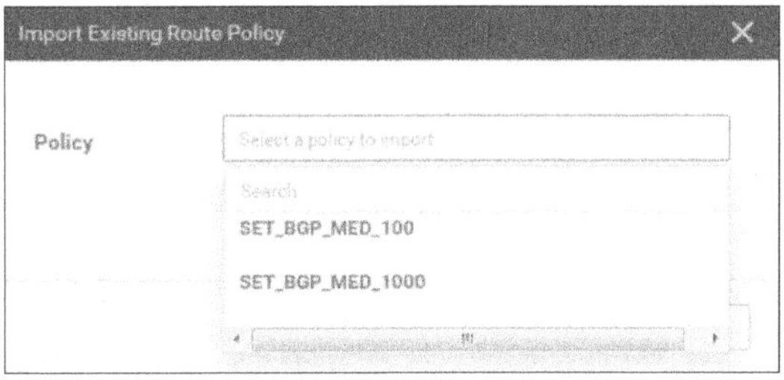

图 9-9　选择要导入的路由策略

路由策略导入后，只需要配置本地策略的名称和描述，如图 9-10 所示。然后请单击屏幕底部的 **Save Policy** 按钮保存。

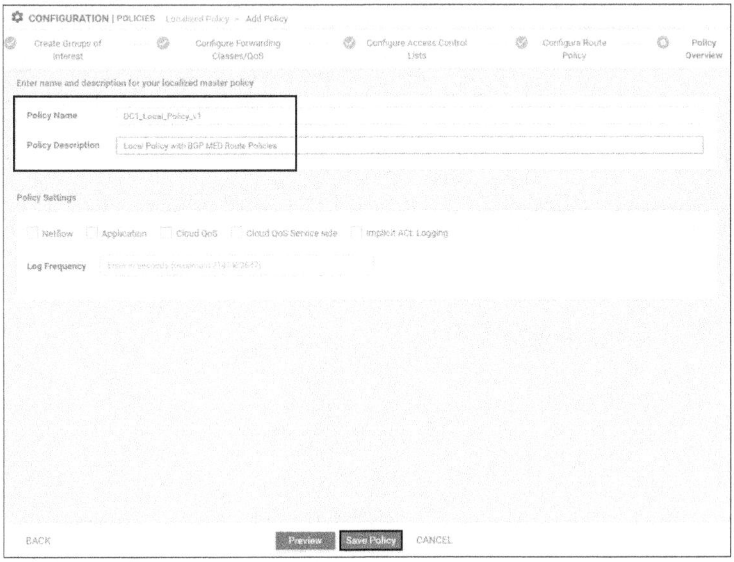

图 9-10　保存本地策略

让本地策略生效的第一步是把它关联到设备模板。进入设备模板的编辑页面，在 **Additional Templates** 区域选择要应用的本地策略，如图 9-11 所示。

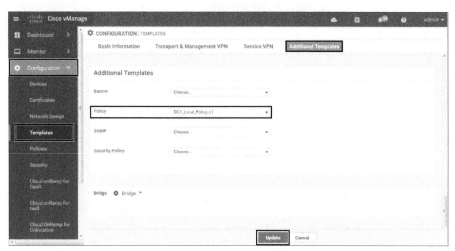

图 9-11　将本地策略关联到设备模板中

策略应用后，单击设备模板页面底部的 **Update** 按钮，就能立刻将配置变更推送到该模板关联的所有设备上。当关联多台设备时，用户会收到警告，提示 vManage 正在更改多台设备的配置。

集中策略和本地策略之间最大的区别之一是策略的应用位置。集中策略应用在 vSmart 上，而本地策略作为配置的一部分应用在边缘设备上。

让本地策略生效的第二步是，将其应用到最终被使用的功能模板上。与 Cisco IOS 路由器类似，创建 route-map 的过程本身并不能让它立即生效。同理，必须在配置中引用路由策略才能真正激活。用 CLI 查看边缘路由器的配置就可以发现这一点，如例 9-3 所示。路由策略已经保存在当前的配置（running configuration）中，但 BGP 命令块没有引用路由策略，因此不会有任何效果。

例 9-3　查看设备配置中的路由策略

```
! Route-Policies are visible in the configuration of the WAN Edge router.
!
DC1-vEdge-1# show running-config policy
policy
 route-policy SET_BGP_MED_100
  sequence 1
   action accept
    set
     metric 100
    !
   !
```

```
   !
   default-action reject
  !
  route-policy SET_BGP_MED_1000
   sequence 1
    action accept
     set
      metric 1000
     !
    !
   !
   default-action reject
  !
 !

! The route polices are not yet applied to any routing protocol.
DC1-vEdge-1# sho run vpn 1
vpn 1
 router
  bgp 65500
   propagate-aspath
   address-family ipv4-unicast
    redistribute omp
   !
   neighbor 10.1.10.2
    no shutdown
    remote-as 10
    address-family ipv4-unicast
    ! <<<No Route Policy Applied Here>>>
    !
   !
  !
 !
 interface ge0/2
  ip address 10.1.10.1/30
  no shutdown
 !
!
DC1-vEdge-1#
!
! The only reference to the name of the policy is in the policy definition.
! The policy is not currently applied anywhere in the configuration.
DC1-vEdge-1# show run | include _BGP_
 route-policy SET_BGP_MED_100
 route-policy SET_BGP_MED_1000
DC1-vEdge-1#
```

注意： 从操作顺序上讲，必须先将本地策略绑定到设备模板，然后才能在设备配置中引用各个组件策略。对于不熟悉这个顺序的工程师来说，如果反其道而行之，把本地策略关联到设备模板前就在 BGP 配置中引用 route-map，那么 vManage 会提示语法错误，指出在本地策略配置中找不到引用的 route-map。因此，在引用本地策略的组件之前，必须先绑定本地策略到设备模板。

在本地策略成功关联到设备模板后，就可以回过头来更新 BGP 功能模板了，这样配置的 BGP 邻居能调用新的 route-map。如图 9-12 所示，需要将 **Address Family** 单选按钮设置为 **On**，在 **Address Family** 下拉菜单中选择 **ipv4-unicast**。接着选中 **Route Policy Out** 单选按钮，为 **Policy Name** 创建一个名为 BGP_ROUTE_POLICY_OUT 的变量。

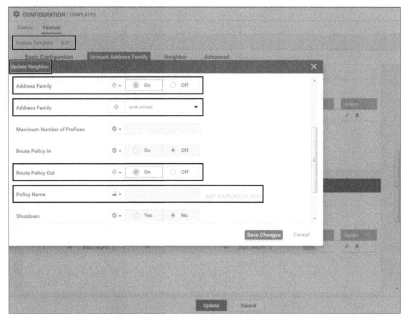

图 9-12　向设备模板添加本地策略

将路由策略的名称定义为变量，可以在两台路由器上使用相同的策略配置，用变量值加以区分，来引用两个不同的 route-map。这种结构可以最大限度地复用模板。保存配置后，系统要求提供路由策略的名称。本例中，为 DC1-vEdge-1 应用路由策略 **SET_BGP_MED_100**，为 DC1-vEdge-2 应用 **SET_BGP_MED_1000**。

应用变更后，可以在两台边缘路由器上通过命令行查看 VPN 1 关于 BGP 的完整配置，如例 9-4 所示。

例 9-4　查看设备配置中应用的路由策略

```
! Each WAN Edge router is applying a different route-policy.
!
```

```
DC1-vEdge-1# sho run vpn 1
vpn 1
 router
  bgp 65500
   propagate-aspath
   address-family ipv4-unicast
    redistribute omp
   !
   neighbor 10.1.10.2
    no shutdown
    remote-as 10
    address-family ipv4-unicast
     route-policy SET_BGP_MED_100 out
    !
   !
  !
 !
 interface ge0/2
  ip address 10.1.10.1/30
  no shutdown
 !
!
DC1-vEdge-1#

DC1-vEdge-2# sho run vpn 1
vpn 1
 router
  bgp 65500
   propagate-aspath
   address-family ipv4-unicast
    redistribute omp
   !
   neighbor 10.1.10.6
    no shutdown
    remote-as 10
    address-family ipv4-unicast
     route-policy SET_BGP_MED_1000 out
    !
   !
  !
 !
 interface ge0/2
  ip address 10.1.10.5/30
  no shutdown
 !
!
DC1-vEdge-2#
```

262　第 9 章　本地策略

　　在应用例 9-4 中的配置之后,回到例 9-5 中的 DC 核心路由器,可以看到路由器仍然收到两组 BGP 通告:一组来自 DC1-vEdge-1;另一组来自 DC1-vEdge-2。但是,只有 DC1-vEdge-1 通告的路由被选择为最佳路径并被插入到路由表。这样一来,可以确保核心交换机在网络稳定时将所有流量都发送到 DC1-vEdge-1 路由器。

例 9-5　查看路由策略对邻居路由器的影响

```
!
! Routes from both WAN Edge routers are present in the BGP table, but the different
! MED (metric) values influence the BGP path selection algorithm to select only the
! routes from DC1-vEdge-1.
!
DC1-CORE#sho ip bgp
BGP table version is 16, local router ID is 192.168.255.8
Status codes: s suppressed, d damped, h history, * valid, > best, i - internal,
              r RIB-failure, S Stale, m multipath, b backup-path, f RT-Filter,
              x best-external, a additional-path, c RIB-compressed,
              t secondary path, L long-lived-stale,
Origin codes: i - IGP, e - EGP, ? - incomplete
RPKI validation codes: V valid, I invalid, N Not found

     Network          Next Hop            Metric LocPrf Weight Path
 *   10.1.20.0/30     10.1.10.5             1000             0 65500 ?
 *>                   10.1.10.1              100             0 65500 ?
 *   10.1.20.4/30     10.1.10.5             1000             0 65500 ?
 *>                   10.1.10.1              100             0 65500 ?
 *   10.1.101.0/24    10.1.10.5             1000             0 65500 ?
 *>                   10.1.10.1              100             0 65500 ?
 *   10.1.102.0/30    10.1.10.5             1000             0 65500 ?
 *>                   10.1.10.1              100             0 65500 ?
 *   10.1.103.0/24    10.1.10.5             1000             0 65500 ?
 *>                   10.1.10.1              100             0 65500 ?
!
! The routing table on the DC1-Core router now only lists routes from DC1-vEdge-1.
! This is indicated by the next hop address of 10.1.10.1.
!
DC1-CORE#sho ip route bgp
Codes: L - local, C - connected, S - static, R - RIP, M - mobile, B - BGP
       D - EIGRP, EX - EIGRP external, O - OSPF, IA - OSPF inter area
       N1 - OSPF NSSA external type 1, N2 - OSPF NSSA external type 2
       E1 - OSPF external type 1, E2 - OSPF external type 2
       i - IS-IS, su - IS-IS summary, L1 - IS-IS level-1, L2 - IS-IS level-2
       ia - IS-IS inter area, * - candidate default, U - per-user static route
       o - ODR, P - periodic downloaded static route, H - NHRP, l - LISP
       a - application route
       + - replicated route, % - next hop override, p - overrides from PfR
```

```
Gateway of last resort is 192.168.255.1 to network 0.0.0.0
      10.0.0.0/8 is variably subnetted, 11 subnets, 3 masks
B        10.1.20.0/30 [20/100] via 10.1.10.1, 00:03:08
BGP table version is 16, local router ID is 192.168.255.8
B        10.1.20.4/30 [20/100] via 10.1.10.1, 00:03:08
B        10.1.101.0/24 [20/100] via 10.1.10.1, 00:03:08
B         10.1.102.0/30 [20/100] via 10.1.10.1, 00:03:08
B         10.1.103.0/24 [20/100] via 10.1.10.1, 00:03:08
DC1-CORE#
```

在例 9-5 中可以看到，本地控制策略用于操控进出边缘设备的路由通告，以便在站点执行流量工程。请注意，如果需求是优先使用特定的边缘设备为双宿主站点转发流量，那么本节的配置只实现了一半，即控制从服务端 VPN 进入 SD-WAN 矩阵的流量。至于如何将来自传输端 VPN 的流量转发到站点，请参阅第 6 章的用例 3。

9.3 本地数据策略

本地策略的第二个主要用途是配置数据策略（特别是访问控制列表）来过滤或重标记接口级别的流量。本节将继续扩展前面配置的本地策略，添加一个接口 ACL 来禁止服务端接口的 SSH 会话。配置策略前可以观察到，在 DC1-CORE 上能通过 SSH 协议成功连接到 DC1-vEdge-1，如例 9-6 所示。

例 9-6　在 DC1-CORE 和 DC1-vEdge-1 之间建立 SSH 会话

```
! DC1-Core is able to successfully establish an SSH session to DC1-vEdge-1.
!
DC1-CORE#ssh -l admin 10.1.10.1
viptela 19.2.0
Password:
Last login: Mon Nov 11 10:42:08 2019 from 1.1.1.6
Welcome to Viptela CLI
admin connected from 10.1.10.2 using ssh on DC1-vEdge-1
DC1-vEdge-1#
```

为了用本地策略过滤数据平面的流量，需要在 **Custom Options** 菜单中配置新的 ACL，如图 9-13 所示。

在这个 ACL 策略中，通过添加图 9-14 所示的条目，匹配数据包传输层的源目端口并设置丢弃行为，就可以实现丢弃 SSH 流量的目的。为了测试策略是否生效，在 ACL 上配置了一个计数器。最后，请记住，在配置丢弃特定流量的策略时，有必要将默认操作更改为 **accept**，以便允许其他流量可以正常转发。

编辑之前已经创建好的本地策略，参考本书中其他示例的做法，将这个新的 ACL 导入进来。例 9-7 所示为完整的本地策略。

264 第 9 章 本地策略

图 9-13 新建 ACL

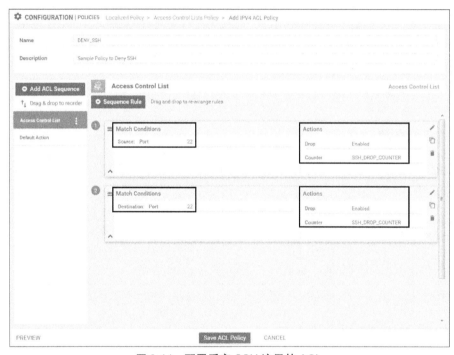

图 9-14 配置丢弃 SSH 流量的 ACL

例 9-7 包含路由策略和 ACL 的本地策略

```
policy
 ! New ACL "DENY_SSH" added
 access-list DENY_SSH
    sequence 1
     match
      source-port 22
     !
     action drop
      count SSH_DROP_COUNTER
     !
    !
    sequence 11
```

```
     match
      destination-port 22
     !
     action drop
      count SSH_DROP_COUNTER
     !
    !
   default-action accept
  !
 ! Existing route-policies are still contained in the localized policy
 route-policy SET_BGP_MED_1000
    sequence 1
     action accept
      set
       metric 1000
       !
      !
     !
   default-action reject
  !
  route-policy SET_BGP_MED_100
    sequence 1
     action accept
      set
       metric 100
       !
      !
     !
   default-action reject
  !
 !
!
```

对集中策略来说，尽管它由许多不同的组件构成，但在任何情况下，vSmart 上只能有一个集中策略被激活。本地策略也一样，每台路由器只能关联一个本地策略。根据需要，可以将许多不同的组件关联到同一个本地策略，包括路由策略与 ACL。

注意：当策略正在被一台或多台路由器使用时，保存修改后的策略将导致引用该策略的所有路由器同步改变配置。如果只想修改本地策略，在今后的某个时间点应用，那么最好的方式是先复制该策略，然后再编辑策略副本。等准备就绪后，只需修改设备模板引用新的本地策略即可（把 LocalizedPolicy_v1 改为 LocalizedPolicy_v2）。

现在，ACL 已经被配置成本地策略的一部分了，最后一步是将 ACL 应用到接口配置模板。如图 9-15 所示，请在接口模板中将 **Ingress ACL - IPv4** 选项设置为 **On**，然后在 **IPv4**

Ingress Access List 字段中指定 ACL 的名称。

再次尝试从 DC1-Core 向边缘路由器发起 SSH 会话,可以清晰看到这个策略的效果,SSH 会话已经无法正常建立,如例 9-8 所示。此外,在 DC1-vEdge-1 上,ACL 计数器也有所增加,表示 SSH 数据包已被 ACL 匹配并丢弃。

图 9-15　在接口模板中引用 ACL

例 9-8　应用 ACL 后的效果

```
! The DC1-CORE router is no longer able to SSH into DC1-vEdge-1.
DC1-CORE#ssh -l admin 10.1.10.1
% Destination unreachable; gateway or host down
DC1-CORE#

! DC1-vEdge-1 shows the blocked packets in the ACL counter
DC1-vEdge-1# show policy access-list-counters
NAME       COUNTER NAME       PACKETS   BYTES
-------------------------------------------
DENY_SSH   SSH_DROP_COUNTER   1         58
```

在例 9-8 中可以看到,接口 ACL 对于过滤那些流经路由器的流量非常有用。ACL 还可以用在其他操作上,包括将流量镜像到另一个目的地、设置下一跳地址来操控转发路径、管制某类流量的速率,以及重新标记流量的 DSCP 值。这些用例超出了本书的范围,有关这些主题的更多内容请参阅 Cisco 文档。

> **注意:** 在默认情况下,边缘路由器的隧道接口应用了隐式 ACL 来自动限制进入隧道的流量类型。在接口上启用显式 ACL 可以覆盖此默认行为。有关在隧道接口上配置显式 ACL 的更多信息,请参阅 Cisco SD-WAN 文档。

9.4 服务质量策略

服务质量（QoS）也是用本地策略配置的。第 7 章和第 8 章讲到，集中数据策略和 AAR 策略可用作 Cisco SD-WAN 矩阵的转发决策，确定特定的数据包或数据流应该使用哪条路径转发。而本地数据策略中的 QoS 功能则用来对数据包进行调度和排队。网络管理员通常使用 QoS 对队列和特定的流量类别进行优先级排序，以减少 VoIP 和视频会议等关键业务应用的延迟和抖动。QoS 还可以管理不同类型流量的缓冲区占比，在缓冲区满时确定拥塞管理行为。关于 QoS 通用理论和相关功能的详细内容已经超出了本书的范围，可以在 Cisco 文档和 Cisco Press 出版的资料中找到更详细的论述。本章重点介绍用 Cisco SD-WAN 实施 QoS 所需的命令结构。

> **说明**：QoS 的配置高度依赖于底层硬件平台的支持。下一节将基于 vEdge-Cloud 虚拟路由平台讨论那些所有硬件平台都支持的通用功能。在某些特定的硬件平台和系统版本上，可能还会提供其他功能。
>
> 在 vEdge-5000、ISR-1100-4G、ISR-1100-4GLTE、ISR-1100-6G 等平台上使用 QoS 功能时，必须在本地策略中配置 **cloud-qos** 和 **cloud-qos-service-side** 命令。这些命令可以在例 9-14 中查看。

第一次接触时大家可能会不知所措，在边缘路由器上配置 QoS 策略的过程其实非常简单。它包含以下几个步骤。

步骤 1 将流量分配给转发类（forwarding class）。
步骤 2 将转发类映射到硬件队列。
步骤 3 配置每个队列的调度参数。
步骤 4 将 QoS 调度器（qos-scheduler）关联到一个 QoS 映射（qos-map）。
步骤 5 在接口上调用 QoS 映射。

接下来的小节将依次完成这些配置步骤，学习构建 QoS 策略的整个过程。构建的示例策略涵盖 3 种流量类别：放在优先级队列（PQ）中的语音和视频流量；关键业务流量；除前两类之外的其他流量。

9.4.1 步骤 1：将流量分配给转发类

QoS 配置过程的第一步是把流量分配给不同的转发类，通过指定 **class** 操作来完成。这一步既可以使用集中数据策略实现，也可以使用本地数据策略中的 ACL 来实现。本节继续扩展例 9-7 创建的本地策略，添加新的序列，把流量分配到适当的转发类，如例 9-9 所示。

例 9-9　扩充 ACL 配置实现 QoS 分类

```
policy
<<< omitted for brevity>>>
```

```
access-list DENY_SSH
!
! Sequences 1 and 11 are the existing Sequences to Block SSH traffic
!
   sequence 1
    match
     source-port 22
     !
    action drop
     count SSH_DROP_COUNTER
     !
    !
   sequence 11
    match
     destination-port 22
     !
    action drop
     count SSH_DROP_COUNTER
     !
    !
!
! Sequences 21, 31, and 41 match permitted traffic and set the 'class' action
! to specify the forwarding class.
   sequence 21
    match
     dscp 40 46
     !
    action accept
     class VOICE_AND_VIDEO
     !
    !
   sequence 31
    match
     source-data-prefix-list CRITICAL_SERVERS
     !
    action accept
     class CRITICAL_DATA
     !
    !
   sequence 41
    action accept
     class BEST_EFFORT
     !
    !
  default-action accept
 !
lists
```

```
    data-prefix-list CRITICAL_SERVERS
     ip-prefix 10.250.1.0/24
    !
  !
!
```

例 9-9 中创建了 3 个自定义的转发类：
- VOICE_AND_VIDEO；
- CRITICAL_DATA；
- BEST_EFFORT。

其中，**VOICE_AND_VIDEO** 类匹配 DSCP 字段值为 40 或 46 的数据包（SD-WAN 策略中的 DSCP 值总是十进制的），**CRITICAL_DATA** 类匹配 CRITICAL_SERVERS 数据前缀列表定义的数据包。最后，与上述两类都不匹配的数据包被放到 **BEST_EFFORT** 类中。虽然本示例用 DSCP 值和 IP 地址作为匹配条件，但实际上在 ACL 或集中数据策略中可以使用任何条件来匹配流量并设置类的操作。

9.4.2　步骤 2：将转发类映射到硬件队列

第二步是将转发类映射到硬件队列。这个步骤可以在 GUI 界面完成，创建一种新的本地策略列表类型，即类映射。在 class-map 中，需要引用步骤 1 定义的转发类并为它们分配硬件队列。例 9-10 所示为针对步骤 1 转发类的 class-map 配置。

例 9-10　class-map 配置

```
class-map
 class BEST_EFFORT queue 7
 class CRITICAL_DATA queue 1
 class VOICE_AND_VIDEO queue 0
!
```

在例 9-10 中，把 **VOICE_AND_VIDEO** 类映射到队列 0，把 **CRITICAL_DATA** 类映射到队列 1，把 **BEST_EFFORT** 类映射到队列 7。

9.4.3　步骤 3：配置每个队列的调度参数

接下来是为队列的调度器配置参数。调度器的参数包含对转发类的引用、拥塞期间使用的最大带宽、分配的缓冲区百分比、调度机制（LLQ 或 WRR）以及拥塞管理技术（Tail Drop 或 RED）。例 9-11 给出了这些参数的配置示例。请注意，从软件版本 19.2 开始，Cisco SD-WAN 只支持为每个队列配置一个调度器。在 vManage GUI 界面中生成 QoS 配置时，会自动创建名为 **Queue0**、**Queue1**、**Queue2** 等的附加类，并自动将这些类与调度器绑定。为了避免这种额外的复杂性，将采用 CLI 手工配置本节的示例。

例 9-11 配置 QoS 调度器

```
!
qos-scheduler VOICE_AND_VIDEO_SCHED
 class VOICE_AND_VIDEO
 bandwidth-percent 20
 buffer-percent 20
 scheduling llq
 drops tail-drop
!
qos-scheduler CRITICAL_DATA_SCHED
 class CRITICAL_DATA
 bandwidth-percent 30
 buffer-percent 40
 scheduling wrr
 drops red-drop
!
qos-scheduler BEST_EFFORT_SCHED
 class BEST_EFFORT
 bandwidth-percent 50
 buffer-percent 40
 scheduling wrr
 drops red-drop
!
```

截至软件版本 19.2，Cisco 边缘路由器总共支持 8 个队列，编号为 0~7。其中队列 0 被固定为唯一的 LLQ 队列。所有来自边缘路由器的控制平面数据，包括 DTLS/TLS、BFD 探针、路由协议数据流，默认都会自动映射到队列 0。相应地，任何分配到队列 0 的流量都必须使用 LLQ 队列，如例 9-10 中的 **VOICE_AND_VIDEO** 类。队列 1 到队列 7 支持 WRR，其权重与配置的带宽成正比。

9.4.4 步骤 4：将 QoS 调度器关联到一个 QoS 映射

配置 QoS 本地策略的第四步是，将所有调度器与一个 QoS 映射关联在一起，方便后续在接口配置下引用。例 9-12 所示为 QoS 映射的配置示例。

例 9-12 配置 QoS 映射

```
!
qos-map MY_QOS_MAP
 qos-scheduler VOICE_AND_VIDEO_SCHED
 qos-scheduler CRITICAL_DATA_SCHED
 qos-scheduler BEST_EFFORT_SCHED
!
```

9.4.5 步骤 5：在接口上调用 QoS 映射

流程的最后一步是在接口调用上一步创建的 QoS 映射。这一步类似于在传统 Cisco IOS 中配置 service-policy。QoS 映射可以应用到任何接口，以影响出站流量的调度和排队。在实际环境中，广域网带宽往往低于局域网带宽。拥塞最有可能发生在广域网上，因此，QoS 映射通常配置在传输（广域网）接口上。例 9-13 所示为如何将 QoS 映射应用到传输接口。

例 9-13 在传输接口上应用 QoS 映射

```
!
! QoS Maps applied to transport interfaces in VPN 0.
!
DC1-vEdge-1# sho run vpn 0
vpn 0
 interface ge0/0
  ip address 100.64.11.2/30
  tunnel-interface
   <<<omitted for brevity>>>
  !
  no shutdown

 qos-map MY_QOS_MAP
 !
 interface ge0/1
  ip address 172.16.11.2/30
  tunnel-interface
   <<<omitted for brevity>>>
  !
  no shutdown

 qos-map MY_QOS_MAP
!
!
!
! Sample show commands to validate that the QOS Map is applied
! to the correct interfaces.
!
DC1-vEdge-1# show policy qos-map-info

QOS MAP     INTERFACE
NAME        NAME
----------------------
MY_QOS_MAP  ge0/0
            ge0/1
!
!
```

```
! Sample show commands to validate that the QOS Map is configured
! with the correct QoS Schedulers.
!
DC1-vEdge-1# show policy qos-scheduler-info

                        BANDWIDTH  BUFFER
                        PERCENT    PERCENT   QUEUE   QOS MAP
QOS SCHEDULER NAME                                   NAME
-----------------------------------------------------------
BEST_EFFORT_SCHED       50         40        7       MY_QOS_MAP
CRITICAL_DATA_SCHED     30         40        1       MY_QOS_MAP
VOICE_AND_VIDEO_SCHED   20         20        0       MY_QOS_MAP
```

例 9-14 列出了 QoS 本地策略的完整配置以供参考。这些配置块包括：用于将流量分配到转发类的 ACL（步骤 1）；映射转发类到硬件队列的 class-map（步骤 2）；配置在各 qos-scheduler 中的调度参数（步骤 3）；把 qos-scheduler 统一映射到 qos-map 并应用到接口的命令语句（步骤 4 和步骤 5）。

例 9-14 完整的 QoS 配置

```
DC1-vEdge-1# show running-config policy
policy
 !
 ! 'cloud-qos' and 'cloud-qos-service-side' commands are necessary on
 ! vEdge-Cloud based platforms
 !
 cloud-qos
 cloud-qos-service-side
 lists
  data-prefix-list CRITICAL_SERVERS
   ip-prefix 10.250.1.0/24
  !
 !
 route-policy SET_BGP_MED_100
  <<<omitted for brevity>>>
 !
 route-policy SET_BGP_MED_1000
  <<<omitted for brevity>>>
!
! Step 2: Class maps are used to map the forwarding classes to hardware queues
!
 class-map
  class VOICE_AND_VIDEO queue 0
  class CRITICAL_DATA queue 1
  class BEST_EFFORT queue 7
 !
 !
```

```
! Step 1: Access Lists are used to assign the traffic to forwarding classes
!
access-list DENY_SSH
  <<<omitted for brevity>>>
 !
 sequence 21
  match
   dscp 40 46
  !
  action accept
   class VOICE_AND_VIDEO
  !
 !
 sequence 31
  match
   source-data-prefix-list CRITICAL_SERVERS
  !
  action accept
   class CRITICAL_DATA
  !
 !
 sequence 41
  action accept
   class BEST_EFFORT
  !
 !
 default-action accept
!  !
Step 3: QoS Schedulers are used to configure the forwarding
! parameters of each traffic class.
!
 !
qos-scheduler BEST_EFFORT_SCHED
 class              BEST_EFFORT
 bandwidth-percent 50
 buffer-percent     40
 drops              red-drop
!
qos-scheduler CRITICAL_DATA_SCHED
 class              CRITICAL_DATA
 bandwidth-percent 30
 buffer-percent     40
 drops              red-drop
!
qos-scheduler VOICE_AND_VIDEO_SCHED
 class              VOICE_AND_VIDEO
 bandwidth-percent 20
```

```
  buffer-percent    20
  scheduling        llq
 !
 ! Step 4: Map all of the QoS Schedulers together with a QoS Map
 !
 qos-map MY_QOS_MAP
  qos-scheduler BEST_EFFORT_SCHED
  qos-scheduler CRITICAL_DATA_SCHED
  qos-scheduler VOICE_AND_VIDEO_SCHED
 !
!
```

9.5 总结

本章介绍了本地策略以及它们在 Cisco SD-WAN 解决方案中扮演的角色。本地策略主要有两种类型：本地控制策略和本地数据策略。它们都被配置在一个 policy 命令块内，只影响边缘路由器本身。本章还回顾了如何使用本地控制策略操作 SD-WAN 矩阵外部的路由通告，以及如何使用该功能来实现确定的流量工程。本地数据策略不仅可以用来创建 ACL、操控数据平面流量，还可以用来配置边缘路由器上的 QoS，包括排队和拥塞管理，使得某些类别的流量更优先。

第 10 章

Cisco SD-WAN 安全

本章涵盖了以下主题。

- **Cisco SD-WAN 安全简介**：介绍 SD-WAN 的安全功能是什么以及为什么它与企业息息相关。
- **企业级应用感知防火墙**：解释了应用感知型防火墙的相关概念和配置方法。
- **入侵检测与防御**：介绍入侵防御与检测引擎的概念和具体配置。
- **URL 过滤**：详细讲述了 URL 过滤引擎的相关概念和配置方法。
- **高级恶意软件保护和威胁网格**：阐述了高级恶意软件保护引擎和威胁网格云的概念和配置。
- **DNS 层安全**：分析了 DNS 层安全的概念和具体的配置方法。
- **云安全**：讲解了第三方云安全的相关概念和在边缘路由器上配置与云网络互连的方法。
- **vManage 的身份认证和授权**：介绍了 vManage 认证与授权的相关概念和配置。

10.1 Cisco SD-WAN 安全简介

随着大量的企业关键业务向云端迁移，以及 Internet 作为业务传输基础架构的迅速普及，兴起了一种新型的应用访问方式——DIA。它让终端用户从距离最近、传输质量最好的出口进入 Internet，直接访问云端的应用和资源。大多数云应用服务商也强烈建议不要通过远端数据中心或枢纽站点回传，而是在分支站点通过 DIA 直接请求应用资源，这样就能够利用 DNS 和地理位置服务获得最佳的应用性能。与此同时，企业也意识到它们可以复用这些分支站点的 Internet 链路，将访客流量直接卸载到 Internet，而不是占用数据中心的广域网资源。这些节省下来的带宽资源就可以用于更多关键业务。所有这些再加上 Cisco SD-WAN

的 AAR 和可视化功能，就可以构建一套适用于大多数垂直行业的企业级解决方案。

然而在现实中，还不能忽视 Internet 边界被扩展到分支站点带来的安全影响。采用 DIA 方案将 Internet 访问权限下放到分支站点，会让有安全隐患的访客直接接入 Internet，以及暴露电子支付基础设施，这会增加网络的攻击面。大规模的数据泄露事件层出不穷，使得安全合规，尤其是 PCI 合规工作几乎成为每个组织机构的重中之重。威胁的范围很广，从网络战、勒索软件到针对性攻击。这些威胁的外部表现形式也千差万别（例如安全缺陷、漏洞、恶意软件、拒绝服务攻击、僵尸网络等）。最后，安全威胁既可能来自内部网络，也可能来自外部网络，因此必须考虑所有的攻击载体。以上这些构成了图 10-1 描述的各种威胁面。

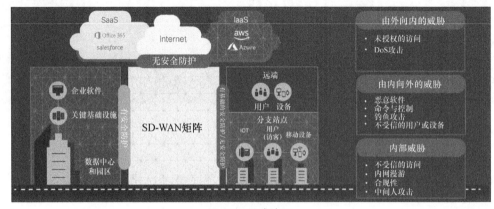

图 10-1　威胁面

分支机构必须部署适当的安全防护（如防火墙、入侵防御、URL 过滤和恶意软件保护等）来检测、防止和保护网络免受各类威胁。网络架构师现在面临的问题是，如何为分支机构的流量应用这些安全措施？在 Cisco SD-WAN 安全解决方案中，一种方法是利用 Cisco 在广域网边缘路由器上集成的安全防护，如 ISR 4000 系列路由器，它们功能强大，种类丰富。路由器启用应用感知的状态化防火墙后，能够把计算资源分配给运行在 IOS-XE 中的应用服务容器，来实现在线 IDS/IPS、URL 过滤和高级恶意软件保护（AMP）。通过统一管理平台 Cisco vManage 可以集中激活安全防护，提供可视化界面并生成安全报告。本章后文会重点讨论它。另一种为 Cisco SD-WAN 提供安全服务的方法是，利用部署在云或区域枢纽基于 VNF 的安全链或者安全堆栈。选择哪种安全架构取决于组织的技术和业务需求。图 10-2 所示为一些组织机构可选的安全部署模式。

以下是 Cisco SD-WAN 安全套件的一些优势。

- **简单、自动化的安全解决方案**：基于意图的配置工作流可以简化 SD-WAN 安全解决方案的配置和部署。用户可以在工作流中利用模板来配置所有与安全相关的功能，并将策略同时应用到多个设备。
- **完整的 SD-WAN 安全**：在广域网边缘设备上启用企业级应用感知防火墙和 IPS 等安全功能后，可以获得以下收益。

图 10-2 安全部署模式

- 限制远端员工和访客对某些 Internet 目的地的访问，提高应用程序体验。
- 实时保护内部网络免受恶意软件和恶意内容的侵害。
- Cisco SD-WAN 安全解决方案提供的安全功能不需要借助任何外部设备，因此没有额外的成本。

■ **集中管理**：通过 Cisco vManage 图形化界面，可以在广域网边缘设备上集中部署具有安全功能的 SD-WAN 解决方案，在单点监控网络、诊断故障。

如前所述，Cisco SD-WAN 的安全功能是在 vManage 的 Configuration > Security 界面下，通过简单的工作流进行集中配置的。配置工作流可以帮助网络管理员基于典型的应用场景构建安全策略，例如合规性、访客接入、DCA、DIA 或者自定义用例，如图 10-3 所示。安全策略配置完成后，可以通过模板应用到各个分支站点。

图 10-3 安全策略的配置工作流

10.2 企业级应用感知防火墙

最基础的安全形式是防火墙，它对分支站点至关重要。防火墙可以保护 TCP 会话，记录日志，并在网络的各区域之间建立零信任的安全隔离。传统的分支站点防火墙以三层路由模式或二层透明模式部署在广域网边缘路由器前面或后面。这给企业分支增加了额外的复杂性，造成了不必要的管理开销。Cisco SD-WAN 采用集成的方法，直接在代码中实现了企业级应用感知防火墙。它具有状态监控、基于区域的策略（zone-based policy）和分段感知功能。此外，通过应用识别，防火墙可以对 1400 多个 OSI 七层应用分类，并针对应用类别或个别应用实施安全防护，实现精细化的策略控制。安全策略与 VPN 息息相关，策略可以被灵活地应用在区域内、同一边缘路由器的区域间，或者跨 SD-WAN 矩阵的区域间。在 Cisco SD-WAN 中，区域是 VPN 的集合。将 VPN 分组到区域，能够让管理员在 Overlay 建立安全边界，从而控制这些区域之间的数据流量。

区域配置由以下部分构成。

- **Source Zone**（源区域）：数据始发的 VPN 分组。
- **Destination Zone**（目的区域）：数据终止的 VPN 分组。
- **Firewall Policy**（防火墙策略）：一种本地化的安全策略，它定义了数据流被转发到目的区域的必要条件。
- **Zone Pair**（区域对）：一个将源区域和目的区域关联起来的容器。它作为防火墙策略的应用对象，让策略管控相关区域间的流量。

此外，还存在一个自区域策略（self-zone policy），用于对访问边缘路由器自身的流量进行检测，以防止来自外部的威胁、DDoS 攻击和非法访问。应用感知防火墙作为 Cisco SD-WAN 安全解决方案的重要组成部分，适用于那些希望分支机构满足 PCI 合规性要求的组织。图 10-4 所示为应用感知防火墙上的典型区域和流量方向。

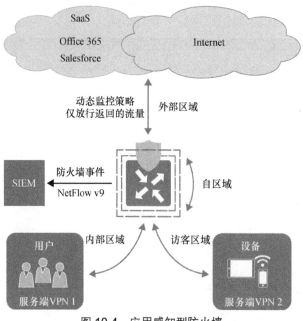

图 10-4　应用感知型防火墙

防火墙的事件和日志记录可以通过传统的 syslog 协议导出到安全信息和事件管理系统。Cisco SD-WAN 应用感知防火墙还支持通过更高级的 NetFlow v9 协议导出，实现更快速的日志记录需求。

> **注意**：目前仅在运行 Cisco IOS-XE SD-WAN 软件的平台上支持 ZBFW（Zone Based Firewall）的应用识别功能，Viptela OS 暂不支持。运行 Viptela OS 的 Cisco vEdge 设备仍然可以利用防火墙的优势，但只能根据网络层和传输层特征来识别流量。

在 Cisco vManage 上为分支机构部署防火墙策略比较简单。与部署其他 SD-WAN 安全功能一样，首先要进入 Security 配置界面，然后根据工作流创建一个新的安全策略，或者直接进入到 Custom Options 下的防火墙策略配置页面。vManage 中的 Security Policy 配置页面如图 10-5 所示。无论策略如何配置，它最终都必须与整体安全策略绑定，然后被关联到边缘路由器的设备模板上。

图 10-5　新建防火墙策略

企业级应用感知防火墙是一种本地化的安全策略，它基于 vManage 安全策略仪表盘中 6 种不同的标准对匹配的数据流量流进行状态检查。匹配标准包括源 IP 地址/前缀、目的 IP 地址/前缀、源端口、目的端口、协议类型和应用（应用簇）。根据区域间策略配置的 **match** 和 **action** 语句，可确定源自特定区域的流量是否可以被转发到另一区域。在一个给定的防火墙策略中，对匹配的流量可以设置以下 3 种操作。

- **Inspect**（检测）：当设置为 Inspect 时，应用感知防火墙会跟踪数据流的状态并记录会话表项。因为防火墙维护数据流的状态，所以会话的返回流量会被放行，无须显式的策略允许。
- **Pass**（放行）：允许路由器将流量从一个区域转发到另一个区域。Pass 操作不跟踪数据流的状态。换句话说，当策略操作设置为 Pass 时，防火墙不会创建会话。Pass 操作只在一个方向上放行流量，因此必须有相应的策略来允许返回的流量。
- **Drop**（丢弃）：Drop 操作意味着，如果数据包与安全策略设置的参数相匹配，就会被丢弃。

注意： 当使用应用识别功能来匹配流量时，Inspect 操作等同于 Drop 操作。

根据流量流经的区域，可以将应用感知防火墙保护的对象进一步划分为域内安全（intra-zone-based security）和域间安全（inter-zone-based security）。

图 10-6 所示为一个域内部署的案例。在同一台边缘路由器上同一区域内的主机流量可以通过防火墙策略得到控制和保护。同样的策略也可以保护同一区域内跨 SD-WAN 矩阵的主机。显而易见，主机间的流量必须经过边缘路由器，不能通过下游三层设备绕行，这样防火墙策略才能生效。

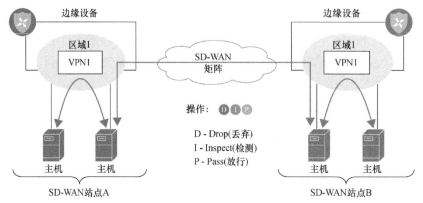

图 10-6 域内防火墙策略

图 10-7 所示为一个域间部署的案例。在同一台边缘路由器不同区域的主机间流量，能通过防火墙策略得到控制和保护。同样的策略也可以保护不同区域内跨 SD-WAN 矩阵的主机。为了实现域间互连，必须首先构思 vSmart 策略来泄漏 VPN 间的路由，即"外联网策略"，然后利用路由控制策略的导出操作（export to）来实现。

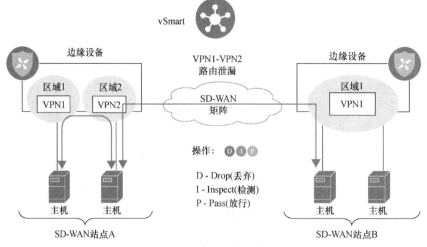

图 10-7 域间防火墙策略

以下是在 Cisco SD-WAN 中配置防火墙策略的步骤。

步骤 1 创建新的防火墙策略。设置策略名称和描述字段。

步骤 2 配置区域。创建源区域和目的区域。目前，区域相当于 SD-WAN 的 VPN。

步骤 3 应用区域对。将源区域和目的区域组成区域对，定义流量的方向。这是安全策略的应用对象。

步骤 4 配置默认操作。如果流量在安全策略内没有找到匹配的条目，就会被执行默认操作，它可以是 Drop、Inspect 或 Pass。

步骤 5 配置序列规则。通过数据包的 3-4 层信息（如源前缀列表、源端口、目的前缀列表等）或应用类型来匹配流量。

新建防火墙策略后，首先需要创建并应用区域和区域对，如图 10-8 所示。

图 10-8　配置区域和区域对

接着指定区域对，并添加属于该区域对的规则条目。用户还可以在规则条目中配置一个默认操作，如图 10-9 中的 Pass 条目。

图 10-9　配置序列规则

配置完序列规则后就可以保存防火墙策略。随后，配置工作流会引导用户进入其他安全功能的设置选项，如 IPS/IDS 等。一些防火墙的高级功能都在工作流最后的 Additional Policy Settings 部分设置，如图 10-10 所示的高速日志记录、DIA 策略旁路、TCP SYN 泛洪限制和用于检查日志记录的审计跟踪。

图 10-10　高级防火墙功能

最后，可以在边缘路由器的设备模板中调用刚刚创建的防火墙策略，在设备模板的 Additional Template > Security Profile 中选择防火墙策略即可。图 10-11 所示为创建防火墙策略、在设备模板中应用并激活安全策略的操作逻辑。

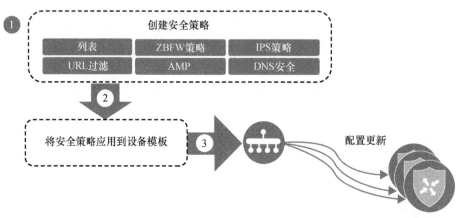

图 10-11　安全策略的配置逻辑

图 10-12 所示为在设备模板的 Additional Template 下调用安全策略的操作。

注意：如果在安全策略中没有使用应用服务容器的 SD-WAN 安全功能，那么可以在 Container Profile 中调用默认的安全应用托管模板（Security App Hosting Template）。Cisco 应用感知防火墙不使用应用服务容器。

图 10-12　在设备模板中调用安全策略

通过主页的全局仪表盘可以查看应用感知防火墙的运行数据，如图 10-13 所示。设备监控页面下的防火墙仪表盘也能显示被防火墙检测/丢弃的会话的历史视图，但是设备仪表盘还能呈现数据包实际命中的防火墙策略，报告的粒度更精细。

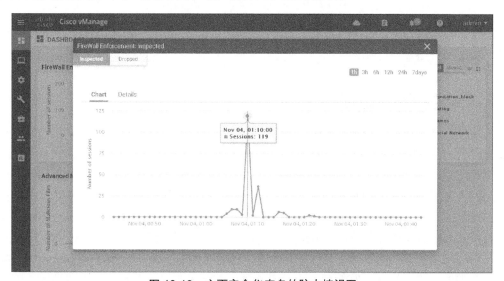

图 10-13　主页安全仪表盘的防火墙视图

设备仪表盘可以监控并统计流量数据，同时还能查看当前设备应用的策略及其相关区域。图 10-14 所示为 BR3-CEDGE1 上的 Firewall Policy Monitor 界面。

所有运行 IOS-XE SD-WAN 系统的 ISR、ASR 和 CSR 平台都能够运行企业级的应用感知防火墙。

关于更多的部署细节，请参考 Cisco 官网发布的 Cisco SD-WAN Security Configuration Guide。

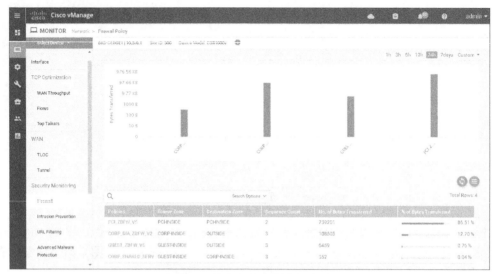

图 10-14　设备仪表盘的防火墙视图

注意： 可以在设备仪表盘的 Real Time 页面或通过设备的 CLI **show** 命令工具获取更详细的防火墙状态信息。

10.3　入侵检测与防御

入侵检测与防御（IDS/IPS）是保障分支站点安全的另一关键功能，也是 Cisco SD-WAN 的安全套件之一。IDS/IPS 通过实时检查流量，比较应用程序行为与已知的威胁签名数据库，来检测和防止网络攻击。一旦检测到威胁，IDS/IPS 可以将威胁反馈到系统日志和仪表盘，在通知网管的同时阻断威胁流量并阻止攻击。Cisco IOS-XE 软件通过应用服务容器技术在边缘路由器上实现了 IDS/IPS 功能。应用服务容器技术可让网络管理员利用 ISR 上的 CPU 和内存直接在 IOS-XE 系统中托管虚拟机，并将应用流量重定向到容器中进行处理。服务容器常用的两种虚拟机类型为 KVM（Kernel Virtual Machine）和 LxC（Linux Virtual Container）。这两种类型的主要区别在于它们与 Linux 内核耦合的紧密程度，当前大多数网络设备的操作系统（如 IOS-XE）都使用 Linux。LxC 容器需要使用宿主机的内核资源，而 KVM 容器有自己的独立内核。这意味着 KVM 比 LxC 容器的可移植性稍强，而 LxC 可能比 KVM 稍有性能优势。Cisco SD-WAN 安全功能使用 LxC 容器。对于最终用户来说，容器类型是完全不可见的，它们由服务容器的开发人员决定。

图 10-15 所示为 IOS-XE 系统内应用服务容器的逻辑架构。

Cisco SD-WAN IDS/IPS 搭载 Snort，这是世界上部署最广泛的入侵防御引擎，并由 Cisco Talos 团队发布动态签名更新。Cisco Talos 团队是世界最大的商业威胁情报团队之一，由世界一流的研究人员、分析师和工程师组成。团队拥有无与伦比的遥测技术和先进的系统支持，为 Cisco 的客户、产品和服务提供准确、快速、可操作的威胁情报。有了 Talos，IDS/IPS 系统可以实时分析流量，切实保障分支机构免受各种日常威胁。Cisco SD-WAN 的 vManage 能利用签名数据库，周期性或按需同步签名（可自定义周期），并将签名数据库推送到分支站点的边缘路由器，无须用户干预。

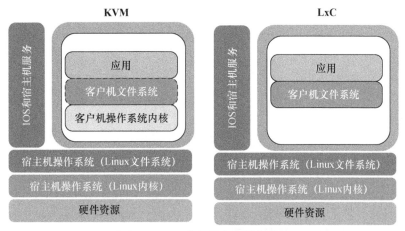

图 10-15　应用服务容器架构

签名是一种规则的集合，用来检测典型的入侵活动。IPS 签名数据库可以通过两种方式更新：vManage 自动升级和在边缘路由器上用命令行手动升级。当导入新的签名包文件后，Snort 引擎将重启，此时流量可能会中断或旁路一小段时间，这取决于数据平面 Fail-open/Fail-close 的配置。

注意：当前 Cisco 不支持在 vManage 虚拟镜像库中手动上传 IPS 签名集。如果在 vManage 自动更新签名时遇到问题，请在边缘路由器上手动更新。

与 Cisco SD-WAN 中所有其他安全功能一样，配置 IDS/IPS 策略时需要首先导航到安全页面，选择系统预定义或自定义的简易工作流，在 IDS/IPS 步骤中创建策略。策略创建后，它最终必须绑定到一个整体安全策略，然后附加到边缘路由器的设备模板。

注意：要支持 IDS/IPS 功能，ISR 路由器需要至少 8GB 内存和 8GB 闪存空间。

以下是在 Cisco SD-WAN 中配置 IDS/IPS 策略的大致步骤。

步骤 1　新建 IDS/IPS 策略，并命名。
步骤 2　配置签名集。指定所需的签名集：Balanced、Connectivity 或 Security。
步骤 3　配置签名白名单（可选）。指定签名 ID 列表。
步骤 4　配置告警日志的等级（可选）。指定告警日志的级别，其范围为 Debug～Emergency。
步骤 5　配置策略应用的 VPN 对象，即需要启用 IDS/IPS 功能的网络分段。

这些步骤可以通过 vManage 中的 IDS/IPS 策略配置工作流来完成，如图 10-16 所示。

图 10-16　IDS/IPS 策略配置工作流

IDS/IPS 引擎提供了三种签名集：Balanced、Connectivity 和 Security。每种签名集都包含一个安全漏洞列表，这些列表是基于通用安全漏洞评分系统（Common Vulnerability Scoring System，CVSS）的打分来分级的。CVSS 是评估安全漏洞严重程度的行业标准，它是免费开源的。

以下是 vManage IPS 中可选的三个签名集。

- **Balanced**（均衡性）：这是默认的签名集，包含当年和前两年的所有规则。Balanced 旨在不影响系统性能的前提下提供保护。

Balanced 签名集用于 CVSS 评分大于等于 9 的安全漏洞，表 10-1 中列出了一些规则类别。

表 10-1　均衡性签名集

类别	定义
Blacklist（黑名单）	这类规则根据 URI、用户代理、DNS 主机名和 IP 地址来检测恶意活动
Exploit-kit（漏洞利用工具包）	这类规则检测利用 Exploit-kit 进行的恶意活动
Malware-CNC（恶意软件-命令与控制）	这类规则检测来自僵尸网络的恶意命令和控制活动，包括主机回拨、文件下载和数据渗透
SQL Injection（SQL 注入）	这类规则检测 SQL 注入的恶意活动

- **Connectivity**（连通性）：该签名集同样包含当年和前两年的所有规则，它适用于 CVSS 评分等于 10 的安全漏洞。连通性签名集附带的规则较少，因此它的限制较小，用户也可以获得更好的性能表现。
- **Security**（安全性）：该签名集包含当前年和前三年的规则。随着规则数量的增加，该签名集能提供更多的保护，但是用户边缘设备的整体性能可能会降低。这个签名集用于 CVSS 评分大于等于 8 的安全漏洞，如表 10-2 所示。

表 10-2 安全性签名集

类别	定义
App-detect（应用检测）	这类规则查找和控制某些应用产生的网络流量
Blacklist（黑名单）	这类规则根据 URI、用户代理、DNS 主机名和 IP 地址来检测恶意活动
Exploit-kit（漏洞利用工具包）	这类规则检测利用 Exploit-kit 进行的恶意活动
Malware-CNC（恶意软件-命令与控制）	这类规则检测来自僵尸网络的恶意命令和控制活动，包括主机回拨、文件下载和数据渗透
SQL Injection（SQL 注入）	这类规则检测 SQL 注入的恶意活动

网络管理员还可以配置签名白名单，它是一个签名 ID 列表，格式为 Generator ID：Signature ID。匹配该列表中签名 ID 的应用流量都将被忽略，并通过 IDS/IPS 引擎传输，不做任何操作。它可以有效防止对合法流量造成的误判。

Snort 引擎支持检测模式（Detection Mode）与防护模式（Protection Mode）。检测模式只检测并记录威胁，而防护模式则检测并丢弃威胁流量，同时记录事件日志。vManage 还提供了多种可配置的 IDS/IPS 告警日志级别，以满足组织的安全要求。

在配置 IDS/IPS 策略之前，网络管理员必须在 vManage 的 Software Repository 页面，将安全虚拟镜像上传到系统中（如前所述，这是托管 Snort 的 LxC 容器）。安全虚拟镜像以 TAR 格式打包，可以从 Cisco 官网下载。另外，还需要打开 vManage 的 Setting 页面，在配置选项 IPS Signature Update 中设置 Cisco CCO 账号，才能自动更新签名。图 10-17 所示为安全虚拟镜像上传到 vManage 的操作界面。

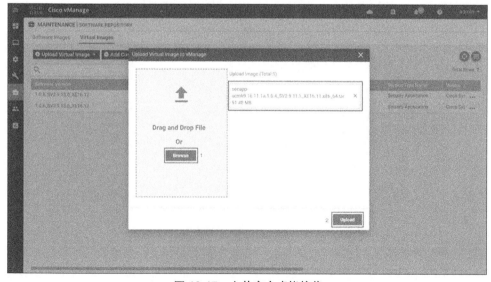

图 10-17 上传安全虚拟镜像

除了上传安全虚拟镜像外,还需要按照图 10-18 所示配置策略。

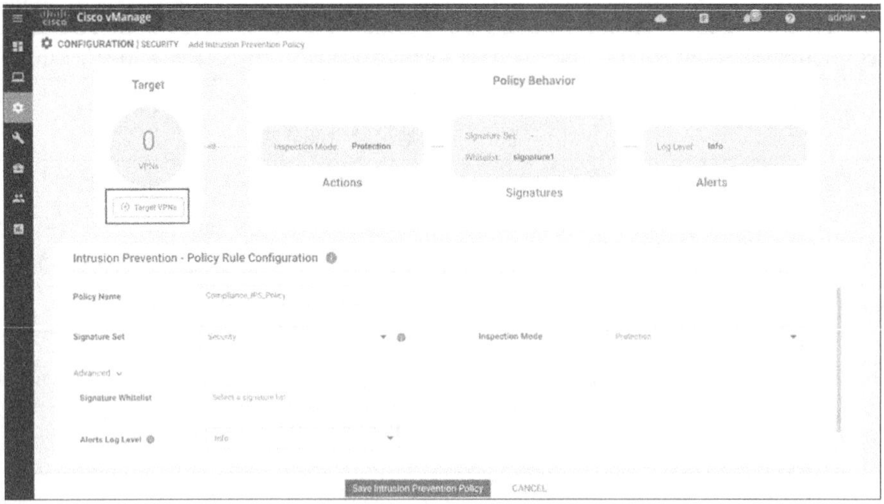

图 10-18 配置 IDS/IPS 策略

配置 IDS/IPS 策略选项后,必须定义一个或多个目标 VPN,这样才能将边缘路由器上相应分段的流量重定向到 Snort 引擎中处理。

配置工作流的最后一步会展示整体的策略摘要。在这个页面上,除了可以设置 syslog 服务器外,还能定义在 Snort 引擎发生故障时的流量处理模式。当引擎出现故障或重启时,**Fail-close** 选项将丢弃所有的 IPS/IDS 流量,**Fail-open** 选项则放行所有 IPS/IDS 流量。默认选项是 **Fail-open**。

图 10-19 所示为 ISR 中 Snort 引擎处理应用流量的大致流程。

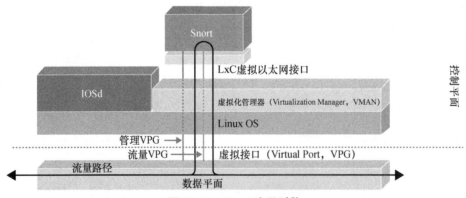

图 10-19 Snort 流量引擎

注意:如果此前从未在 ISR 上启用过任何基于应用服务的安全功能,那么在安全策略关联到该 ISR 的设备模板后,将自动开始容器安装任务。安装完成后,才能启用安全策略。可以在 vManage 仪表盘右上方的活动任务窗格监控安装进度。

在边缘路由器上启用 IDS/IPS 的最后一步是将策略关联到设备模板。

注意：作为最佳做法，推荐配置一个 Security App Hosting 功能模板，然后在设备模板的 Container Profile 区域调用它。Security App Hosting 模板可以保持默认设置。

IDS/IPS 的统计信息可以在全局仪表盘中查看，如图 10-20 所示。安全仪表盘视图能按次数或严重程度排序显示各签名的历史命中次数，甚至能查看哪个远程站点在其中的贡献最大。此外，该视图还可以提供命中签名涉及的源 IP、目的 IP 和 VPN 的详细信息。如果用户需要更完整的细节，可以在具体设备的监控面板中打开 Intrusion Prevention 页面。

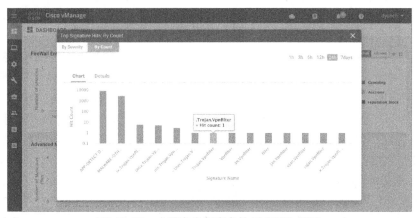

图 10-20　全局安全仪表盘的 IDS/IPS 视图

设备的 Intrusion Prevention 页面能按各签名的严重程度或被命中的次数排序，并且具有更精细的粒度和历史记录，如图 10-21 所示。此外，还能在该页面中看到设备使用的 IPS 版本、签名库最后更新的日期以及命中签名的描述信息。网络管理员可以单击页面中的超链接，了解各个签名的详解。

图 10-21　设备仪表盘的 IDS/IPS 视图

再次强调，只有运行 IOS-XE SD-WAN 系统的 ISR、CSR 平台才能使用 IDS/IPS 功能。关于更多的部署细节，请参考 Cisco 官网发布的 Cisco SD-WAN Security Configuration Guide。

> **注意**：可以在设备仪表盘的 Real Time 页面或通过设备的 CLI **show** 命令获取更详细的 IDS/IPS 统计信息。

10.4 URL 过滤

URL 过滤是 Cisco SD-WAN 提供的又一项安全功能，它利用 Snort 引擎检查 HTTP 和 HTTPS 数据的有效载荷，在分支站点实现全面的 Web 安全。URL 过滤引擎为 Web 流量强制执行安全控制检查，根据策略来阻塞（Block）或放行（Allow）对具体网站的访问。URL 过滤策略的配置可选项包括路由器内置的 82 种网站类别、信誉评分和动态更新的 URL 数据库。URL 过滤还支持自定义 URL 黑白名单和终端用户通知功能，跳过 URL 过滤引擎的检查。

当终端用户通过 Web 浏览器请求访问特定的网站时，URL 过滤引擎会检查 Web 流量。它首先查询用户自定义的 URL 列表。如果被访问的 URL 与白名单中的条目匹配，则立即授权访问，无须进一步检查。如果 URL 匹配黑名单表项，则拒绝访问，也不再进行检查。当访问被拒绝时，用户可以被重定向到一个可定制消息的阻塞页面（block page），或者一个自定义的 URL（企业内部的阻塞页面）。如果用户访问的 URL 不在这两个黑/白名单中，那么将进一步比对分类策略。之后，再进行信誉评分，根据设置的策略严格程度得出阻塞或放行结果。最后一步是查询 URL 数据库，该数据库有云端数据库和本地数据库两种选择。如果使用云端数据库，查询结果会被缓存到本地内存中，以便后续查询更加高效。图 10-22 所示为 URL 过滤功能对高风险域名访问请求的处理流程。

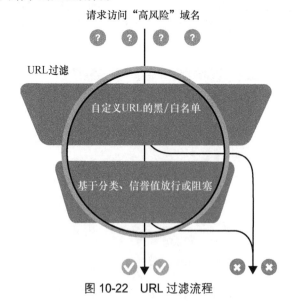

图 10-22　URL 过滤流程

> **注意**：要使用 URL 过滤功能，ISR 路由器必须具备至少 8GB 内存和 8GB 的系统闪存，如果要执行设备内置的数据库查找，则至少需要 16GB 内存和 16GB 的系统闪存。

在配置 URL 过滤策略前，网络管理员必须把安全虚拟镜像上传到 vManage 的软件仓库（software repository）。安全的虚拟镜像可以从 Cisco 门户网站下载，文件以 TAR 格式打包（详情请参考 10.3 节）。

如果用户已经为其他安全功能上传过安全虚拟镜像，就不需要再次上传。

与所有 Cisco SD-WAN 安全功能一样，配置 URL 过滤功能时需要进入 Security 页面。设置 URL 过滤功能在安全策略配置工作流的第三步，如图 10-23 所示。用户也可以直接在自定义选项下找到 URL 过滤功能的配置入口。无论 URL 过滤策略如何配置，最终都必须与整体安全策略绑定，然后关联到边缘路由器的设备模板上。

图 10-23　URL 过滤策略的配置工作流

以下是在 Cisco SD-WAN 中配置 URL 过滤策略所需的大致步骤。

步骤 1　新建 URL 过滤策略并命名。
步骤 2　配置 Web 类别，定义阻塞或放行的 Web 分类列表。
步骤 3　指定放行网站的信誉等级。
步骤 4　配置始终放行的 URL 白名单列表（可选）。
步骤 5　配置始终阻塞的 URL 黑名单列表（可选）。
步骤 6　配置阻塞页面的内容（可选）。
步骤 7　配置告警和日志，指定告警级别（可选）。
步骤 8　指定应用 URL 过滤功能的 VPN。

当用户试图访问的网站没有在自定义列表或 Web 分类策略中放行时，就需要评估网站的信誉等级。URL 过滤引擎将根据 Cisco Talos 团队分配给该站点的信誉值（−10～10 之间），对符合预设的信誉等级的网站或风险等级较低的网站予以放行。网络管理员可以使用系统预定义的 5 个信誉等级（**High risk**、**Suspicious**、**Moderate risk**、**Low risk**、**Trustworthy**）来配置访问控制策略。用户还可以用正则表达式编写白名单和黑名单条目，对具体网站的访问内容进行更加灵活的控制。图 10-24 所示为一个 URL 策略配置的具体案例。

图 10-24　配置 URL 过滤策略

对于被屏蔽的网站，网络管理员可以选择将用户重定向到内置的屏蔽页面（可定制内容）或指定的 URL，向用户发送提示信息。此外，管理员可以自定义 URL 过滤告警，它能帮助用户深入了解各类黑/白名单、信誉/类别等级站点的命中次数。

在配置 URL 过滤策略时，还需要为策略指定一个或多个目标 VPN，它在边缘路由器上定义了 URL 过滤引擎需要检查的网络分段。

最后，将包含 URL 过滤功能的安全策略关联到设备模板，就完成了全部的部署任务。

> **注意**：与上一节一样，推荐配置一个 Security App Hosting 功能模板，然后在设备模板的 Container Profile 中调用它。功能模板可以保持默认设置。如果边缘路由器配备 16GB 闪存和 16GB 内存，并且要求使用内置的 URL 过滤数据库，那么就要在 Security App Hosting 模板的 Resource Profile 选项中选择 high。

> **注意**：如果这是设备第一次启用基于应用服务的安全功能，那么在安全策略附加到设备模板后，将自动开始在设备上安装容器。安装完成后，才能开启安全策略。在 Cisco vManage 页面右上方的活动任务窗格中可以查看安装任务的进展。

URL 过滤功能的统计数据可以在 vManage 的全局仪表盘上看到，用户也可以通过设备仪表盘的 URL Filtering 页面获得更完整的细节。全局仪表盘界面能按照百分比排序显示被阻塞和放行的 URL 类别，以及它们的命中次数，如图 10-25 所示。此外，通过这些命中的日志记录还可以追溯到产生流量的那台边缘路由器，以便进一步查询。

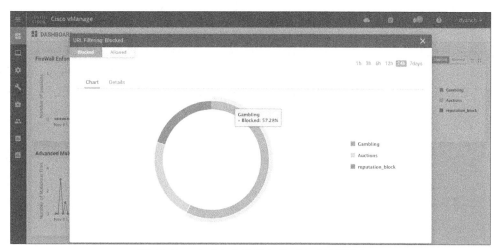

图 10-25　全局安全仪表盘的 URL 过滤视图

图 10-26 所示的设备监控仪表盘也能用于查看 URL 过滤策略的工作情况。它将相同的数据以柱状图的形式呈现出来，能展示更多历史信息和各信誉块的统计值。

图 10-26　设备监控仪表盘的 URL 过滤视图

最后，需要再次强调，只有支持 IOS-XE SD-WAN 系统的 ISR 和 CSR 平台才能启用 URL 过滤功能。

关于更多的部署细节，请参考 Cisco 官网发布的 Cisco SD-WAN Security Configuration Guide。

> **注意：**可以通过设备仪表盘的 Real Time 页面或 **show** 命令查看更多的统计信息。

10.5 高级恶意软件防护和威胁网格

高级恶意软件防护（Advanced Malware Protection，AMP）和威胁网格（Threat Grid）是 Cisco SD-WAN 安全的最新补充。与 URL 过滤功能一样，AMP 和 Threat Grid 都使用 Snort 引擎和 Talos 来实时检查文件下载，检测恶意软件。AMP 利用防病毒检测引擎、一对一签名匹配、机器学习和模糊指纹来阻止试图进入网络的恶意软件。图 10-27 所示为它的大致工作流程。

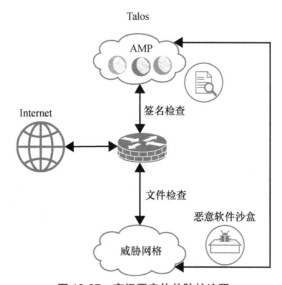

图 10-27　高级恶意软件防护流程

Cisco Talos 团队的专家每天分析数以百万计的恶意软件样本和 TB 量级的数据，并将这些情报推送给 AMP。AMP 把文件、遥测数据和文件行为与这个背景丰富的知识库关联，进而主动抵御或干涉已知的威胁。如果 AMP 云无法确定文件是否安全，则可以利用 Threat Grid 的高级沙盒功能来回溯分析。Threat Grid 将高级沙盒功能与威胁情报组合成一个统一的解决方案，来保护组织免受恶意软件的侵害。有了这个完善的恶意软件知识库，网络管理员可以洞察到恶意软件正在做什么（或试图做什么），它构成的威胁有多大，以及如何防御它。

用户下载文件时，边缘路由器上的 Snort 文件预处理器会识别文件，计算文件的 SHA256 散列值，并查找本地缓存，了解它的倾向性。如果在本地数据库中没有找到匹配的值，就把散列值发送到 AMP 云进行识别。AMP 云会返回以下倾向性。

- **Clean**（安全）：没有发现威胁，允许完成文件下载。
- **Malicious**（恶意）：检测到恶意活动，中断并停止文件下载。
- **Unknown**（未知）：如果返回的结果是 Unknown，且启用了 Threat Grid 文件分析，

那么边缘路由器会将文件提交到 Threat Grid 沙盒进行动态分析。沙盒会捕获并观察该文件的行为，然后为它打分，并将结果和文件的散列值报告给 AMP 云。边缘路由器会在一段时间后查询 Threat Grid 和 AMP 云，以获得文件的倾向性。

注意：截至本书出版时，目前 SD-WAN 代码支持提交给沙盒的文件最大不超过 10MB。

以下是在 Cisco SD-WAN 中配置 AMP 和 Threat Grid 策略的大致步骤。

步骤 1 创建一个新的 AMP 策略并命名。
步骤 2 指定使用哪个地区的 AMP 云服务：北美（NAM）、欧洲（EU）、亚太地区（APJC）。
步骤 3 配置 AMP 告警日志级别。
步骤 4 启用 Threat Grid 文件分析（可选）。
步骤 5 配置 Threat Grid 的 API 密钥。
步骤 6 在列表中指定要检查的文件类型。
步骤 7 配置 Threat Grid 告警日志级别。
步骤 8 配置应用 AMP 策略的 VPN。

注意：要支持 AMP 功能，ISR 路由器必须配备至少 8GB 内存和 8GB 的系统闪存。

在配置 AMP 策略之前，网络管理员首先需要将安全虚拟镜像上传到 vManage 的软件仓库中。如前所述，安全虚拟镜像可以从 Cisco 官网下载，它是以 TAR 格式打包的。

接着，还是使用安全策略配置工作流来创建一个新的策略。也可以直接进入自定义选项，选择创建 AMP 策略。如图 10-28 所示，工作流的第四步就是进行 AMP 的策略配置。策略配置完成后，需要将它绑定到一个整体的安全策略上，然后将其关联到边缘路由器的设备模板上。

图 10-28　AMP 策略配置工作流

网络管理员可以根据分支站点的位置配置 AMP 引擎使用的云服务所在区域，以获得最优体验。Cisco 在北美、欧洲和亚太地区都提供 AMP 云服务。在配置告警日志时，有 3 种级别的告警可以选择，分别是 Info、Warning 和 Critical。如果用户购买了 SD-WAN Threat Grid 的许可（license），那么在使用之前必须配置 API 密钥。一旦启用文件分析，就必须选择 Threat Grid 云服务的区域。

图 10-29 所示为安全策略配置工作流中的 AMP 配置页面。当完成 AMP 和 Threat Grid 的策略配置后，还要定义一个或多个目标 VPN，以便让 AMP 引擎知道需要检查边缘路由器上哪些分段的流量。

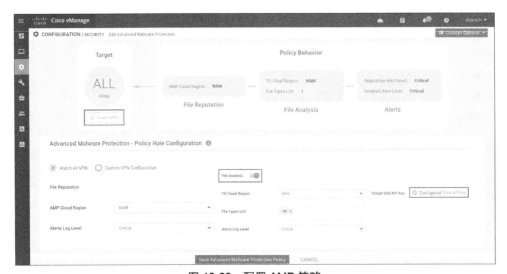

图 10-29　配置 AMP 策略

最后，将包含 AMP 策略的整体安全策略关联到设备模板上就完成了全部的配置任务。

注意：包含 AMP 策略的整体安全策略应该在设备模板的 Container Profile 部分调用，同样地，推荐配置一个 Security App Hosting 功能模板，保持默认设置即可。如果边缘路由器配备了 16GB 闪存和 16GB 内存，并且在策略中启用了 Threat Grid，请将模板中的 Resource Profile 选项设置为 high。

注意：如果是首次在 ISR 上启用基于应用服务的安全防护，那么当把安全策略附加到设备模板上，就会自动开始在设备上安装容器。安装完成后，才能启用相应的安全策略。可以通过 Cisco vManage 仪表盘右上方的活动任务窗格，查看进度。

AMP 策略引擎工作的统计数据可以在全局安全仪表盘中查看。用户也能在设备的监控页面里得到更完整的细节。如图 10-30 所示，全局安全仪表盘界面上会显示 AMP 检测到的恶意文件的历史数量，以及导出到 Threat Grid 中进行分析的文件数量。Detail 标签页还给出了边缘路由器的详细信息，该设备贡献了最多的 AMP 云的信誉值命中数。

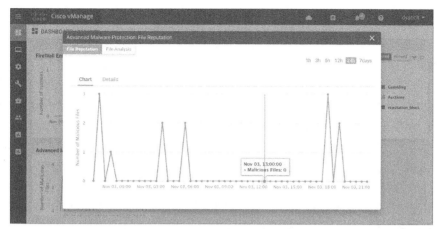

图 10-30 全局安全仪表盘的 AMP 视图

设备仪表盘中的 AMP 安全页面显示了运行的历史记录，包括向 AMP 云提交文件的散列值数量，以及 AMP 云的响应结果。此外，该页面还详细记录了文件名、散列值、文件类型、处置方式、时间戳、VPN 和边缘路由器对该文件采取的行动，如图 10-31 所示。

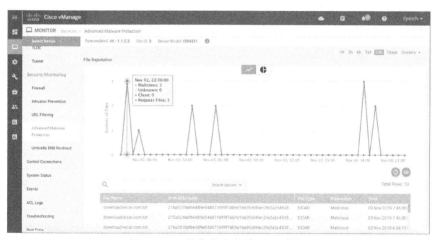

图 10-31 设备仪表盘的 AMP 视图

只有支持 IOS-XE SD-WAN 系统的 ISR 和 CSR 平台才能运行 AMP 和 Threat Grid 功能。关于更多的部署细节，请参考 Cisco 官网发布的 Cisco SD-WAN Security Configuration Guide。

注意：可以通过设备仪表盘的 Real Time 页面或 **show** 命令来收集更详细的 AMP 统计信息。

10.6 DNS 层安全

Cisco SD-WAN 安全借助 Cisco Umbrella 云，为分支机构带来全面的、VPN 感知的网络安全套件和增强的云应用可视化服务。DNS 层安全（DNS-Layer Security）可以防止企业的分支用户和访客用户访问非法内容或可能包含恶意软件、钓鱼攻击等安全风险的恶意网站。当边缘路由器注册到 Umbrella 云后，路由器就会拦截来自局域网的 DNS 请求，并将其重定向到 Umbrella 解析器。如果请求的页面是已知的恶意网站或不被策略允许的网站（策略基于用户在 Umbrella 中的配置），那么用户收到的 DNS 响应就会是 Umbrella 屏蔽消息服务器的 IP 地址。如果网站被认为有良好的信誉值，没有恶意，并且被 Umbrella 上配置的策略允许，那么 DNS 响应会返回目的站点的真实 IP 地址。如果 Umbrella 不能确定所请求的页面是否安全，那么可以启用智能代理，让 Umbrella 云充当中间人的角色。通过这种方式，Umbrella 可以在页面加载时检查页面数据，避免危及终端用户的安全。

DNS 层安全还支持 DNSCrypt、EDNS 和 TLS 解密。就像 SSL 把 HTTP Web 流量转换成 HTTPS 加密流量一样，DNSCrypt 将常规的 DNS 流量转换成加密的 DNS 流量，这样可以防止窃听和中间人攻击。DNSCrypt 不需要对域名本身或它的工作方式进行任何更改，它只是提供了一种方法，用于安全加密最终用户和 Umbrella 云中 DNS 服务器之间的通信。DNS 扩展机制（Extension Mechanisms for DNS，EDNS）是一种规范，用于扩展 DNS 协议中几个参数的大小。这样就可以在报文中携带元数据（如 VPN ID），以便在 Umbrella 云中根据这些参数配置相应的环境策略。

在某些情况下，放行对内部资源的 DNS 请求并将它们转发给内部或备用 DNS 解析器对企业也很重要。为了满足这个需求，广域网边缘路由器利用本地域名（local domain）的旁路功能，在拦截 DNS 请求的过程中定义和参考内部域名列表。列表中定义的任何域名都会被忽略，不会被拦截或重定向。图 10-32 所示为 DNS 层安全的工作流程。

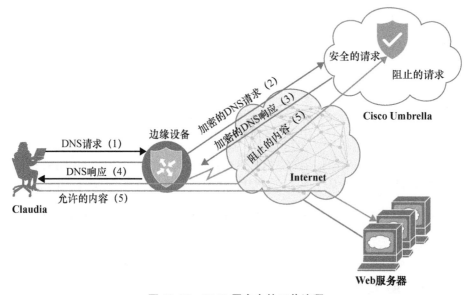

图 10-32　DNS 层安全的工作流程

以下是使用 Cisco Umbrella 配置 DNS 层安全的步骤汇总。
步骤 1 新建 DNS 安全策略，并命名。
步骤 2 生成并注册 Umbrella API 令牌。在 Umbrella 云门户网站中，生成一个 API 令牌。该令牌用来将 vManage 注册到 Umbrella 云。
步骤 3 配置本地域名的旁路列表，定义要绕过 DNS 检查的本地域名列表（可选）。
步骤 4 配置用来重定向的 DNS 服务器 IP 地址。它可以是 Umbrella 的默认地址，也支持自定义。
步骤 5 启用或关闭 DNSCrypt 功能。
步骤 6 配置策略应用的 VPN 对象，即需要启用 IDS/IPS 功能的网络分段。

注意：所有 SD-WAN 许可都支持 Umbrella 云端的应用可视化，但 Umbrella 云的 DNS 层安全功能需要特定的 SD-WAN 许可。

在配置 DNS 安全策略之前，网络管理员必须首先生成 Umbrella API 令牌，并用该令牌向 Umbrella 云的门户网站注册 vManage。有了这个令牌，边缘路由器就能自动向 Umbrella 云注册，完成 DNS 拦截和重定向功能的授权。请参考 Umbrella 云的官方文档，了解如何生成 Umbrella API 令牌。获取令牌后，用户可以在 vManage 的 **Configuration > Security** 配置页面，在 **Custom Options** 下拉列表中选择 **Umbrella API Token** 选项，将令牌粘贴到弹出的对话框中[①]。

与 Cisco SD-WAN 的其他安全功能一样，配置 DNS 安全策略时，首先需要进入 Security 配置页面，然后创建一个新的安全策略。DNS 安全的配置页面在配置工作流的第五步。用户也可以通过自定义选项直接进入这个页面，如图 10-33 所示。无论如何，DNS 安全策略最终都必须与一个整体的安全策略绑定在一起，然后将其关联到边缘路由器的设备模板上。

图 10-33　DNS 安全策略配置工作流

---

① 译者注：vManage 20.1 以前。

参考图 10-34，DNS 安全策略的配置页面可以让网络管理员验证 Umbrella 的注册状态是否是 Configured。如果不是，提示工具会指导网络管理员在 vManage 中导入 API 令牌。此外，还可以在这个页面配置本地域名旁路列表，表项支持使用通配符（*），但长度不能超过 240 个字符。接着，管理员可以在策略中选用 Umbrella 的默认 DNS 服务器，或者自定义的 DNS 服务器。最后，在图 10-34 的右侧，管理员可以启用或禁用 DNSCrypt。

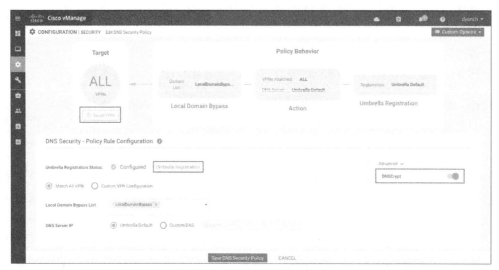

图 10-34　配置 DNS 安全策略

一旦配置了 DNS 安全策略选项，就必须定义一个或多个目标 VPN。这样，策略引擎就能在相应的网络分段中拦截 DNS 请求，并重定向到 Umbrella。

最后，还需要把包含 DNS 安全策略的整体安全策略关联到设备模板中。

如图 10-35 所示，在 vManage 上只能查看 DNS 安全拦截和重定向的一些基本参数。有关策略执行、云应用可视化和其他 Umbrella 云特性的监控信息需要登录 Umbrella 云门户网站查看。vManage 设备仪表盘的 Umbrella DNS Re-direct 页面能显示被重定向到 Umbrella 的 DNS 请求、旁路本地域名的 DNS 请求和时间戳。图 10-35 的顶部显示了向 Umbrella 注册的 VPN 数量以及 DNSCrypt 的状态。

> **注意：** 截至本书出版时，只有运行 IOS-XE SD-WAN 系统的边缘路由器支持配置 Umbrella 云访问的 DNS 层安全。Viptela OS 支持拦截和重定向 DNS 请求，但只能在数据策略中配置，这超出了本章的讨论范围。

所有支持 IOS-XE SD-WAN 系统的 ISR、ASR 和 CSR 平台都能运行 DNS 层安全功能。

关于更多的部署细节，请参考 Cisco 官网发布的 Cisco SD-WAN Security Configuration Guide。

图 10-35　设备仪表盘的 DNS 安全视图

10.7　云安全

本章主要讨论了 Cisco SD-WAN 集成的安全功能，而其他安全类型（如 CDFW[云交付的防火墙]）也值得关注，它们在 Cisco SD-WAN 环境中也能为分支站点带来有效的安全架构。虽然集成的安全功能为分支站点提供了一种部署和管理安全边界的便捷手段，但它也会给边缘路由器带来计算负担，降低转发性能。不过，只要根据分支机构所需的带宽选择合适的边缘路由器，这通常不是问题。

CDFW 提供了一个办法，将这种计算负担卸到服务商的云环境，从而释放了边缘路由器上的计算资源。CDFW 通过 IPSec 或 GRE 隧道连接，要么直接终止在广域网边缘路由器的 DIA 链路上，要么终止在 Internet 流量回传的中心站点上。图 10-36 所示为一些常见的云安全连接选项。

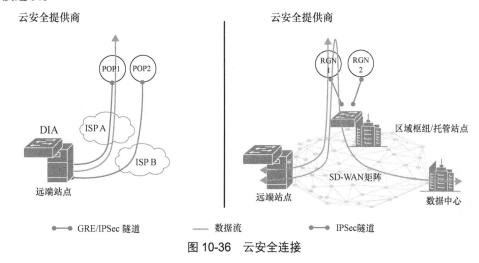

图 10-36　云安全连接

Cisco SD-WAN 支持标准的 IPSec 和 GRE 隧道，因此几乎所有 CDFW 解决方案都可以无缝集成到广域网边缘路由器中。只需创建一个基于标准 IPSec 或 GRE 隧道的功能模板，填写建立隧道的参数，然后关联到设备模板上即可。配置界面如图 10-37 所示。

注意： 截止本书出版时，运行 IOS-XE SD-WAN 系统的设备只支持在服务端配置标准的 IPSec 隧道。Viptela OS 设备则在服务端和传输端都支持配置标准的 IPSec 和 GRE 隧道。

图 10-37　配置标准的 IPSec 隧道

IPSec 或 GRE 隧道的带宽利用率、错误、丢包等历史监控记录均可以在设备仪表盘的 Interface 页面中找到，如图 10-38 所示。图 10-38 还图形化显示了 IPSec 隧道内收发 IPv4 和 IPv6 数据的传输速率。

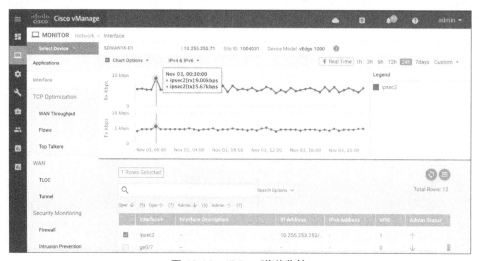

图 10-38　IPSec 隧道监控

IPSec 或 GRE 隧道的更多信息可以通过设备仪表盘的 Real Time 页面获取，如图 10-39 所示。通过 Device Option 中的命令选项，如 IPsec IKE Inbound Connections 或 IPsec IKE Outbound Connections，就能显示更详细的隧道实时信息。

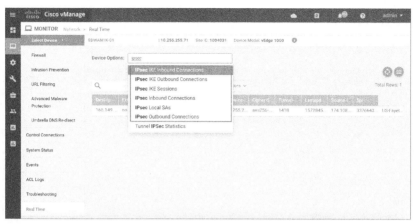

图 10-39　隧道实时信息

关于更多的部署细节，请参考 Cisco 官网发布的 Cisco SD-WAN Security Configuration Guide。

注意：可以通过设备仪表板的 Real Time 页面或 **show** 命令获取更多 IPSec 和 GRE 隧道的统计信息。

10.8　vManage 的身份认证和授权

Cisco SD-WAN 安全的最后一部分是 SD-WAN 网络管理系统（vManage）的安全加固。vManage 在企业的整体安全中起着至关重要的作用，因此，它支持多种认证、授权的方法和功能。

10.8.1　RBAC 本地认证

vManage 提供了基于角色的访问控制（Role-Based Access Control）。第一种认证方式是本地数据库认证，管理员可以在 vManage 的 Administration 页面中配置内置的用户账号。这些账号可以被绑定到用户组，限制用户的访问权限。有 3 个系统预定义的用户组：netadmin、operator 和 basic。netadmin 用户组拥有对整个 vManage 的全部读写访问权限，operator 用户组成员拥有对 vManage 的只读权限，而 basic 组成员只能以只读方式访问 vManage 的系统和接口信息。管理员还可以创建自定义用户组，灵活组合 vManage 所有功能的读写权限。

以下是向本地数据库添加新用户的大致步骤。

步骤 1　在 **Administration>Manage users** 配置页面的 **Users** 标签下，单击 **Add User** 按钮添加用户。

步骤 2 配置 **Full Name**（即用户的全名）。

步骤 3 配置 **Username**（即登录的用户名）。

步骤 4 配置 **Password**。设置并确认账号的密码。如果需要，可以选择让用户在第一次登录时更改密码。

步骤 5 选择 **User Groups**。从预定义或自定义的用户组中选择用户所属组。

添加用户和组的流程如图 10-40 所示。

图 10-40　添加用户

下面是配置自定义用户组的步骤。

步骤 1 添加用户组。在 **Administration > Manage Users** 页面中，单击 **User Groups** 标签下的 **Add User Group** 按钮。

步骤 2 配置 **User Group Name**，指定用户组名。

步骤 3 勾选各功能的访问权限。

在创建用户组时，可以为用户组指定 vManage 各项功能的读写权限。新建用户组的配置界面如图 10-41 所示。

图 10-41　新建用户组

还可以将 RBAC 与 VPN 关联。也就是说，用户所属的用户组只能查看特定的 VPN。这利用了用户组的 RBAC VPN 功能，通过与 VPN 组绑定来实现。

以下是配置 RBAC VPN 用户的方法。

步骤 1 配置 **VPN Segment**。在 **Administration > VPN Segments** 页面中，输入网络分段的名称和 VPN 编号，如图 10-42 所示。这是 vManage 将 VPN 编号与名称绑定的一种方式，后面会在 VPN Group 中引用它。

图 10-42　添加 VPN 网段

步骤 2 配置 **VPN Group**。在 **Administration > VPN Group** 配置页面，输入 VPN 组的名称和描述信息，勾选 Enable User Group access 复选框就可以直接创建仅启用 RBAC VPN 功能的用户组，也称为 RBAC 组。如图 10-43 所示，可以为这个 VPN 组关联一个或多个网络分段。

图 10-43　创建 VPN 组

VPN 组是 vManage 将分段绑定到一个用户组的方法，把 VPN Group 关联到自定义的用户组（RBAC 组）后，这个用户组将自动出现在 vManage 的用户组配置页面中，这样就可以把具体用户分配到这个组中了。

步骤 3 将用户分配到用户组。选择新创建的 RBAC 用户组。

如图 10-44 所示,将用户分配到这个新创建的 RBAC 用户组,当用户登录 vManage 时,就只能看到该 VPN 组内的 VPN 分段信息了。

图 10-44 分配 RBAC 用户组

这些信息包括分段内的设备、站点、边缘路由器的运行状况和占有率最高的应用清单。图 10-45 所示为 **TestVPNGroup** 中用户可以查看的内容。

图 10-45 与 VPN 关联的 RBAC

10.8.2 RBAC 远程认证

vManage 还支持 RBAC 的远程认证方式,用户可以使用 RADIUS/TACACS 或单点登录(SSO)认证服务器进行集中认证。图 10-46 所示为 vManage 中配置 RADIUS 和 TACACS 认证服务器的界面。用户只需配置 vManage 的 AAA 功能模板,或者在 vManage 的命令行手动配置 RADIUS/TACACS 服务器信息，就可以启用远程认证。如果认证服务器能够将组名作为参数传递给 vManage，那么有关用户组的所有功能就可以在远程认证中使用。

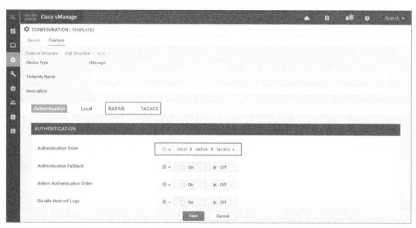

图 10-46　配置 RADIUS/TACACS

要通过 SSO 进行身份验证，需要进入 vManage 的 **Administration > Setting** 页面，在 Identity Provider Settings 区域，将符合 SAML 2.0 的元数据文件上传到 vManage，如图 10-47 所示。

图 10-47　配置单点登录

关于更多的部署细节，请参考 Cisco 官网发布的 Cisco SD-WAN Security Configuration Guide。

10.9　总结

本章涵盖了 Cisco SD-WAN 安全的各个方面，包括边缘路由上集成的各项安全功能，如企业级应用感知防火墙、IDS/IPS、URL 过滤、AMP、DNS 层安全、云交付的防火墙连接以及 vManage 上的认证和授权。Cisco 在 SD-WAN 安全方面的目标是，确保分支机构的任何需求都有相应的可行方案，以实现安全有效的网络资源管理和访问。

第 11 章

Cisco SD-WAN Cloud onRamp

本章涵盖以下主题。

- **Cisco SD-WAN Cloud onRamp**：介绍什么是 Cisco SD-WAN Cloud onRamp，以及它为什么与企业组织息息相关。
- **面向 SaaS 的 Cloud onRamp**：介绍面向 SaaS 的 Cloud onRamp 的概念和配置。
- **面向 IaaS 的 Cloud onRamp**：介绍面向 IaaS 的 Cloud onRamp 的概念和配置。
- **面向托管站点的 Cloud onRamp**：介绍面向托管站点的 Cloud onRamp 的概念和配置。

11.1 Cisco SD-WAN Cloud onRamp

近年来，业界正大规模地将应用迁移到云上，云部署事实上已经成为应用开发和交付的标准。与此同时，垂直领域的各大企业都不约而同地采用云环境为关键业务提供服务，这不但推动着云生态的发展，也给网络架构师带来了新的挑战。这些挑战包括以下几个方面。

- **提供可靠、灵活和安全的云连接模型**：目前有多种方式可以访问公有云或私有云上的工作负载（Workload）和应用程序。网络架构师现在的目标是，为分支站点、中心站点或数据中心访问云端工作负载和应用提供安全可靠的连接。
- **确保云应用的性能和可视化**：由于大多数网络都有多个出口通向 Internet，因此需要确保每个应用都能使用最佳路径，并能收集各条路径的实时性能，生成报告。
- **设计可伸缩的多云架构**：当涉及在云中放置工作负载的问题时，企业开始意识到多云架构的优势。确保这样的架构易于伸缩并维持成本效益便成了关键。

Cisco SD-WAN 统一管理平台 vManage 为面向 SaaS 的 Cloud onRamp 提供了简单高效的工作流，通过选择网络中性能最佳的路径来优化 SaaS 应用的连接。路径的选择以所有可用路径的性能测量值为基础。在路径性能下降时，流量会被动态迁移到更优的路径。面向 IaaS 的 Cloud onRamp 通过实例化虚拟 SD-WAN 边缘路由器，将传输网络连接到 SD-WAN Overlay 和后端的工作负载，实现了 IaaS 工作负载的自动化扩展和多云连接。最后，面向托管站点的 Cloud onRamp 支持安全、高效和高度灵活的服务链架构，以便访问托管设施中的应用。图 11-1 所示为 Cisco SD-WAN 的各类 Cloud onRamp。

图 11-1　Cisco Cloud onRamp 的选项

11.2　面向 SaaS 的 Cloud onRamp

随着越来越多的应用迁移上云，通过高价低能的广域网线路将流量回传到数据中心或中心站点集中访问 Internet 的传统方法，很快就被证明不是使用云应用的最佳做法。当前的广域网基础架构从未考虑过云应用的场景，它们可能会产生网络延迟，降低用户体验。另外，在数据中心或中心站点上汇聚流量也很容易造成带宽瓶颈。

网络架构师的任务就是重新评估广域网设计，支持应用向云过渡，降低网络成本，提高对云流量的管理能力和可视化程度，同时确保出色的用户体验。他们正在尝试使用廉价的 Internet 宽带，寻找直接从远端站点智能路由受信 SaaS 云流量的方法。

通过面向 SaaS 的 Cloud onRamp 功能，SD-WAN 矩阵可以持续测量指定的 SaaS 应用（如 Office 365）在分支站点所有可用路径的转发性能，包括指定的回程路径。针对每条路径，矩阵都会计算一个从 0～10 的体验质量分数，10 为最优。这个分数可以让网络管理员直观掌握应用的性能表现，这是前所未有的。更重要的是，矩阵会自动做出实时的转发决策，为分支机构的终端用户选择访问云 SaaS 应用的最佳路径。实际部署时，企业可以根据业务和安全需求，以多种方式灵活配置 Cloud onRamp 的各项功能。

面向 SaaS 的 Cloud onRamp 功能的优势包括以下几点：
- 使用性能最佳的路径，提升分支机构用户的 SaaS 应用体验；
- 多路径的选择和监控，提高 SaaS 应用的弹性；

- 使用探针实时测量路径质量，让 SaaS 应用性能可视化；
- 集中控制和管理 SaaS 应用策略，操作简明，配置统一。

图 11-2 所示为面向 SaaS 的 Cloud onRamp 的功能组件。

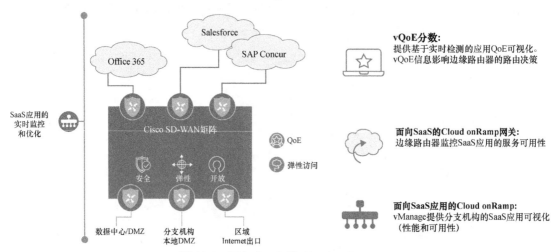

图 11-2　面向 SaaS 的 Cloud onRamp

面向 SaaS 的 Cloud onRamp 的一个常见用例是为远端站点配置 DCA。DCA 可以让远端站点从本地 Internet 直接访问 SaaS 应用。面向 SaaS 的 Cloud onRamp 可以只允许指定的应用流量安全地使用当地的 Internet 传输，而让其他 Internet 应用遵循常规路径（如通过区域枢纽、数据中心或运营商基础设施转发）。Cloud onRamp 功能让远端站点的 SaaS 应用流量绕过中心，有效降低了网络延迟，从而改善了高优先级 SaaS 应用的用户体验。这个功能也称为 DIA。Cisco SD-WAN 边缘路由器会为这些 SaaS 应用选择最优的 Internet 路径。不同应用的路径可以不同，因为路径选择是根据每个应用单独计算的。

如果 SaaS 应用的路径变得不可达或其性能得分低于可接受的水平，那么该路径将从候选路径中移除。如果所有路径都失效，那么访问 SaaS 应用的流量将遵循常规路由。

图 11-3 所示为远端站点使用 DIA 访问 SaaS 应用的流量路径。

另一个常见的用例是通过网关站点实现云访问。许多企业在分支机构不使用 DIA，因为它们的站点可能只能通过私有的传输链路连接，或者集中策略和安全标准不允许这样做。它们可能会使用数据中心、区域中心，甚至是运营商基础设施来访问 Internet。在这种情况下，SaaS 流量将通过隧道被传输到性能最佳的网关站点，随后被路由到 Internet，到达所请求的 SaaS 服务。请注意，根据站点和应用的不同，用来转发流量的网关站点和路径也可能不同，这取决于应用和实际测得的应用性能。这些通过网关站点访问 Internet 的远端站点称为客户端站点。

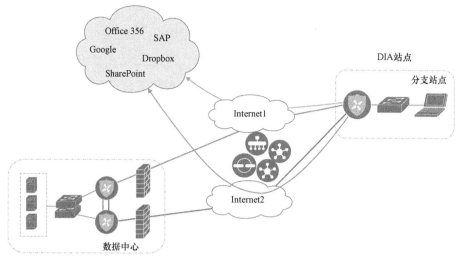

图 11-3 DCA 或 DIA

图 11-4 所示为通过网关进行云访问的流量路径。

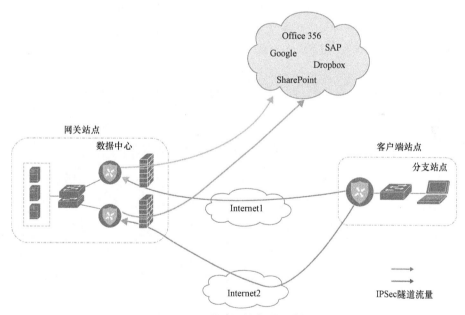

图 11-4 通过网关实现云访问

最后，第三种部署模型是混合部署，即组合 DIA 站点和客户端站点/网关站点。在同时部署 DIA 站点和网关站点时，任何 SaaS 应用都可以使用 DIA 或网关站点，这取决于哪条路径性能最佳。从技术上讲，DIA 站点是客户站点的一种特殊情况，它的 Internet 出口在本地，不在远端。

> **注意：** 在撰写本书时，面向 SaaS 的 Cloud onRamp 支持下列应用：Intuit、Concur、Oracle、Amazon AWS、Salesforce、Zendesk、Dropbox、Sugar CRM、Office 365、Zoho CRM、Google Apps、Box 和 GoTo Meeting。

面向 SaaS 的 Cloud onRamp 功能在多条路径上主动监控来自每个站点的 SaaS 应用性能。站点类型不同，边缘路由器查看性能数据的方式也有所不同。其中，DIA 站点或网关站点会直接计算 SaaS 应用的性能。而客户端站点的 SaaS 应用性能等于网关站点的 SaaS 应用性能加上从客户端站点到网关站点的隧道路径性能。

对于 DIA 或网关站点，边缘路由器会在每条可用路径上向每个 SaaS 应用发出大量的 HTTP 请求。路由器以 2 分钟滑动窗口为周期，计算应用和路径的平均丢包和延迟。

为了计算实时的体验质量（vQoE，Viptela Quality of Experience）分数，边缘路由器会参考 vManage 收集的该 SaaS 应用的预期平均丢包和延迟值。如果窗口内实测的丢包和延迟小于预期值，则 vQoE 评分为满分 10 分。如果大于预期值，则分配一个 0~10 的分数，来表示与基准性能的百分比值。

vManage 为每个应用和路径分配颜色和 vQoE 状态。vQoE 得分 8~10 为绿色，代表良好；5~8 分为黄色，代表一般；0~5 分为红色，代表不良。对任何应用程序，边缘路由器会在几个时间窗口内取移动平均值，然后选择 vQoE 得分较高的路径。

图 11-5 和图 11-6 详细介绍了 vQoE 的计算方法。

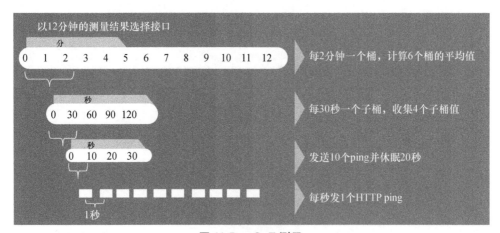

图 11-5　vQoE 测量

如前所述，当流量需要经过网关站点时，网关站点会直接向 SaaS 应用发出 HTTP 请求，在每个 Internet 出口上计算应用的丢包和延迟。这些计算结果通过 OMP 协议回传到客户端站点。客户端站点则用 BFD 来检测与网关站点互连的 IPSec 隧道的丢包、抖动和延迟。两段路径相加就能得到客户端站点到 SaaS 应用的全程链路状态。图 11-7 所示为这个过程。

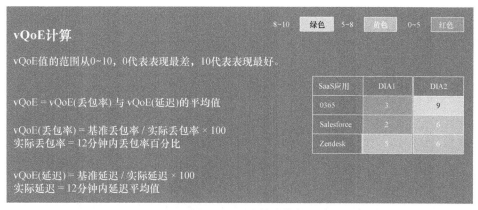

图 11-6 vQoE 分数计算方法

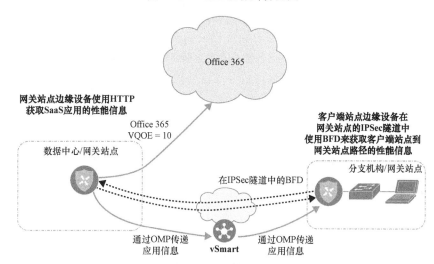

图 11-7 计算客户端站点和网关站点的路径性能

DIA 站点除了利用从网关站点收集的路径信息外，还对本地的 Internet 链路执行相同的探测过程，如图 11-8 所示。

Cisco SD-WAN 的深度数据包检测（DPI）可以识别 SaaS 应用。当某个 SaaS 应用的流量首次出现时，边缘路由器会根据路由表转发它。经过几个数据包之后，如果 DPI 引擎能够识别这个应用，就会把它的特征记录在缓存中，以便使用 vQoE 分数确定的最佳路径来转发后续的应用会话，而不再是常规路由。DPI 不会重定向最初的应用数据流，因为这会切换 NAT 设备，破坏 TCP 数据包。图 11-9 所示为面向 SaaS 的 Cloud onRamp 对应用的处理流程。

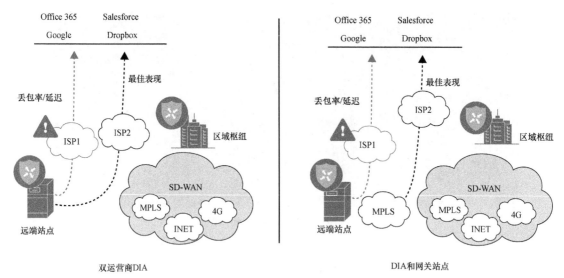

图 11-8 计算 DIA 站点的路径性能

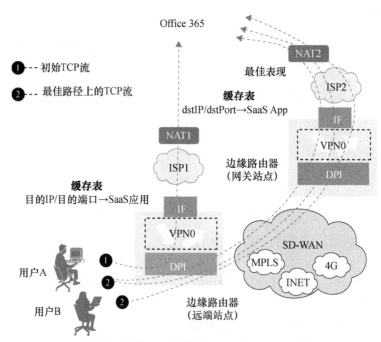

图 11-9 面向 SaaS 的 Cloud onRamp 与 NAT

> **注意**：由于 DPI 引擎在边缘设备上进行流量识别，因此对于双宿主站点来说，流量对称非常重要。也就是请求和响应流量都必须通过 DPI 引擎。如果应用数据流经过不同的边缘路由器出入客户端站点，那么 DPI 引擎可能无法对流量正确识别。这样的流量会作为常规流量，遵循路由表从本地出口或网关转发。因此，应该特别注意路由的度量值，确保流量对称。

在通过网关或 DIA 站点访问 SaaS 应用的场景中，边缘路由器在为了发送 HTTP 请求而计算路径性能时，首先需要使用 VPN 0 中指定的 DNS 服务器,将面向 SaaS 的 Cloud onRamp 应用名称解析为 IP 地址。路由器会在每个本地 Internet 出口上向这个应用发起单独的 DNS 查询。接着，当边缘路由器收到站点内的用户发出的 DNS 查询数据包时，DPI 引擎会拦截它。如果查询所对应的 SaaS 应用检测到的最佳路径是本地 DIA 的 Internet 出口，那么边缘路由器将充当代理，把查询数据包转发到 VPN 0 指定的 DNS 服务器，并用本地最佳出口路径上的 DNS 覆盖用户的 DNS 设置。如果最佳路径指向网关站点，那么 DNS 查询就会被转发到网关站点上，在那里，DNS 查询被拦截后，依旧从性能最佳的 Internet 出口转发到 VPN 0 下指定的 DNS 服务器。对于非 Cloud onRamp 应用的 DNS 查询，DPI 引擎会根据常规路由表转发。

图 11-10 说明了这一点。

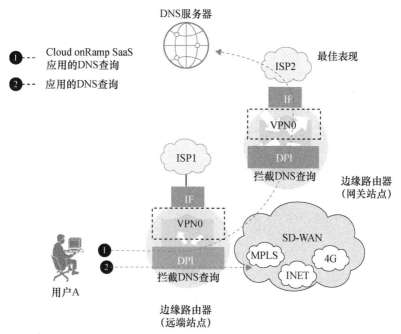

图 11-10　面向 SaaS 的 Cloud onRamp 与 DNS 劫持

vManage 中内置了工作流来引导用户配置面向 SaaS 的 Cloud onRamp 功能。整个过程相当简单，在开始配置前首先要了解下列先决条件。

> **注意**：本节介绍的内容改编自 Cloud onRamp for SaaS Validated Design Guide。请在 Cisco 官网上查询该指南，获得更多详细步骤和技术细节。

所有站点类型（DIA、客户端和网关）的先决条件

- 边缘路由器需要处于被 vManage 管理的模式，而不是用 CLI 管理的模式。也就是说，边缘路由器需要关联 vManage 上的设备模板。
- Viptela OS 平台的路由器在充当 DIA 站点时，要求软件版本不低于 16.3.0；充当网关站点时，要求版本不低于 17.1.0。对于 IOS-XE 平台的路由器，要求软件版本不低于 17.2.1。建议使用 Cisco 推荐的最新版本。
- 在配置面向 SaaS 的 Cloud onRamp 前，必须在服务端 VPN 中设置一条默认路由，该路由能把流量转发到 Internet 上的 SaaS 应用（可以通过任何中间站点或本地 DIA）。如前所述，应用的前几个初始数据包遵循常规路由转发，直到被 Cisco SD-WAN DPI 引擎识别并缓存为止，后续新的流量将根据 vQoE 的检测结果，选择最佳路径转发。初始数据流在被识别之前，一直使用常规路由转发。

DIA 和网关站点的先决条件

- NAT 配置：对于 DIA 和网关站点，为了在站点本地卸载 SaaS 流量，需要在接入 Internet 或者 Internet 转发路径上的所有传输端 VPN 的物理接口下配置 NAT。无论站点是否配置了其他 NAT，只有符合此要求的接口才能成为本地出口的候选者。默认情况下，当接口作为 SaaS 应用的本地出口时，启用 NAT 将导致站点用户的源 IP 地址转换为边缘路由器的外部 IP 地址。
- 本地出口的默认路由：需要在 VPN 0 下添加至少一条默认路由，这样就能与远端站点和数据中心建立隧道。手工配置默认路由或者通过 DHCP 动态获取均可。对于 DIA 和网关站点，当启用面向 SaaS 的 Cloud onRamp 功能时，该默认路由会给出 Internet 出口的下一跳信息。
- 为传输端 VPN 定义 DNS 服务器。

在 Cisco vManage 上配置面向 SaaS 的 Cloud onRamp 功能，大致需要以下几个步骤。

步骤 1 全局启用面向 SaaS 的 Cloud onRamp。在 vManage 的设置页面启用面向 SaaS 的 Cloud onRamp。

步骤 2 定义 SaaS 应用。定义要监控的 SaaS 应用列表。

步骤 3 配置 DIA 站点（可选）。选择要配置为 DIA 站点的站点。

步骤 4 配置网关站点（可选）。选择要配置为网关站点的站点。

步骤 5 配置客户站点（可选）。选择要配置为客户端站点的站点。

首先，在 vManage 的设置页面中全局开启 **Cloud onRamp for SaaS** 功能，如图 11-11 和图 11-12 所示。

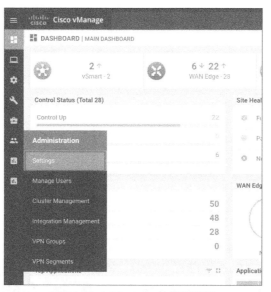

图 11-11 vManage 的设置界面

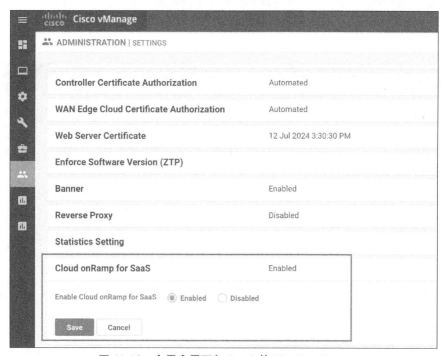

图 11-12 全局启用面向 SaaS 的 Cloud onRamp

接着，开始定义 SaaS 的应用列表，单击 vManage GUI 窗口顶部的 ☁ 图标，选择 **Cloud onRamp for SaaS**，如图 11-13 所示。或者从屏幕左侧的菜单 **Configuration > Cloud onRamp for SaaS** 进入配置页面。

第 11 章　Cisco SD-WAN Cloud onRamp

图 11-13　进入 Cloud onRamp for SaaS 配置页

首次使用时，屏幕上会弹出"Welcome to Cloud onRamp for SaaS…"的提示窗口，说明系统已经启用面向 SaaS 的 Cloud onRamp 功能。弹窗内罗列了具体的配置指引，包括：添加应用和 VPN、添加客户端站点、网关站点和 DIA 站点，以及提示用户通过仪表盘使用面向 SaaS 的 Cloud onRamp 功能。关闭这个提示窗口后，在屏幕右上角的下拉菜单中选择 **Manage Cloud onRamp for SaaS > Applications**，就能进入添加 SaaS 应用的配置页面，如图 11-14 所示。

图 11-14　定义 SaaS 应用

如果要为应用配置 DIA 站点，请单击 **Manage Cloud onRamp for SaaS** 菜单下的 **Direct Internet Access（DIA）Sites** 选项，如图 11-15 所示。

单击图 11-5 中的 **Attach DIA Sites** 按钮，在弹出的窗口中选择需要关联的 DIA 站点，这样 vManage 和 vSmart 就可以把相应的配置和策略推送到站点设备上，如图 11-16 所示。

如果要为 DIA 站点指定访问 Internet 的接口（可选），请单击图 11-16 右下角的 **Add interface to selected sites（optional）** 链接，在打开的新窗口中（见图 11-17），可以在文本框内为边缘路由器选择 SaaS 应用的出接口。完成后，单击下方的 **Save Changes** 按钮，保存配置。

11.2 面向 SaaS 的 Cloud onRamp

图 11-15 配置 DIA 站点

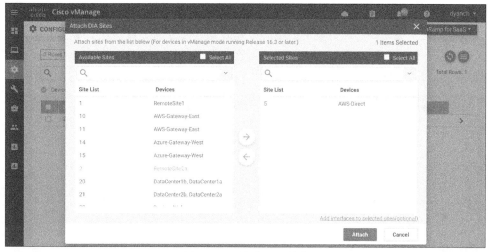

图 11-16 关联 DIA 站点

图 11-17 指定 DIA 接口

vManage 的 TASK VIEW 页面提供了配置和策略推送的状态信息，本例的推送过程可能需要 30 秒以上的时间，如图 11-18 所示。

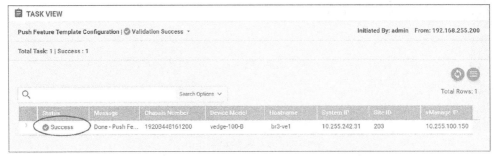

图 11-18　面向 SaaS 的 Cloud onRamp 的配置推送

如果要配置网关站点，可以在 Cloud onRamp for SaaS 的配置页面，单击右上角的菜单 **Manage Cloud onRamp for SaaS > Gateways**。在打开的页面中，单击 **Attach Gateways** 按钮，按照前面的说明进行配置，如图 11-19 所示。

图 11-19　网关站点配置

对于客户端站点，请通过 **Manage Cloud onRamp for SaaS > Client Sites** 菜单打开配置页面。然后在这个页面中单击 **Attach Sites** 按钮，同样遵循前面的说明进行配置，如图 11-20 所示。在设置客户端站点时，不能选择 DIA 接口，因为客户端站点不能在本地卸载 SaaS 应用的流量。

图 11-20　客户端站点配置

11.2 面向 SaaS 的 Cloud onRamp

vManage 为面向 SaaS 的 Cloud onRamp 内置了监控功能。用该功能可以查看各个 SaaS 应用的 vQoE 性能评分、各站点为应用选择的路径、应用及路径的详细丢包与延迟数据。

Cloud onRamp for SaaS 的配置页面将每个启用的 SaaS 应用显示为一个插件，每个插件都列出了活动站点的数量以及使用该应用的边缘设备。插件还显示了 vQoE 评分为良好、一般、不良的各个边缘设备数量，如图 11-21 所示。请注意，这些 vQoE 分数仅显示每台边缘设备上性能最佳的路径。

图 11-21　监控面向 SaaS 的 Cloud onRamp

任意打开其中一个应用插件，就能获取更多关于该应用的 vQoE 评分和最佳路径的详细信息。图 11-22 所示为 Office 365 的监控数据，包含站点列表、边缘设备的名称、vQoE 状态（以符号显示）、vQoE 分数和当前的最佳路径。最佳路径包含 DIA 状态（local 或 gateway）、选用的本地接口 ID 或网关的系统 IP，以及到达远端网关的 IPSec 隧道标识。

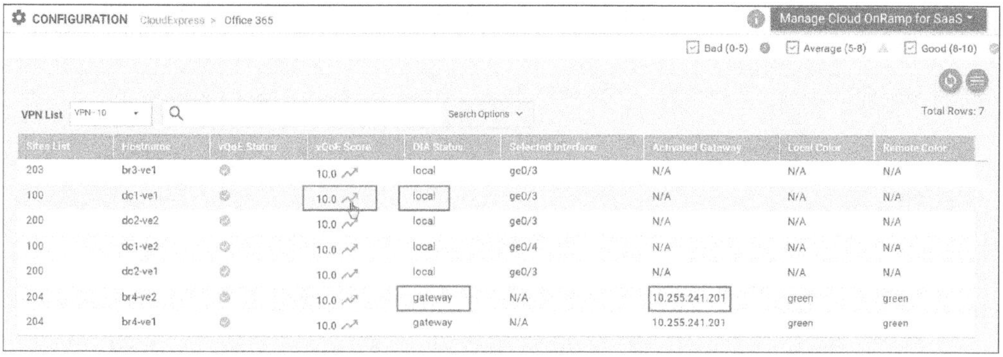

图 11-22　特定应用在各站点的性能表现

如果单击图 11-22 中 vQoE Score 列的箭头，会弹出一个新的窗口。窗口用折线图展示了

vQoE 的历史分值。可以查看过去 1 小时、3 小时、6 小时、12 小时、24 小时直到 7 天前的历史记录，也可以自定义历史区间，如图 11-23 所示。

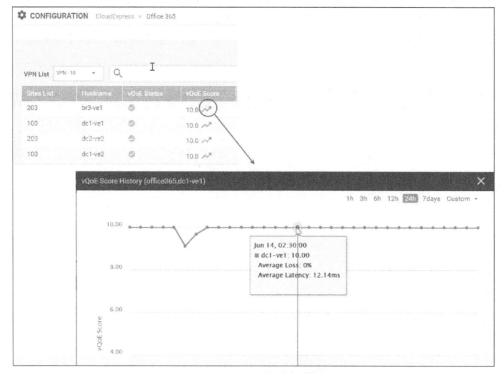

图 11-23　应用的历史性能

也可以在设备监控仪表盘的 Real Time 页面，通过命令选项让 vManage 按每个 SaaS 应用显示详细的实时丢包和延迟数据。如图 11-24 所示，在 Device Options 中输入 CloudExpress Applications，即可显示各个应用当前选择的转发路径，以及路径对应的平均延迟和丢包数。

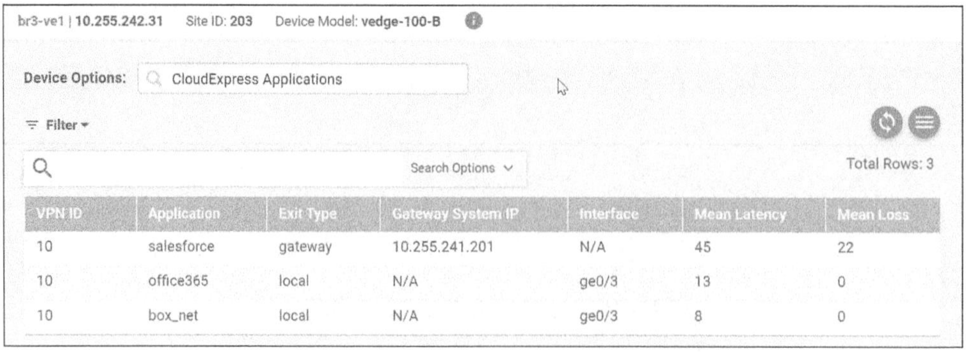

图 11-24　CloudExpress Applications 的输出

同样地，CloudExpress Gateway Exits 选项能显示各应用使用的网关出口，以及在对应的网关路径上的平均延迟和丢包数，如图 11-25 所示。它还列出了去往网关站点的传输隧道，包括本地和远端的 Color 值。

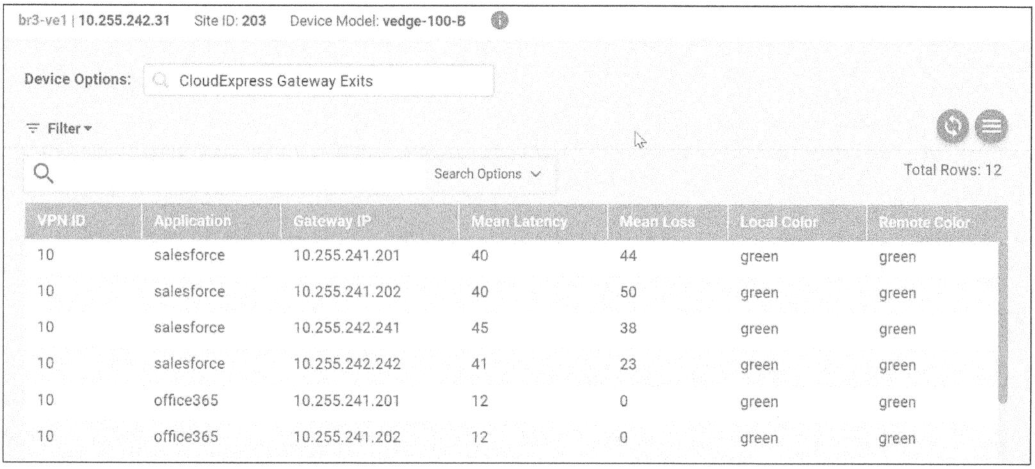

VPN ID	Application	Gateway IP	Mean Latency	Mean Loss	Local Color	Remote Color
10	salesforce	10.255.241.201	40	44	green	green
10	salesforce	10.255.241.202	40	50	green	green
10	salesforce	10.255.242.241	45	38	green	green
10	salesforce	10.255.242.242	41	23	green	green
10	office365	10.255.241.201	12	0	green	green
10	office365	10.255.241.202	12	0	green	green

图 11-25　CloudExpress Gateway Exits 的输出

CloudExpress Local Exits 选项显示了各应用在每个本地 Internet 出口的平均延迟和丢包数，如图 11-26 所示。

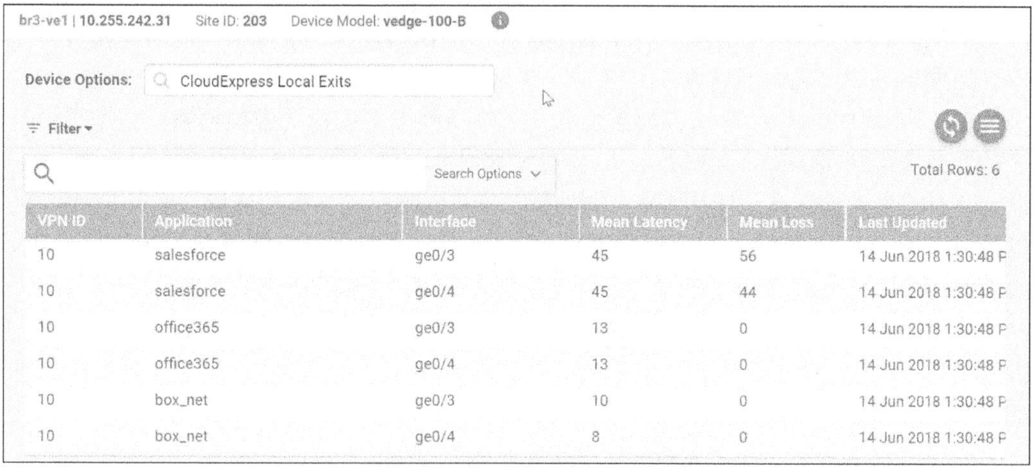

VPN ID	Application	Interface	Mean Latency	Mean Loss	Last Updated
10	salesforce	ge0/3	45	56	14 Jun 2018 1:30:48 P
10	salesforce	ge0/4	45	44	14 Jun 2018 1:30:48 P
10	office365	ge0/3	13	0	14 Jun 2018 1:30:48 P
10	office365	ge0/4	13	0	14 Jun 2018 1:30:48 P
10	box_net	ge0/3	10	0	14 Jun 2018 1:30:48 P
10	box_net	ge0/4	8	0	14 Jun 2018 1:30:48 P

图 11-26　CloudExpress Local Exits 的输出

最后，OMP CloudExpress Routes 选项显示了从各个网关收到的 OMP 路由，以及相关应用在路径上的平均延迟和丢包数，如图 11-27 所示。

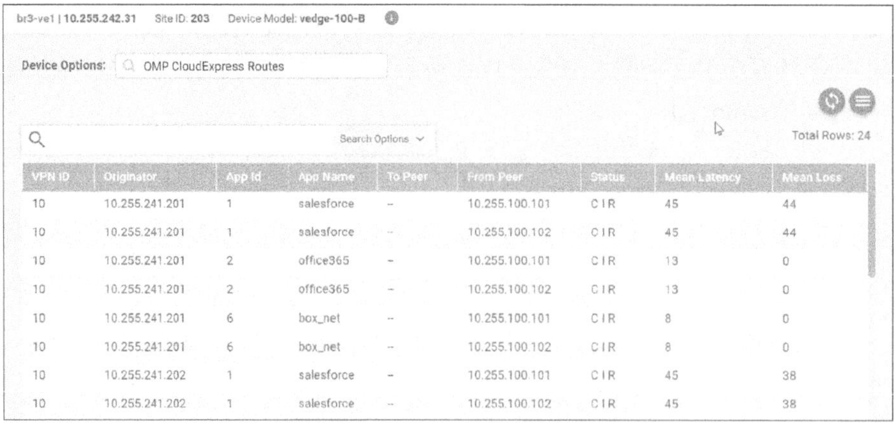
br3-ve1 | 10.255.242.31 Site ID: 203 Device Model: vedge-100-B
Device Options: OMP CloudExpress Routes
Search Options
Total Rows: 24
VPN ID Originator App Id App Name To Peer From Peer Status Mean Latency Mean Loss
10 10.255.241.201 1 salesforce – 10.255.100.101 C I R 45 44
10 10.255.241.201 1 salesforce – 10.255.100.102 C I R 45 44
10 10.255.241.201 2 office365 – 10.255.100.101 C I R 13 0
10 10.255.241.201 2 office365 – 10.255.100.102 C I R 13 0
10 10.255.241.201 6 box_net – 10.255.100.101 C I R 8 0
10 10.255.241.201 6 box_net – 10.255.100.102 C I R 8 0
10 10.255.241.202 1 salesforce – 10.255.100.101 C I R 45 38
10 10.255.241.202 1 salesforce – 10.255.100.102 C I R 45 38

图 11-27 OMP CloudExpress Route 的输出

11.3 面向 IaaS 的 Cloud onRamp

在多云环境下，企业正在利用 IaaS 迅速践行云计算服务的优势。它们借助 AWS、Azure 等 IaaS 提供商，更加快速、经济、高效地开发和交付新的应用。IaaS 环境可让企业轻松使用按需、可伸缩的计算服务，无须在采购、安装和硬件管理端耗时数月。这样，企业就可以把资源和精力聚焦在应用上，而不是浪费在数据中心或基础设施的管理上。随着 IaaS 的逐步上线，企业的费用支出将从以硬件、软件和数据中心基础设施为主的固定成本转换为动态的可变成本。IaaS 的成本基于计算资源的使用情况以及在私有数据中心、园区、分支站点与 IaaS 云提供商之间传输的数据量。为了适应这种新的消费模式，企业必须能够监视资源的利用率，以便追踪成本和内部结算。

VPC（Virtual Private Cloud，虚拟私有云）是一种按需创建的虚拟网络，在逻辑上与公有云的其他虚拟网络隔离。大多数 IaaS 公有云提供商允许流量在单个区域内的不同 VPC 之间通信，目前也允许区域之间用 VPC 对等连接（VPC Peering）实现通信。但是，AWS 区域间的流量不能跨 VPC 传输，即流量必须在 VPC 内发起或终止，不能跨越 VPC。这意味着，想要实现 VPC 全互连，VPC Peering 的数量会随着 VPC 的增多而急剧增加。

面向 IaaS 的 Cloud onRamp 将 Cisco SD-WAN Overlay 网络结构扩展到公有云实例，使得拥有 SD-WAN 边缘路由器的分支机构直接连接到公有云提供商，这消除了对物理数据中心的需求，提高了在云中托管的应用的性能。

注意：在撰写本书时，面向 IaaS 的 Cloud onRamp 已经支持 AWS 和 Azure 环境，其他 IaaS 提供商将在后续版本中陆续支持。本节将重点演示如何在 AWS 中部署面向 IaaS 的 Cloud onRamp。Azure 与其类似。

面向 IaaS 的 Cloud onRamp 的核心理念是在 IaaS 公有云内部配置中转 VPC（Transit VPC）来缓解设计和扩展问题。中转 VPC 是 VPC 的一种，其唯一用途是在其他 VPC 以及园区和分支机构之间转发流量。

图 11-28 说明了这个设计。

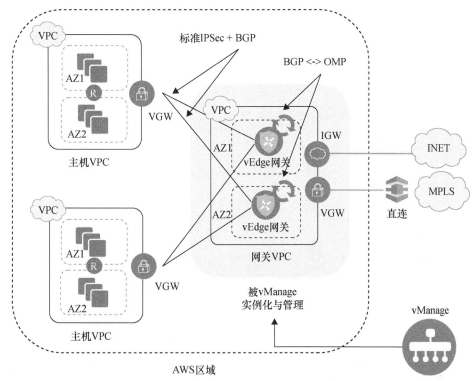

图 11-28　面向 IaaS 的 Cloud onRamp 的设计

配置面向 IaaS 的 Cloud onRamp 时，先要创建一个或多个云实例，每个云实例都对应一个 AWS 账号和区域。然后在区域内创建一个或多个中转 VPC。最后把主机 VPC（Host VPC）映射到这些中转 VPC。通过添加 AWS 身份和 IAM 角色（或访问密钥），可以将多个 AWS 账号添加到 Cisco Cloud onRamp。Cisco Cloud onRamp 用这些角色或访问密钥调用必要的 API 接口完成上述配置工作。

创建中转 VPC 时需要指定 IPv4 的 CIDR 范围。这个 CIDR 会被自动划分成子网，并分配给必要的组件。Cisco Cloud onRamp 使用 AWS API 能够自动创建的逻辑组件包括中转 VPC、子网、网络接口、Internet 网关（IGW，Internet Gateway）和公网可路由的弹性 IP 地址。

中转 VPC 内需要部署一对冗余的 Cisco 边缘云（WAN Edge Cloud）路由器，专门作为主机 VPC 之间的流量中转点。它们分别被部署在同一个中转 VPC 不同的可用区内，以便提高故障恢复能力。每台边缘云路由器都会自动配置以下内容：

- 一个管理 VPN（VPN 512），使用 AWS 的弹性 IP 地址（公网 IP 地址）；
- 一个传输 VPN（VPN 0），同样使用 AWS 的弹性 IP 地址；
- 一个或多个服务端 VPN（VPN 1、VPN 2 等）。

中转 VPC 还作为从 AWS 进入 Cisco SD-WAN 安全可扩展网络（Secure Extensible Network，SEN）的入口。每个主机 VPC 上的 AWS VPN 网关都会与中转 VPC 内的每台边缘云路由器的服务端 VPN 建立冗余的站点到站点 VPN。

当将主机 VPC 映射到中转 VPC 时，Cisco Cloud onRamp 使用 AWS API 在主机 VPC 上自动创建一对冗余的 AWS 站点到站点 VPN 连接。这两条 VPN 分别映射到中转 VPC 内的两台边缘云路由器。从 AWS 的角度来看，中转 VPC 内的每台边缘云路由器都是客户的网关。每条 AWS 站点到站点 VPN 连接都由一对建立到同一客户网关的 IPSec 隧道组成。因此，每个主机 VPC 与中转 VPC 之间总共建立两条 IPSec 隧道。

图 11-29 说明了这一点。

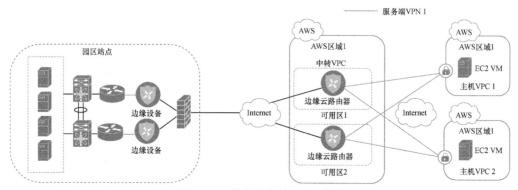

图 11-29　单个服务端 VPN 映射

多个主机 VPC 可以被映射到中转 VPC 上的同一个服务端 VPN，这样就打通了主机 VPC 之间的连接。另外，如果需要网络分段，也可以将单个主机 VPC 映射到中转 VPC 的单个服务端 VPN 上。

图 11-30 说明了这一点。

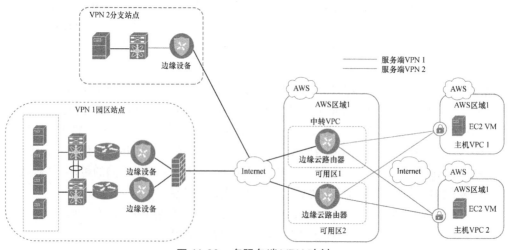

图 11-30　多服务端 VPN 映射

vManage 内置了面向 IaaS 的 Cloud onRamp 的配置向导，操作起来十分简单。在开始配置之前，需要满足以下要求：
- 确保 vManage 中有两台边缘云路由器的令牌/许可证。
- 为中转 VPC 内的边缘云路由器配置设备模板。
- 将设备模板关联到边缘云路由器。在 vManage 开启面向 IaaS 的 Cloud onRamp 配置工作流前，必须将准备好的设备模板关联到两台边缘云路由器。可以在 Cisco 官网查阅 Cloud onRamp for IaaS Deployment Guide，找到基本的模板示例。
- 确认 AWS 配额是否满足条件，如弹性 IP 地址数量和 VPC 配额等。

> **注意**：本节内容改编自 Cloud onRamp for IaaS Deployment Guide。有关详细的步骤说明和更多技术细节，请参阅 Cisco 官网发布的相关指南。

以下是配置面向 IaaS 的 Cloud onRamp 的主要步骤。

步骤 1 添加新的云实例。进入面向 IaaS 的 Cloud onRamp 配置界面，开始配置工作流。

步骤 2 选择云提供商，提供访问凭据。选择 AWS 或 Azure，填入 API key。

步骤 3 添加中转 VPC。选择区域，创建中转 VPC。

步骤 4 发现主机 VPC 并将其映射到中转 VPC。将发现的主机 VPC 映射到中转 VPC。

如图 11-31 所示，首先导航到 vManage 的 Cloud onRamp for IaaS 页面，单击 **Add New Cloud Instance** 按钮，开始配置工作流。也可以单击页面右上角的☁图标，通过 **Cloud onRamp for IaaS** 选项进入。

图 11-31 面向 IaaS 的 Cloud onRamp 的配置页面

如图 11-32 所示，在弹出的对话框中选择云提供商。本例选择 AWS 部署面向 IaaS 的 Cloud onRamp。

Cisco Cloud onRamp 通过 API 调用，创建含有两台边缘云路由器的中转 VPC，随后把现有的 AWS 主机 VPC 以星型网络架构——映射到中转 VPC。可以使用 AWS 身份和 IAM 角色（或访问密钥）进行 API 调用。在本例中使用 AWS 凭证，如图 11-33 所示。如果还没有访问密钥，请参考 Cloud onRamp for IaaS Deployment Guide，查看如何生成密钥。

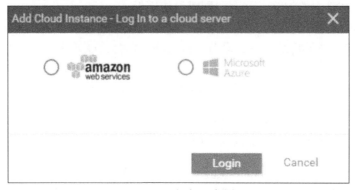

图 11-32　添加云实例

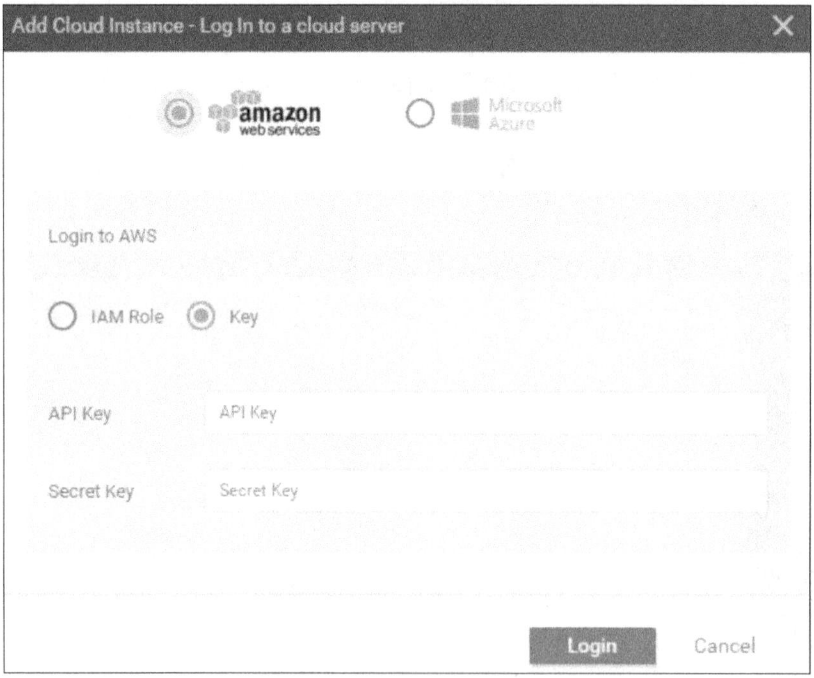

图 11-33　登录云环境

如图 11-33 所示，分别在 API Key 字段中输入访问 AWS 的密钥 ID，在 Secret Key 字段输入访问 AWS 的密钥。输入 AWS 凭证后，单击 **Login** 按钮登录。

登录成功后，进入工作流的下一步：添加中转 VPC。

在 Choose Region 旁边的下拉菜单中选择需要创建中转 VPC 的 AWS 区域，如图 11-34

所示。创建中转 VPC 时需要提供以下信息。

- **Transit VPN Name**：Cisco Cloud onRamp 在 AWS 中创建的中转 VPC 的名称。
- **WAN Edge Version**：这是在两台冗余的 Cisco 边缘云路由器上运行的软件版本。后续可以根据需要通过 vManage 升级。
- **Size of Transit vEdge**：分配给边缘云路由器的 AWS 计算资源类型。C4 实例越大，vCPU、内存和网络性能就会越好，但每小时的价格就越高[①]。
- **Device 1 和 Device 2**：这是之前使用基础模板部署的边缘云路由器，已经授权但未启用。这些路由器的 UUID 应该填充到下拉列表中。
- **Transit VPC CIDR**（可选）：中转 VPC 的默认 CIDR 为 10.0.0.0/16。这个 CIDR 必须有足够的地址空间来创建 6 个子网。目前仅支持 IPv4 寻址。
- **SSH PEM Key**：默认情况下，vManage 使用 SSH 密钥对（keypair）访问 AWS EC2 实例。这与前面讨论的 AWS 凭证不同，需要在与访问 AWS 密钥相同的用户 ID 下配置一个 SSH 密钥对。关于如何在 AWS 中生成 SSH 密钥对，请参见 Cloud onRamp for IaaS Deployment Guide。

图 11-34　添加中转 VPC

填写完毕后，单击 **Save and Finish** 按钮，vManage 就会立刻开始创建中转 VPC。或者单击 **Proceed to Discovery and Mapping** 按钮，将发现的主机 VPC 映射到中转 VPC。在本例中选择前者，稍后单独配置映射。

几分钟后，vManage 会自动转到 Task View 页面。如图 11-35 所示，页面提示已经在 AWS

---

① 译者注：C4 是 instance 实例类型，是计算优化型中的一个种类。C4 实例针对计算密集型工作负载进行了优化，并按计算比率以较低的价格提供非常经济高效的高性能。详情请参阅 AWS 官网。

上创建了中转 VPC，并含有一对冗余的 Cisco 边缘云路由器。

注意：可以随时修改在中转 VPC 内的 Cisco 边缘云路由器的配置，只需在 vManage 中适当地修改模板，然后将这些变更应用到设备上即可。

图 11-35　成功创建中转 VPC

把主机 VPC 映射到中转 VPC 前，必须先在 Cisco Cloud onRamp 发现主机 VPC。在屏幕左侧的菜单栏中，单击 **Configuration > Cloud onRamp** 进入初始界面，如图 11-36 所示。

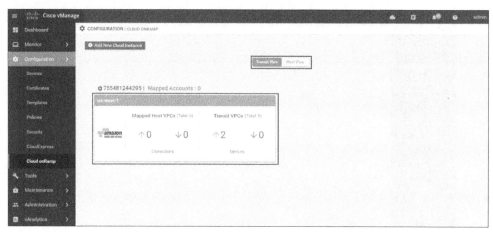

图 11-36　Cloud onRamp 下已配置的云实例

在选择 **Transit View** 标签时，会显示在上一过程中创建的 IaaS 云实例。在图 11-36 中可以看到，现有一个 AWS 云实例。该实例中已经创建了一个带有两台 Cisco 边缘云路由器的中转 VPC。图中绿色的向上箭头表示两台边缘云路由器均已启动。单击图 11-36 上的 **Mapped Accounts** 链接，可以查看该云实例所在的 AWS 区域。

现在，云实例中的主机 VPC 还没有被映射到中转 VPC 上。映射过程指的是通过 AWS 站点到站点 VPN 把主机 VPC 连接到中转 VPC 的弹性 IP 地址（公网可路由）。主机 VPC 必须先被发现，然后才能被映射到中转 VPC。

单击图 11-36 中的云实例插件，可以查看更多有关该实例的详细信息。图 11-37 所示为一个示例。

图 11-37 已映射的主机 VPC

图 11-37 所示的详情页有两个标签：Host VPCs 与 Transit VPCs。选择 Host VPCs 标签后，会出现两个子标签：Mapped Host VPCs 和 Un-Mapped Host VPCs。默认情况下，Mapped Host VPCs 标签处于选中状态。从图 11-37 中可以看出，当前的云实例内还没有主机 VPC 被映射到中转 VPC。

在一个云实例（AWS 账号的单个区域）中可以配置多个中转 VPC，而主机 VPC 可以被映射到其中任意一个。

选择 Un-Mapped Host VPCs 子标签，如图 11-38 所示。

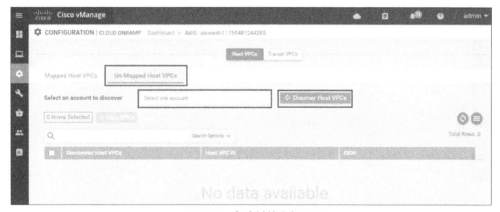

图 11-38 未映射的主机 VPC

主机 VPC 必须先被 Cisco Cloud onRamp 发现，才能被映射到中转 VPC。发现的过程是根据选择的 AWS 账号，调用 AWS API 完成的。

如图 11-39 所示，在 **Select one account** 旁边的下拉菜单中，选择希望发现主机 VPC 的账号。输入 AWS 凭证时，当前账号会与 AWS 账号关联起来并显示在下拉菜单中。还可以单击下拉菜单底部的 **New Account** 按钮添加新账号。这时会弹出一个窗口，要求输入账号凭证。

第 11 章　Cisco SD-WAN Cloud onRamp

图 11-39　添加新账号

在本例中，主机 VPC 和中转 VPC 创建在同一个账号下。

单击 **Discover Host VPCs** 按钮，页面会更新显示可映射到中转 VPC 的主机 VPC，如图 11-40 所示。

图 11-40　发现主机 VPC

注意：在选定的 AWS 账号内，只有与中转 VPC 在同一 AWS 区域内的主机 VPC 才会出现在图 11-40 中。主机 VPC 还必须拥有与其相关联的 AWS 名称标签（即图中的 Host VPC ID）。AWS 为每个区域自动创建的默认 VPC 通常没有与其关联的名称标签。如果希望默认 VPC 也能被 vManage 发现，就必须在 AWS 中为它分配一个。

勾选需要映射的主机 VPC（IaaS-Spoke-1 和 IaaS-Spoke-2），单击 **Map VPCs** 按钮，如图 11-41 所示。

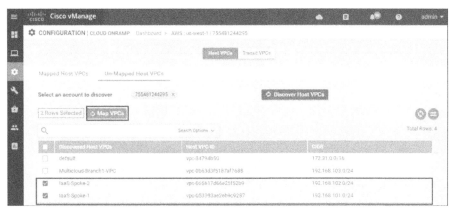

图 11-41 映射主机 VPC

单击 **Map VPCs** 按钮后，会弹出图 11-42 所示的对话框。

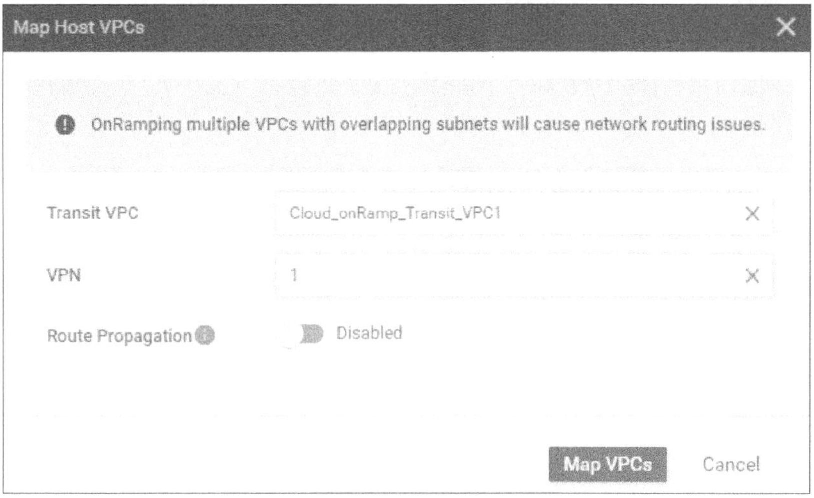

图 11-42 将主机 VPC 映射到中转 VPC

如果云实例中只配置了一个中转 VPC，系统会自动填充 Transit VPC 字段。如果有多个中转 VPC，那么可以通过下拉菜单选择需要映射的中转 VPC。

主机 VPC 可以被映射到边缘云路由器上的任意服务端 VPN。服务端 VPN 在边缘云路由器的设备模板中定义。映射到相同服务端 VPN 的主机 VPC 之间可以相互通信。映射到不同服务端 VPN 的主机 VPC 则被隔离。对于 AWS 以外的站点，只有具有相同服务端 VPN 的分支站点和园区站点才能访问到主机 VPC。

启用图 11-42 中的 **Route Propagation** 功能可以将 BGP 路由传播到两个主机 VPC。默认情况下，该功能是关闭的。

单击 **Map VPCs** 按钮，等待几分钟后会自动跳转到 Task View 页面，可以在此确认映射任务的执行状态，如图 11-43 所示。

图 11-43 两台主机 VPC 已经成功映射到中转 VPC

Cisco Cloud onRamp 提供了对以下几个方面的监控：
- 各主机 VPC 的连通状态；
- 中转 VPC 的状态；
- 中转 VPC 与各主机 VPC 之间 IPSec VPN 连接的流量统计。

如果要查看各主机 VPC 的连接状态，请选择 vManage 界面顶部的图标，然后单击 **Cloud onRamp for IaaS** 选项。在新的页面中，系统以插件的形式显示了每个已配置的云实例。每个插件列出了映射到中转 VPC 的主机 VPC 数量，以及中转 VPC 的数量。图 11-44 所示为一个示例。

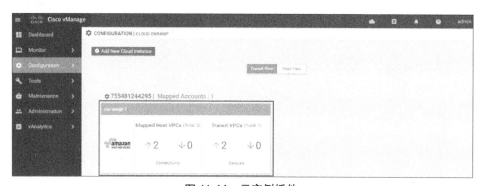

图 11-44 云实例插件

插件中的 **Mapped Host VPCs** 一栏用不同方向和颜色的箭头表示主机 VPC 和中转 VPC 之间 IPSec 的隧道状态。绿色向上表示 up，红色向下表示 down。相应的主机 VPC 的数量表示在箭头右边。

同理，**Transit VPCs** 一栏显示了 Cisco 边缘云路由器在逻辑上的可达状态。图 11-44 表示当前有两台边缘云路由器可达（绿色向上），没有异常的路由器（红色向下）。由于每个中转 VPC 内有两台云路由器，这里的设备总数恰好是 VPC 数量的两倍。

插件可以直观呈现出是否有边缘云路由器宕机或不可达，也可以显示主机 VPC 是否中断，但它不会定位到具体的对象。要想获得这些信息，必须在云实例中进一步查找。

单击已部署的 IaaS 云实例，可以查看每个主机 VPC 详细的状态信息及其关联的中转 VPC，也可以在中转 VPC 标签内查看主机 VPC 具体映射到哪个服务端 VPN。图 11-45 所示为一个示例。

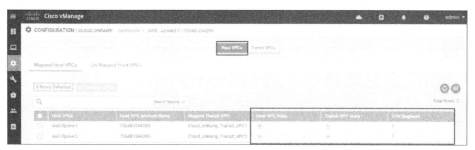

图 11-45 每个主机 VPC 状态的详细信息

单击 **Transit VPCs** 标签，在这个新的页面上显示了云实例中每个中转 VPC 的状态，如图 11-46 所示。

图 11-46 中转 VPC 的状态

虽然上述页面对于判断边缘云路由器的可达状态非常有用，但它没有提供任何关于中转 VPC 和每个主机 VPC 之间的流量信息。

在图 11-46 中的 **Interface Stats** 列，单击其中一台边缘云路由器的 图标就能打开图 11-47 所示的窗口。窗口显示了该边缘云路由器与主机 VPC 之间 IPSec 连接的统计数据。

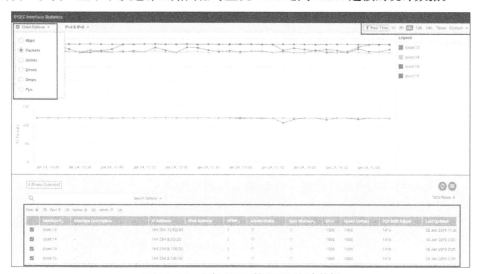

图 11-47 主机 VPC 的 VPN 统计数据

统计数据以边缘云路由器的视角呈现发送和接收流量的双向信息。默认情况下它会将所有 IPSec 接口的数据都显示出来。可以在屏幕下方的接口列表中取消选中某些接口，让上方的折线图只显示感兴趣接口的信息。

11.4 面向托管站点的 Cloud onRamp

对传统架构来说，实现负载均衡、安全策略、广域网接入等流量优化措施依赖于在网络汇聚点集中配置各种硬件设备和功能。例如，人们通常把防火墙、IDS/IPS、数据泄漏防护系统、URL 过滤、代理等功能设施部署在数据中心。这种设计对使用 SaaS 应用和 Internet 服务的用户体验产生了负面影响，用户流量从远端站点回传到数据中心会增加应用的延迟。对于托管在数据中心的应用，也在无形中浪费了数据中心的带宽资源。此外，当面对病毒爆发、恶意软件和源自内部的拒绝服务攻击时，这种架构在缓解安全事件方面显然更加困难。

如今，随着我们进入 SD-WAN 时代，引入分布式接入的网络架构加剧了这一问题。分布式架构提供了一种更有效地将数据从 A 点转发到 B 点的方法，让分支机构和用户可以自由地直接访问 SaaS 应用和 Internet 资源，绕过了前面提到的网络汇聚点，但这对希望保持传统优化和安全策略的 IT 团队来说依然构成挑战。

面向托管站点的 Cloud onRamp 通过混合模型解决了这个问题，如图 11-48 所示。

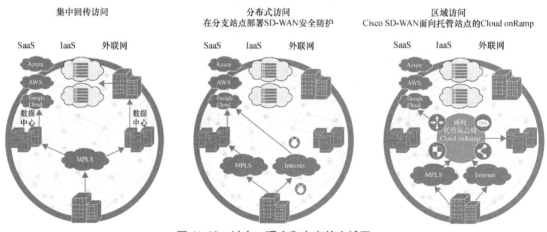

图 11-48　过去、现在和未来的广域网

除了前面列出的难点之外，以下情形也困扰着众多希望优化云访问的用户：
- 统一私有应用和公共应用的优化策略变得越来越困难；
- 一些 IaaS 和 SaaS 服务商根本不提供 IT 团队所需的必要优化和安全策略；
- 某些 IaaS 和 SaaS 服务商提供的优化和安全策略与企业策略不一致；
- 归根结底，跨用户、设备、应用和云资源的策略应用存在不一致。

Cisco SD-WAN 支持集中式和分布式两种架构模型。通过服务插入策略或智能路由，可以让 SD-WAN 根据策略需要将感兴趣流引导到任何地方，这一核心功能也催生了区域化服务链的概念。结合面向托管站点的 Cloud onRamp，Cisco SD-WAN 可以在用户、设备和它们所访问的资源之间建立战略分界点。通过在分界点上放置网元来优化网络、加固网络安全，这样区域服务链就可以在运营、成本、应用体验质量和缓解安全事件之间取得适当平衡。

选择带有服务链的区域化模型，可有如下好处。

- **安全性**：分布式策略提供了简单又安全的访问、部署和控制。
- **可伸缩架构**：面向托管站点的 Cloud onRamp 的灵活架构可以按需扩展。在容量改变时，Cisco 云服务平台（CSP）无须订购电缆、机架和堆叠专用设备。
- **敏捷的性能优化**：按需激活新网元的能力带来了高度敏捷的网络性能表现。通过战略性地将面向托管站点的 Cloud onRamp 部署在距离 SaaS 和 IaaS 云提供商最近的托管中心，可优化应用性能。
- **兼容性**：该解决方案同时支持 Cisco 的 VNF（虚拟网络功能）和第三方 VNF。
- **节省成本**：通过在不同的战略位置连接各种云（包括私有云），企业可以优化连接用户和应用的链路成本。托管设施的链路成本明显低于私有数据中心。

图 11-49 所示为数据中心间的流量模型。用户、设备位于左侧，它们访问的数据中心资源位于右侧，面向托管站点的 Cloud onRamp 位于它们之间的分界线上。图 11-49 中从左向右移动的任何流量都必须通过 Cloud onRamp 来满足业务策略。

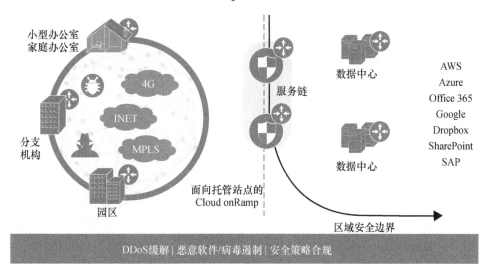

图 11-49　区域化服务链

11.4.1　托管的优势

托管中心可以让企业在安全的公共数据中心租用设备、带宽或机房空间。这些设施具备直接连接各种运营商、网络和云服务提供商的灵活性，其成本远低于私有数据中心方案。然而，托管中心的最大好处之一是它具有广泛的地理覆盖范围。托管设施不仅提供了对公有云和私有云资源的高速访问，还可以确保战略性地选择靠近用户设施的一个或多个地理位置。因此，使用 Cisco SD-WAN 和 Cisco 面向托管站点的 Cloud onRamp，可以保证用户流量只需短距离传输就可以到达附近的托管中心，在执行优化和安全检查后再通过高速骨干网传输到期望目的地。

11.4.2　工作原理

为了沿用企业在集中式架构下的优化和安全策略，建立区域性服务链是个有效的方法。通过修改 SD-WAN 策略，将感兴趣的应用流量引导到最近的托管设施，无须在远端站点或数据中心重新设计网络就可以按需执行策略。Cisco SD-WAN 极大地简化了流量控制，这将是本节示例的重点。流量控制的颗粒度可以精细到单个应用，也可以粗略到整个远端站点的流量。一旦流量到达托管设施，它将按照 SD-WAN 的策略要求，穿梭在 Cisco 托管云的服务链中。请注意，Cisco SD-WAN 并不是面向托管站点的 Cloud onRamp 的硬性要求。

初始的流量被 Cisco 边缘路由器控制。依靠智能路由、深度数据包检测或服务插入策略，入口路由器能识别流量，分析其目的地，并通过最近的托管设施引流（必要时）。同样重要的是，这种引流并不局限于 IaaS、SaaS 或 Internet 目的地。事实上，寻求站点间安全和优化的企业也可以使用带有服务链的 Cisco 面向托管站点的 Cloud onRamp 技术，例如在需要优化广域网时。

如前所述，负载均衡、IDS/IPS、防火墙、代理等网络功能通常在 Cisco Cloud onRamp 上被虚拟化或托管后安装在用户地理位置附近的托管设施中。

图 11-50 所示为该解决方案的宏观架构。

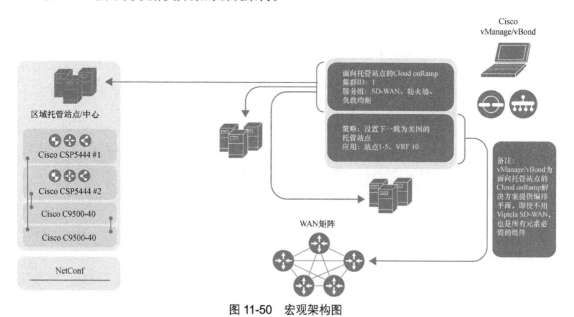

图 11-50　宏观架构图

服务安装后，这些虚拟或物理的网络服务会连接到托管路由器的 LAN 口，并通过 BGP 或 OMP 路由甚至是默认路由发布出来。当分支站点产生必须遵守特定优化策略或安全策略的流量时，边缘路由器会选择将流量转发到最近的托管路由器来妥善处理。根据战略考量部署面向托管站点的 Cloud onRamp 集群可以让管理员最大限度地降低站点与站点间、站点到 Internet、SaaS 和 IaaS 流量的延迟，不必牺牲安全性或优化现有网络就能提高 QoE。

上述设计加上 Cisco SD-WAN 的模板功能，可以让管理员迅速上线新的托管设备或服务链，无须调整策略便可加入 SD-WAN 矩阵。

图 11-51 显示了该解决方案的物理组件。

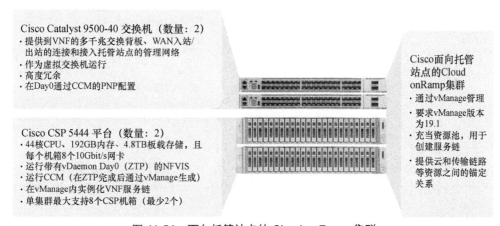

图 11-51　面向托管站点的 Cloud onRamp 集群

11.4.3　单服务节点的服务链

对于单服务节点的服务链，感兴趣的应用流量会从源边缘路由器穿过 SD-WAN 矩阵，被引导到通告服务的托管边缘路由器。一旦流量通过防火墙等网络服务，要么被转发回托管边缘路由器，前往 SD-WAN 矩阵内的原始目的地，要么从网络服务链被转发到公有云或 Internet 上。

控制策略和数据策略都可以用在这种类型的服务链上。它们之间的主要区别是，数据策略从 vSmart 控制器下发到 SD-WAN 路由器，而控制策略只保留在 vSmart 控制器上（即类似于 BGP 路由反射器，在向邻居通告路由之前修改路由）。了解了这一点后需要注意，对于控制策略而言，由于 vSmart 控制器不能"看到"实际的数据包，所以匹配的策略规则只能是控制平面上的标识符，如站点 ID、OMP 路由等。而数据策略没有这个限制，因为这些策略直接在 SD-WAN 路由器上执行。

图 11-52 所示为如何通过 SD-WAN 策略将单个服务链节点插入矩阵结构中。

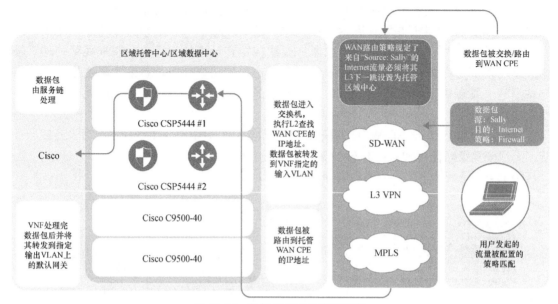

图 11-52　数据包处理的简明流程

网络服务总是通过 OMP 通告到 SD-WAN 结构中的。服务通告基于 VPN 分段，这使得服务插入在托管服务提供商和多租户环境中十分灵活。不仅服务插入可以被区域化，不同的 VPN 也可以利用同一区域内的不同服务。通常情况下，企业内可能不需要如此精细的区域划分。

Cisco SD-WAN 矩阵在发布防火墙服务时还支持配置可信和不可信接口。此时，可以通过策略编排，使站点到站点的流量根据流量方向适当地跨可信和不可信区域转发。实际上，OMP 通告了两种服务，一种用在可信接口，另一种用在不可信接口，保证了流量对称。

11.4.4　多服务节点的服务链

有多个服务节点时（例如防火墙身后还有代理服务器或负载均衡器），感兴趣的应用流量将从源边缘路由器被引导到托管的边缘路由器。然后，流量被转发给服务链的第一个网元。处理完之后，流量会根据设备的路由表被路由到下一个网元。如果流量被第二个网元放行，那么将被转发到第三个；以此类推。当流量穿越整个服务链后，它可能被卸载到公有云或 Internet 上，也可能被交还到托管边缘路由器，继续发往流量的原始目的地。

图 11-53 所示为数据包从终端用户到云端目的地的整个生命周期。

与单服务节点的情况一样，控制策略和数据策略都可以用于服务插入。它们之间的差异也同样适用于多节点的服务链。

11.4 面向托管站点的 Cloud onRamp 341

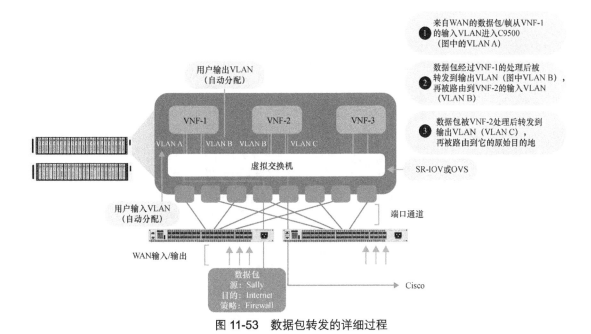

图 11-53 数据包转发的详细过程

11.4.5 服务链和公有云

关于部署面向托管站点的 Cloud onRamp 集群的位置选择，主要受以下因素影响：
- 站点入向带宽的容量；
- 在地理位置上靠近流量的源头，以最大程度地减少回程延迟；
- 是否能与公有云提供商交叉互连；
- 电力、制冷、空间等资源是否充足。

基础设施即服务（IaaS）

根据上述因素确定集群的安装位置后，就能着手在流量去往 IaaS 资源的转发路径中插入 Cisco 面向托管站点的 Cloud onRamp 服务链。有两种连接 IaaS 云和托管站点站点的选项，它们效果相同。第一种是使用专用连接与云提供商直接互连。Amazon AWS 将这种服务称为 DirectConnect，微软 Azure 则称为 ExpressRoute。它们都会在 Cisco 面向托管站点的 Cloud onRamp 集群和云服务提供商资源之间建立直接的物理连接。第二种是通过传统 VPN，在 Cisco 面向托管站点的 Cloud onRamp 集群和云服务提供商之间建立 VPN 连接。无论选择哪种，云提供商都会用 BGP 与面向托管站点的 Cloud onRamp 的 VNF 网元建立对等关系，发布必要的路由前缀，并通告到广域网或 SD-WAN 矩阵。

图 11-54 所示为面向托管站点的 Cloud onRamp 如何与其他功能集成，例如前面讨论过的面向 IaaS 的 Cloud onRamp。在这里，面向 IaaS 的 Cloud onRamp 用来自动建立与 IaaS 的连接，而面向托管站点的 Cloud onRamp 用来优化终端用户到这个集成点的连接。

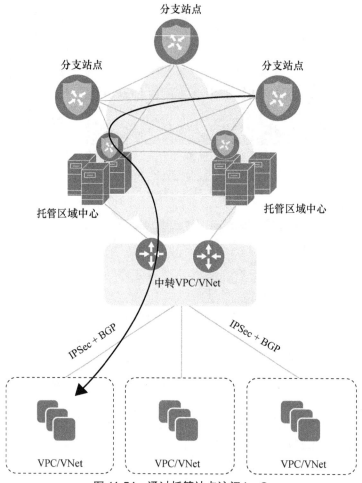

图 11-54　通过托管站点访问 IaaS

为访问 IaaS 资源的流量插入服务链的过程与一般流量别无二致。感兴趣流都将被定向到最近的托管设施,在被面向托管站点的 Cloud onRamp 的服务链处理后转发到 IaaS 提供商。大家应该还记得,Cisco SD-WAN 有能力将 SD-WAN 矩阵扩展到 AWS/Azure 云,这个功能称为面向 IaaS 的 Cloud onRamp。虽然这种解决方案在逻辑上很理想,但不要忘了,Cisco 面向托管站点的 Cloud onRamp 带来的优势是降低延迟和优化路径,远端站点不需要将流量通过 Internet 转发到 IaaS 云,这样就不会带来 Internet 延迟问题。取而代之的是,与 IaaS 相关的流量被转移到最近的托管设施,由服务链处理后,通过高速骨干链路被转发到 IaaS 提供商,从而最大限度地减少延迟,保证最终用户的高质量体验。

软件即服务(SaaS)

从本质上讲,SaaS 资源对网络架构提出了独特的挑战,因为访问这些资源的唯一途径是通过 Internet。SD-WAN 的分布式 Internet 接入可让分支站点直接访问这些资源,由此解决了这个问题。然而，企业还要在不牺牲分布式架构带来的高质量应用体验的前提下，考虑如何优化和保护这些流量。通过 Cisco SD-WAN 搭配面向托管站点的 Cloud onRamp 的方案，可以双管齐下地解决这个难题。

理想情况下，面向托管站点的 Cloud onRamp 集群将被放置在一个或多个托管设施中，直接连接到 SaaS 提供商资源。鉴于这一优势，可以了解到其目标是尽可能快速、高效地将用户流量引导到最近的托管中心，利用托管中心的高速线路传输到 SaaS 提供商的云。为此，Cisco SD-WAN 提供了面向 SaaS 的 Cloud onRamp。该功能利用 HTTP 探针来识别企业的哪些链路在去往指定的 SaaS 应用时丢包和延迟最小。启用此功能后，远端站点将开始通过本地连接的 Internet 线路探测 SaaS 应用。此外，探针也可以通过托管中心发送。理论上，开启定位功能的面向托管站点的 Cloud onRamp 可以保障进入提供商云时具有最佳丢包和延迟，能被分支站点的边缘路由器选为访问应用的主要路径。如果托管中心遭遇到丢包或延迟，可能出现两种结果：流量将被转移到"次优"的托管中心；或者直接使用本地连接的 Internet 线路，如图 11-55 所示。

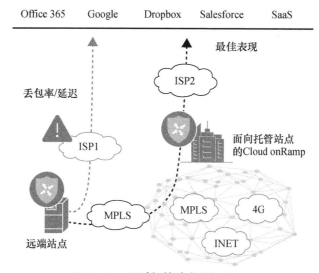

图 11-55　通过托管站点访问 SaaS

冗余和高可用

有两种方式可实现服务链的冗余和高可用。第一种方式是在托管设施的不同 CSP 设备内创建两个相同的服务链，它们可以分布在多个机箱或多个托管设施中。第二种方式通过在 Cisco 面向托管站点的 Cloud onRamp 集群中使用两个或多个提供相同服务链的 CSP 设备来实现。

Cisco 面向托管站点的 Cloud onRamp 解决方案可监控每个服务链网元的正常运行时间和吞吐量。当出现故障时，设备将自动重启。重启基于这样的假设：服务链网元之间维护着主/备或双活的会话状态。重启故障设备的同时会触发故障迁移，将会话转移到其他机箱的相同网元上。

服务链设计的最佳实践

企业在设计面向托管站点的 Cloud onRamp 的服务链时，通常会经历以下几个阶段：

- 识别虚拟网络功能（VNF）；
- 设计服务链；
- 为托管集群设计 Cloud onRamp。

图 11-56 所示为一个典型客户的连接模型，它以对实际网络的分析为基础。

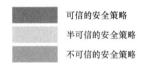

图 11-56 应用/流量的交互矩阵

从这个矩阵模型可以推导出服务链策略。图中的中间色单元格代表哪些组不能相互交互；浅色单元格表示哪些组可以交互，但需要一定的控制；深色单元格则意味着哪些组可以直接交互，无须引入服务链。收集这些信息将有助于确定所需的 VNF 类型。例如，为来自内部员工的流量创建服务链时，可以部署少量的防火墙，因为流量的来源被认为是可信的。

Cisco 面向托管站点的 Cloud onRamp 支持 Cisco VNF 和第三方的 VNF。可以根据流量模式和规模，选择最适合的 VNF。在为服务链选择 VNF 及其位置时，请考虑以下事项：

- SR-IOV 与 DPDK：服务链设计取决于已经确定的 VNF，以及它们对这些流量转发模式的支持。
- 高可用（HA）。
- 链路聚合。

接着，评估计算资源需求。默认情况下，一个集群必须包括两台 CSP 5444 云服务平台和两台 Catalyst 9500 系列 40 端口的交换机。这样的配置为大多数应用提供了高吞吐量和充足的算力，包含 44 个 CPU 核心、192GB RAM、5TB 硬盘空间。每个集群最大能扩展到 8 台 CSP 5444。但请注意，增加 CSP 的数量将减少交换机的可用接口数量，无法为服务链集成更多的物理网络设备。

11.4.6　配置和管理

Cisco 面向托管站点的 Cloud onRamp 的架构采用了与 Cisco SD-WAN 解决方案相同的仪表盘。因此，所有调试、排障、监控和配置都在 vManage 的工作流中完成。

本节将简要地展示如何创建集群，并通过简单的数据策略来构建一个典型的服务链。

创建集群

首先，如图 11-57 所示，请通过 **Help > About** 菜单查看当前的 vManage 版本。面向托管站点的 Cloud onRamp 需要 19.1 以上的软件版本。

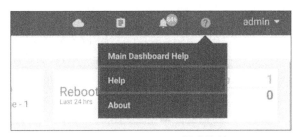

图 11-57　vManage 帮助菜单

其次，打开 **Configuration > Devices** 页面，确保 vManage 上具有 CSP 和 C9K 设备许可证。如果没有，请确认该集群的智能账号（Smart Account）中存在有效的许可证。vManage 在关联智能账号后会自动下载许可证，也可以手动下载并在 **Configuration > Devices** 页面把它导入到 vManage。

接着，在 vManage 的 **Configuration** 菜单中，选择 **Cloud onRamp for Colocation**，如图 11-58 所示。

在继续操作之前，请确保集群内的线缆已正确连接。面向托管站点的 Cloud onRamp 提供了一站式的配置规范，因此，请务必以规定的方式接线。可以在 Cisco 官方文档 Cloud OnRamp for Colocation 解决方案指南中找到接线指南。

完成集群设备的接线并上电后，单击 **Configure and Provision Cluster** 按钮。输入集群的名称、站点 ID、位置和描述信息，如图 11-59 所示。除了站点 ID 外，其余选项的值建议是唯一的。

单击页面中间的 **Switch** 和 **CSP** 图标①，分别确认集群内的交换机和 CSP 设备。同时，可以在页面右侧滑入的对话框中设置设备名称，确认序列号，完成后单击 **Save** 按钮保存，如图 11-60 所示。

---

① 译者注：图标在图 11-58 显示的页面中，原图有所裁剪。

第 11 章 Cisco SD-WAN Cloud onRamp

图 11-58 面向托管站点的 Cloud onRamp 配置入口

图 11-59 集群配置

图 11-60 分配 CSP 与交换机

确认所有设备后，请回到图 11-59 的配置页面并单击 **Cluster Settings > Credentials** 按钮。在打开的对话框中为这个集群设置凭证。出厂时 CSP 和 C9K 预设了默认密码，Cisco 推荐在这里为设备重新设置一个复杂的密码。也可以选择创建新的账号，但至少应该重设 Admin 账号的密码，如图 11-61 所示。账号设置后，单击 **Save** 按钮保存。

注意：集群的凭证用来访问 CSP 和 C9K 设备的 CLI 界面。但在大多数情况下，集群的配置和管理不需要通过 CLI 界面完成。

图 11-61　配置集群的凭证

接下来，请单击图 11-59 中的菜单 **Cluster Settings > Resource Pool** 按钮，开始为集群设置资源池。在图 11-62 所示的对话框中为资源池指定各项参数。这些设置允许 vManage 将服务链网元集成在一起，让这些服务链网元用基本配置参数引导。当 vManage 集成服务链网元时，网元可以从中自动获取启动引导参数。比如，让 FTD 虚拟防火墙在启动后自动连接 FMC，无须用户干预。有些值是用户环境独有的，有些值则通常由托管服务提供商提供。完成后单击对话框中的 **Save** 按钮保存。

- **DTLS Tunnel IP**：与 Cisco SD-WAN 术语中的系统 IP 类似，仅在 VNF 加入 SD-WAN 矩阵时使用。

- **Service Chain VLAN Pool**：VLAN 池，用于 VNF 二层互连。
- **VNF Data Plane IP Pool**：IP 地址池，用于 VNF 三层互连。
- **VNF Management IP Pool**：管理地址池，用于 VNF 设备的管理接口（如适用）。VNF 启动时，由 vManage 自动分配。

图 11-62　配置集群资源池

- **Management Subnet Gateway**：管理网段的默认网关。
- **Management Mask**：管理网段的子网掩码。
- **Switch PNP Server IP**：从管理 IP 池自动填充，如果需要，也可以手动指定。该地址标识了 Colo Configuration Manager 直接与交换机通信的 IP 地址。必须让管理网段内的 DHCP 服务器通过 43 选项把这个地址下发到设备上。

注意：由于交换机尚未加入 SD-WAN 矩阵，因此它们无法直接与 vManage 通信来更新配置。Colo Configuration Manager（CCM）是随集群的创建自动生成的一个组件，用来通过 vManage 代理交换机的配置。它不需要管理员来配置、管理或监控，只能在 Cisco TAC 的支持下访问。

现在集群已经准备就绪，可以开始配置。在最后一个步骤中（可选步骤），在图 11-59 中的 **Cluster Settings** 菜单下选择 NTP 或 syslog 选项，为集群添加 NTP 或 syslog 服务器。强烈建议使用 NTP 服务器，因为 Cisco SD-WAN 高度依赖证书认证，因此精确的时间至关重要。完成后，单击图 11-59 页面底部的 **Save** 按钮保存。

集群配置保存后，会自动回到 vManage 的 **Configuration > Cloud onRamp for Colocation** 页面，并打开 Cluster 标签。请单击页面最右侧的省略号并选择 **Activate** 来激活刚刚新建的集群。接着，会转到图 11-63 所示的预览页面，单击左侧窗格中的每个 CSP 来查看即将应用的具体配置。确认后单击屏幕下方的 **Configure Device** 按钮激活并应用配置。

图 11-63　激活集群

> **注意**：在激活新的集群时，尽管有至少 4 台设备正在应用配置，但 vManage 的任务页面上仅会显示 3 个进行中的设备，包括配置两台 CSP 和一台 CCM。

集群的激活过程最多需要 45 分钟。可以单击上一步的 **Configure Devices** 按钮，在出现的工作流中查看激活状态。另外，也可以通过 vManage 右上角的任务菜单返回这个页面。

如前所述，交换机不直接连接到 SD-WAN 矩阵，因此需要从 vManage 获取本地资源来代理配置。在前面的步骤中，已经为 CCM 指定了一个 IP 地址。Catalyst 9500 交换机在启动时会自动搜索这个本地资源，作为引导 PNP 过程的一部分。如图 11-64 所示，交换机是通过 DHCP Option 43 学习到 CCM 地址的，因此必须让管理子网的 DHCP 服务器下发该选项。使用 Cisco IOS-XE 平台提供 DHCP 服务时，请参考图 11-64 所示的配置命令，它下发的 CCM IP 地址为 10.1.0.100，与图 11-62 中 vManage 上的配置相同。

```
ip dhcp pool Management-DHCP-Server
 network 10.1.0.0 255.255.255.0
 default-router 10.1.0.1
 dns-server 10.1.0.1
 option 43 ascii "5A;B2;K4;I10.1.0.100;J9191"
```

图 11-64　DHCP 服务器配置

注意：Option 43 语句中设置的 ASCII 码指定了交换机使用端口 9191 作为 HTTP/HTTPS 传输端口。建议不要修改这些值，只需要用实际环境的集群 CCM 地址替换前面示例的 IP 地址（10.1.0.100）即可。

在集群激活大约 10 分钟后，可能会注意到任务输出已经停止。这很可能是因为 Catalyst 交换机没有连接到新创建的 CCM。在这种情况下，只需重新启动交换机，强制它们使用从 DHCP Option 43 中获取的新 IP 地址信息。再过几分钟，集群应该会变为 ACTIVE 状态。

注意：在初始化虚拟交换系统和创建机箱间 port-channel 的过程中，Catalyst 交换机定期重启是完全正常的现象。

镜像仓库

集群启动并运行起来后，需要在 **Maintenance > Software Repository** 界面中将适用的虚拟机镜像上传到 vManage 的镜像仓库。面向托管站点的 Cloud onRamp 使用 KVM 虚拟化引擎，因此，QCOW2 是唯一支持的磁盘镜像格式。如要在服务链中上传一个预先制作的包，请在 Software Repository 的页面中单击 **Virtual Images** 标签，然后单击 **Upload Virtual Image** 按钮上传。

必要时，还可以创建自定义镜像包，这样更加灵活。在 **Virtual Images** 标签单击 **Add Custom VNF Package** 按钮后，就能显示图 11-65 的页面。可以在此指定各种镜像包参数，包括在 Image 区域选择具体上传的镜像文件，以及在 Day 0 Configuration 中设置设备启动时的各项关键参数。完成后，单击 **Save** 按钮保存这个镜像。

图 11-65 自定义 VNF 包

创建服务链

配置面向托管站点的 Cloud onRamp 的下一步是定义一个新的集中数据策略，指定远端路由器使用的服务链。在 **Configuration > Policies** 页面上单击 **Add Policy** 按钮，添加一个新的集中策略（也可以编辑现有的集中策略）。这个例子里，在策略配置工作流的第一步创建了一个 Protected-Applications 列表作为匹配条件。然后，连续单击 **Next** 按钮进入到 **Configure Traffic Rules** 配置步骤，如图 11-66 所示。单击 Traffic Data 标签下的 **Add Policy > Create New** 菜单，添加新的流量数据策略。

图 11-66　创建 Traffic Data 策略

在 Traffic Data 的策略配置页面单击 **Sequence Type** 按钮，选择 **Service Chaining** 打开服务链策略序列的配置页面。然后单击 **Sequence Rule** 按钮开始构建策略。在图 11-67 的示例中，匹配 Protected-Applications 应用程序列表的流量将被转发到 TLOC 为 1.2.1.1 上的 Firewall 服务链网元。

图 11-67　编写规则序列

保存策略序列并跳转到 **Apply Policies to Sites and VPNs** 区域，把新的集中策略应用到远端站点的 SD-WAN 路由器。与普通的集中策略一样，这一步可能需要构建 VPN 和站点列表，并选择将策略应用到哪个 VPN，如图 11-68 所示。

图 11-68　策略应用

接着，需要为托管路由器（连接防火墙的路由器）创建一个 VPN 功能模板。该模板指定服务节点 IP 地址，该地址与数据策略中使用的防火墙标签相对应，如图 11-69 所示。

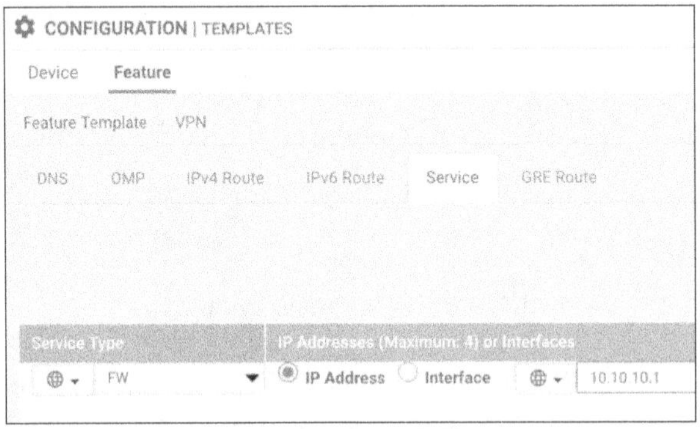

图 11-69　通告 OMP 服务路由

本例中，通告服务的路由器是作为托管集群的一部分被管理的，如果需要，可以单独部署一台物理设备或传统的 IOS-XE CSR 路由器。在开始为面向托管站点的 Cloud onRamp 集群配置服务链之前，请确保上一步创建的托管边缘路由器已经正确通告了服务路由。

在 **Configuration > Cloud onRamp for Colocation** 页面打开 **Service Group** 标签，单击屏幕上的 **Create Service Group** 按钮，开始创建服务链。在 Service Group 配置页面单击 **Add Service Chain** 按钮，就会从屏幕右侧滑入图 11-70 所示的对话框。根据系统提示，填写 Input Handoff VLANS 和 Output Handoff VLANS，在此分别输入 10 和 20，这是 Add Service Group 配置工作流的一部分。

单击 **Add** 按钮后，系统会提示构建服务链。如果在上一个添加服务链的窗口中选择了 Create Custom 选项，那么就可以在图 11-71 中，根据需要把各种服务链网元的图标从页面左侧拖入右侧窗格进行任意的排列组合。

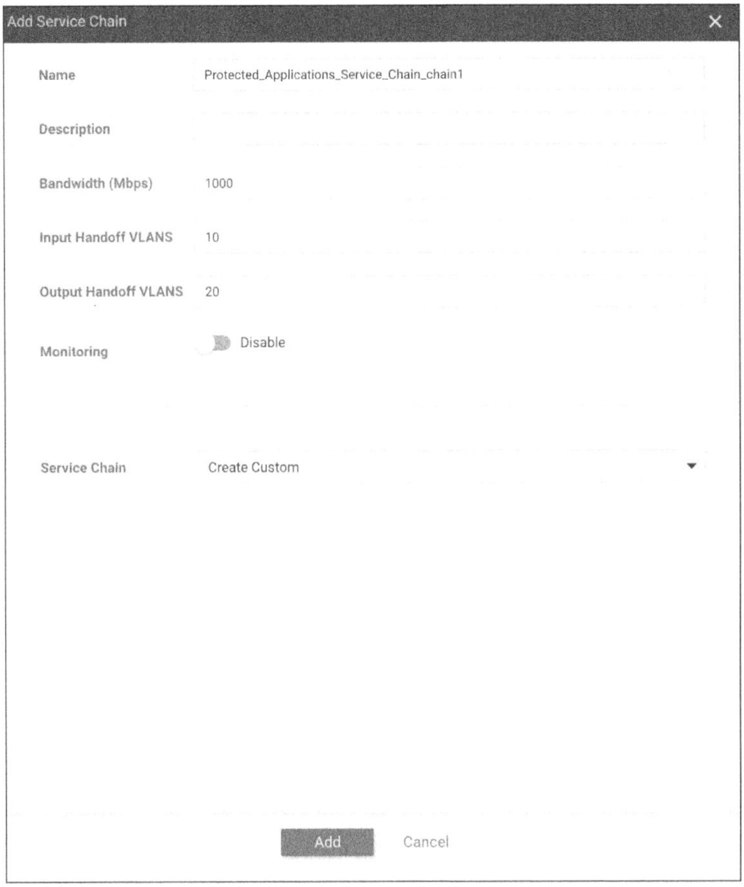

图 11-70 添加服务链

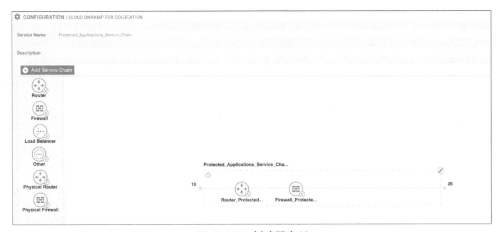

图 11-71 创建服务链

排列完成后,单击各个服务链网元的图标就能为它指定适当的参数。如前所述,图 11-72

中的某些变量由客户自定义，另一部分变量则会从集群创建的资源池 Cluster Resources 中提取。

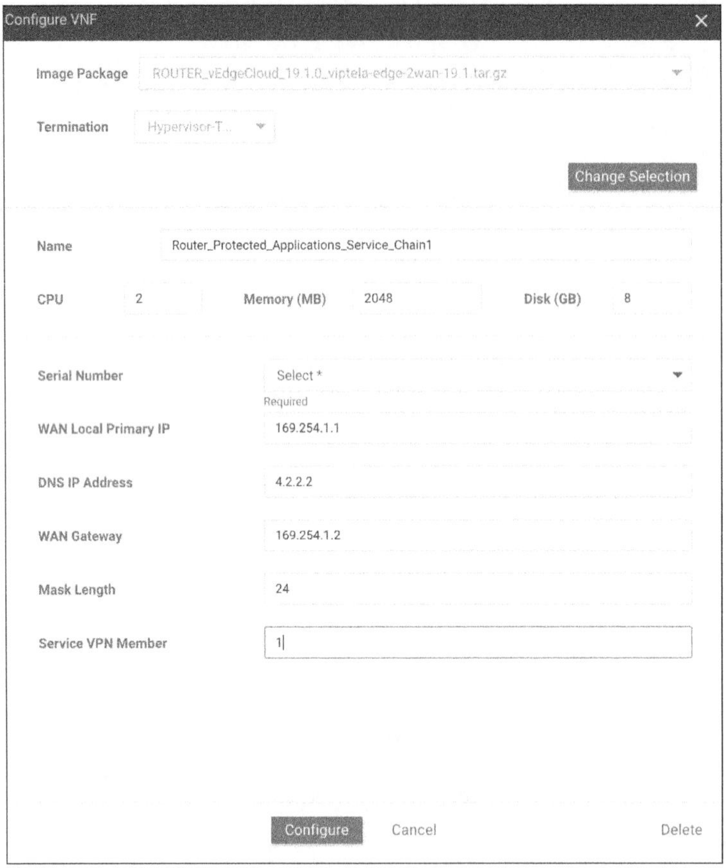

图 11-72　定义 VNF

服务链配置完成后，回到 Service Group 标签页，单击新服务链右侧的省略号，选择 **Attach Cluster** 就能把服务链关联到托管集群。根据图 11-72 的配置，新的服务链在关联后会执行以下任务：

- 创建托管边缘路由器，加入到 SD-WAN 矩阵；
- 创建防火墙并将它配置为服务链的第二个网元；
- 配置托管边缘路由器，通过 OMP 服务路由通告防火墙的存在；
- 配置数据策略，强制远端站点路由器寻找托管的防火墙服务，并通过防火墙服务转发 Protected-Applications 列表匹配的流量。

11.4.7　监控

通过 **Monitoring > Network** 菜单中的 Colocation Clusters 标签，可以查看服务链和集群

状态，如图 11-73 所示。单击集群名称可显示集群健康状态和各项性能指标。

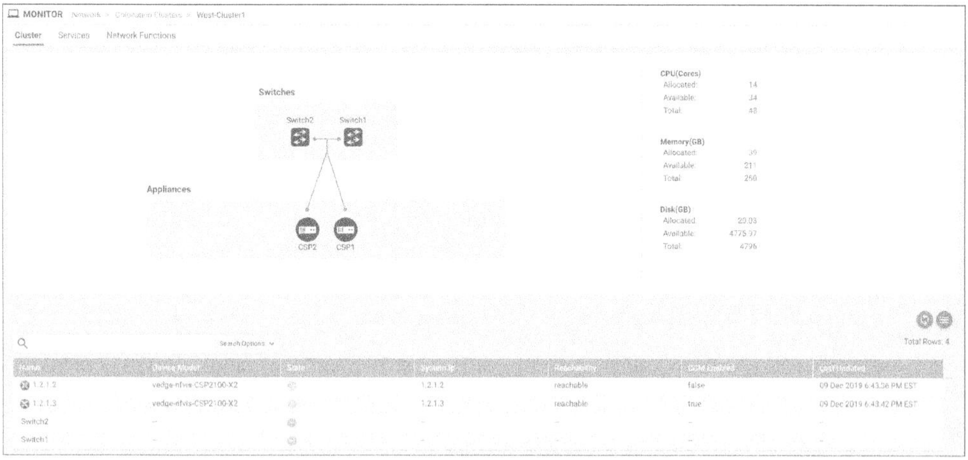

图 11-73　托管集群

单击图 11-73 下方窗格中的 CSP 设备可以查看它们的健康状态。在如图 11-74 所示的 **Services** 标签中，显示了服务链的状态信息。还可以通过切换 **Table** 和 **Diagram** 标签来显示表格或拓扑视图。在拓扑视图中，将鼠标悬停在服务链的网元图标上，可展示相关 VNF 的具体信息，如图 11-75 所示。

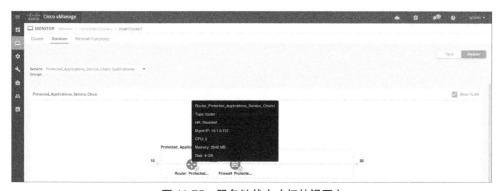

图 11-74　服务链状态（表格视图）

图 11-75　服务链状态（拓扑视图）

在图 11-76 中，单击屏幕左上角的 **Network Functions** 标签查看某个 VNF 的健康状态。从页面左侧窗格可以选择显示 CPU、硬盘、网络 I/O 等指标。

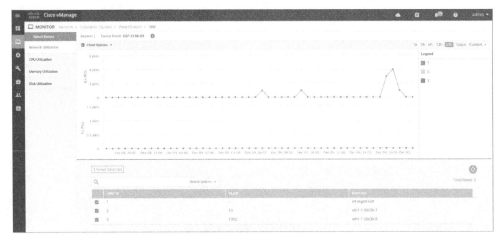

图 11-76　VNF 健康状态

11.5　总结

本章介绍了 Cisco SD-WAN Cloud onRamp 的各个类型，包括面向 SaaS、IaaS 和托管站点 Cloud onRamp。一方面，借助于面向 SaaS 的 Cloud onRamp，Cisco SD-WAN 矩阵通过选择性能最佳的网络路径转发流量来提高应用弹性，同时提供了路径和性能可视化，改善了分支机构的用户体验。另一方面，面向 IaaS 的 Cloud onRamp 把 SD-WAN 矩阵结构扩展到公有云实例，让云端的工作负载能够继承 Cisco SD-WAN 的所有优势。最后，面向托管站点的 Cloud onRamp 支持安全地分布式部署，通过 CSP 和 VNF 提供了一个可伸缩的架构，加上战略性地布局分支接入点，实现了更灵活的性能表现。

第 12 章

Cisco SD-WAN 的设计与迁移

本章涵盖以下主题。
- **Cisco SD-WAN 设计方法论**：介绍企业 SD-WAN 网络的设计方法论。
- **迁移准备**：分析企业迁移到 Cisco SD-WAN 的推荐步骤。
- **数据中心设计**：详细介绍数据中心的设计方案和迁移技术。
- **分支站点设计**：详细讨论分支站点的设计方案和迁移技术。
- **集成 Overlay 和 Underlay**：研究已迁移和未迁移站点之间通信的最佳方式。

12.1 Cisco SD-WAN 设计方法论

对于大多数企业来说，迁移到 Cisco SD-WAN 是在一片荒芜中完成的，这是重新构建整个广域网难得的机会——这种机会可能每隔十年左右才会出现一次。基于广域网对业务的敏感性和重要性，企业为广域网整体设计和迁移预留的窗口时间往往很短。这就意味着传统广域网中充满着未经评估的临时修复和微调，以及由大量拥有不同技能和设计理念的人员日积月累下的增量变更。以上这些再加上不一致的设备配置和不同的链路接入模式，所造成网络复杂性往往不是一个员工能够完全理解的。

设计下一代广域网是真正深入挖掘企业网络的黄金机会。工程师可以借此了解它的运行模式，理解其中的复杂性和注意点，并提出一个可扩展、高性能、易于管理的下一代解决方案。领导 Cisco SD-WAN 设计和部署的人必须剖析现有的广域网架构，深入地理解路由、拓扑、高可用、故障切换和流量模式，这样才能发现迁移过程中可能出现的潜在问题。有了这些信息，就可以利用 Cisco SD-WAN 自带的工具集来智能、高效地解决这些问题。在这个过程中，最终的目标应该是消除不必要的复杂性。工程师需要了解这种复杂设计的最初由来，评估它是否必要，或是利用 Cisco SD-WAN 的智能应用感知功能和灵活的拓扑结构来取代它。

本章将介绍多年来实际部署 Cisco SD-WAN 所积累的设计经验和建议，这些建议能帮助企业在优雅地迁移到这个新的架构同时确保现有广域网不受影响。理想情况下，传统广域网和 Cisco SD-WAN 应如 "一期一会"[①]。举例来说，可以在恰当的地点部署 Cisco SD-WAN 传输枢纽，充当已迁移站点和未迁移站点之间的中转站。或者，在分支站点的非 SD-WAN 路由器和新 SD-WAN 路由器之间使用 VRRP 协议来实现高可用。

事实上，迁移到 Cisco SD-WAN 的方法有很多，且各有优劣。然而，最终一切都会回到工程师熟悉和喜爱的基础路由、流量工程的概念。请放心，Cisco SD-WAN 全面支持路由和流量工程，它有着无与伦比的工具集，包括操纵路径选择、高级路由协议功能、路由过滤和标记功能，以及业内首创的 OMP 协议。这些工具能为流量工程提供了前所未有的灵活性。

12.2 迁移准备

为迁移到 Cisco SD-WAN 所做的准备工作可以被认为是实现 Cisco SD-WAN 过程中最重要的步骤之一。扎实的准备工作能让企业在迁移的每个阶段都取得成功（包括数据中心部署、分支站点部署和策略配置）。以下是在迁移前需要准备的内容。

- **数据中心和分支站点的物理与逻辑拓扑**：为了更好地理解当前数据中心和分支站点的架构，收集最新的物理和逻辑拓扑图是很重要的。这有助于确保安装环境有足够的电力、制冷、机架空间和端口密度，并确定 Cisco SD-WAN 路由器与现有网络的连接方式。
- **收集设备配置**：收集和检查当前设备的配置，可以让工程师围绕 Cisco SD-WAN 能够支持的功能开展规划。大家一定不希望在站点的迁移过程中发现，之前使用的某个功能尚未得到支持，或者因为遗漏导致某个功能在迁移后无法按照设计的方式运行。
- **分析拓扑结构、路由和流量工程**：为了将 Cisco SD-WAN 轻松融入现有网络，工程师需要掌握当前网络的路由设计和流量模型。这能确定在迁移期间是否需要任何变更，以及迁移后的 SD-WAN 网络是否具有同样的转发行为。转发行为包括但不限于拓扑结构、数据中心相关配置、等价多路径、高可用和故障切换等。
- **带宽容量规划**：在许多设计中，数据中心可能是临时或永久的传输枢纽。提前规划以确保在迁移前后广域网带宽充足是非常重要的。
- **分配新的物理和逻辑网络资源**：如果有新的 Cisco SD-WAN 路由器需要安装到用户数据中心，就需要为设备的 LAN 和 WAN 准备 1Gbit/s 或 10Gbit/s 的物理端口，也需要为它的数据平面和管理平面准备新的子网与 IP 地址。提前规划好这些可以让网

---

① 译者注：原文是 ships in the night，来自一句谚语，形容人们擦肩而过后，就没有再见面。这里比喻传统广域网与 Cisco SD-WAN 在迁移过程中存在一个短暂的共存期。

- **配置关联设备**：为了顺利部署，需要在新的网络设备或当前的相关设备上进行必要的预配置，包括配置新的 VPN、VLAN、传输链路、路由进程、前缀列表、路由过滤器、自治系统等。
- **文档化 Cisco SD-WAN 的配置参数**：如前面章节介绍的，Cisco SD-WAN 架构有一些特殊参数，必须规划好这些参数才能构建安全的可扩展网络。必选参数包括系统 IP、站点 ID、封装类型和 TLOC 等。可选参数有 TLOC 优先级、TLOC 权重、上下行传输带宽、GPS 坐标、主机名、DNS、管理的 Loopback 接口等。如果所有这些参数都有预定义，并且有良好的文档记录，部署就会顺利得多。
- **Cisco SD-WAN 策略设计和配置**：Cisco SD-WAN 策略规定了感兴趣的组（前缀列表、站点列表等）、网络拓扑、流量工程、OMP、AAR、安全态势、QoS、应用可见性等。在迁移之前，Cisco SD-WAN 策略应该经过充分的评估、定义、配置和激活测试，确保迁移到矩阵上的站点能够立即继承并遵守这些策略。一个设计精妙、执行高效的策略，可确保网络的顺利迁移和稳定运行。
- **配置 Cisco SD-WAN 设备模板**：模板是 Cisco SD-WAN 最强大的功能之一。设备模板和功能模板可以实现灵活的模块化配置模型，甚至在 SD-WAN 路由器加入 Overlay 网络前，就可以进行完整的预配置并与设备绑定。可使用 vManage 预先部署数百个远端站点，随后只需要等候设备的 ZTP 流程启动，接受配置推送即可。需要在部署前花点时间弄清楚应该如何根据站点的结构和功能设计这些模板，应该将哪些参数作为变量，以及这些变量的实际用途。

12.3 数据中心设计

几乎在所有情况下，数据中心都是第一个迁移到 Cisco SD-WAN 的站点。将 SD-WAN 引入数据中心的方法很多，其中强烈推荐用户采用"插入"的方法让 SD-WAN 与现有广域网架构并行，这也是最常见的解决方案。将 Cisco SD-WAN 路由器部署在原有广域网边缘基础设施后（MPLS CE/PE 或 Internet 边缘路由器后），就能为 SD-WAN 路由器提供到广域网传输的间接连接。当企业没有奢侈地为 Cisco SD-WAN 路由器提供专用链路，或者希望与已有的链路交接时，这个方案尤其奏效。图 12-1 所示为一个常见的架构，新的 SD-WAN 路由器一边通过现有的 MPLS CE/PE 路由器连接到用户的私有 MPLS 网络，另一边通过现有的 Internet 边缘防火墙连接到公共网络。

这种设计能把数据中心当作传统站点和 Cisco SD-WAN 站点之间的中转站，并在远程站点逐步迁移到 Cisco SD-WAN 的过程中不影响传统网络。这种设计还能有效解耦并在一定程度上消除未迁移站点和迁移站点之间的"命运共担"（fate sharing），因为 SD-WAN 和非 SD-WAN 的流量终结在数据中心不同的边缘路由器上，具有不同的路由和控制域。当用户从传统的 Overlay 技术（如 DMVPN 或 GETVPN）迁移到 Cisco SD-WAN 时，也可以使用这种设计。

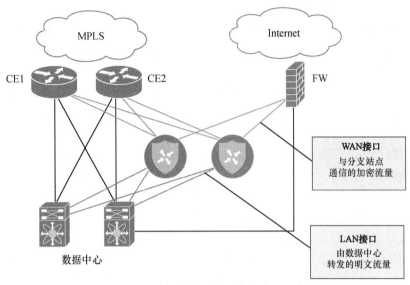

图 12-1　数据中心专用分发点（POD）

在某些环境中，数据中转站点可能会带来额外的延迟。针对这个问题，一种常见的解决方案是指定多个区域枢纽作为各地区的中转站，并配置 Overlay 路由来智能地选择这些中转站。例如，我们可能希望指定美国西部枢纽、美国东部枢纽、亚太枢纽，以及欧洲、中东、非洲枢纽。每个枢纽都分别处理并中继其各地区之间的流量。

解决延迟问题的另一种方法是集成 Overlay 和 Underlay，尽管操作复杂，代价巨大，但它能在未迁移和已迁移站点之间提供一条直连路径。12.5 节将介绍它。

12.3.1　传输端连接

如前所述，Cisco SD-WAN 路由器有传输端 VPN 和服务端 VPN，它们都需要集成到现有网络中。最常见的传输端集成方法是在 VPN 0 中，为每个运营商或传输链路分配一个专用接口，然后配置简单的默认路由，使其指向下一跳运营商设备或网关即可。唯一的要求是，Cisco SD-WAN 路由器传输端接口的 IP 地址必须在 Underlay 上具有某种可达性。例如，要利用现有 MPLS 传输链路来承载 Cisco SD-WAN Overlay，可以将传输端的 VPN 0 接口（往往配置了/30 的前缀）直接连接到 MPLS CE 设备。SD-WAN 路由器可以配置一条指向该 MPLS CE 的静态默认路由，MPLS CE 路由器则必须把互连前缀通告到 MPLS 网络中。同样地，对于 Internet 传输链路来说，只需要把 VPN 0 上的接口连接到现有的 DMZ 或 Internet 接入设备。接入设备可以为 SD-WAN 路由器的接口提供一个公有或私有地址。SD-WAN 路由器可能在 NAT 后端，也可能没有。图 12-2 详细介绍了这种类型的连接。

注意：Cisco 强烈推荐把 SD-WAN 路由器上的所有传输链路都利用起来，加入 Overlay 网络中。只有这样，该站点建立的 SD-WAN 网络才能获得最佳的高可用和 AAR 性能。通常情况下,把广域网传输链路直接连接到每台 SD-WAN 路由器,或者借助 TLOC 扩展功能就能实现这一点。

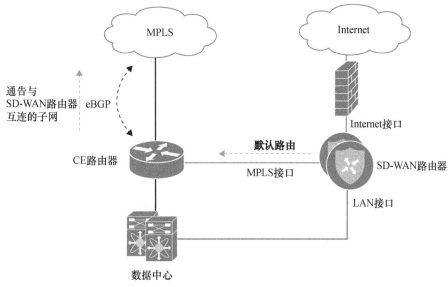

图 12-2　数据中心路由器的传输端直连

注意:如果需要在 Internet 链路上配置 NAT 来映射 SD-WAN 路由器,建议尽可能配置 1∶1 的静态 NAT,从而避免一些隧道建立的问题。

　　Cisco SD-WAN 路由器支持使用 VLAN、独立接口或子接口来间接地连接传输链路。在图 12-3 所示的例子中配置了 3 个 VLAN:服务端的 VLAN 10、传输端连接 MPLS 的 VLAN 20,以及核心交换机与 CE 路由器互联的 VLAN 30。SD-WAN 路由器上的路由配置与直连时的配置没有区别。

　　虽然这种方法简单有效,但在某些场景下,可能需要在传输端接口上启用动态路由协议。例如,SD-WAN 路由器无法与广域网边缘路由器直连,或者要求 SD-WAN 路由器参与到 Underlay 的路由选择或流量工程中。此时,可以在 VPN 0 上配置 BGP、OSPF 等路由协议,让路由器能够学习到具体的路由前缀,并应用传统的入站和出站路由策略。

注意:在 VPN 0 上启用路由协议来获得 Underlay 的网络可达性时,必须确保路由器能够选择正确的最佳路径把 SD-WAN 的隧道流量路由到对端。当 SD-WAN 路由器直连传输链路时,没有这个问题,因为它的下一跳能始终保证将隧道流量直接转发到传输链路上。

362 第 12 章 Cisco SD-WAN 的设计与迁移

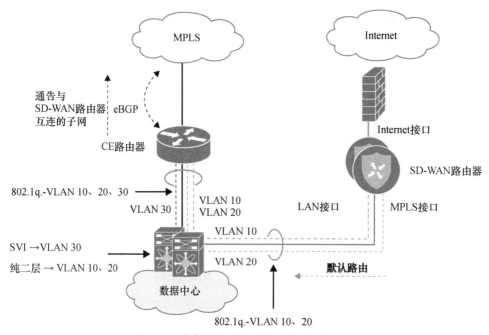

图 12-3 数据中心路由器的传输端间接连接

在一些高级的拓扑中，企业可能希望利用多台 CE 路由器和多条传输链路接入同一个运营商，构建 Overlay 网络。也可能希望通过 Cisco SD-WAN 的策略功能保留精细的路径选择和控制能力。由于在单台 Cisco SD-WAN 路由器上同样的 Color 不能重复使用，因此需要引入两种 TLOC 设计来满足这些需求。下面来看一下。

12.3.2 Loopback 接口的 TLOC 设计

第一种方法是把 Loopback 接口配置成普通的 TLOC 接口，通过两条传输链路向各自直连的 CE 路由器通告该 Loopback 接口的 IP 地址。这样，这个 Loopback 接口作为 SD-WAN 路由器上的隧道端点，在 Underlay 网络中就具有完整的可达性——通过任意一台 CE 均可达。这种解决方案的缺点是它引入了额外的路由复杂性。另外，因为只有一个 Loopback 接口和一个传输 Color，通过 Cisco SD-WAN 策略进行路径选择的粒度也受到限制。事实上，Loopback 接口存在两种模式：标准模式和绑定模式。上述第一种设计使用的就是标准模式。在第二种绑定模式下，Loopback 接口会被一对一地绑定到某个物理接口上，抵达 Loopback 接口的流量都会被转发到对应的物理接口，反之亦然。当站点的各条传输链路分别对应不同的子网，并且希望用 Loopback 接口建立控制平面连接和数据平面隧道时，可以使用绑定模式。绑定模式如图 12-4 所示。

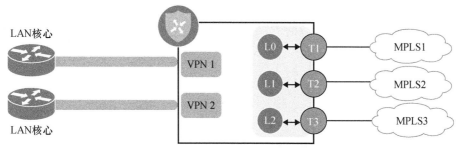

图 12-4　Loopback TLOC 绑定模式

对于标准模式，Loopback 接口不与任何物理接口绑定。发送到 Loopback 接口的流量可以基于散列值转发到任何物理接口，如图 12-5 所示。

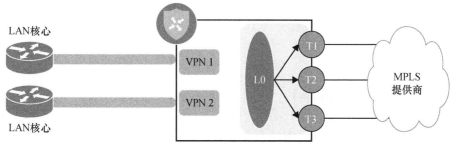

图 12-5　Loopback TLOC 标准模式

> **注意：** 在标准模式下，BFD 采集的信息可以出现在任意一个物理接口上。因此，即使隧道两端的 Color 相同，每个远端站点检测的隧道活跃度和路径质量都各不相同。

12.3.3　服务端连接

服务端连接就是在服务 VPN 中配置一个或两个接口，接入数据中心核心。数据中心核心通常是传统路由和 Cisco SD-WAN 路由的聚合点，能中转流量。Cisco SD-WAN 路由器和数据中心核心之间一般会运行动态路由协议（如 BGP），这样 Cisco SD-WAN 路由器既可以学习数据中心和传统广域网的路由，也可以向数据中心通告迁移后站点的路由。eBGP 通常是首选的协议，因为它提供了内置的环路预防机制（AS Path），再加上灵活全面的路径选择算法，可以通过路由策略进行双向操作。例如，路由策略可以匹配来自 Overlay 的一组路由，设置 Local Preference 属性来影响数据中心核心。BGP 的 MED 属性也可以用于路径选择，在 SD-WAN 解决方案中由 OMP 携带，最终影响 vSmart 在 Overlay 上的选路。最后，BGP 还可以使用 route-map、prefix-list 和 community 属性更精确地标记和过滤路由。图 12-6 详细介绍了这种架构。

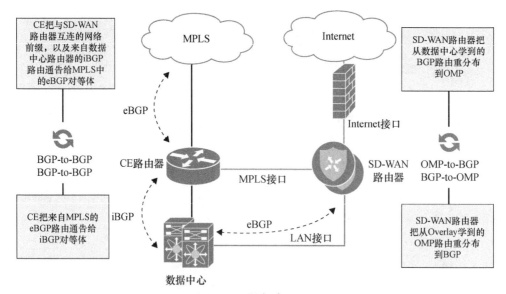

图 12-6 服务端 BGP

服务端推荐使用 eBGP 路由协议，根据不同的平台，Cisco SD-WAN 还支持配置 iBGP、OSPF、EIGRP、静态路由和第一跳冗余协议 VRRP。为企业选择合适的服务端路由协议完全取决于现有的网络架构、特性和功能需求，以及网络管理员对协议的熟悉程度。

在某些情况，引入新的服务端路由协议会增加数据中心的复杂性，尤其是在两个协议之间重分布路由时。为了避免这种复杂性，在 SD-WAN 路由器上，推荐尽量选择与核心相同的路由协议。另一种方法是让 SD-WAN 路由器的服务端与一台已经运行 BGP 协议的广域网边缘路由器（即 MPLS CE）建立对等连接。这种方式不需要在数据中心的核心上重分布路由，因为广域网边缘路由器已经提供了这个功能。来自 Cisco SD-WAN Overlay 的路由将被广域网边缘路由器学到，只要路由策略允许，它们会被重分布到数据中心核心。相反，从数据中心核心学到的路由会被广域网边缘路由器重分布到 BGP，都能被 SD-WAN 路由器和运营商网络学习到。图 12-7 所示为这种连接类型。

> **注意：** 与任何其他路由集成工作一样，重要的是要确保按照设计规划执行路由选择和故障切换，避免路由环路和次优路径。应该利用本书中提到的路由操纵、过滤和标记工具在 Cisco SD-WAN 上实现这个目标。

请记住，除了上述这种最常用的设计，还有许多在数据中心插入 Cisco SD-WAN 的办法，用户可以根据企业的具体需求来选择。例如，如果 SD-WAN 路由器的端口密度不够，或者流量需要穿越透明防火墙，那么可以在路由器的 WAN 侧和 LAN 侧启用子接口，并接入交换机进行端口扩展。说到底，工程师面对的是传统的路由和交换，很多基本的设计理念依然适用。

最后，一旦所有远端站点都迁移到 Cisco SD-WAN，就可以（但不是强制性地）停用传统广域网边缘路由器，然后把传输链路直接连接到 Cisco SD-WAN 路由器上。这个操作可能需要

12.3 数据中心设计

改变广域网接入设计和配置，因为必须以某种方式向 VPN 0 提供控制平面连接。虽然让传统的广域网边缘路由器退役看上去顺理成章，但许多企业选择继续使用它们，以保持隔离、最小化复杂性。图 12-8 说明了一个设计选项，其中传统广域网边缘路由器在迁移后被移除。

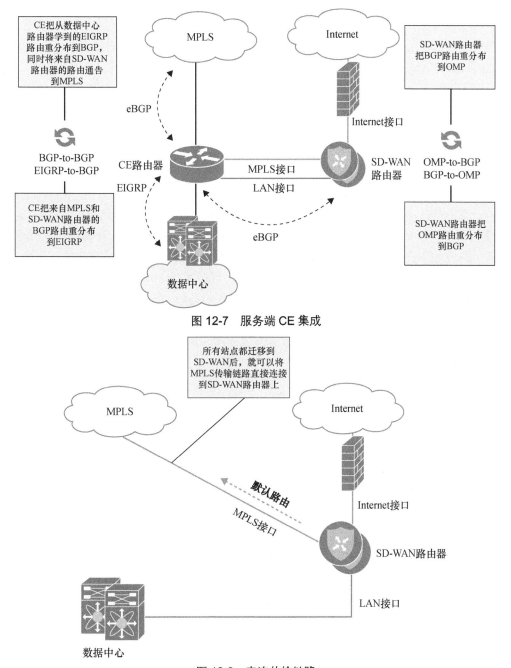

图 12-7 服务端 CE 集成

图 12-8 直连传输链路

> **注意**：请参考 Cisco 发布的迁移指南和验证设计指南（Cisco Validated Design，CVD），了解有关迁移的步骤和详细的配置案例。

12.4 分支站点设计

当完成数据中心到 Cisco SD-WAN 的迁移后，分支站点就可以紧随其后。与数据中心相比，Cisco SD-WAN 分支站点的设计可能有点棘手。大多数企业的分支站点形态各异，各具规模，有不同的拓扑结构、广域网连接类型、高可用设计和额外功能（如语音和安全），这些都需要考虑在内。向 Cisco SD-WAN 迁移是利用强大的模板功能标准化分支设计的机会。本章无法逐一说明分支站点所有的迁移方法，仅着重介绍那些最常见的设计。

12.4.1 单路由器站点的整体迁移

如果分支站点只有一台广域网边缘路由器，替换（或升级）到 Cisco SD-WAN 路由器需要停机，因为在迁移期间没有能转发流量的其他路由器。这种设计非常简单，只需要在物理或逻辑上中断连接，将 SD-WAN 路由器的服务端连接到局域网核心，将传输端连接到运营商设备。传输端不需要配置路由协议，只要用默认路由将流量转发到运营商的下一跳 IP 地址。SD-WAN 路由器的服务端支持二、三层连接，可以通过 802.1q 子接口接入局域网，充当服务端所有 VLAN 的三层网关。也可以通过 BGP、OSPF 或 EIGRP 与局域网的三层核心建立对等连接，具体取决于设备的硬件平台。在二层设计中，服务端的子网会被自动重分布到 OMP 中，实现端到端可达。图 12-9 所示为服务端二层连接的网络设计。

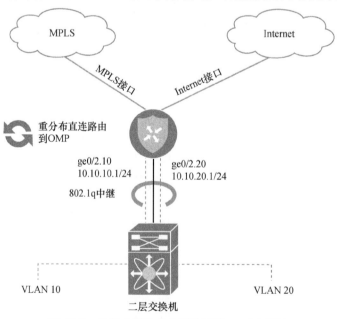

图 12-9 单路由器站点的整体迁移——L2 设计

在三层设计中,服务端学到的路由必须被重分布到 OMP 中,同理,OMP 也必须显式重分布到服务端的路由协议中,如图 12-10 所示。

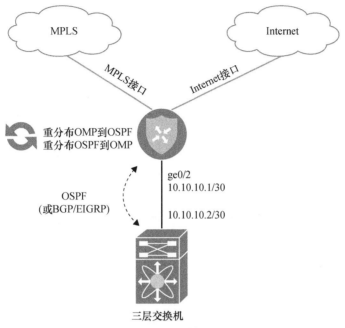

图 12-10　单路由器站点的整体迁移——L3 设计

12.4.2　双路由器站点的整体迁移

有高可用需求的分支站点可能有两台广域网边缘路由器需要更换。这样的站点在迁移时可以一次升级一台路由器,好让另一台继续负责转发业务流量,做到近乎无中断的迁移。迁移时,首先需要确保所有入站和出站的流量都转移到原来的一台传统路由器上。可以操纵路由协议和/或调整 VRRP 的优先级做到这一点。当那台没有流量的传统路由器被替换或升级为 Cisco SD-WAN 路由器后,流量就可以转移到 Cisco SD-WAN Overlay 网络中,继而替换或升级另一台路由器。

在图 12-11 所示的设计中,两台 Cisco SD-WAN 路由器可以通过设备间的多次交换,或者利用多个 IP 地址和广域网边缘交换基础设施直接访问所有的传输链路[①]。

在服务端,用户可以选择使用图 12-11 中的 VRRP 或者图 12-12 中的动态或静态路由协议集成 LAN 网络。

---

① 译者注:广域网边缘交换机设施需要另行添加在图 12-11 的边缘路由器上行接口处,以达到拆分传输链路、扩展 IP 地址的目的。

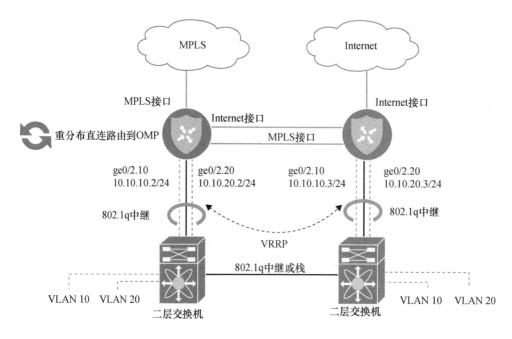

图 12-11　双路由器站点的整体迁移——L2 设计

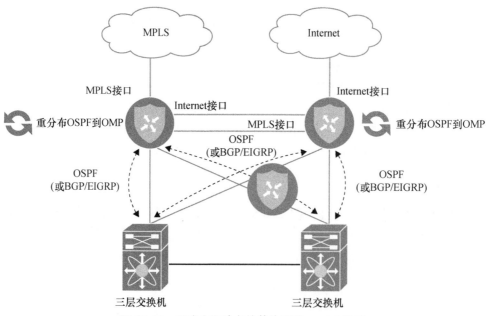

图 12-12　双路由器站点的整体迁移——L3 设计

前文提到，Cisco 强烈建议让 SD-WAN 路由器利用到站点的所有传输资源，来获得高可用和最佳的 AAR 性能。但在实际环境中，往往在给定的传输链路上只有一个物理接口和 IP 地址可用。此时，TLOC 扩展技术能将公有 Color 和私有 Color 同时扩展到两台路由器上来实现最佳做法。通过两台 Cisco SD-WAN 路由器之间直接或间接的物理链路，TLOC 扩展可以把路由器的本地 TLOC 扩展到同站点的另一台 SD-WAN 路由器上。与此同时，SD-WAN Overlay 网络也能随之扩展到非本地直连的传输链路上。TLOC 扩展可以是双向的（如果两个传输都需要扩展），也可以是单向的（如果只需要扩展一个传输）。双向的 TLOC 扩展配置示例如图 12-13 所示。

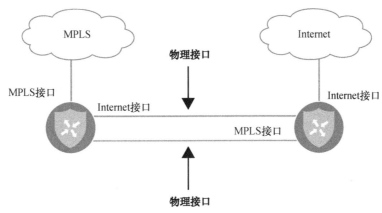

图 12-13　利用物理接口配置 TLOC 扩展

有时候，因为没有空余的物理接口，可能需要使用子接口甚至通过局域网核心在两台路由器之间配置 TLOC 扩展，如图 12-14 所示。

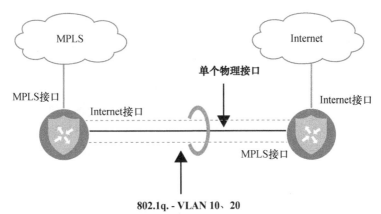

图 12-14　利用逻辑接口配置 TLOC 扩展

此外，IOS XE 平台的 Cisco SD-WAN 路由器支持在 GRE 隧道中配置 TLOC 扩展。这消除了对路由器之间有二层直连的要求。因此，即使不在同一个地理位置上，也能扩展（在有多数据中心的园区网环境中可能出现这种情况）。

通过 TLOC 扩展私有传输时，需要为两台边缘路由器间的互连链路分配一个在私有网络[①]中可路由的网段。对于直连私有网络的路由器，建议在 VPN 0 中配置动态路由协议，与运营商设备建立对等连接，将 TLOC 扩展的网段通告到私有网络中来实现可达性。用户可以配置路由策略来过滤入站和出站的路由，且只通告 TLOC 扩展的网段，不学习任何路由。请记住，在大多数情况下，只需要配置去往服务商的默认路由就能构建起控制平面和数据平面。对于接受 TLOC 扩展且间接连接私有网络的 SD-WAN 路由器不会察觉到任何不同，它只需把互连接口配置为一个标准的私有 TLOC 接口，并添加一条默认路由，指向对端 SD-WAN 路由器的互连地址即可。私有 TLOC 扩展如图 12-15 所示。

> **注意：**用户需要确保接受 TLOC 扩展的 Cisco SD-WAN 路由器能够与控制器组件建立控制平面连接。如果控制器组件被部署在私有网络可达的数据中心，那么就要把 TLOC 扩展的网段通告到数据中心。如果控制器组件被部署在云端，那么可能需要在 Internet 防火墙上放行相关流量。

图 12-15 TLOC 扩展私有传输

通过 TLOC 扩展公共传输的配置与扩展私有传输稍有不同。通过 TLOC 扩展公共传输链路时，可以为 Cisco SD-WAN 路由器之间的互连网络分配任意网段。只需要在直连公共传输链路的路由器上，为面向 TLOC 扩展的流量启用 NAT 即可。这样，两台 SD-WAN 路由器都能通过 NAT 映射与公共网络[②]上的其他站点和控制器进行通信。与扩展私有网络相同的是，对于接受 TLOC 扩展且间接连接公共传输链路的 Cisco SD-WAN 路由器也不会察觉到任何异样，它只需要把互连端口配置为一个标准的公共 TLOC 接口，并添加一条指向对端 SD-WAN 路由器互连地址的默认路由即可。公共 TLOC 扩展如图 12-16 所示。

---

① 译者注：这里的私有网络是指关联 Private Color 类型的传输链路，通常指 MPLS 传输。
② 译者注：同理，公共网络是指关联 Public Color 类型的传输链路，如 Internet 等。

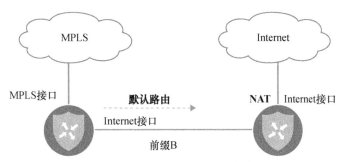

图 12-16　TLOC 扩展公共传输

12.4.3　集成现有 CE 路由器

有时，分支站点的设计要求是，把 Cisco SD-WAN 路由器与现有的 CE 路由器整合。例如，有的 MPLS 运营商把提供并管理 CE 路由器作为合同内容的一部分。又或者现有的 CE 路由器正在为分支站点提供一些特殊功能（如语音网关），这些功能必须在迁移后保持不变。这样，CE 路由器就不能从分支站点移除。为了让 Cisco SD-WAN 路由器在接入 MPLS Underlay 的同时，能够穿越现有的 CE 路由器建立 MPLS 隧道，可以用 SD-WAN 路由器传输端的物理或逻辑接口与原 CE 路由器互连。图 12-17 中，在运营商 CE 路由器和 SD-WAN 路由器之间分配了一个/30 的互连网段，并让 MPLS CE 路由器用动态路由协议（如 BGP）将这个网段通告到 Underlay 网络中。SD-WAN 路由器只需要把这个互连接口配置为私有 TLOC，并添加一条默认路由指向 MPLS CE 的 IP 地址，这样 Cisco SD-WAN 路由器就能与其他站点建立点到点的隧道。

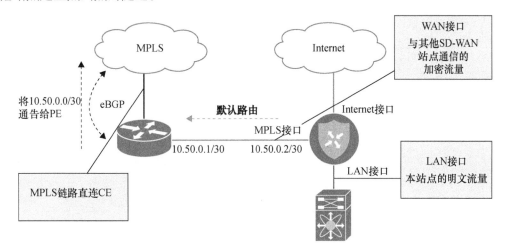

图 12-17　集成分支站点的 CE 路由器

12.4.4　集成分支站点的防火墙

有的分支站点会把 Internet 连接终结在本地防火墙，并启用 DIA、安全访问控制、基于区域的分段、URL 过滤、NAT、IDS/IPS 等功能。利用 Cisco SD-WAN 的路由功能，有多种集成分支站点防火墙的方法可实现不同的流量工程和可见性需求。

防火墙支持路由模式与透明模式，可以上连、下连或旁挂在 SD-WAN 路由器上。连接方式的选择取决于物理连通性、流量逻辑、流量可见性、分段架构、NAT 要求等。Cisco SD-WAN 路由器只要在传输端为控制平面和数据平面隧道提供 Internet 连接，在服务端连接用户局域网，就能转发用户流量出入 Overlay 网络。

如果所有与 Internet 有关的流量都要求回传到数据中心或枢纽站点，那么集成防火墙就非常简单。在这种设计中，防火墙直接连接 Internet，通过 DMZ 中分配的公网 IP 地址或地址转换（一对一或 PAT 转换）为边缘路由器提供 Internet 访问。

> **注意**：虽然 Cisco SD-WAN 支持多种类型的 NAT，但对称 NAT 和端口限制型 NAT 会导致隧道建立失败（特别是两端都是这种类型的 NAT 时）。有关 SD-WAN 支持的具体 NAT 类型，请参考 Cisco SD-WAN 验证和设计指南。

安全 DIA 是 Cisco SD-WAN 的主要优势，下面讨论集成防火墙时的 DIA 设计方案。

某些网络中的防火墙可能正在运行高级的安全功能，如 URL 过滤等，此时就可以利用防火墙为客户端提供 DIA 功能。在这种设计下，用户访问 Internet 的流量进入 Cisco SD-WAN 路由器的服务端后，路由器不执行 NAT，而是将流量转发到另一个连接防火墙的服务端接口上。防火墙收到流量后可以先执行状态检查、访问控制和 NAT，然后再转发到 Internet。用户访问内部网络的流量则遵循 Cisco SD-WAN Overlay。当站点有多个连接 Internet 的物理接口时，这是最理想的设计方案，如图 12-18 所示。

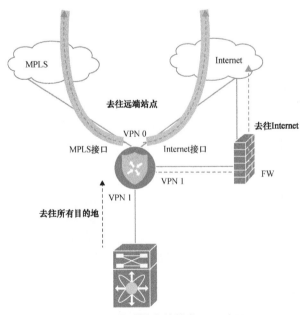

图 12-18　通过防火墙转发 DIA 流量

如果没有多余的 Internet 接口直连 SD-WAN 路由器，可以增加一条连接到防火墙的传输端链路。这样，Cisco SD-WAN 路由器不仅可以接入 Internet，建立控制平面和数据平面隧道，而且还能保持一个独立的服务端连接，将访问 Internet 的流量转发到防火墙进行处理，由本地防火墙卸载到 Internet 上。图 12-19 详细介绍了这种设计。

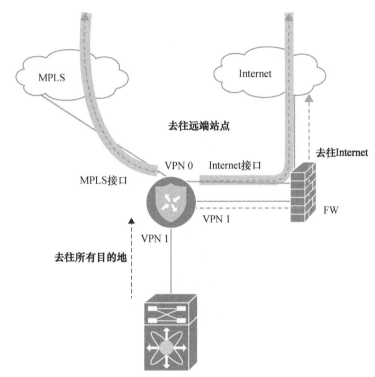

图 12-19　通过防火墙转发 DIA 和隧道流量——双接口

最后，如果希望所有流量都通过 Cisco SD-WAN 路由器，且路由器与防火墙之间只有一条互连线路，可以考虑以下设计。这种设计只需一条 Cisco SD-WAN 传输端连接，就可同时转发隧道和 DIA 流量。Cisco SD-WAN 路由器与防火墙互连的传输端接口配置了 NAT，SD-WAN 策略可以有选择地将访问 Internet 的流量分离到 Underlay。防火墙接收到这些访问 Internet 的流量后，可以执行二次 NAT 并转发。需要注意的是，由于 Cisco SD-WAN 路由器执行了 NAT（这是 Cisco SD-WAN 路由器在本地分离流量的要求），因此防火墙失去了对客户端源 IP 地址的可见性。图 12-20 展示了这种设计。

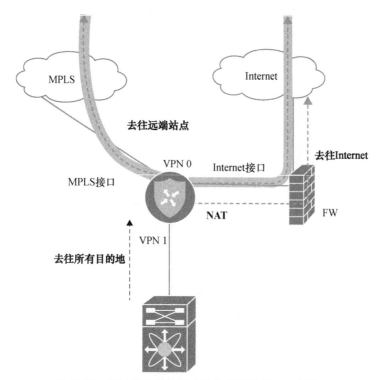

图 12-20　通过防火墙转发 DIA 和隧道流量——单接口

12.4.5　集成语音服务

一些分支站点可能启用了语音服务（如 SRST），需要在迁移后保留。从版本 19.2 开始，运行 Cisco SD-WAN 系统的路由器就不再支持语音功能。因此，站点必须部署一个专用的语音网关来提供服务。专用的语音网关可以是一台不运行 Cisco SD-WAN 系统但提供 SRST 和 PSTN 服务的现有 CE，或者是一台完全独立的路由器，只作为语音网关。集成专用语音网关的一种方法是将其连接到局域网，就像它是网络上的主机一样。在三层集成时，可以配置路由协议通告语音网关的环回接口的 IP 地址。在二层集成时，则让局域网的 VRRP 地址充当语音服务的 IP 地址，当 Cisco SD-WAN Overlay 出现故障时可以迅速切换。L2 语音业务集成设计如图 12-21 所示，L3 语音业务集成设计如图 12-22 所示。

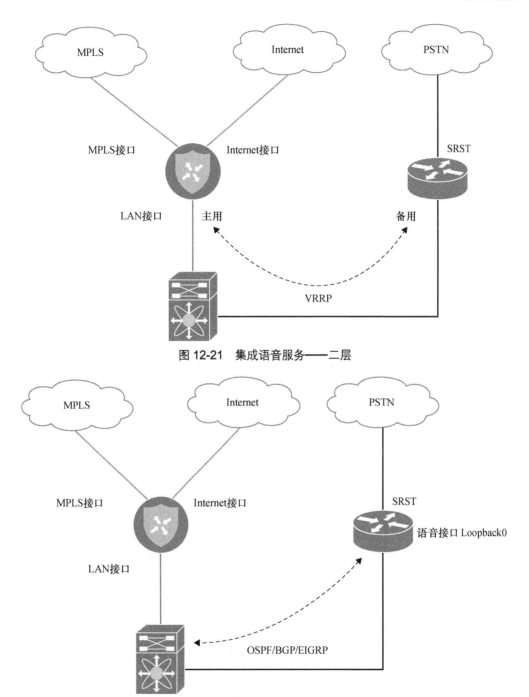

图 12-21 集成语音服务——二层

图 12-22 集成语音服务——三层

12.5 集成 Overlay 和 Underlay

本节将详细介绍几种集成 Overlay 和 Underlay 网络的设计方案。

12.5.1 纯 Overlay 网络

为了最大限度地降低复杂性，减少产生路由环路的可能，建议用户遵循前文提到的数据中心和分支站点的设计原则。这些方案已经被反复验证，且能为各种规模、复杂性和应用类型的企业提供优雅的迁移方案。站点迁移后，纯 Overlay 网络架构具有清晰明确的数据流，易于控制、扩展和故障排除。图 12-23 所示为 Cisco SD-WAN 站点与非 Cisco SD-WAN 站点之间的流量模型。

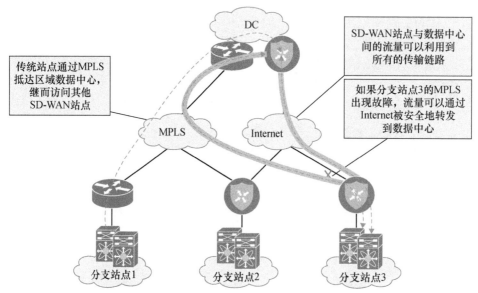

图 12-23　SD-WAN 与非 SD-WAN 站点间的流量图

图 12-24 所示为纯 Overlay 设计时，SD-WAN 站点间的流量模型。请务必理解它。

12.5.2 Underlay 作为 Overlay 网络的备份

在一个使用 MPLS 和 Internet 传输建立 SD-WAN Overlay 网络的分支站点中，如果只部署了一台 Cisco SD-WAN 路由器和一台 MPLS CE 路由器，那么可以考虑这样一种设计方案：当 SD-WAN 路由器发生故障时，使用 MPLS CE 路由器转发流量。为了实现这个目标，工程师需要操纵站点通告的路由：让 MPLS CE 路由器通告到 Underlay 网络的路由的优先级低于 SD-WAN 路由器通告到 Overlay 网络的路由。相应地，从站点服务端出发，Cisco SD-WAN 路由器应该是到达远程网络的首选路径。图 12-25 详细说明了这一点。

12.5 集成 Overlay 和 Underlay

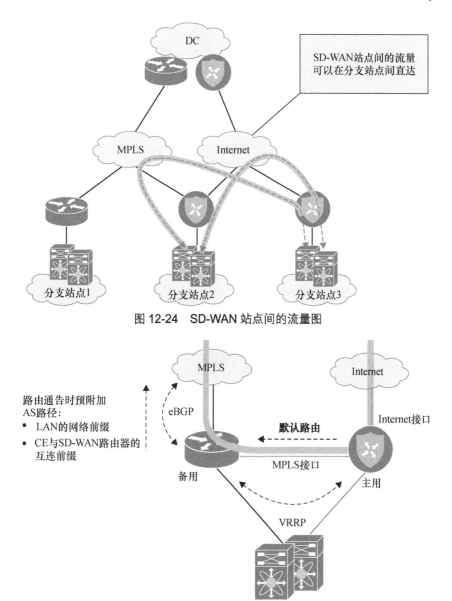

图 12-24　SD-WAN 站点间的流量图

图 12-25　Underlay 作为 Overlay 网络的备份——二层设计

操纵路由优先级的做法可以确保流量在 Cisco SD-WAN 矩阵中路由对称，当且仅当 SD-WAN 路由器发生故障时才切换到 Underlay。可以使用 BGP AS 路径预附加来操纵 Underlay 路由的优先级，在 MPLS CE 路由器将站点的网络前缀通告到 Underlay 网络时附加更多的 AS 号。自然，远端数据中心会优选从数据中心的 SD-WAN 路由器学到的分支站点路由，并将其通告到 Underlay 网络，因为它具有更短的 AS 路径属性值。这样就能确保该站点的往返路由对称。

需要注意的是，站点传输端的路由也需要进行设计，以便在正常情况下优选 Cisco SD-WAN 路由器，而在设备发生故障时把流量转移到 MPLS CE 上。通过在 Cisco SD-WAN 路由器和 MPLS CE 之间运行 VRRP（配置 Cisco SD-WAN 路由器，使其具有更高的优先级）可以实现分支站点传输端的二层设计。图 12-26 和图 12-27 对该设计进行了说明。

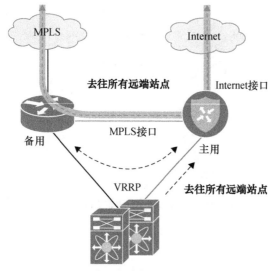

图 12-26　Underlay 作为 Overlay 网络的备份——二层设计流量示意图

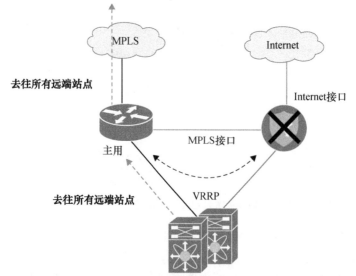

图 12-27　Underlay 作为 Overlay 网络的备份——二层设计流量故障切换示意图

在分支站点的三层设计中，用 Cisco SD-WAN 路由器向局域网通告具有更优度量值的远端站点路由也是一种选择，如图 12-28 所示。

12.5 集成 Overlay 和 Underlay

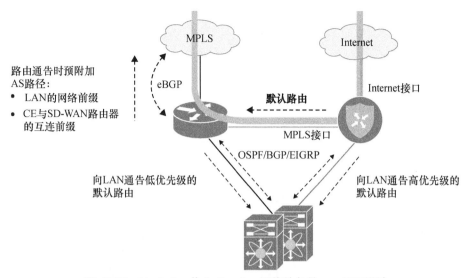

图 12-28 Underlay 作为 Overlay 网络的备份——三层设计

最后，为了让 Underlay 备份架构正常工作，在数据中心设置路由过滤非常重要。为了确保能够通过 Overlay 学到更优的远端站点路由（避免不对称或路由循环），需要创建一个向 Cisco SD-WAN 路由器通告路由的过滤器，只通告那些源自数据中心本地的路由。确保只将默认路由或汇总路由通告到 Overlay 网络中。图 12-29 说明了这种设计思想。

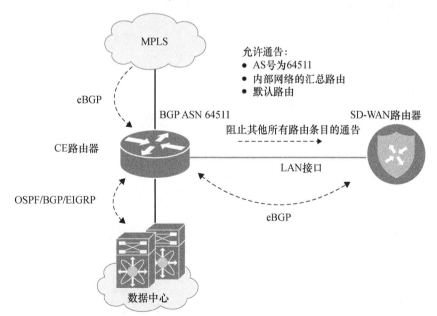

图 12-29 Underlay 作为 Overlay 网络的备份——数据中心设计思想

图 12-30 回顾了采用 Underlay 作为 Overlay 网络的备份时的流量模型。

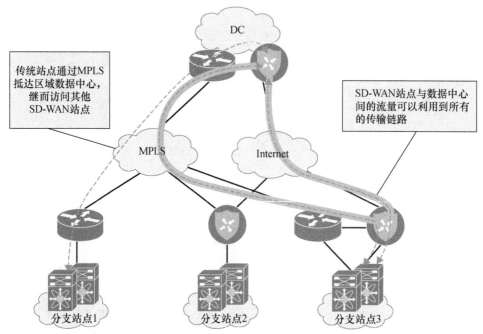

图 12-30 Underlay 作为 Overlay 网络的备份

了解故障切换情况下的流量模型也很重要，这有助于更直观地把握流量的实时转发路径。在故障发生时，流量的备份转发路径如图 12-31 所示。

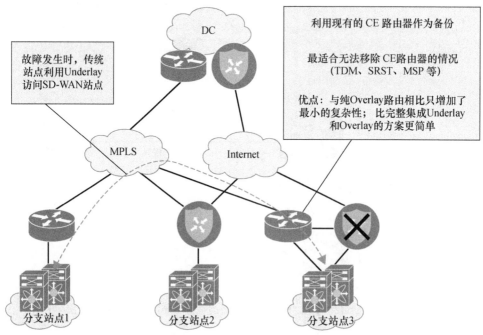

图 12-31 Underlay 作为 Overlay 网络的备份——故障切换

12.5.3 Underlay 和 Overlay 的完整集成

有些企业的某些应用程序有着严格的延迟要求，迁移到 Cisco SD-WAN 的特定分支站点可能需要通过较低延迟的 Underlay 路径与未迁移的分支站点直接通信。例如，CIFS 流量对延迟的敏感性较高，如果流量通过数据中心中转，可能会受到影响。为了满足延迟要求，可以采用这样的解决方案：用 Overlay 与 SD-WAN 站点通信，用 Underlay 与非 SD-WAN 站点通信。作为对比，本节展示了采用 Underlay 和 Overlay 完整集成设计的流量模型。非 SD-WAN 站点与 SD-WAN 站点间的流量转发路径如图 12-32 所示，SD-WAN 站点之间的流量转发路径如图 12-33 所示。

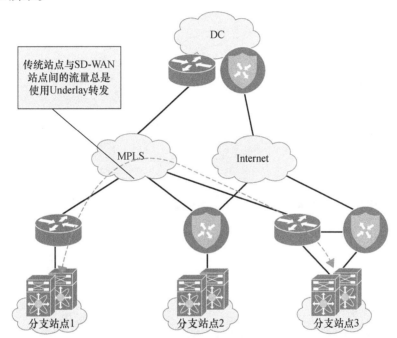

图 12-32　Underlay 和 Overlay 的完整集成——传统站点与 SD-WAN 站点间的流量模型

> **注意**：多数情况下，为每个站点配置 Underlay 和 Overlay 的完整集成将极大地增加路由的复杂性。在某些环境中，网络的规模和可控性也是一个挑战。通常情况下，即便是语音流量也能应对最高 300ms 的往返延迟，因此这种设计很可能是不必要的。

在分支站点实现 Underlay 和 Overlay 完整集成的一种方法是利用现有的 MPLS CE 路由器。这种设计类似于前面讨论的 MPLS CE 备份集成解决方案，CE 和 Cisco SD-WAN 路由器会将站点前缀分别通告到 MPLS Underlay 和 SD-WAN Overlay 网络。相应地，MPLS CE 和 SD-WAN 路由器都会把从广域网学到的前缀通告到分支站点的 LAN 中。对于已经迁移到 SD-WAN 的站点前缀（包括从 MPLS CE 学到的数据中心前缀），应该优先使用 SD-WAN Overlay 网络的路由，这样可以保证路由对称。虽然任何路由协议都可以用来实现这种设计，但推荐使用 iBGP，因为它天生具有防环机制。如果使用其他路由协议，则应采用路由标记和过滤机制，避免让分支成为流量中转的站点。图 12-34 所示为这种设计方案。

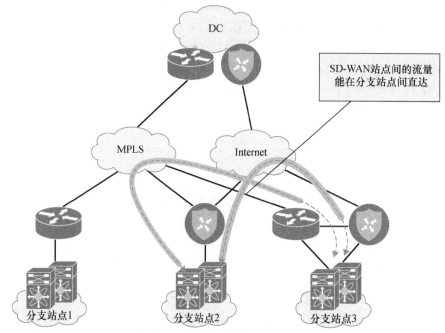

图 12-33　Underlay 和 Overlay 的完整集成——SD-WAN 站点间的流量模型

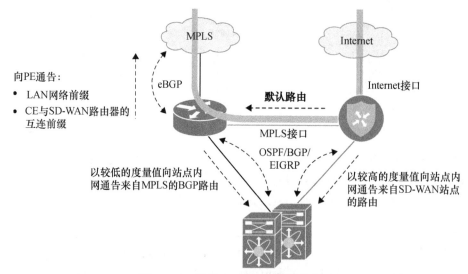

图 12-34　利用 CE 路由器的完整集成

图 12-35 所示为一个有两条传输链路的分支站点的流量模型。业务流量既可以直接通过 Internet 链路转发，也可以通过现有 MPLS CE 路由器上的 MPLS 接口转发。

图 12-35　利用 CE 路由器完整集成的站点流量模型

如果分支站点没有专用的 MPLS CE 路由器，只依靠一台 Cisco SD-WAN 路由器也能实现 Underlay 和 Overlay 的完整集成。集成原则与前面相同，只是终结在 SD-WAN 路由器上的 TLOC 配置有些不同。在 VPN 0 中创建一个 Loopback 接口，并配置为 TLOC，而不像正常的那样直接在与 MPLS 运营商相连的物理接口上配置 TLOC。广域网物理接口通过前面提到的 "bind" 命令绑定到 Loopback 上。接着，在 SD-WAN 路由器和运营商路由器之间配置路由协议，来通告建立控制平面连接和数据平面隧道的 Loopback 接口的 IP 地址。然后，再配置一个 VPN 0 接口和一个服务端 VPN 接口同时连接到下行（服务端）三层交换机，一个用来转发 Underlay 流量，另一个用来转发 Overlay 流量。最后，可以在这两条下行链路上配置路由协议，学习和通告站点路由。这种配置实际上会在 VPN 之间造成路由泄漏。图 12-36 所示为这种设计方案。

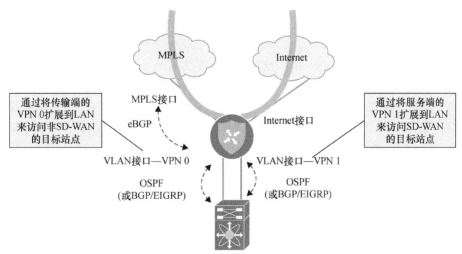

图 12-36　无 CE 路由器的完整集成设计

图 12-37 所示为该设计下的分支站点的流量模型。

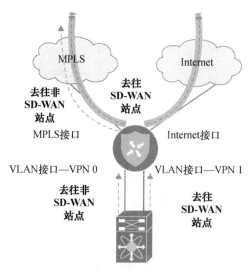

图 12-37 无 CE 路由器的完整集成设计的流量模型

> 注意：根据 Underlay 和 Overlay 之间路由的打通方式，可能需要在数据中心和实施完整集成的远端站点上配置标记路由、过滤策略甚至选路操纵。从路由的角度来看，有许多方法可以实现 Underlay 和 Overlay 网络的完整集成。无论采取哪种方案，我们都需要关注细节，以免引起路由环路和次优路径。每家企业的网络环境都有其自身的复杂性和考量点，因此必须计划周全，以免影响迁移期间和迁移之后的数据流。

12.6 总结

本章介绍了向 Cisco SD-WAN 网络迁移的推荐设计方法，讨论了迁移前的准备工作、数据中心和分支站点的经典设计，以及 Underlay 和 Overlay 网络集成技术的重要性。迁移到 Cisco SD-WAN 需要一个扎实的分析和设计周期，需要有充足的时间深入了解现有网络并规划其未来的状态。部署 Cisco SD-WAN 网络之前的准备工作，是确保数据中心和分支机构无缝迁移的关键。了解 Cisco SD-WAN 支持的数据中心和分支站点的所有设计选项，熟知它们的优势和注意事项能让网络架构师从中挑选满足业务需求的设计方案，让企业充分利用 SD-WAN 的新功能，同时确保网络弹性和转发性能。所有的网络都有一定程度的复杂性，设计目标是在不增加复杂性的情况下优雅地迁移到 Cisco SD-WAN。

第 13 章

Cisco SD-WAN 控制器的私有化部署

本章涵盖以下主题。
- **SD-WAN 控制器的功能回顾**：回顾 SD-WAN 控制器的功能。
- **证书**：介绍 SD-WAN 解决方案中证书管理的各种选项。
- **vManage 控制器的部署**：介绍 vManage 控制器的部署。vManage 用于 Cisco SD-WAN 矩阵的日常管理和监控。
- **vBond 控制器的部署**：介绍 vBond 控制器的安装和设置。vBond 的功能是认证 SD-WAN 矩阵中其他所有的组件，并将它们组合在一起。
- **vSmart 控制器的部署**：介绍在私有云、企业内部、实验环境中部署 vSmart 的方案。vSmart 是 SD-WAN 矩阵的控制平面组件。

13.1 SD-WAN 控制器的功能回顾

本节简要回顾 SD-WAN 的三个平面以及三种控制器的功能。
- **管理平面**：管理平面由 vManage 提供。vManage 是设备上线、配置、监控和故障排除的统一管理平台（single pane of glass）。SD-WAN 的组件部署后，大多数日常操作都在这里进行。
- **编排平面**：编排平面的功能由 vBond 提供。vBond 对 SD-WAN 所有组件进行身份认证和授权。它还提供关于 vSmart 和 vManage 的连接信息。对于使用 NAT 的环境，

vBond 还支持 NAT 穿越功能。
- 控制平面：控制平面组件指的是 vSmart，它可以为矩阵中的边缘路由器提供所有路由和数据平面策略。

本章内容涵盖了 SD-WAN 证书的部署选项和每一种控制器的安装步骤，适用于下列环境：
- 企业内部；
- 私有云；
- 实验室环境。

在部署 SD-WAN 控制器之前，先简单讨论一下证书颁发机构（CA）。受信 CA 颁发的证书是控制器与边缘路由器之间控制平面认证的重要组成部分。每台控制器和边缘路由器都配备了一张由受信 CA 签署的证书，用来让其他组件识别自己。如果想自己管理证书服务，可以部署企业 CA 解决方案，包括微软的证书服务、OpenSSL，甚至是 Cisco 的 ISE。选择哪种企业 CA 不在本书的讨论范围，本节仅讨论 Cisco CA、Symantec/DigiCert CA、企业 CA 的自动和手动注册。

请记住，只有选择不让 Cisco 管理控制器时，本章介绍的内容才有意义。在大多数云端管理控制器的情况下，Cisco 会为企业部署并管理控制器基础设施，包括证书。而在企业内部、私有云或实验室部署时，基础设施的管理工作应由企业 IT 团队负责，包括控制器冗余、软件升级和备份。Cisco SD-WAN 控制器是作为虚拟设备交付的，这种部署方式支持 VMware ESXi 和 KVM 虚拟化引擎。三种控制器的 OVA 虚拟设备模板都可以从 Cisco 官网下载。在接下来的叙述中，将把企业内部、私有云和实验室环境这三种环境统称为本地部署（on-premise）。在导入虚拟设备并开机后，ESXi 和 KVM 的操作过程是一样的，只是配置界面可能略有不同，这具体取决于软件版本。本节将安装最新的版本 19.2。图 13-1 所示为云端部署和本地部署的区别。

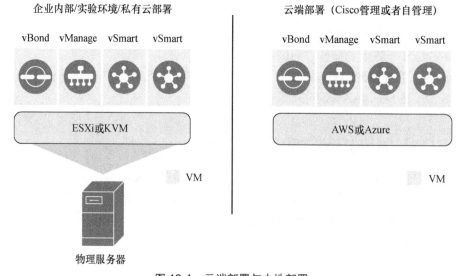

图 13-1　云端部署与本地部署

控制器的安装过程需要遵循特定的顺序，接下来将依序展开详细的讨论。从宏观角度上讲，操作顺序大致如下。

步骤 1 部署 vManage、vBond 和 vSmart 虚拟机。
步骤 2 引导并配置 vManage 控制器。
步骤 3 引导并配置 vBond 控制器。
步骤 4 引导并配置 vSmart 控制器。
步骤 5 导入许可证文件或者同步 Cisco 智能账号。

> **注意：** 如何获得许可证的讨论超出了本书的范围。可以咨询 Cisco 的客户团队或合作伙伴，获悉任何有关许可证的问题。

Cisco SD-WAN 解决方案致力于实现最高级别的安全性，任何组件都需要通过认证和授权，否则绝不允许加入 SD-WAN 矩阵。每个组件在上线时都要经历一个具体的认证过程，这部分内容在第 3 章已经介绍过。简单来说，每台控制器都用它的证书认证其他组件。认证通过后，它们才会建立控制、管理和编排平面。最后，vManage 会把完整的配置推送到 vSmart 和 vBond 控制器。

本地部署时，如果控制器部署在数据中心，则必须设置路由让边缘设备可以访问 vManage、vBond 和 vSmart。这意味着所有边缘设备和控制器必须能够通过自己的传输接口（VPN 0）到达其他设备的传输接口。有几种方法可以实现这一点：将控制器 VPN 0 所在的网络前缀泄漏到 Underlay 的路由表；添加一条默认路由来影响到数据中心控制器的流量。无论哪一种，都能让控制器获得与所有组件的连通性。另外，对于需要通过 Internet 才能访问控制器的情形，可以利用 NAT 技术为 vBond 配置静态的 1∶1 NAT，为其他控制器配置 PAT。大家应该记得，vBond 支持 NAT 穿越，可以检测出其他组件是否在 NAT 后面。这个功能要求 vBond 必须可以在 Internet 上被直接访问。另一种部署方案是将控制器放置在 DMZ 区域。控制器的 VPN 0 接口可以直接利用 DMZ 的公共路由寻址。路由规划与前面的方案相同。总之，控制器的传输接口需要能被 SD-WAN 的其他主机访问。对于不需要与控制器建立控制连接的传输链路（如 MPLS，边缘设备只能通过 Internet 连接控制器），必须通过命令 **max-control-connections 0** 限制控制连接。该命令在传输接口下配置。

13.2 证书

第 4 章讲到，证书对 Cisco SD-WAN 解决方案的安全完整性至关重要。解决方案使用证书加白名单的机制来验证组件。控制器在互相验证证书后，才能建立控制平面连接。整个过程如图 13-2 所示，稍后将详细讨论。同样地，边缘设备也会验证这些证书，确保控制器经过了认证和授权。

388 第 13 章 Cisco SD-WAN 控制器的私有化部署

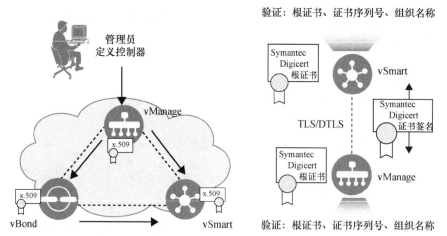

图 13-2 控制器之间的连接

控制器需要管理员手动添加和配置来连接 vBond。各组件正是通过这个连接了解到彼此。在整个过程中，vManage 生成并分发两个白名单文件。一个是在 vManage GUI 手动添加控制器时创建的控制器清单。该清单被分发给 vBond，然后在身份验证过程中被推送到 vSmart 控制器。控制器清单包含了每个控制器的证书序列号，在身份验证的过程会用到它。另一个白名单包含已被批准加入环境的边缘设备的清单。该清单可以通过 vManage 的同步智能账号机制来检索。一旦检索到该清单，vManage 就会把它分发给其他控制器。图 13-3 所示为这两个过程。

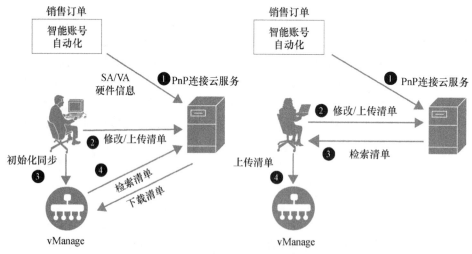

图 13-3 边缘设备清单的上传流程

在交换任何白名单前，控制器必须先完成相互认证。通过认证后，控制器在建立的安全的控制平面连接中分发白名单。下文详细说明了身份验证的过程。

1. 首先，参与身份验证的控制器出示自己的证书，让对方检查证书是否是由共同信任的根 CA 所颁发。这是一种双向并行的身份认证，控制器既要认证对方，也要被对方认证。请注意，认证前所有设备都必须安装 CA 的根证书。默认情况下，设备已经内置了 Symantec、DigiCert 和 Cisco CA 的根证书。因此，只有在使用自建 CA 时，设备才需要手动安装根证书。图 13-4 以 vBond 和 vSmart 为例，说明了控制器间的认证过程。

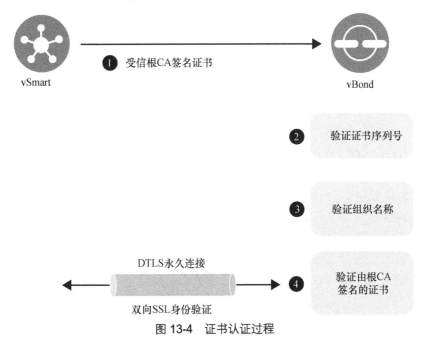

图 13-4　证书认证过程

2. 控制器发送方的证书中包含了组织名称。接收方需要将它与本地配置的名称对比，企业范围内所有设备配置的组织名称都必须一致。

3. 控制器根据 vManage 分发的授权白名单来验证对方的证书序列号。请注意，vBond 的序列号无须经过认证。

显然，控制器在入网前必须先获得一个证书。获取证书的第一步是在控制器上生成证书签名请求（CSR）。这个过程可以在 vManage 添加控制器时完成，也可以由网络管理员通过控制器的 CLI 手动执行。在提交的 CSR 被 CA 签名后，再通过手动或自动的方式将其安装到控制器上。当部署 vEdge Cloud 等虚拟设备时，情况有所不同。vManage 将充当根 CA 的子 CA 服务器，为虚拟设备的证书签名。下面列出了证书签名的各种方法。

- **Symantec/DigiCert CA 自动签名**：图 13-5 所示为自动签名的过程。vManage GUI 为每个控制器生成 CSR，并将其自动发送到 Symantec 或 DigiCert 的 CA 服务器。然后，需要向 Cisco 案件管理系统（CSOne，Case Management System）提交签名申请。签名申请被受理后，由 Symantec/DigiCert 的 CA 签发证书。vManage 会自动检索并将证书安装到相应的控制器上。Symantec 和 DigiCert CA 的根证书已预装在控制器中，无须特殊处理。

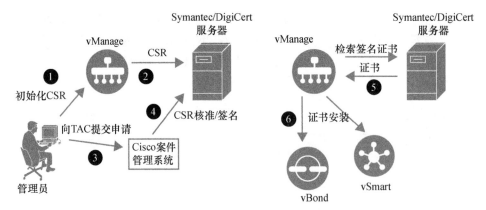

图 13-5　Symantec/DigiCert 自动签名

- **Symantec/DigiCert CA 手动签名**：图 13-6 所示为手动签名的过程，管理员为每个控制器生成 CSR，并手动将文件上传到 Symantec/DigiCert 的门户网站。与自动签名一样，也需要向 Cisco 申请证书签名。CSR 被 CA 签名后，管理员可以通过电子邮件或下载链接得到签名的证书，再通过 vManage GUI 手动安装。随后，由 vManage 将证书自动推送到相关的控制器。这种方法适用在控制器没有 Internet 连接，或者防火墙阻止了与 Symantec/DigiCert 的 HTTP/HTTPS 连接的情况下。如前所述，Symantec 和 DigiCert CA 的根证书已预装在控制器上，无须额外关注。

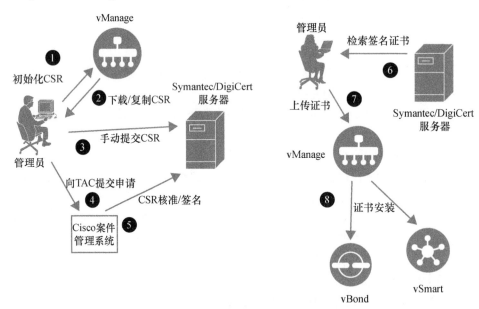

图 13-6　Symantec/DigiCert 手动签名

- **Cisco PKI CA 自动签名**：这种签名方法要求控制器运行 19.1 或更高版本，签名过程类似于 Symantec/DigiCert 自动签名。唯一的区别是，一旦 CSR 被自动提交到 Cisco

PKI CA，CA 就会签名，不需要向 Cisco 手动提交签名申请。证书下发后，vManage 也自动为控制器检索和安装证书。图 13-7 描述了这个过程。这是最推荐的方法，因为无须人工干预。与 Symantec/DigiCert 证书一样，Cisco PKI CA 的根证书已预置在控制器中，无须额外的关注。

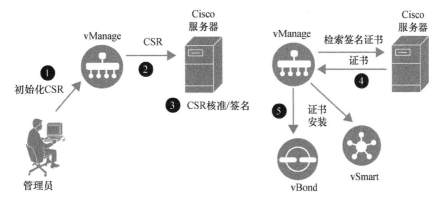

图 13-7　Cisco PKI 自动签名

- **Cisco PKI CA 手动签名**：手动签名同样要求控制器运行 19.1 或更高版本，它与 Cisco PKI 自动签名的原理相同，适用于 vManage 没有 Internet 连接的情况下。管理员需要手动生成 CSR 并将其上传到 PnP 门户网站。CSR 被授权后，管理员需要从 PnP 门户手动下载证书并将其上传到 vManage。最终由 vManage 把证书安装到相应的控制器。该过程如图 13-8 所示。与其他方式一样，Cisco PKI CA 的根证书已经预置在控制器上，无须额外关注。

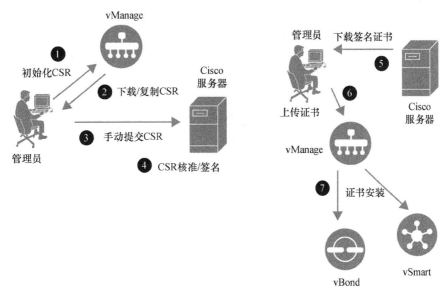

图 13-8　Cisco PKI 手动签名

- **企业 CA 的证书签名**：如果用户部署自己的企业 CA，那么获取证书的流程类似于前面的手动方式，但有一些细微差别。具体来说，管理员首先需要在每台控制器上安装企业 CA 的根证书，然后在 vManage GUI 中为相应的控制器生成 CSR。接着，管理员需要下载 CSR 并提交给企业 CA 服务器，由 CA 授权并颁发证书。最后，再根据前面提到的过程，将获得的证书上传到 vManage GUI 中对应的控制器。图 13-9 所示为这个过程。

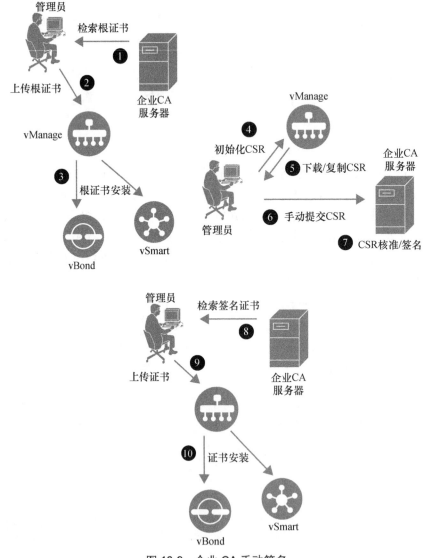

图 13-9 企业 CA 手动签名

注意： 下文将使用 OpenSSL 作为企业 CA。

13.3 vManage 控制器的部署

在部署 vManage 前，需要准备好虚拟环境。网络管理员应该规划好 VPN 0（控制平面）接口和 VPN 512（带外管理）接口的 IP 地址信息。

VPN 512 的 IP 寻址不是必要条件，然而当控制器被部署在一个隔离的 DMZ 区域时，就有必要在设计上加以考虑。

接下来，使用表 13-1 规划的子网来部署 vManage。

表 13-1　控制器的子网地址

VPN	网络号	子网掩码
VPN 0	209.165.200.24	255.255.255.224
VPN 512	192.168.1.0	255.255.255.0

本例使用的控制器的软件版本是 19.2，与早期版本的部署过程相同。在实际构建控制器基础设施前，需要考虑众多选项，如前面讨论过的证书的签名方式。这里用企业 CA 来演示。

在 VMware ESXi 上部署 vManage 控制器的流程大致如下所示。

步骤 1　部署 vManage 虚拟机。
步骤 2　引导和配置 vManage 控制器。
步骤 3　在 vManage 上设置组织名称和 vBond 地址。
步骤 4　安装 CA 的根证书。
步骤 5　在 vManage 控制器上生成 CSR，签名后再安装证书。

部署 vManage 虚拟机的过程与安装普通虚拟机一样。控制器的 OVA 模板可以从 Cisco 官网下载。在安装虚拟机后，需要为 vManage 的数据库添加一块额外的硬盘（至少有 100GB 的容量）。

13.3.1　虚拟设备的安装与设置

导入 OVA 后，请右键单击虚拟机，选择 **Edit Settings** 选项，打开图 13-10 所示的对话框。

单击 **Add** 按钮，选择 **Hard Disk**，再单击 **Next** 按钮，如图 13-11 所示。

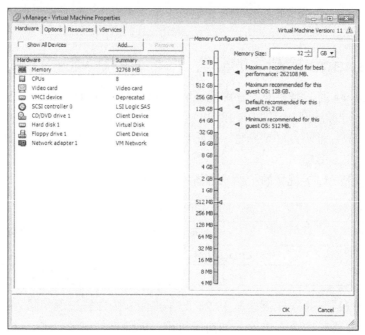

图 13-10　VMware 设置窗口

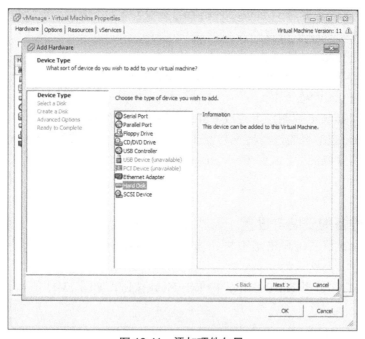

图 13-11　添加硬件向导

选择 **Create a new virtual disk** 选项后，再次单击 **Next** 按钮，将磁盘大小设置为至少 100GB。持续单击 **Next** 按钮，直到返回 **Virtual Machine Properties** 窗口。单击 **OK** 保存当

前设置，如图 13-12 所示。

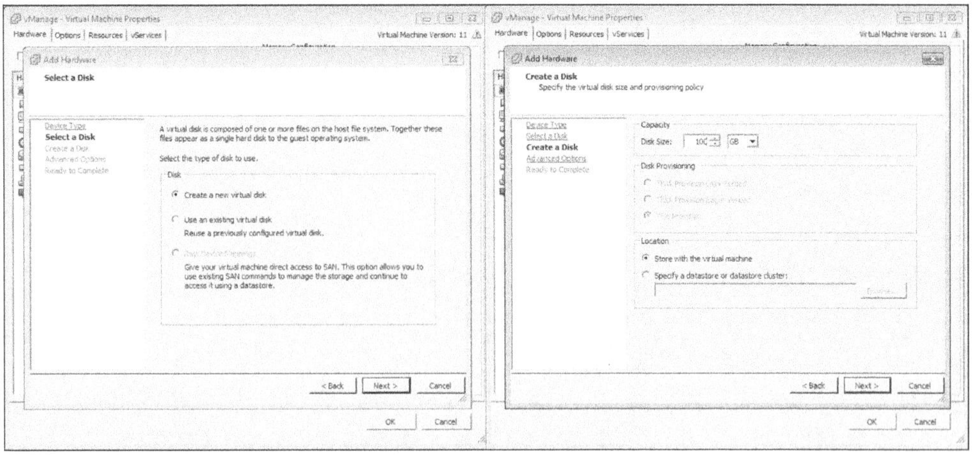

图 13-12　创建新的虚拟磁盘

然后就可以开启虚拟机了。

13.3.2　初次启动与硬盘格式化

现在 vManage 虚拟机已正确配置并启动，网络管理员可以开始基础配置了。

打开虚拟机的 VMware 控制台，输入默认的用户名和密码（**admin/admin**）。初次登录时，系统会提示格式化刚刚添加的硬盘。输入磁盘编号"1"选择硬盘，再输入"y"即可对硬盘格式化。这个过程将持续一段时间，所需时长与分配的虚拟磁盘大小有关。完成后，系统将自动重启。图 13-13 所示为初始启动的过程。

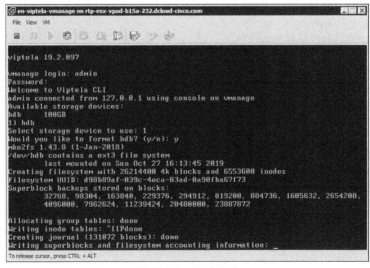

图 13-13　初次启动

13.3.3 预配置与安装根证书

现在虚拟硬盘已被格式化，接下来开始应用初始的引导配置。初始配置必须包含以下信息：

- 组织名称；
- 系统 IP；
- vBond 控制器的 IP 地址；
- 站点 ID；
- VPN 0 的 IP 地址；
- （可选）VPN 512 的 IP 地址；
- （可选）NTP 服务器的地址。

有两种方法可以完成这些任务：可以将 IP 地址应用到 VPN 512 接口并使用 vManage GUI 创建定义这些参数的功能模板；可以通过 CLI 输入这些信息。本用例专注于 CLI 方法，因为它通常被认为是最简单的方法。vManage 运行 Viptela OS，因此在某些方面其语法类似于 Cisco IOS。

例 13-1 给出了配置示例。输入 **config terminal** 或 **conf t** 命令进入全局配置模式，再输入 **system** 命令进入系统配置，设置组织名称、系统 IP、站点 ID 和 vBond 控制器的 IP 地址。还可以设置 NTP 服务器，来确保所有控制器的时间同步。如果控制器的时间不同步，可能会出现身份验证问题。

例 13-1　vManage 的初始化系统配置

```
vmanage# config terminal
Entering configuration mode terminal
vmanage(config)# system
vmanage(config-system)# system
vmanage(config-system)# site-id 100
vmanage(config-system)# system-ip 10.10.10.10
vmanage(config-system)# organization-name "Cisco Press"
vmanage(config-system)# vbond 209.165.200.226
vmanage(config-system)# ntp server 209.165.200.254
vmanage(config-server-209.165.200.254)# vpn 0
```

系统参数现在已经设置完毕，下面开始配置 VPN 0 和 VPN 512 的 IP 地址。提醒一下，VPN 0 是必须配置的，它是与其他控制器、边缘设备的控制平面连接点。而 VPN 512 用于带外访问，如果不需要通过带外网络访问设备，那么 VPN 512 的配置就是可选项。在 vManage 的 CLI 界面中输入 **vpn** 命令并加上想要配置的 VPN 号，就能进入该 VPN 相关参数的设置路径。例 13-2 在接口下添加了 **tunnel-interface** 命令语句，它指定该接口作为 vManage 控制平面的传输接口。

例 13-2　vManage 的 VPN 0 和 VPN 512 的配置

```
vmanage(config-system)# vpn 0
vmanage(config-vpn-0)# interface eth0
vmanage(config-interface-eth0)# ip address 209.165.200.225/27
vmanage(config-interface-eth0)# tunnel-interface
vmanage(config-tunnel-interface)# no shutdown
vmanage(config-tunnel-interface)# ip route 0.0.0.0/0 209.165.200.254
vmanage(config-vpn-0)#
vmanage(config-vpn-0)# vpn 512
vmanage(config-vpn-512)# interface eth1
vmanage(config-interface-eth1)# ip address 192.168.1.10/24
vmanage(config-interface-eth1)# no shutdown
vmanage(config-interface-eth1)# ip route 0.0.0.0/0 192.168.1.254
vmanage(config-vpn-512)#
```

Viptela OS 与 Cisco IOS 的一个不同之处是，在提交配置前，任何变更都不会即时生效。Cisco IOS XR 也有这个功能。在 Viptela OS 平台，可以执行 **show config** 命令来检查即将提交的配置。通过这个命令，可以在激活配置前预览整个配置，避免一些诸如语法之类的问题。而在经典的 Cisco IOS 中，配置模式下所做的变更都将立即启用，这可能会导致网络中断。配置提交的方法如例 13-3 所示。

例 13-3　提交配置

```
vmanage(config-vpn-512)# commit [and-quit]
Commit complete
vmanage#
```

在 CLI 界面提交配置后，登录 vManage 的图形化界面继续设置系统参数。如前所述，本例将使用企业 CA 来注册证书。关于其他 CA 的注册方法，请参考上一节。

1. 通过浏览器连接 VPN 512 的 IP 地址，用 **admin** 用户登录，默认密码为 **admin**。登录后，系统会显示一个仪表盘。它提供了当前 SD-WAN 的状态概览，如图 13-14 所示。

2. 在屏幕左侧的菜单栏中单击 **Administration > Settings** 菜单，进入系统设置页面，如图 13-15 所示。

3. 在出现的页面中找到 **Organization Name**、**vBond address** 和 **Controller Certificate Authorization** 配置项，如图 13-16 所示。分别单击各个选项的 **Edit** 按钮，输入下面的值。

- **Organization Name**：Cisco Press
- **vBond address**：209.165.200.226
- **Controller Certificate Authorization**：Enterprise CA

第 13 章 Cisco SD-WAN 控制器的私有化部署

图 13-14　vManage 的仪表盘

图 13-15　vManage 的菜单栏

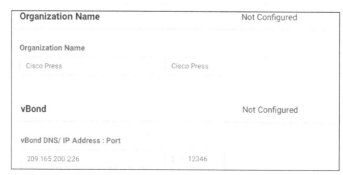

图 13-16　设置 vManage 的系统参数

4. 接下来更改控制器的证书授权模式。在使用企业 CA 时，需要向企业 PKI 的管理员申请下载根证书，然后在刚才的 **Controller Certificate Authorization** 设置项中单击 **Edit** 按钮，选择 Enterprise CA 作为证书授权模式，并直接在当前页面中上传或粘贴根证书文件，如图 13-17 所示。注意，还可以勾选 **Set CSR Properties** 复选框，为 CSR 设置属性。

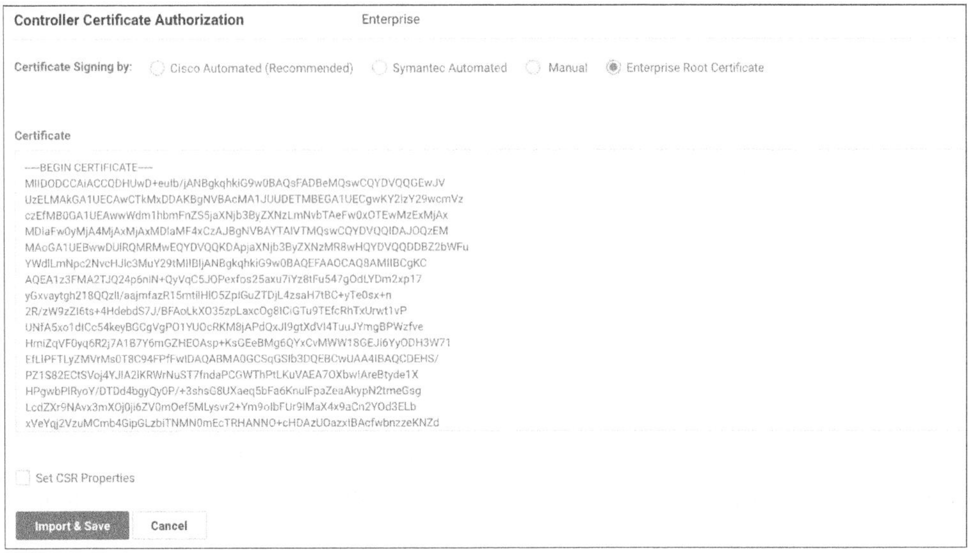

图 13-17　设置证书模式

> **注意**：一旦将设备添加到 vManage，就不能再更改组织名称。

13.3.4　设备证书的申请与安装

最后一步是生成证书，并安装到 vManage 中。

1. 打开 **Configuration > Certificates** 页面，选择 **Controllers** 标签，如图 13-18 所示。

图 13-18　vManage 的证书状态

2. 图 13-18 所示为当前 vManage 证书的相关信息，请重点关注 **Certificate Status** 列。

CSR 是由 vManage 自动生成的，需要把它下载下来让企业 CA 对其签名，然后再把签名的证书安装到控制器中。要下载 CSR，请单击控制器所在行最右边的省略号，在弹出的菜单中选择 View CSR。图 13-19 所示为菜单中的所有可选操作。可以看到，除了查看 CSR，还可以单击 **Generate CSR** 选项重新生成 CSR。

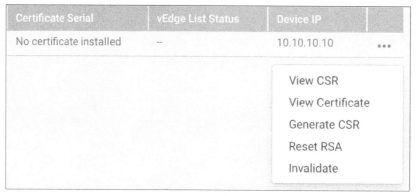

图 13-19　下载 CSR

3. 在图 13-19 中选择 **View CSR** 后，将弹出有关 CSR 详情的对话框，如图 13-20 所示。复制或下载此文件并提交给企业 PKI 管理员。在提交 CSR 并获得企业 CA 签发的证书后，才可以继续安装。

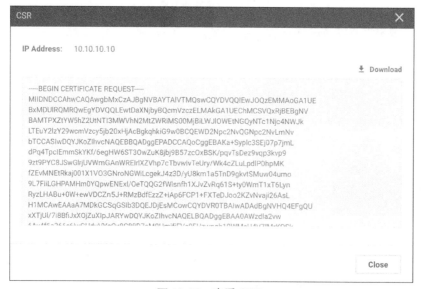

图 13-20　查看 CSR

4. 根 CA 服务器签发证书后，就可以着手把证书安装到控制器中。在 **Configuration > Certificates** 页面上选中 vManage 控制器，单击屏幕右上角的 **Install Certificate** 按钮。然后根据系统提示，粘贴证书文本或上传证书。单击 **Install** 按钮就能开始安装证书，如图 13-21 所示。

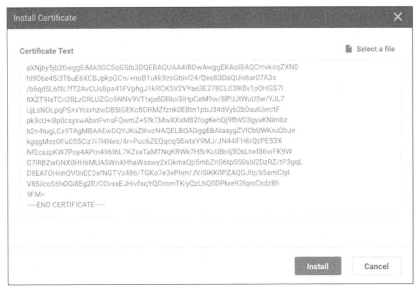

图 13-21　安装设备证书

5. 证书安装时，系统会显示一个状态窗口，以便跟踪证书的安装进度。完成后，状态会显示 **Success**（表示成功）。

本节在 vManage 的 CLI 中手动配置了设备的初始化参数，在 GUI 中设置并使用企业 CA 完成了证书的申请和安装。至此，vManage 控制器已经部署完毕，下面进入控制平面其他组件的安装任务。

13.4　vBond 控制器的部署

vManage 的部署完成后，接下来开始安装 vBond 控制器。请记住，vBond 在 SD-WAN 中起着至关重要的作用。它能把其他所有组件编排或黏合在一起，帮助边缘设备找到 vManage 和 vSmart 控制器。vBond 也是设备加入矩阵时身份验证和授权的第一道关卡。边缘设备与 vBond 之间的连接是临时的，不会永久维持。默认情况下，边缘设备必须能够在所有 VPN 0 的传输接口上访问 vBond 控制器。

如果环境中用到了 Internet 传输，Cisco 强烈建议把 vBond 部署在具有公网 IP 地址的 DMZ 区域中。只要 vBond 拥有公网地址，vSmart、vManage 和边缘设备就可以隐藏在执行 NAT 的安全网关后端。利用 vBond 的 NAT 检测功能，其余的组件之间就能建立穿越 NAT 的连接。有关这方面的更多信息，请参考第 3 章的 NAT 内容。再次强调，如果 vBond 必须被部署在 NAT 设备后，也请务必将它 1∶1 静态映射到 Internet。

在本节余下的内容中，将使用表 13-2 中列出的子网完成 vBond 部署。

表 13-2　控制器的子网地址

VPN	网络号	子网掩码
VPN 0	209.165.200.224	255.255.255.224
VPN 512	192.168.1.0	255.255.255.0

vBond 控制器的部署过程大致如下。

步骤 1　部署 vBond 虚拟机。
步骤 2　引导并配置 vBond 控制器。
步骤 3　在 vBond 上手动安装根证书。
步骤 4　将 vBond 控制器注册到 vManage。
步骤 5　生成 CSR、签名并安装到 vBond 控制器上。

本节用到的 vBond 的软件版本为 19.2。请注意，vBond 与 vEdge Cloud 的 OVA 模板通用，Cisco SD-WAN 解决方案并没有为 vBond 准备专用的模板。在部署 vEdge Cloud 的 OVA 时，需要将设备角色更改为 vBond，并为它分配 VPN 0 和 VPN 512 的 IP 地址。

13.4.1　预配置与安装根证书

首先完成 vBond 虚拟机的安装并启动。安装过程与 vManage 基本相同，本节开始将不再赘述。需要注意的是，vBond 与 vSmart 无须添加额外的虚拟硬盘。

1. 与 vManage 控制器类似，通过 CLI 为 vBond 设置初始化系统参数，包括组织名称、站点 ID、系统 IP、VPN 0 和 VPN 512 等。如例 13-4 所示，输入 **config terminal** 或 **conf t** 命令进入设备的全局配置模式，再执行 **system** 命令开始设置系统参数。请特别注意 **vbond 209.165.200.226 local** 这条命令。正是通过关键字 **local** 把虚拟机的角色由 vEdge 切换成 vBond。

例 13-4　vBond 的初始化系统配置

```
vedge# config terminal
Entering configuration mode terminal
vedge(config)# system
vedge(config-system)# system
vedge(config-system)# host-name vbond
vedge (config-system)# site-id 100
vedge(config-system)# system-ip 10.10.10.11
vedge(config-system)# organization-name "Cisco Press"
vedge(config-system)# vbond 209.165.200.226 local
vedge(config-system)# ntp server 209.165.200.254
vedge(config-server-209.165.200.254)# vpn 0
```

2. 与 vManage 一样,需要为 VPN 0 和 VPN 512 接口设置 IP 地址与默认路由。不同的是,请务必在 VPN 0 接口上执行 **no tunnel-interface** 命令来删除隧道配置,如例 13-5 所示。

例 13-5 vBond 的 VPN 0 和 VPN 512 的配置

```
vedge(config-system)# vpn 0
vedge (config-vpn-0)# interface ge0/0
vedge(config-interface-ge0/0)# ip address 209.165.200.226/27
vedge(config-interface-ge0/0)# no tunnel-interface
vedge(config-interface-ge0/0)# no shutdown
vedge(config-interface-ge0/0)# ip route 0.0.0.0/0 209.165.200.254
vedge(config-vpn-0)#
vedge(config-vpn-0)# vpn 512
vedge(config-vpn-512)# interface eth0
vedge(config-interface-eth0)# ip address 192.168.1.11/24
vedge(config-interface-eth0)# no shutdown
vedge(config-interface-eth0)# ip route 0.0.0.0/0 192.168.1.254
vedge(config-vpn-512)#
```

3. vBond 的配置也需要通过 **commit** 命令提交并保存,如例 13-6 所示。

例 13-6 提交配置

```
vedge(config-vpn-512)# commit [and-quit]
Commit complete
vbond#
```

4. vBond 初始化的最后一步是安装根证书。要安装根证书,需要将根 CA 证书复制到 vBond 控制器上。可以通过 Putty SCP 或 WinSCP 等软件连接到 vBond 的 VPN 512 接口,将根证书上传到 vBond 控制器。然后执行 **request root-cert-chain install** *<directory>* 命令来安装证书,如例 13-7 所示。默认情况下,证书文件被上传到 vBond 的 **/home/admin** 目录。

例 13-7 安装根证书

```
vbond# request root-cert-chain install /home/admin/rootca.pem
Uploading root-ca-cert-chain via VPN 0
Copying ... /home/admin/rootca.pem via VPN 0
Updating the root certificate chain..
Successfully installed the root certificate chain
vbond#
```

13.4.2 注册并安装设备证书

接下来,通过 vManage GUI 继续部署 vBond。网络管理员需要把 vBond 控制器注册到 SD-WAN Overlay,也就是将 vBond 添加到前面介绍的白名单中,并为它安装证书。

1. 首先通过 vManage GUI 将 vBond 添加到控制器白名单。登录 vManage 后，打开 **Configuration > Devices > Controllers** 标签页面。请单击 **Add Controller** 并选择 **vBond** 选项，如图 13-22 所示。

图 13-22　添加 vBond

2. 如图 13-23 所示，在弹出的对话框里输入 VPN 512 的管理 IP 地址、用户名和密码。本例中，vBond 的管理地址为 **209.165.200.226**，管理账号是 **admin/admin**，输入后单击 **Add** 按钮完成添加。如果勾选了 **Generate CSR** 复选框，系统将自动生成 CSR。

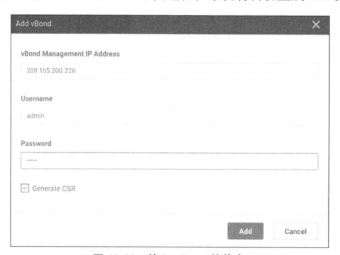

图 13-23　输入 vBond 的信息

现在，应该可以看到 vBond 已成功添加到 vManage 中，如图 13-24 所示。

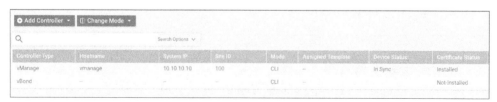

图 13-24　成功添加 vBond

3. 接着，开始为 vBond 控制器申请并安装证书。打开 **Devices > Certificates > Controllers** 页面。

就像操作 vManage 那样，需要下载 CSR 并签名。请单击 vBond 控制器所在行最右边的省略号，选择 **View CSR**。在弹出的窗口中下载 CSR 并将其提交到企业的 CA 管理员以完成签名。

从 CA 获得证书后，就可以将它安装到 vBond。安装过程与 vManage 完全相同。如果一切顺利，将看到一个如图 13-25 所示的输出。

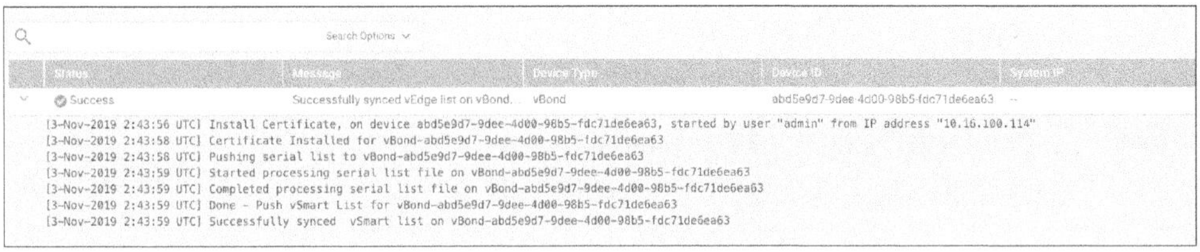

图 13-25　在 vBond 上安装证书

4. 导航到 **Configuration > Devices > Certificates > Controllers** 页面，如图 13-26 所示。可以在这里确认 vBond 的同步状态。同时，vManage 也已经获取到 vBond 的站点 ID 和系统 IP 等信息。

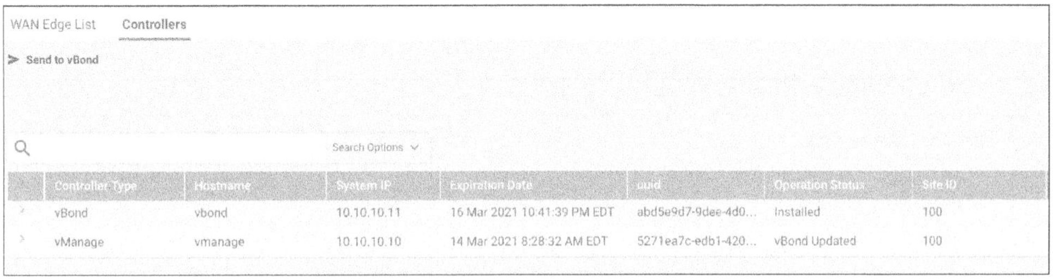

图 13-26　vBond 的证书状态

本节完成了 vBond 控制器的部署、引导和配置，并安装了设备证书。下一节将介绍 vSmart 控制器的部署，它的部署过程与 vBond 非常相似。

13.5　vSmart 控制器的部署

继 vManage 和 vBond 之后，现在开始着手部署 vSmart。vSmart 的安装过程与 vBond 相近，包括 OVA 的安装、应用引导配置、导入根证书、将控制器添加到 vManage，以及安装设备证书。注册成功后，vManage 将使用 NETCONF 与控制器通信。因此，需要在隧道接口命令下添加一条额外的配置来允许 NETCONF 访问。当部署多个 vSmart 时，只要重复上面的过程即可。在本例中，vSmart 控制器的软件版本是 19.2。可以从 Cisco 官网下载 vSmart 的 OVA 模板。

表 13-3 列出了为 vSmart 规划的子网地址。

表 13-3 控制器的子网地址

VPN	网络号	子网掩码
VPN 0	209.165.200.224	255.255.255.224
VPN 512	192.168.1.0	255.255.255.0

vSmart 控制器的部署过程如下。

步骤 1　部署 vSmart 虚拟机。
步骤 2　引导并配置 vSmart 控制器。
步骤 3　手动在 vSmart 上安装根证书。
步骤 4　将 vSmart 控制器注册到 vManage。
步骤 5　生成 CSR、签名并安装到 vSmart 控制器。

13.5.1　预配置与安装根证书

1. 在 VMware ESXi 或 KVM 上安装 vSmart OVA 并启动虚拟机。
2. 虚拟机启动后，使用默认账号和密码 **admin/admin** 登录设备的 CLI，开始配置系统初始化参数。与 vBond 控制器一样，在 **system** 命令下设置组织名称、站点 ID、系统 IP 和 vBond 的 IP 地址，如例 13-8 所示。

例 13-8　vSmart 的初始化系统配置

```
vsmart# config terminal
Entering configuration mode terminal
vsmart(config)# system
vsmart(config-system)# system
vsmart(config-system)# site-id 100
vsmart(config-system)# system-ip 10.10.10.12
vsmart(config-system)# organization-name "Cisco Press"
vsmart(config-system)# vbond 209.165.200.226
vsmart(config-system)# ntp server 209.165.200.254
vsmart(config-server-209.165.200.254)# vpn 0
```

3. 下一个步骤是配置 VPN 0。这个配置与 vBond 略有不同。在输入 **tunnel-interface** 命令时，会自动启用防火墙（假定接口接入了不可信的网络）。由于 NETCONF 协议在默认情况下会被阻止，而 vManage 恰好用它来初始化连接以及推送配置，因此需要使用 **allow-service netconf** 命令放行 NETCONF。例 13-9 列出了这些步骤。

例 13-9　vSmart 的 VPN 0 和 VPN 512 的配置

```
vsmart(config-system)# vpn 0
vsmart(config-vpn-0)# interface eth0
vsmart(config-interface-eth0)# ip address 209.165.200.227/27
```

```
vsmart(config-interface-eth0)# tunnel-interface
vsmart(config-tunnel-interface)# no shutdown
vsmart(config-tunnel-interface)# ip route 0.0.0.0/0 209.165.200.254
vsmart(config-tunnel-interface)# allow-service netconf
vsmart(config-vpn-0)#
vsmart(config-vpn-0)# vpn 512
vsmart(config-vpn-512)# interface eth1
vsmart(config-interface-eth1)# ip address 192.168.1.12/24
vsmart(config-interface-eth1)# no shutdown
vsmart(config-interface-eth1)# ip route 0.0.0.0/0 192.168.1.254
vsmart(config-vpn-512)#
```

4. 与配置 vManage 和 vBond 控制器一样，需要用 **commit** 命令提交并保存，如例 13-10 所示。

例 13-10 提交配置

```
vsmart(config-vpn-512)# commit [and-quit]
Commit complete
vsmart#
```

5. 接下来，网络管理员需要手动安装根证书。与 vBond 一样，可以使用任何一种熟悉的 SCP 软件将证书文件上传到 vSmart 控制器，然后执行 **request root-cert-chain install** *<directory>* 命令安装证书，如例 13-11 所示。系统默认将文件上传到 vSmart 控制器的 **/home/admin** 目录下。

例 13-11 安装根证书

```
vsmart# request root-cert-chain install /home/admin/rootca.pem
Uploading root-ca-cert-chain via VPN 0
Copying ... /home/admin/rootca.pem via VPN 0
Updating the root certificate chain..
Successfully installed the root certificate chain
vsmart#
```

13.5.2 注册并安装设备证书

请登录到 vManage GUI 完成接下来的步骤。vSmart 控制器的注册过程与 vBond 相同。

1. 首先，请打开 **Configuration > Devices > Controllers** 页面，单击 **Add Controller** 按钮并选择 **vSmart**，如图 13-27 所示。

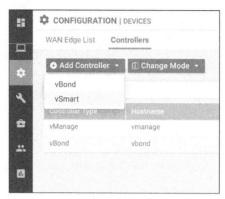

图 13-27　添加 vSmart

2. 在弹出的对话框中输入 vSmart 的 IP 地址、用户名和密码，并勾选 **Generate CSR** 复选框，如图 13-28 所示。系统默认使用 DTLS 协议建立控制平面连接，也可以根据需要将它改为 TLS。

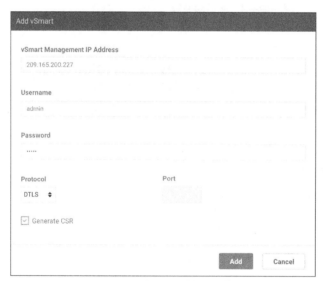

图 13-28　输入 vSmart 的信息

如果一切顺利的话，可以看到刚刚添加的 vSmart 控制器，它的证书状态为 **Not-Installed**，如图 13-29 所示。

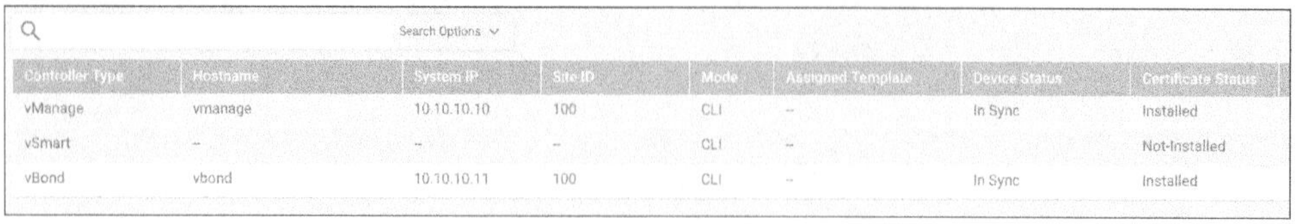

Controller Type	Hostname	System IP	Site ID	Mode	Assigned Template	Device Status	Certificate Status
vManage	vmanage	10.10.10.10	100	CLI	--	In Sync	Installed
vSmart	--	--	--	CLI	--		Not-Installed
vBond	vbond	10.10.10.11	100	CLI	--	In Sync	Installed

图 13-29　vSmart 的证书状态

3. 开始下载 CSR，为 vSmart 申请证书。如图 13-30 所示，打开 **Configuration > Certificates > Controllers** 界面，单击 vSmart 控制器右侧的省略号，并选择 **View CSR** 选项，下载 CSR 或复制 CSR 到文本文件中。可以将它提交给企业的 CA 管理员完成签名。

图 13-30　下载 vSmart 的 CSR

4. 最后一步是安装 vSmart 的设备证书。与 vBond 或 vManage 一样，请单击页面右上角的 **Install Certificate** 按钮。在弹出的对话框中，粘贴证书文本或单击 **Select a file** 按钮选择证书文件。文件上传完毕后，单击 **Install** 按钮安装证书，如图 13-31 所示。

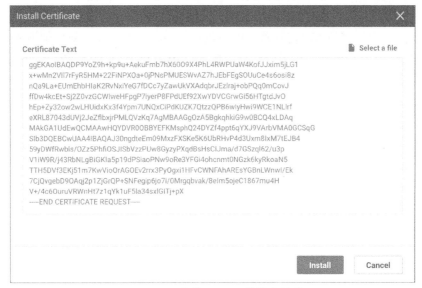

图 13-31　安装 vSmart 的设备证书

安装任务结束后，控制器的状态页面会显示证书已安装。如图 13-32 所示，导航到 **Configuration > Devices > Controllers** 页面，能看到 vManage 已经获取到了 vSmart 的详细信息。

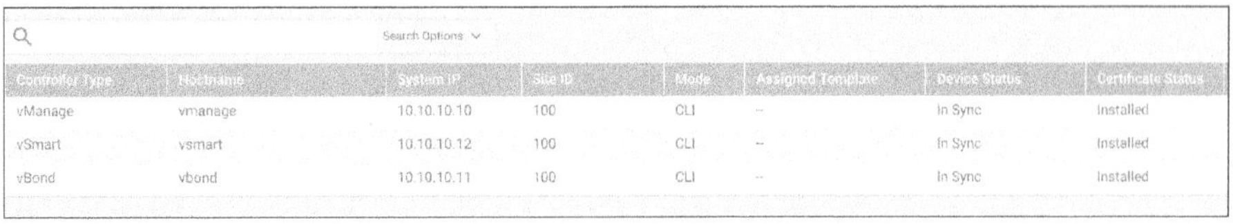

图 13-32　vSmart 的证书状态

在 vSmart 控制器部署完成后，一个全功能的 SD-WAN Overlay 网络就展现在面前。如果将来需要增加新的 vSmart 控制器实现冗余，可重复本节的步骤。至此，所有控制器都已经部署完成，接下来可以构建模板和策略，或者为站点添加边缘设备。

13.6 总结

本章讨论了证书在 SD-WAN 架构中的应用以及如何部署 SD-WAN 控制平面、管理平面和编排平面组件。网络工程师可以参考这些步骤在私有云、企业内部或实验室环境中安装 Cisco SD-WAN 解决方案。

本章首先介绍了证书的重要性以及证书在认证和授权中发挥的关键作用。当控制器入网时，它们需要交换并检查证书属性来完成双向认证。只有当所有属性都匹配时，控制器才能彼此建立连接。证书管理有多种方法，例如使用 Symantec/DigiCert 自动或手动签名、Cisco PKI 自动或手动签名以及企业 CA。从 SD-WAN 软件版本 19.1 开始，Cisco PKI 自动签名是首选机制，因为它能全自动完成证书申请与安装，无须人工干预。

本章最后介绍了 SD-WAN 控制器在虚拟化环境中的部署过程，依序部署并配置了管理平面组件 vMange、编排平面组件 vBond 和控制平面组件 vSmart，过程涵盖了虚拟机的安装、初始化和注册上线等。